"创新设计思维"
数字媒体与艺术设计类新形态丛书

全｜彩｜微｜课｜版

Cinema 4D
三维设计案例教程

互联网＋数字艺术教育研究院 策划
徐晓玲 编著

人民邮电出版社
北京

图书在版编目（CIP）数据

Cinema 4D三维设计案例教程 ：全彩微课版 / 徐晓玲编著. -- 北京 : 人民邮电出版社, 2023.7
（“创新设计思维”数字媒体与艺术设计类新形态丛书）
ISBN 978-7-115-61910-5

Ⅰ. ①C… Ⅱ. ①徐… Ⅲ. ①三维动画软件－教材
Ⅳ. ①TP391.414

中国国家版本馆CIP数据核字(2023)第113952号

内 容 提 要

本书全面介绍使用 Cinema 4D 进行三维设计的方法。全书共 10 章，主要介绍 Cinema 4D 从基础用法到高级应用的方方面面，包括 Cinema 4D 基础知识、对象的选择和变换、场景文件的管理和界面定制、基础对象的创建、变形器和标签、灯光和环境、材质、Octane 渲染器、动画制作等。学完这些内容，读者可以系统地掌握设计造型、渲染和制作动画的相关方法。

本书可供各类院校相关专业的师生使用，本书注重实用性，能帮助读者快速适应相应的工作。

◆ 编　　著　徐晓玲
责任编辑　韦雅雪
责任印制　王　郁　陈　犇
◆ 人民邮电出版社出版发行　　北京市丰台区成寿寺路 11 号
邮编　100164　　电子邮件　315@ptpress.com.cn
网址　https://www.ptpress.com.cn
鑫艺佳利（天津）印刷有限公司印刷
◆ 开本：787×1092　1/16
印张：15　　2023 年 7 月第 1 版
字数：460 千字　　2024 年 12 月天津第 3 次印刷

定价：89.80 元

读者服务热线：(010)81055256　印装质量热线：(010)81055316
反盗版热线：(010)81055315
广告经营许可证：京东市监广登字 20170147 号

前言

制作三维渲染图是电商主图设计、产品设计、建筑室内外设计和影视设计等领域中必不可少的部分。随着Octane等高级渲染器的出现，Cinema 4D能更加淋漓尽致地表现其强大的功能。Cinema 4D在建模、光线、材质、渲染等各方面的进步，促进了三维设计行业的蓬勃发展。洽谈、竞标、验收环节都需要制作三维渲染图，市场对三维设计相关人才的需求量巨大，很多院校也都开设了三维设计相关的课程。

党的二十大报告中提到："教育、科技、人才是全面建设社会主义现代化国家的基础性、战略性支撑。"在三维设计教学中，如何结合行业发展需求培养优秀的三维设计人才，是众多院校相关专业面临的共同挑战。鉴于此，编著者深入学习党的二十大报告的精髓要义，立足"实施科教兴国战略，强化现代化建设人才支撑"，在最新教学研究成果的基础上编写了本书。全书共10章。第1章为Cinema 4D基础知识；第2章和第3章介绍基本操作，分别讲解对象的选择、变换和场景文件的管理；第4章和第5章为模型制作部分，分别讲解基础对象和复杂模型的编辑制作及变形器的用法；第6～8章为效果部分，分别讲解灯光和环境，以及材质、渲染器等内容；第9章介绍动画，讲解关键帧动画、运动图形和动力学动画的制作等；第10章为综合应用案例，讲解动画的制作和渲染，以及电商产品的建模与渲染。书中各章既有一定的连续性，又可作为完整、独立的内容，书中所举的各个实例都有很强的针对性。

如果读者是Cinema 4D初学者，建议认真从第1章开始阅读；如果读者已经掌握初级建模技术，可以简单阅览前3章，熟悉软件，然后直接进入后面的部分。

软件的进步促进了三维渲染图质量的提升，但它们毕竟只是工具，要提高图像的制作水平，还需要依赖人的能力的全面提升。三维渲染图是设计师思想的一种体现，所以图像制作者要懂产品设计、建筑装潢设计，还要具有一定的艺术修养，掌握一定的绘画基本功。效果图制作者除了要熟练掌握计算机基础操作技术外，还要不断学习最新的设计理念，不断提高艺术鉴赏力，不断练习绘画基本功。希望本书在提升制作效率和渲染效果方面能对读者有所帮助。

本书特色主要有以下4点。

1.本书结合Cinema 4D R23版本进行讲解，采用参数讲解与举例应用相结合的方法，使读者明白参数意义的同时，能最大限度地学会应用。

2.本书图文并茂，大量的图片都做了标示和对比，力求让读者通过有限的篇幅，学习尽可能多的知识。

3.本书案例丰富，相关案例均配套微课视频，读者扫码即可观看。

4.本书提供案例的素材和效果文件、PPT课件、教学大纲和教案等丰富的教学资源，任课教师可到人邮教育社区(www.ryjiaoyu.com) 免费下载使用。

本书由徐晓玲编著。书中的不足之处在所难免，请广大读者批评指正。

编著者

2023年4月

目录

第1章 Cinema 4D 基础知识

第2章 对象的选择和变换

第 3 章 场景文件的管理和界面定制

第 4 章 基础对象的创建

第 5 章 变形器和标签

第6章 灯光和环境

第7章 材质

第8章 Octane 渲染器

第9章 动画制作

第10章 综合应用实例：制作糖罐动画

第1章 Cinema 4D基础知识

本章导读

Cinema 4D自诞生起，就一直深受三维动画创作者的青睐，Cinema 4D提供了十分友好的操作界面，使创作者可以很容易地创作出专业级别的三维模型和动画。在过去的几年中，Cinema 4D得到了迅速的发展和完善，其应用领域不断拓宽，可以毫不夸张地说，Cinema 4D是目前最优秀、使用最广泛的三维动画制作软件之一，其无比强大的建模功能、丰富多彩的动画技巧、直观简单的操作方式已深入人心。Cinema 4D已经广泛应用于电影特效、电视广告、工业造型、建筑艺术等多个领域，并不断地吸引着越来越多的动画制作爱好者和三维设计专业人员。本章将详细介绍Cinema 4D的基础知识。

知识点	了解	理解	应用	实践
Cinema 4D的应用领域	√			
Cinema 4D R23的新增功能			√	√
Cinema 4D的工作流程		√	√	
Cinema 4D的界面布局		√	√	
Cinema 4D中对象的显示方式			√	√
Cinema 4D的视图布局			√	√
隐藏对象			√	√
群组和取消群组			√	√

1.1 Cinema 4D应用领域

随着社会的发展、技术的进步，从行业上看，Cinema 4D的应用领域主要有以下几个。

1.1.1 建筑行业

Cinema 4D在建筑行业的应用，主要表现在建筑效果图的制作、建筑动画的制作和虚拟现实技术的实现。随着我国经济的发展，房地产行业持续升温，建筑行业相关产业的发展也被带动。这几年，一些大型的规划项目中也应用了虚拟现实技术，Cinema 4D在建筑行业中的应用日趋完善。

图1.1所示是Cinema 4D参与建筑行业的应用示例。

图1.1

1.1.2 广告包装行业

一个好的广告包装往往是创意和技术的完美结合，所以广告包装对三维软件的要求比较高。Cinema 4D在广告包装行业的应用一般包括建模、角色动画和实景合成等多个方面。随着我国广告相关制度的健全和人们品牌意识的增强，Cinema 4D在这一行业的应用将有更加广阔的空间。图1.2所示的广告宣传片的制作完全由Cinema 4D完成。

图1.2

1.1.3 电视行业

Cinema 4D在影视行业的应用主要分为电视的片头动画和电视台的栏目包装两方面。这个行业有其自身的特点，最主要的就是高效率，一般一部完整的片子必须几天制作完成，所以需要团队作业，最好是涵盖前期策划、场景制作和后期合成的团队。图1.3所示是Maxon公司的一些优秀电视栏目包装。

图1.3

1.1.4 电影特效行业

近几年，三维动画和合成技术在电影特效行业中得到了广泛应用，像电影《阿凡达》中就使用了大量的三维动画镜头，并用三维动画技术创造出了许多现实中无法实现的场景，而且也大幅度降低了制作成本。

目前，国内的电影工业也是初显起色，国内的电影《流浪地球》《深海》中就使用了大量的计算机特效，在效果上丝毫不逊色于欧美大片，但是，整体技术还有待提高。

图1.4

在制作电影特效方面，虽然Maya、Houdini做得比较好，但是随着Cinema 4D的不断升级，其功能也不断向电影特效方向发展，Cinema 4D在电影特效行业得到了广泛应用。图1.4所示是电影中用Cinema 4D制作的虚拟三维城市。

1.1.5 游戏行业

Cinema 4D在世界范围内应用最广的是游戏行业，游戏开发在美国、日本及韩国都是支柱性娱乐产业，我国开发游戏软件的公司很少，究其原因：一是国内相关制度不健全，盗版市场猖獗；二是国内高级游戏开发人员不足。近年来，随着外来游戏的不断侵入，很多国内投资商也看到了这一商机，纷纷推出自己开发的游戏软件，虽在国内游戏软件市场上也有一片天地，但是始终无法占据主流市场。随着人们版权意识的增强，国内计算机图形（Computer Graphics，CG）技术的提高，相信游戏行业会有长足的发展。

图1.5

本行业需要的制作人员一般要有良好的美术功底，能熟练掌握多边形建模、手绘贴图、程序开发、角色动画设计等多项技术。目前，国内相关人才缺口比较大。图1.5所示是一款网络游戏中的动物形象。

1.2 Cinema 4D R23新增功能

科技是第一生产力、人才是第一资源、创新是第一动力。为了培养三维设计领域的创新型人才，本书结合Cinema 4D R23深入讲解三维设计的相关知识。Cinema 4D R23相对于前一个版本，主要新增了角色动画工具、外观集成、动画工作流、场景节点等功能。

1.2.1 角色动画工具

Cinema 4D R23新增了角色求解器、Pose Manager和Toon / Face Rigs模块，增强了角色动画工具集和Magic Bullet Looks技术，如图1.6所示。

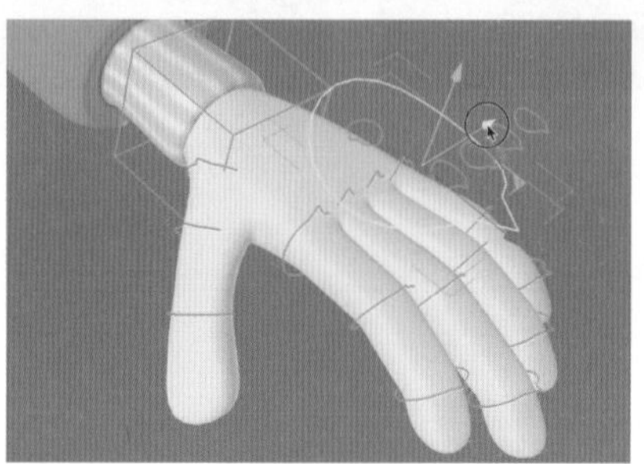

图1.6

1.2.2 外观集成

Cinema 4D R23可轻松应用200多种预设胶片，可以导入显示查找表（Look-Up-Table，LUT）或使用单独的工具进行色彩校正、胶片颗粒校正和色差校正，如图1.7所示。

图1.7

1.2.3 动画工作流

Cinema 4D R23新增的动画工作流能够更好地控制关键帧、时间轴和属性管理器，Cinema 4D R23还新增了强大的UV编辑功能，以及适用于硬表面模型的UV工具，如图1.8所示。

图1.8

1.2.4 场景节点

Cinema 4D R23新增的场景节点允许用户在进一步开发Cinema 4D核心引擎之前探索大量的分布和过程模型，以实现最佳的效果，如图1.9所示。

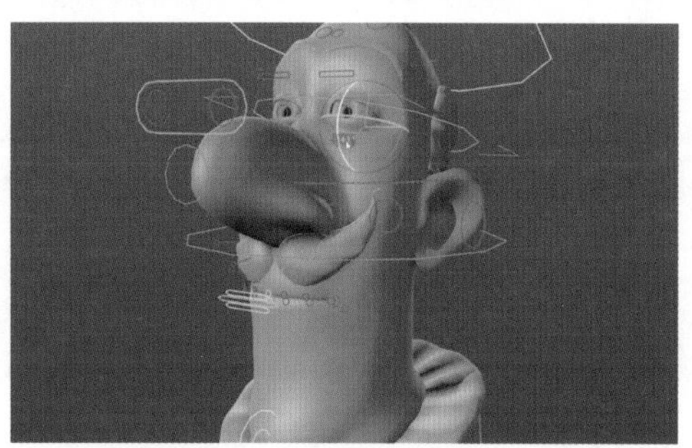

图1.9

1.3 Cinema 4D工作流程

使用Cinema 4D可以创造具有专业品质的CG模型、照片级的静态图像及电影品质的动画，如图1.10所示。了解Cinema 4D的工作流程是十分重要的。Cinema 4D的工作流程一般分为6步，分别为设置场景、建立模型、使用材质、放置灯光和摄像机、渲染场景、设置场景动画。

图1.10

1.3.1 设置场景

设置场景时，首先要打开Cinema 4D，如图1.11所示。然后通过设置语言、设置视图显示来建立场景。具体设置方法在后面内容中有详细的讲解。

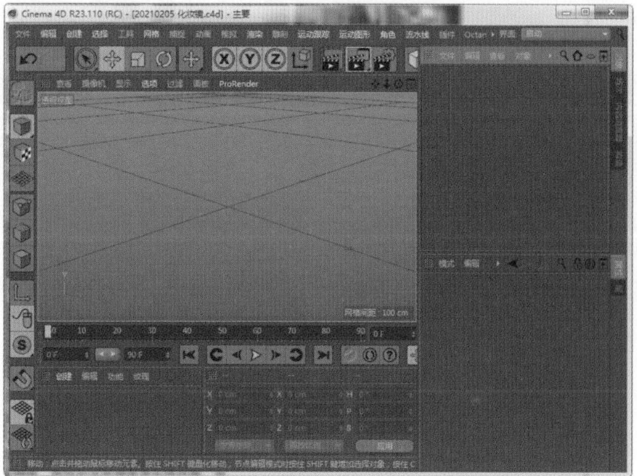

图1.11

1.3.2 建立模型

建立模型时，应先创建几何模型，如三维模型或者二维图形，然后对这些对象进行变换。也可以使用移动、旋转和缩放等工具将这些对象定位到场景中。图1.12所示为模型的建立过程。

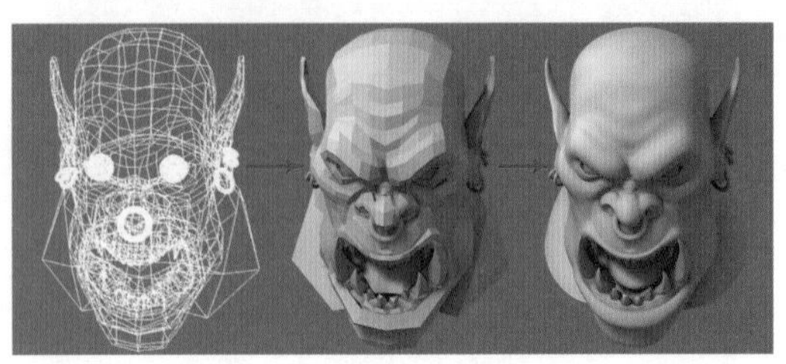

图1.12

1.3.3 使用材质

可以使用材质编辑器来制作材质和贴图，从而控制对象的外观。贴图可以用来控制环境效果的外观，如灯光、雾和背景；还可以用来控制曲面属性，如纹理、凹凸度、不透明度和反射效果等。大多数基本属性都可以使用贴图进行增强。任何图像文件，例如在画图程序中（如Photoshop）创建的文件，都能作为贴图使用。图1.13（a）所示为一辆车的模型，图1.13（b）所示为为其应用材质后的效果。

（a）

（b）

图1.13

1.3.4 放置灯光和摄像机

Cinema 4D的默认照明功能可均匀地为整个场景提供照明。建模时，此类照明很有用，但不是特别有美感或真实感。若想在场景中获得更加真实的照明效果，可以自行创建和放置灯光。

用户还可以在场景中创建和放置摄像机。摄像机用于设置渲染的视图，通过设置摄像机动画可以产生播放电影的效果。图1.14（a）所示为灯光和摄像机的建立，图1.14（b）所示是在摄像机视角下渲染后的场景。

（a）

（b）

图1.14

1.3.5 渲染场景

图1.15

渲染是将颜色、阴影、照明效果等加入几何体中的操作，如图1.15所示。用户可以设置最终输出文件的大小和质量，可以完全地控制专业级别的电影和视频属性及效果，如反射、抗锯齿、阴影属性和运动模糊效果。

1.3.6 设置场景动画

可以为场景中的所有对象设置场景动画。单击【自动记录关键帧】按钮启用自动创建动画功能，拖动时间滑块，并在场景中做出更改来创建动画效果。可以打开【时间线窗口】并更改运动曲线来编辑动画。【时间线窗口】就像一张电子表格，它沿时间线显示动画关键帧，更改这些关键帧可以编辑动画效果。

1.4 Cinema 4D界面布局和对象显示方式

下面介绍Cinema 4D的界面布局和对象显示方式。

1.4.1 Cinema 4D界面布局

Cinema 4D的界面主要包括主菜单栏、工具栏、对象面板、视图区、时间线区域、参数面板和材质编辑器。

- Cinema 4D的主菜单栏如图1.16所示。主菜单栏中包括文件、动画及渲染等多个菜单。关于菜单的具体应用将在后文逐步讲解。

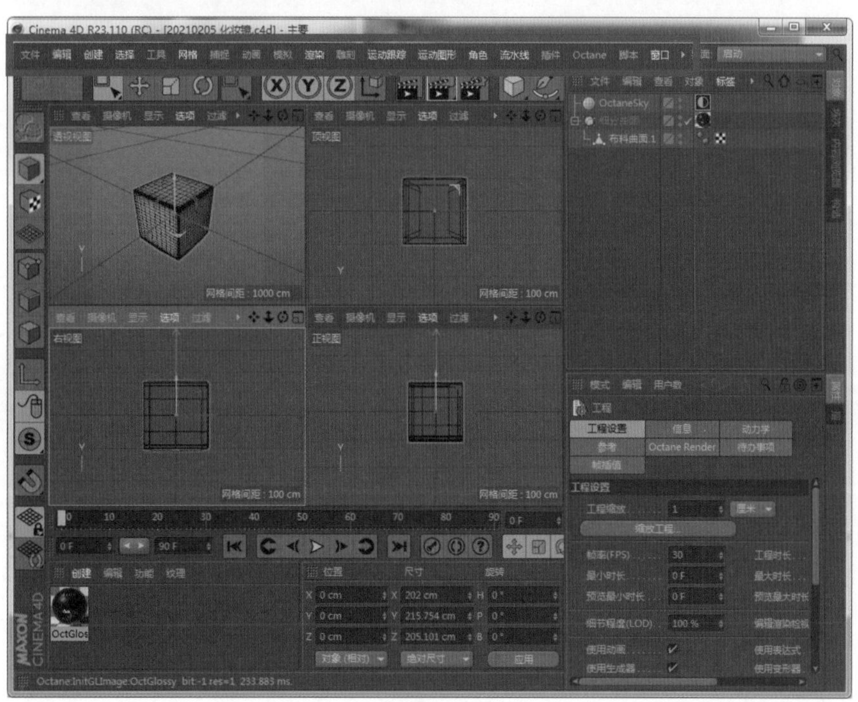

图1.16

- Cinema 4D的工具栏如图1.17所示。工具栏中包含很多常用命令，在计算机屏幕不能完全显示的情况下可以通过滚动鼠标滚轮查看。

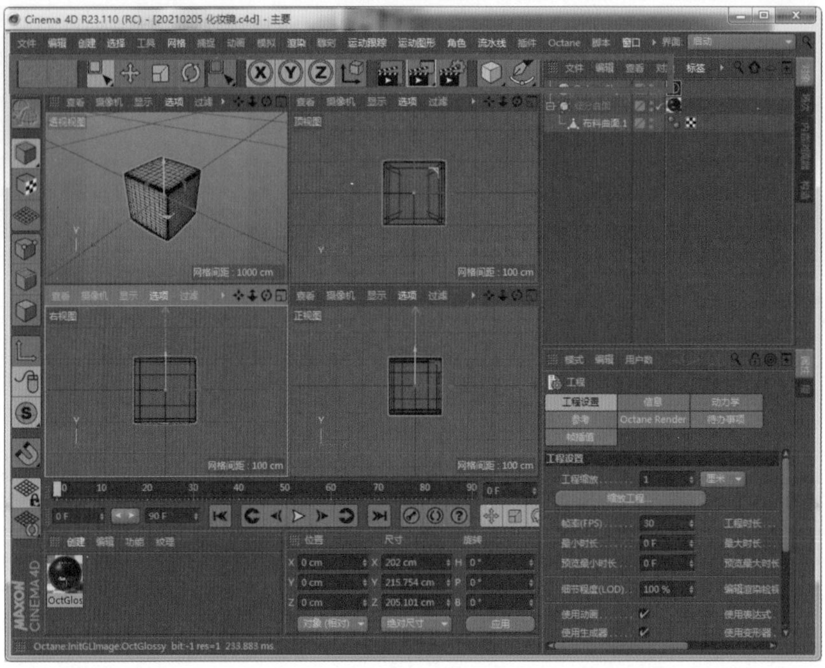

图1.17

在主菜单栏空白处单击鼠标右键，可以选择将隐藏的工具面板打开，如图1.18所示。

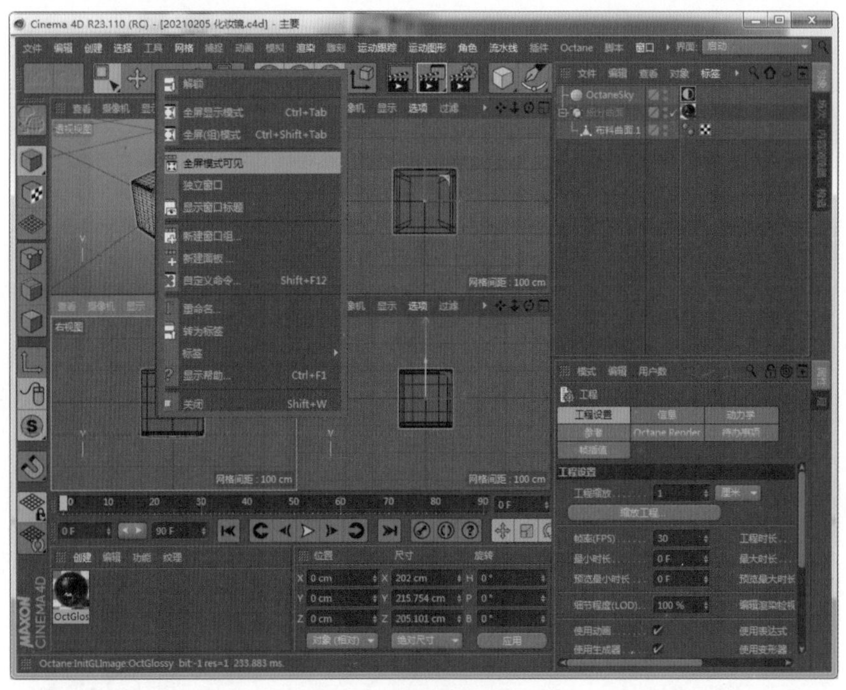

图1.18

- 界面的右上方是对象面板，如图1.19所示。对象面板主要以层级方式显示场景中的对象，在此可对其进行选择和编辑操作，这是一个全新的场景编辑方式。
- 界面的正中位置是视图区，如图1.20所示。视图区是主要的工作区域，它可以划分成不同的视图布局。

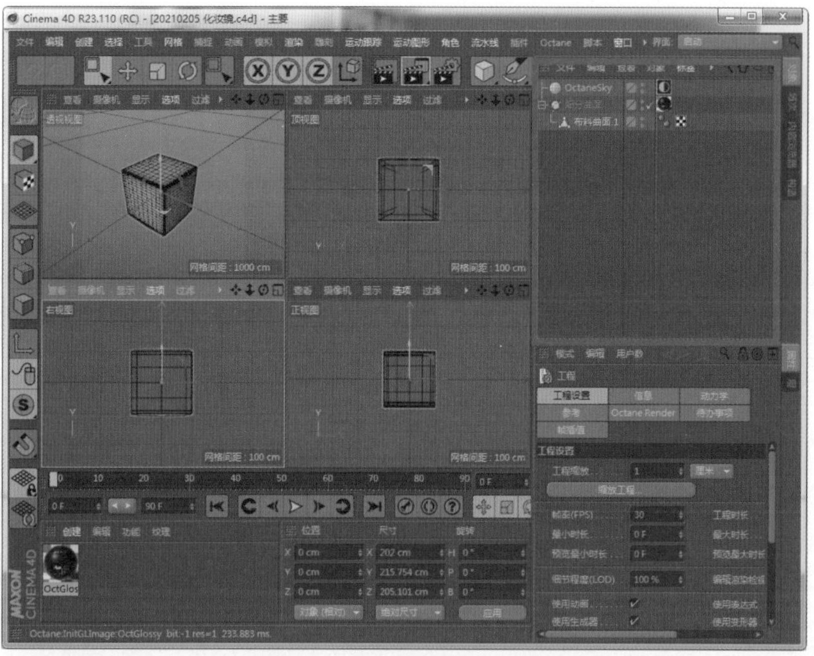

图1.19

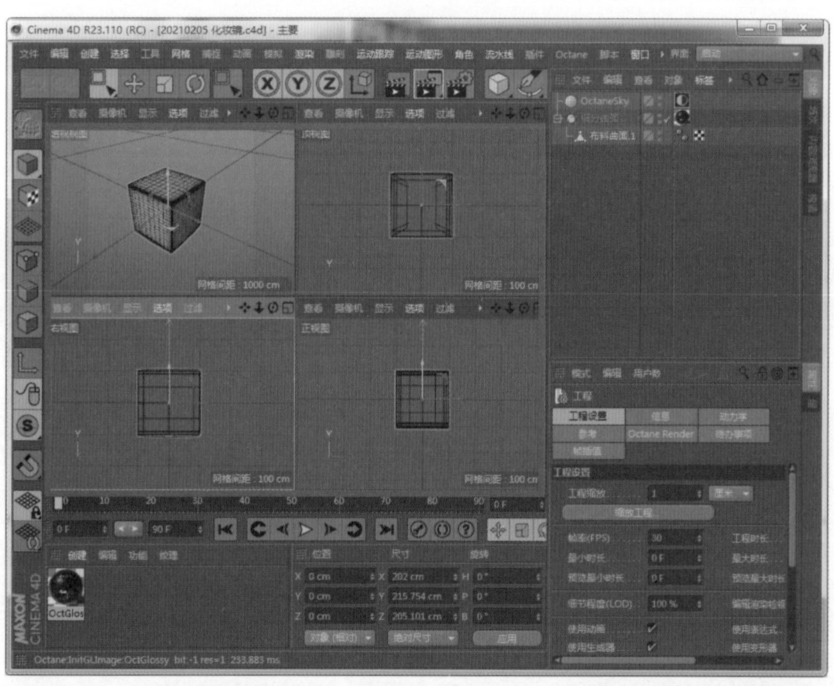

图1.20

- 视图区右上角有4个控制视图显示的图标按钮，如图1.21所示，可对视图进行平移、缩放、旋转、最大化/最小化操作。
- 视图区下方是时间线区域，如图1.22所示。可在这里编辑关键帧和创建动画，控制动画帧数和改变时间线的编辑模式。

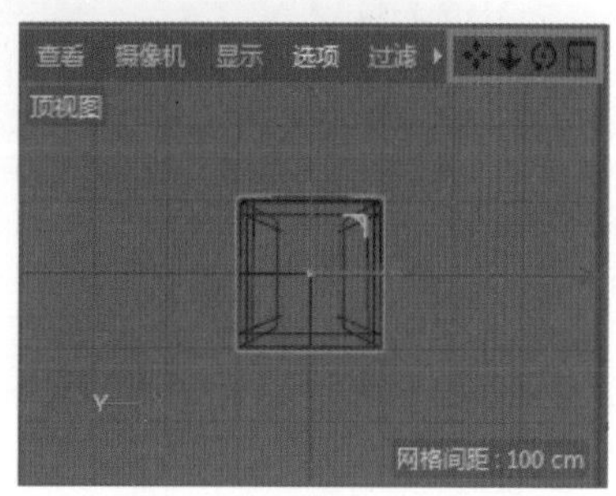

图1.21

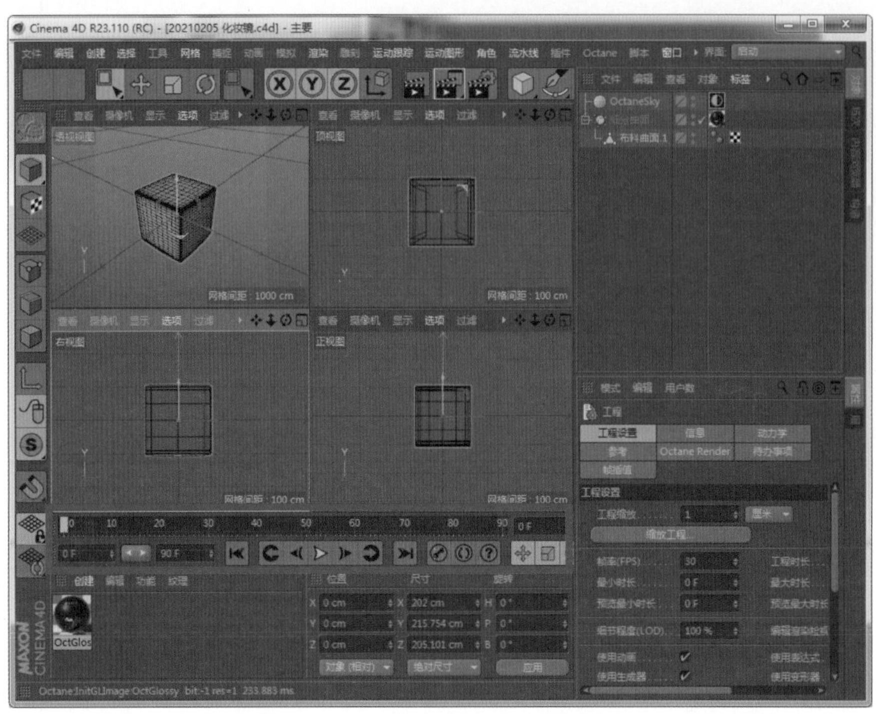

图1.22

- 界面的右下方是参数面板，如图1.23所示。在场景中选择一个对象后，该对象的所有参数都将在这里展现并可进行属性编辑。

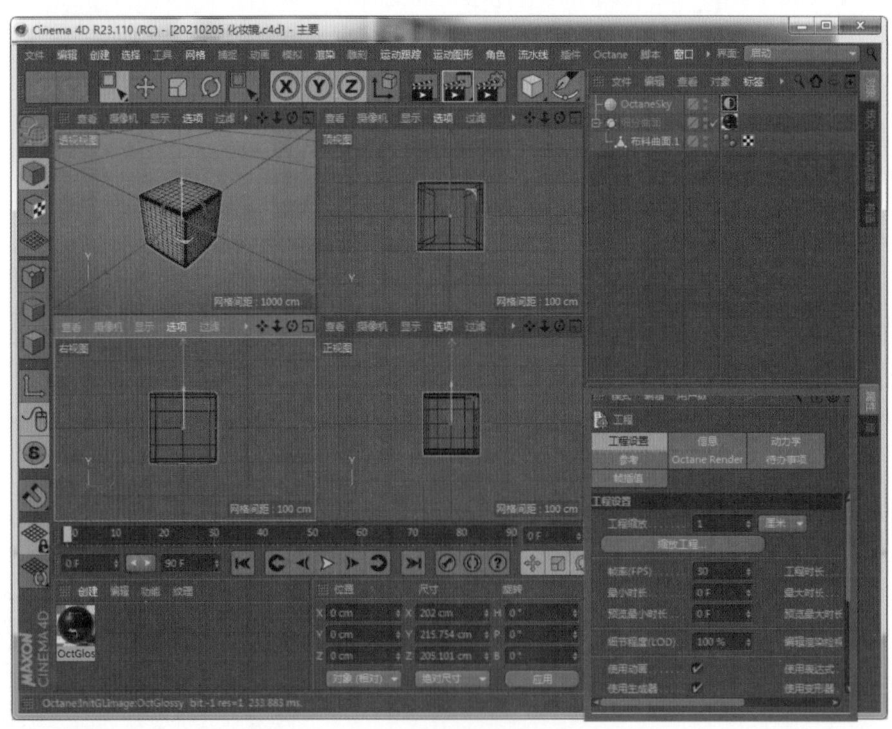

图1.23

- 界面的左下方是材质编辑器，如图1.24所示。在这里可以编辑材质属性和贴图，对材质球进行分类和命名等操作。

用户可以对界面布局进行调整，只要拖动对应区域左边的小方块，就可以随意移动它们，如图1.25所示。

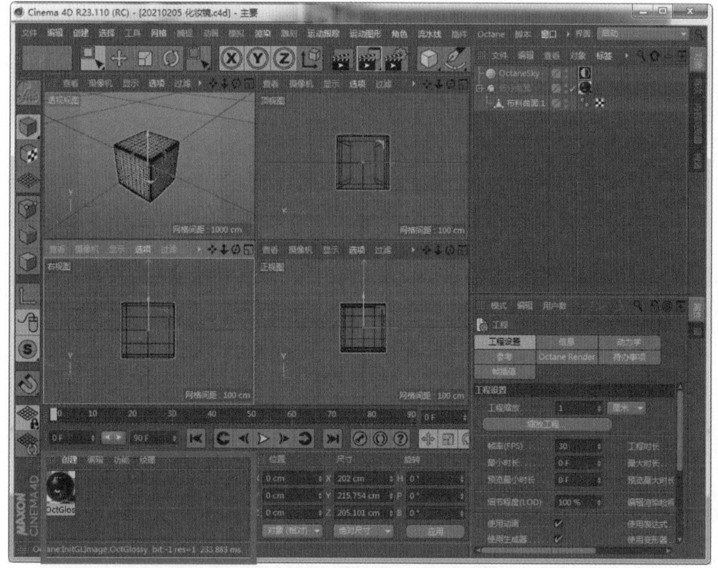
图1.24

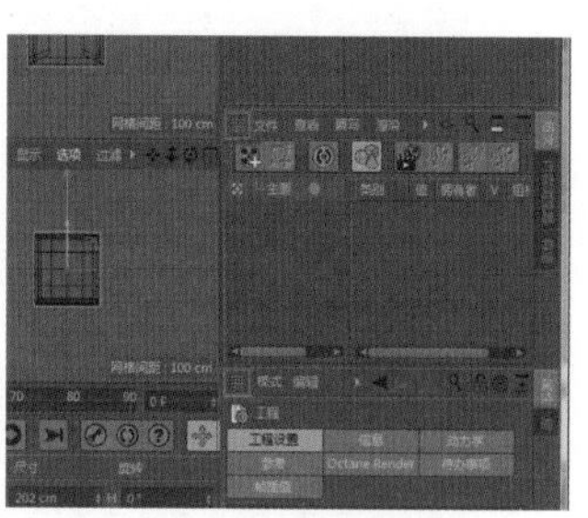
图1.25

1.4.2 Cinema 4D中对象的显示方式

对象在视图中有不同的显示方式，用户可以根据不同的显示方式进行相应的操作。在默认情况下，对象是以实体方式显示的。除了界面中的主菜单栏外，每个视图上方都有自己的视图菜单栏，可以用于控制对象的显示方式，如图1.26所示。

- 【光影着色】方式：真实的显示方式。可以在视图中看到对象的明暗显示面及灯光效果，如图1.27所示。

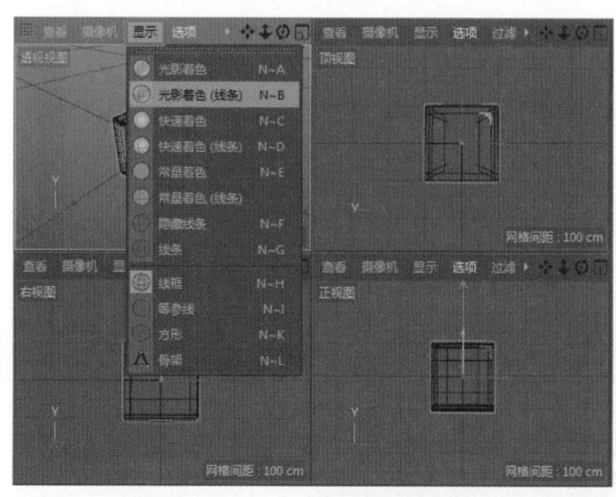

图1.26

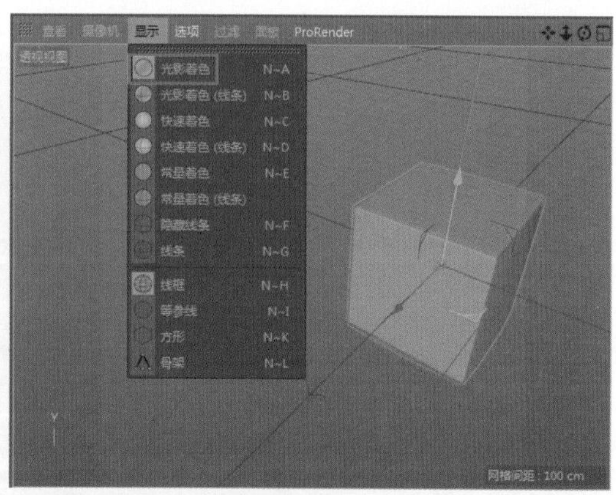

图1.27

- 【光影着色(线条)】方式：可以显示光影和线条的叠加效果，如图1.28所示。

在【光影着色(线条)】显示方式打开的情况下，还可以打开【等参线】显示方式，如图1.29所示，此时，模型既能显示出平滑的阴影面，又能显示出简化的结构效果，这是比较常用的一种显示设置。

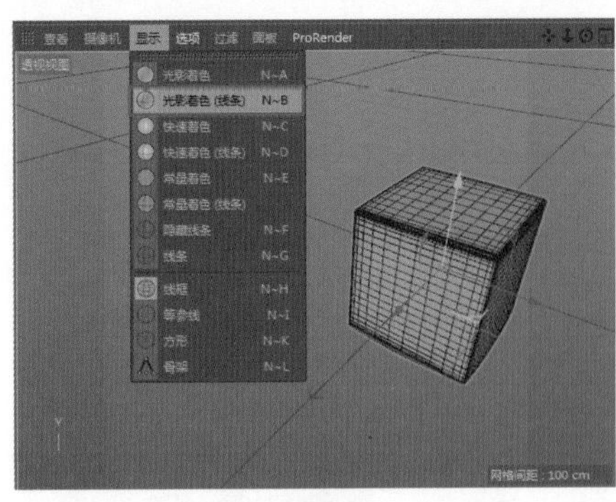

图1.28

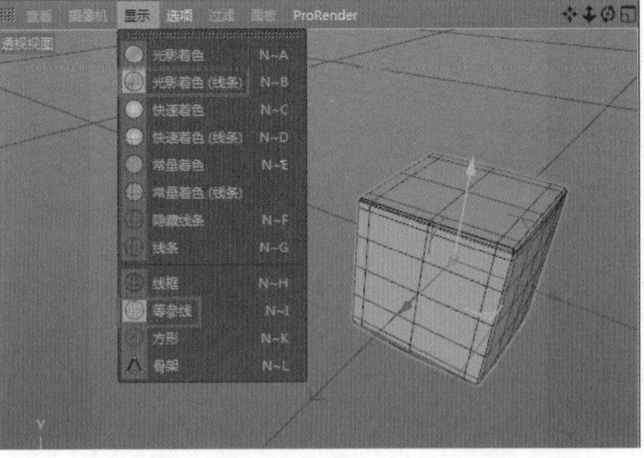

图1.29

在【光影着色(线条)】显示方式打开的情况下，也可以打开【方形】辅助显示方式，如图1.30所示。这种设置比较适合大型场景。通常用户以这样的显示设置加快视图的显示速度。

- 【线条】方式：较常用的显示方式之一，是在物体显示的基础上以全部的线框形式显示对象，必须与【线框】方式一起使用，如图1.31所示。

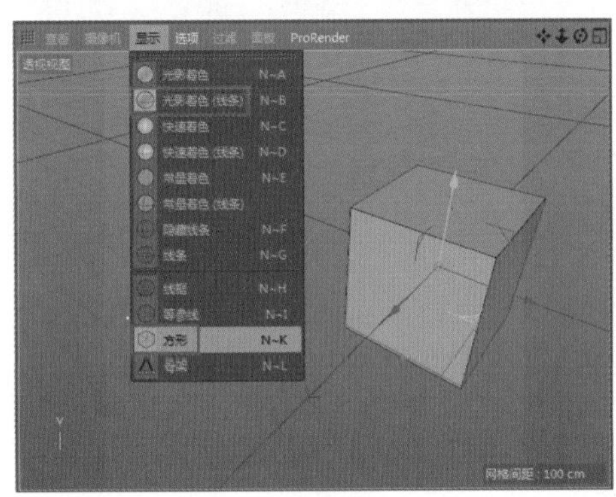

图1.30

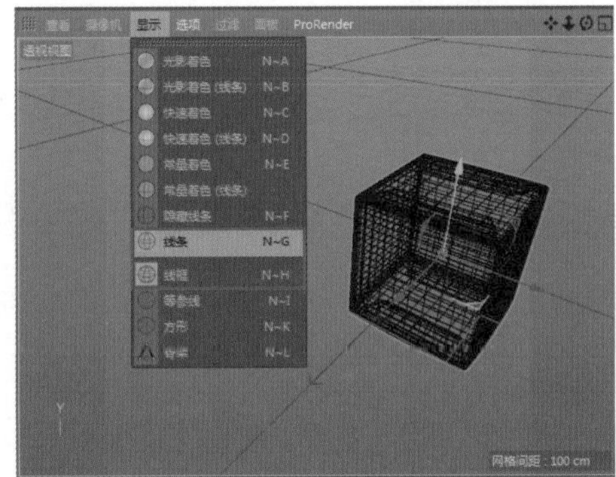

图1.31

- 【等参线】方式：对象以它本身网格线框的简化形式显示（此时不显示全部线条），如图1.32所示。

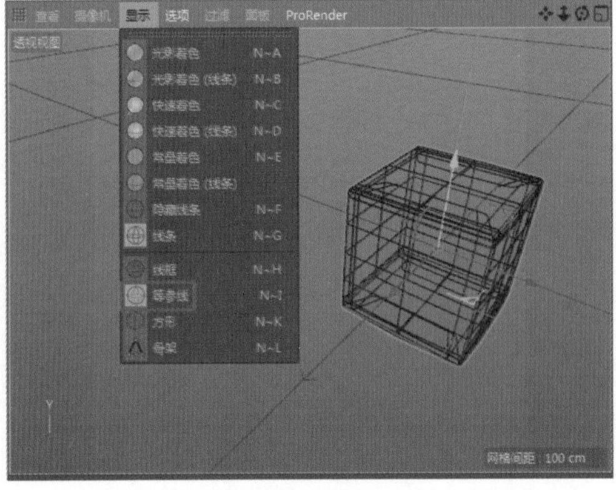

图1.32

1.5 Cinema 4D视图布局

Cinema 4D默认采用四视图布局方式，4个视图是均匀划分的，在默认情况下左上角是它的当前属性标志。

Cinema 4D有4个常用视图，即透视视图、顶视图、右视图和正视图，如图1.33所示。

如果要显示其他视图，具体操作方法是先选择将要替换的视图，然后单击该视图左上方的【摄像机】菜单，选择将要更换的视图即可，如图1.34所示。

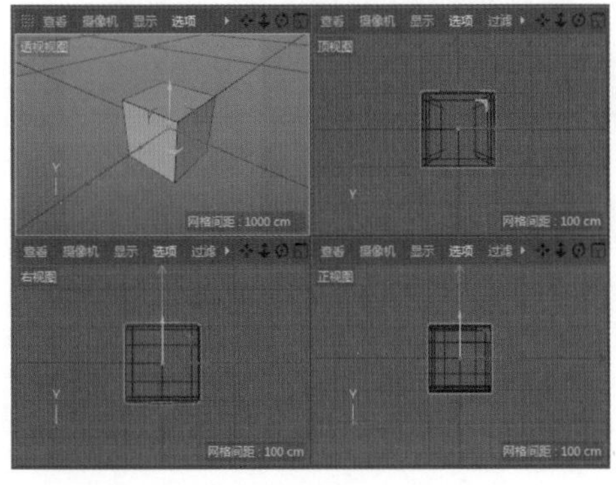

图1.33

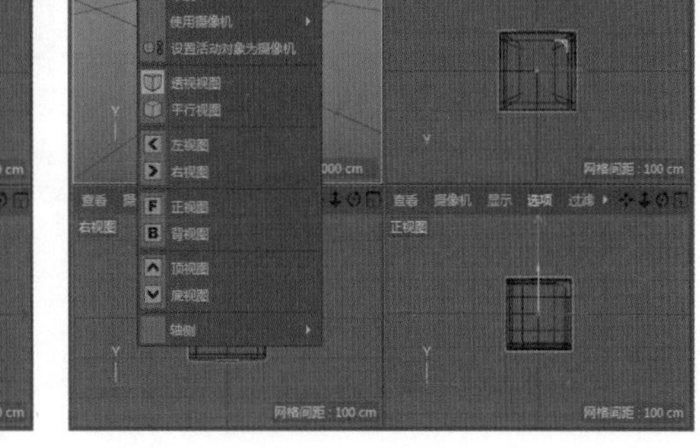

图1.34

1.5.1 Cinema 4D视图设置

按Shift+V组合键可打开视图设置面板，在其中可设置视图的相关内容。

- 【显示】面板：在该面板中可设置对象的显示方式等，如图1.35所示。
- 【过滤】面板：在该面板中可设置场景中哪些元素显示，哪些元素不显示，这样可以优化视图，避免视图过于复杂，影响正常操作，如图1.36所示。

图1.35

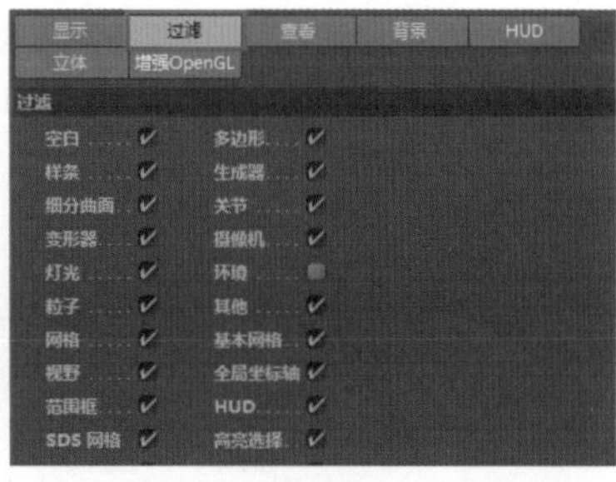

图1.36

- 【查看】面板：在该面板中可设置视图的安全框、范围框及边界，安全框主要用于摄像机视图的渲染，如图1.37所示。
- 【背景】面板：在该面板中可设置参考图片，方便建模时参考，如图1.38所示。

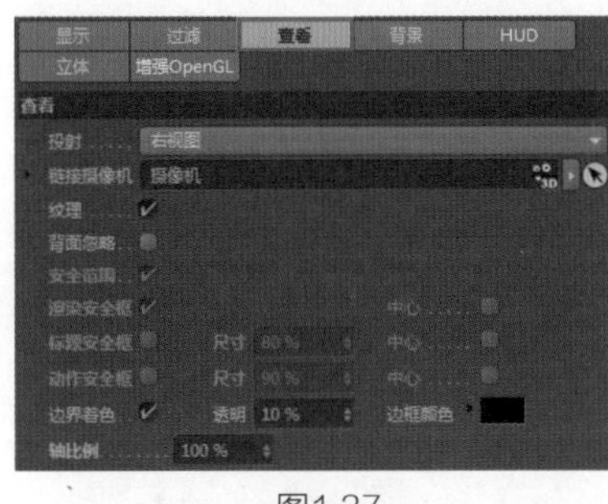

图1.37

图1.38

- 【HUD】面板：在该面板中可设置参考数据，如当前模型的面数、当前所选的点数等，如图1.39所示。
- 【立体】面板和【增强OpenGL】面板：在这两个面板中可设置立体模式和硬件加速模式，如图1.40所示。

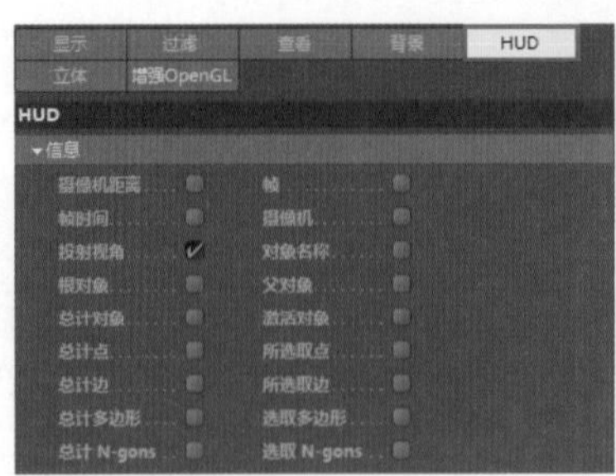
图1.39

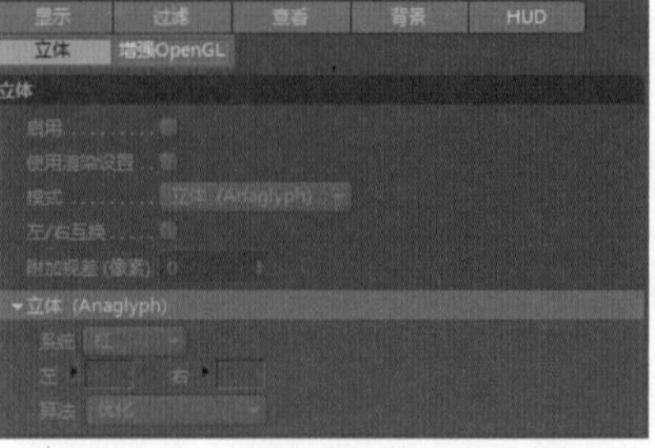
图1.40

1.5.2 实例：改变视图背景

微课视频

工程文件 Scenes\1.5.2.c4d\改变视图背景

视图背景的作用是，在当前窗口区域作为制作过程中的参考图像。下面详细讲解如何改变视图背景。

（1）选择一个要添加背景图片的视图，按Shift+V组合键打开视图设置面板，进入【背景】面板，如图1.41所示。

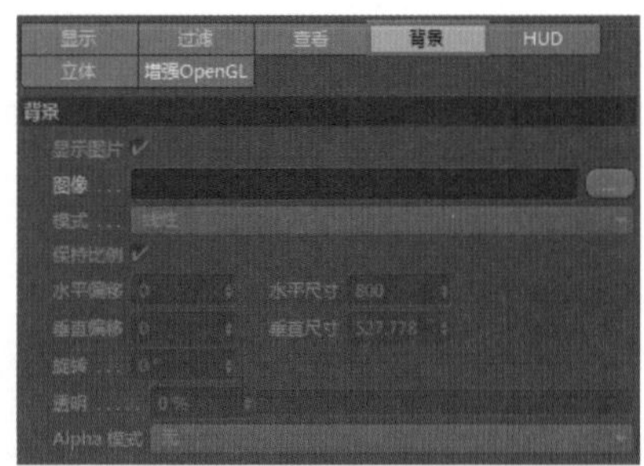
图1.41

（2）在【图像】选项右侧单击...按钮，在弹出的【打开文件】对话框中选择图片，如图1.42所示，单击【打开】按钮。此时所选视图的背景发生了变化，如图1.43所示。

图1.42

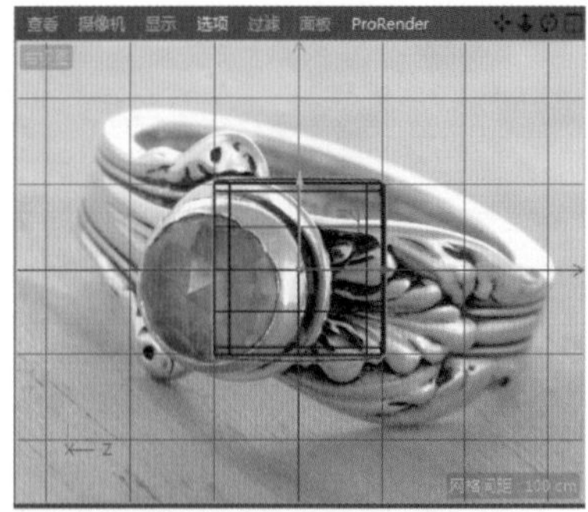
图1.43

（3）在【背景】面板中拖动【透明】滑块进行图片透明度的设置，如图1.44所示。

（4）也可以对图片的大小和位移进行调整，如图1.45所示。

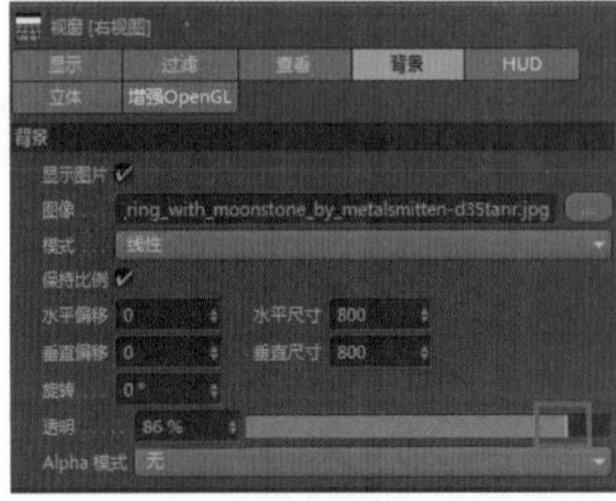
图1.44

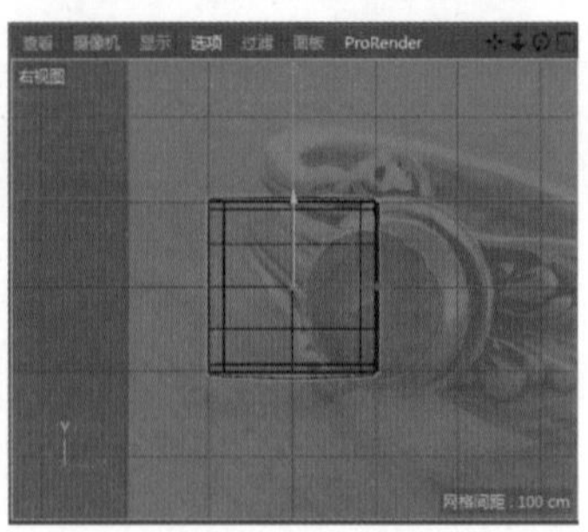
图1.45

除了上述为视图添加背景图片的方法外，还可以用拖放的方法更改视图背景。在资源管理器窗口中直接选择一幅图片，将其拖动到视图中即可，但是如果要对图片进行缩放和平移，还是需要通过【背景】面板进行设置。

1.5.3 实例：改变对象的操作视图

微课视频

Scenes\1.5.3.c4d\改变对象的操作视图

操作视图主要通过右上角的视图操作工具来实现，在不同视图下，不同视图操作工具也会发生相应的变化，如图1.46所示。

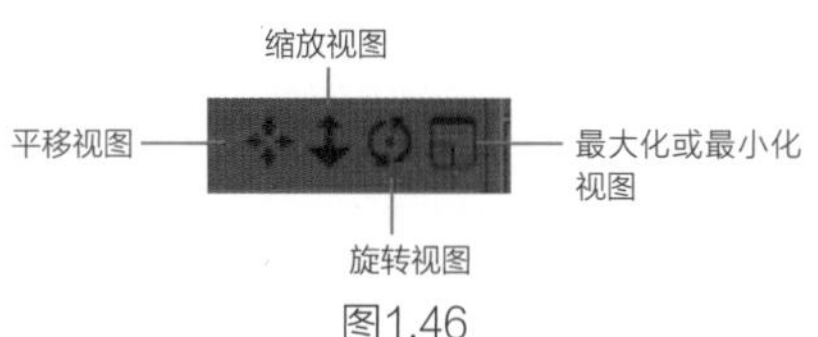

图1.46

（1）缩放视图。在视图中拖动按钮可调整视图中对象的显示大小（此时只是视角的改变，不会改变对象本身的尺寸），如图1.47所示。

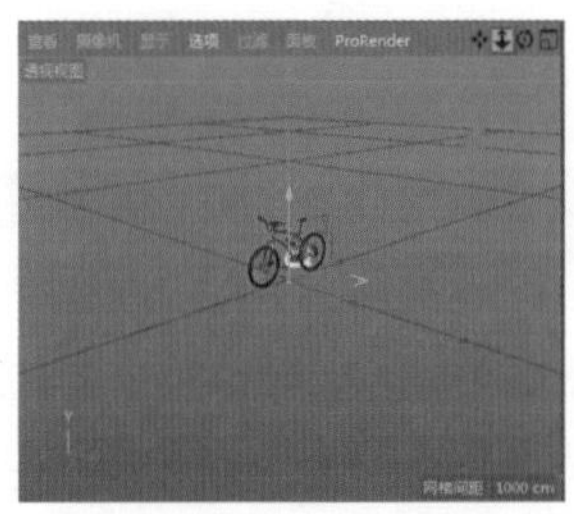

图1.47

缩放视图的快捷键是Alt+鼠标右键，上下滚动鼠标滚轮也可以缩放对象。

（2）平移视图。在视图中拖动按钮时可平移视图中的对象（此时只是视角的改变，不会改变对象本身的位置），平移视图的快捷键是Alt+鼠标滚轮，如图1.48所示。

（3）旋转视图。在视图中拖动按钮时可旋转对象的显示角度（此时只是视角的改变，不会改变对象本身的角度），旋转视图的快捷键是Alt+鼠标左键，如图1.49所示。

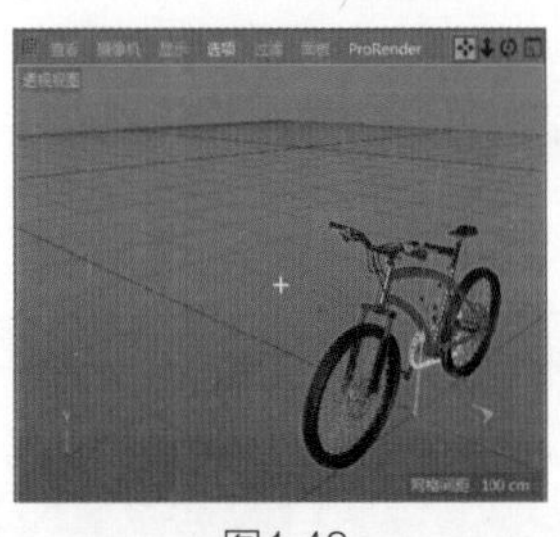
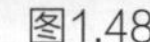

图1.48

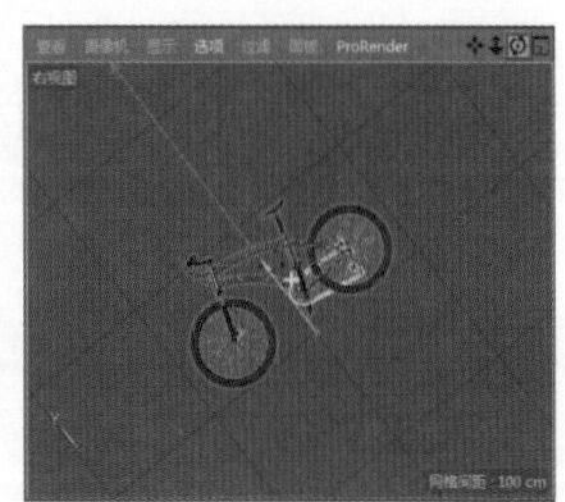

图1.49

（4）最大化或最小化视图。单击按钮可将视图最大化或最小化，如图1.50所示。

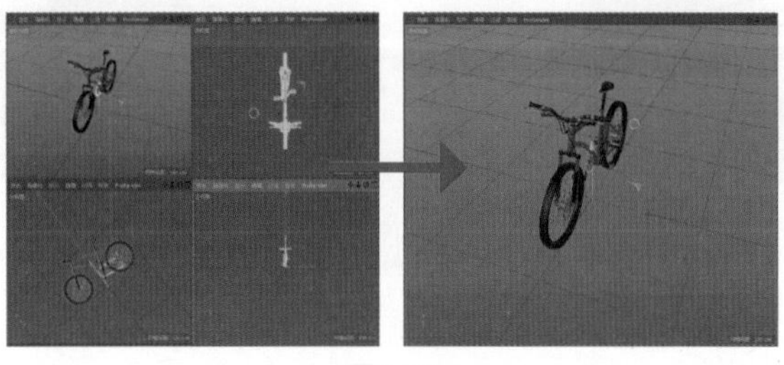

图1.50

视图的最大化显示的快捷键是O或S，也可以直接单击鼠标滚轮。尽量使用快捷键进行视图操作，这样可以大幅度提高工作效率。

1.5.4 实例：隐藏对象

微课视频

Scenes\1.5.4.c4d\隐藏对象

在场景复杂的情况下，我们需要对对象进行隐藏（而不是删除），这样可以避免对对象进行误操作。在Cinema 4D中，隐藏对象的操作在对象面板中完成，如图1.51所示。

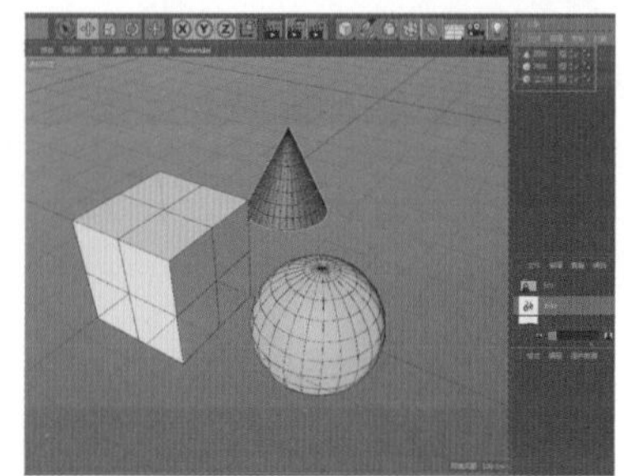

图1.51

（1）隐藏对象，是指将选中的对象在视图中隐藏。选择球体，双击对象面板中【球体】后上方的灰色小圆点，当上方的圆点变为红色时❶，球体被隐藏❷，如图1.52所示。

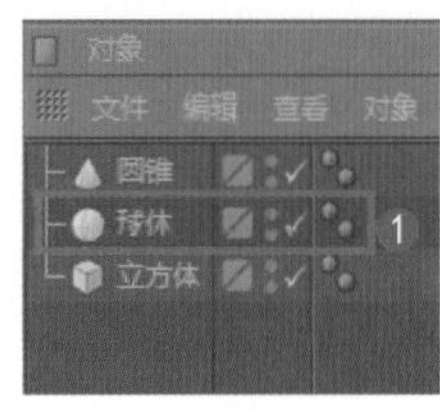

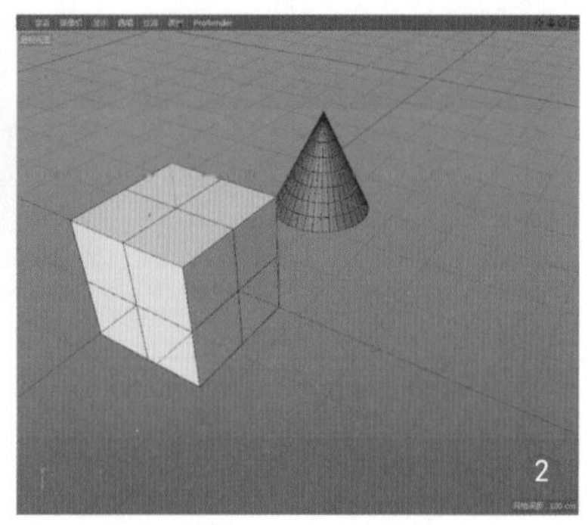

图1.52

（2）单击主菜单栏下方的【渲染活动视图】按钮，此时虽然在视图中隐藏了绿色球体，但该球体依然可以被渲染，如图1.53所示。

（3）双击【立方体】后下方的灰色小圆点，当下方的圆点变为红色时❶，立方体被冻结渲染❷，如图1.54所示。

图1.53

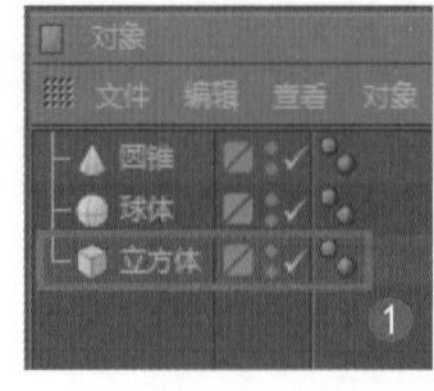

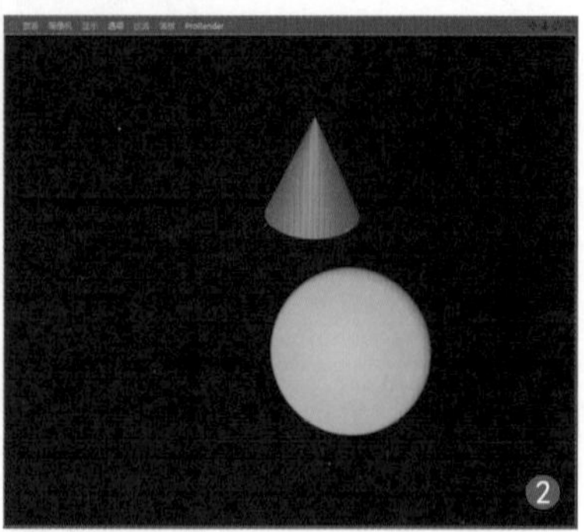

图1.54

1.5.5 实例：隐藏群组

微课视频

工程文件 隐藏群组（本小节素材与上一小节相同）

在Cinema 4D中，可以将素材场景中的3个对象进行群组，然后对群组对象进行隐藏。

（1）在对象面板中框选所有对象，按Alt+G组合键进行群组，如图1.55所示。

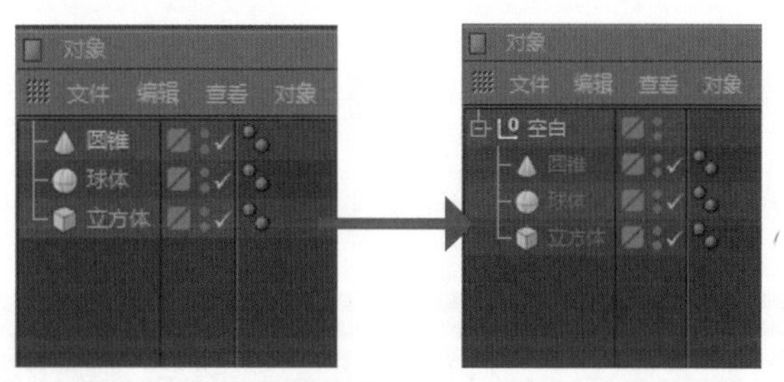

图1.55

（2）双击【空白】后上方的灰色小圆点，当上方的圆点变为红色时❶，该群组被隐藏，视图中的整组对象全部不可见❷，如图1.56所示。

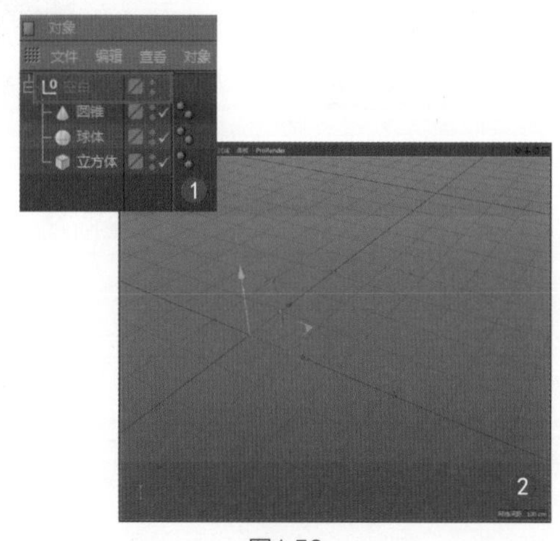

图1.56

（3）双击【空白】后下方的灰色小圆点，当下方的圆点变为红色时，整组对象被冻结渲染。

1.5.6 实例：强制显示和强制渲染

微课视频

工程文件 强制显示和强制渲染（本小节素材与上一小节相同）

通过前面两个例子我们可以知道，单个对象或群组是可以被隐藏和被冻结渲染的。如果单击灰色小圆点使其变成绿色，则会强制显示或强制渲染对应对象。

（1）双击【空白】后上方的灰色小圆点，当其变成红色时❶，该群组被隐藏，视图中的整组对象全部不可见❷，如图1.57所示。

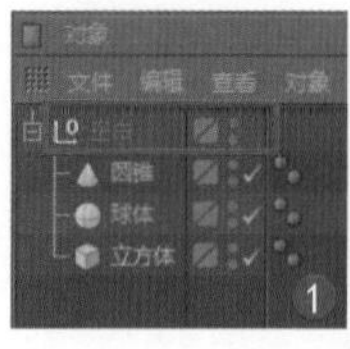
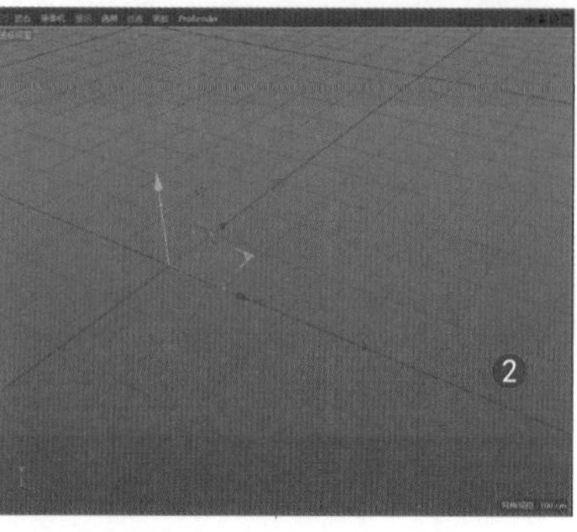

图1.57

（2）单击【立方体】后上方的灰色小圆点使其变成绿色❶，立方体在视图中强制显示❷，如图1.58所示。

（3）双击【空白】后下方的灰色小圆点，将其变成红色❶，系统将会冻结整组对象的渲染❷，如图1.59所示。

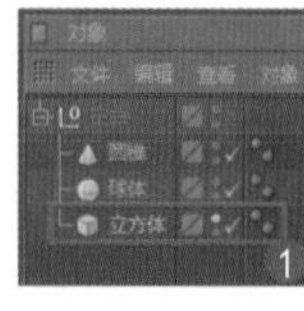
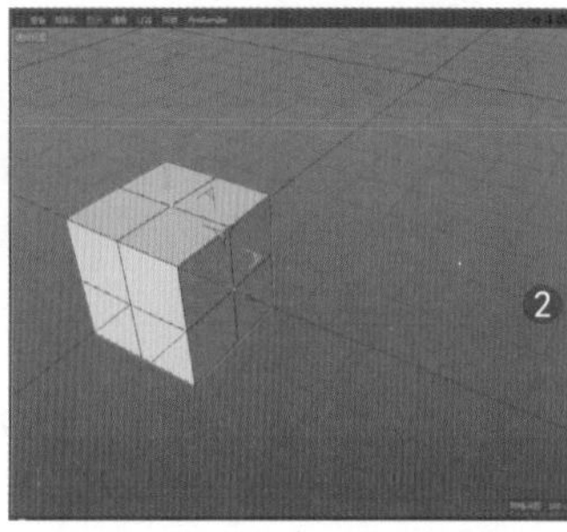

图1.58

图1.59

（4）单击【立方体】后下方的灰色小圆点使其变成绿色，该立方体将被强制渲染，而群组内其他两个对象仍然被冻结渲染。

（5）在按住Ctrl键的同时单击【空白】后下方的小圆点，可以看到整组对象的小圆点同时被改变颜色，如图1.60所示。

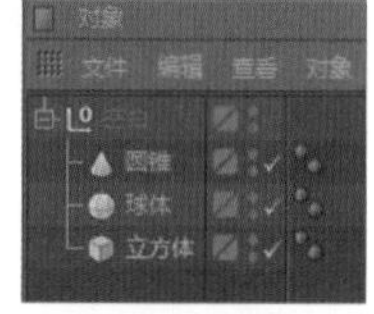

图1.60

（6）在按住Alt键的同时单击【空白】后方的小圆点，可以看到代表隐藏和渲染的上下两个小圆点同时被改变颜色，如图1.61所示。我们要充分理解红色圆点和绿色圆点的含义，这样才能熟练操作视图中的对象。

图1.61

1.5.7 实例：群组和取消群组

微课视频

工程文件 群组和取消群组（本小节素材与上一小节相同）

下面学习群组和取消群组的操作。

（1）选择要群组的对象后，右击打开快捷菜单，对应的命令是【群组对象】和【展开群组】，如图1.62所示。

（2）【展开群组】命令相当于【群组对象】命令的反向操作，用拖曳的方式也可以让对象脱离群组。在群组中选择【球体】，将其拖曳到【空白】群组之外的区域，即可让其脱离群组，如图1.63所示。

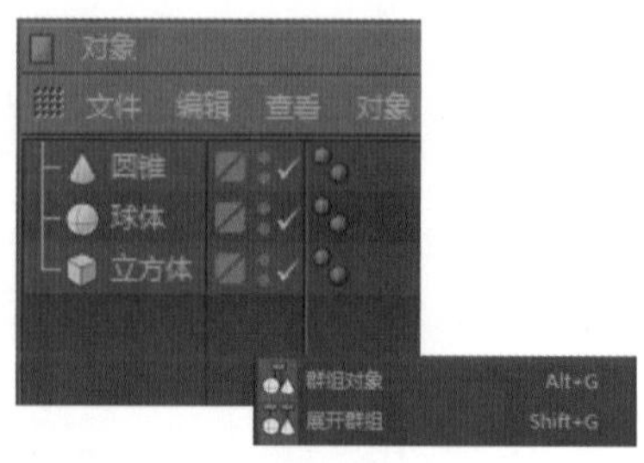

图1.62

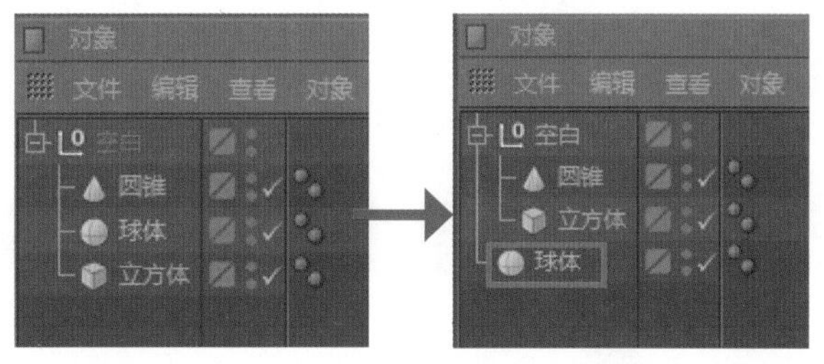

图1.63

此时可以看到【空白】群组中只剩下【圆锥】和【立方体】,【球体】在群组之外，也可以将【球体】重新拖到群组内。

课后习题

1. 视图操作练习

使用快捷键控制场景中模型的显示。

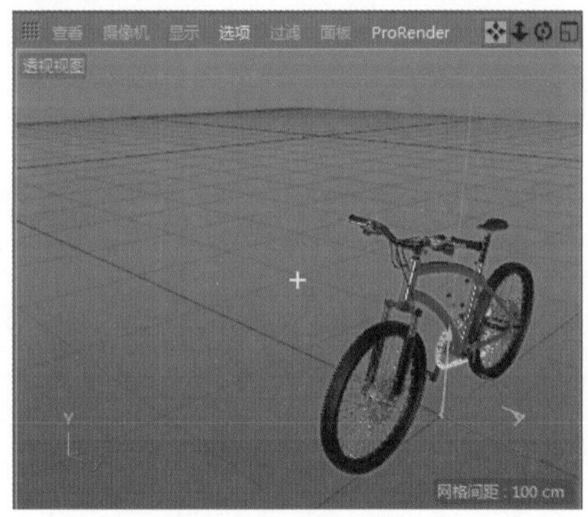

练习要求：

（1）放大和缩小视图；

（2）通过旋转观察不同角度的模型。

2. 模型的显示

将模型用线框和实体方式显示。

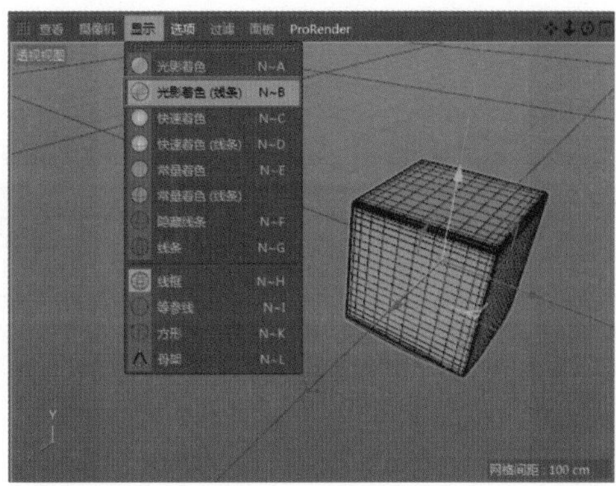

练习要求：

（1）熟练使用显示命令；

（2）在建模时熟练切换到线框显示方式和实体显示方式的操作。

第2章 对象的选择和变换

本章导读

Cinema 4D 中大多数操作都是针对场景中的选定对象的，因此必须在视图中选择对象，然后才能对其进行相应的操作。本章讲解建模和设置动画的基础知识。

知识点	了解	理解	应用	实践
按区域选择对象			√	√
按名称选择对象			√	√
命名选择集的使用方法			√	√
过滤器的使用方法		√	√	√
孤立当前对象的操作			√	
变换坐标和坐标中心的操作		√	√	√
变换约束的操作		√	√	√
变换工具的用法		√	√	√
捕捉工具的用法			√	√

2.1 对象选择的基础知识

最基本的选择方法是使用鼠标进行选择或鼠标与键盘配合使用，图2.1所示是对对象的选择。对象选择的方法一般有3种，一是单击工具栏中的按钮进行选择；二是用移动工具、旋转工具或缩放工具进行选择；三是在对象面板中根据对象名称进行选择。在任何视图中，当鼠标指针位于可选择的对象上时，对象的轮廓会高亮显示。对象被选中后，其显示效果取决于对象的类型及视图的显示方式。大多数情况下对象的轮廓会高亮显示。

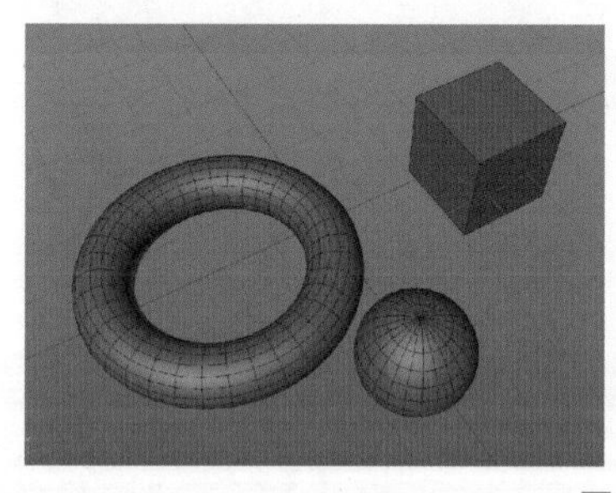

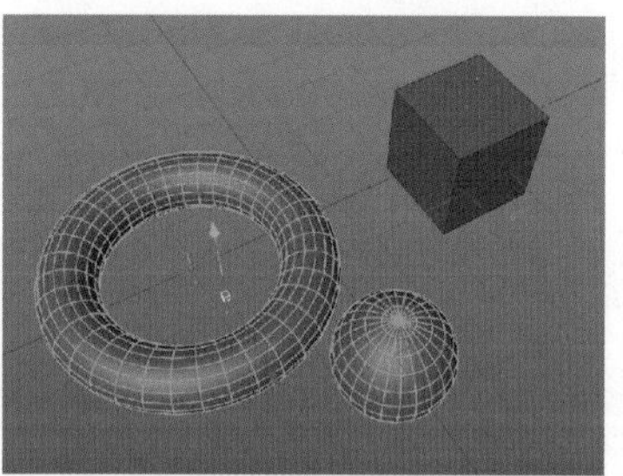

图2.1

2.1.1 实例：按区域选择

微课视频

工程文件 Scenes\2.1.1.c4d\按区域选择

借助区域选择工具，使用鼠标即可通过轮廓或区域选择一个或多个对象。如果在指定区域时按住Shift键，则影响的对象将被添加到当前选择中（加选）。如果在指定区域时按住Ctrl键，则影响的对象将从当前选择中移除（减选）。

区域选择主要包括【实时选择】、【框选】、【套索选择】和【多边形选择】4个方面的内容，如图2.2所示。

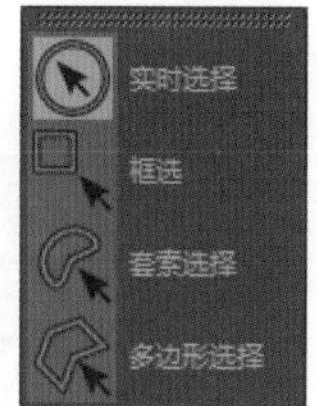

图2.2

- 实时选择。

单击按钮，在视图中单击或按住鼠标左键拖动确定区域❶，然后释放鼠标左键❷。要取消该选择，在释放鼠标左键前右击即可。选择的区域范围取决于笔头的大小，如图2.3所示。

图2.3

在按住Shift键的同时按住鼠标滚轮上下左右拖动，可实时改变笔头大小❶；也可在界面右下角的参数面板中修改【半径】值从而改变笔头大小❷，如图2.4所示。

- 框选。

单击按钮，在视图中按住鼠标左键拖动进行框选❶，矩形选框范围内的对象将被选中；在参数面板中勾选【容差选择】复选框❷，则矩形划过的区域都会被选中，无须将对象全部框住，如图2.5所示。

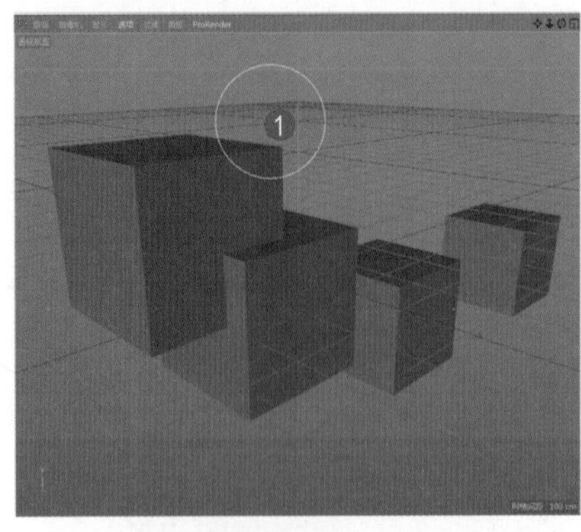

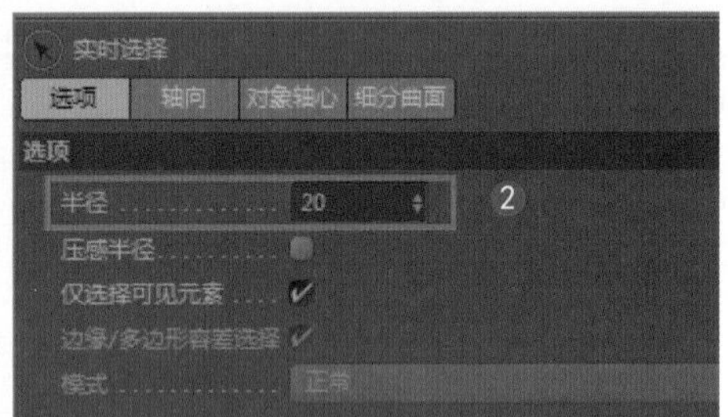

图2.4

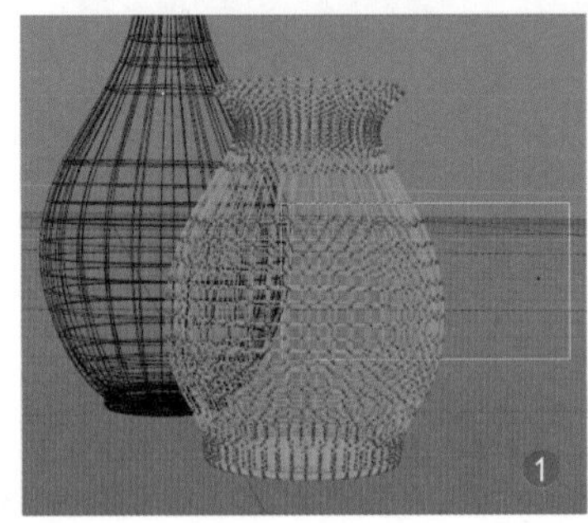

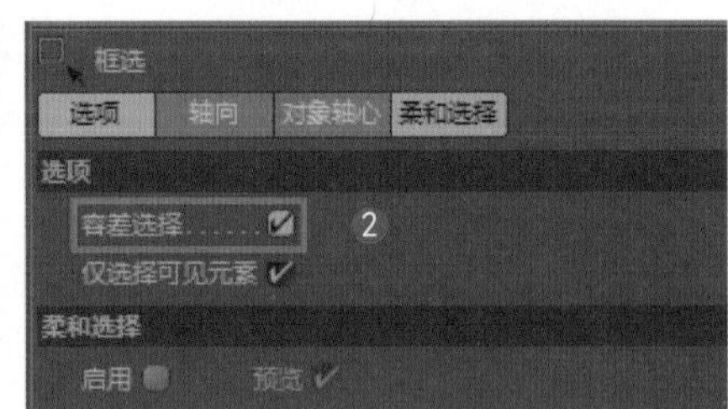

图2.5

- 套索选择。

单击按钮可对对象进行套索选择❶，只要是鼠标划过的区域都会被选择❷，如图2.6所示。这是一种比较随意的圈选方式。

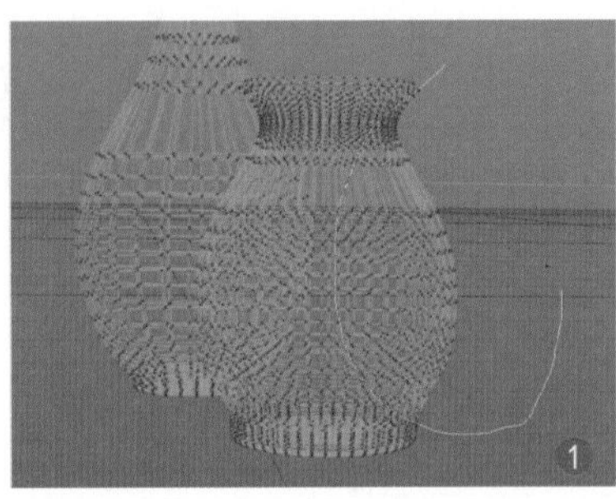

图2.6

- 多边形选择。

单击按钮可对对象进行多边形选择，通过多次单击进行围栏式框选❶，要结束多边形围栏式框选，必须让围栏终点与起点重合，被框住的对象都会被选择❷，如图2.7所示。

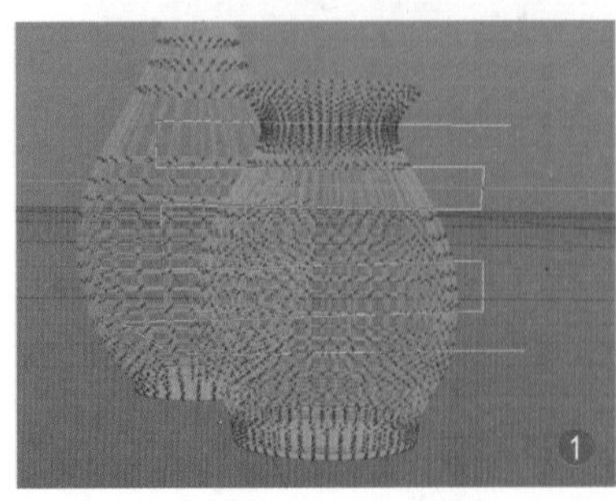

图2.7

2.1.2 实例：按名称选择

微课视频

可在界面右侧的对象面板中按对象的名称选择对象，从而完全避免频繁的单击操作。尤其是在对象比较多的场景中，按名称选择用得比较多。

工程文件 Scenes\2.1.2.c4d\按名称选择

（1）打开本例场景文件，如图2.8所示。场景中有很多堆砌的对象，用鼠标选择时很容易选错。

（2）在对象面板中可以看到对象的名称，要选择球体，在对象面板中选择“球体”名称即可，被选择的球体名称高亮显示，如图2.9所示。

（3）可以使用Shift键进行整列对象的加选，也可以使用Ctrl键进行单个对象的加选和减选，如图2.10所示。

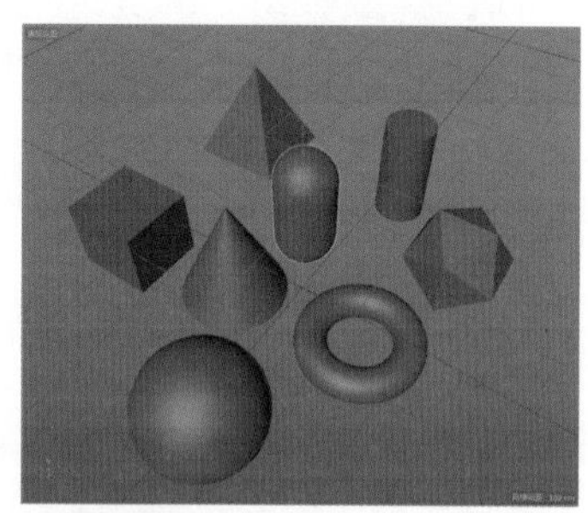
图2.8

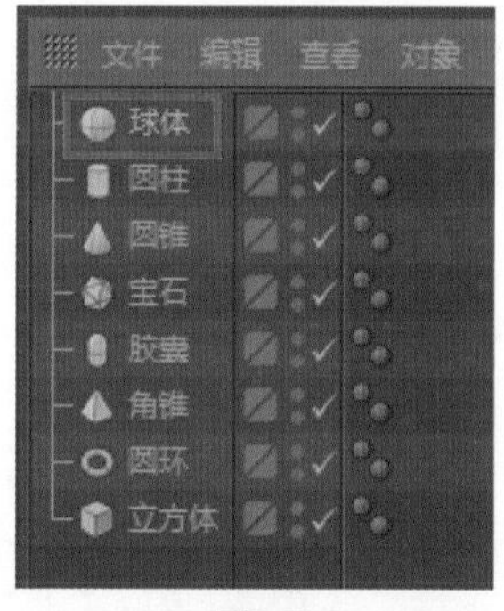

图2.9

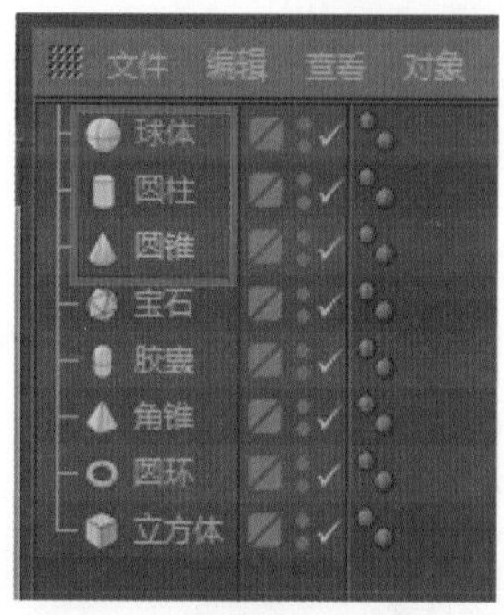

图2.10

2.1.3 实例：使用【设置选集】命令

微课视频

工程文件 Scenes\2.1.3.c4d\使用【设置选集】命令

使用【设置选集】命令可以为当前对象指定名称，随后通过从列表中选取其名称来重新选择这些对象。

（1）在场景中创建圆锥体，按C键对其进行塌陷，进入点模式，选择锥体上半部分的点，如图2.11所示。

（2）选择【选择】|【设置选集】命令❶，此时对象面板中【圆锥】的后面出现了一个标签❷，如图2.12所示。

（3）选择这个标签，在参数面板中可以更改其名称，取消选择后，可以随时双击这个标签找回点选择状态，如图2.13所示。

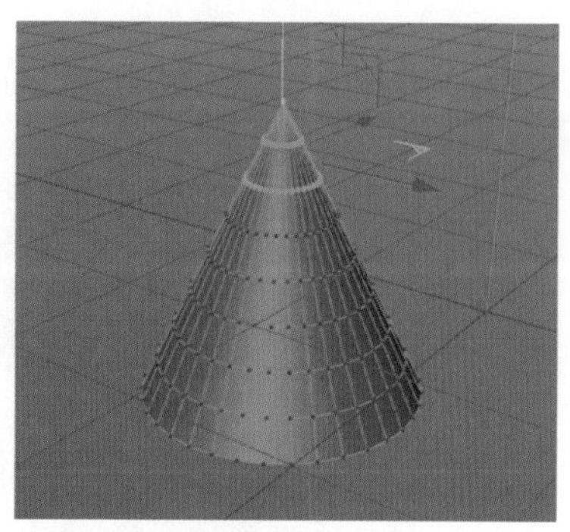
图2.11

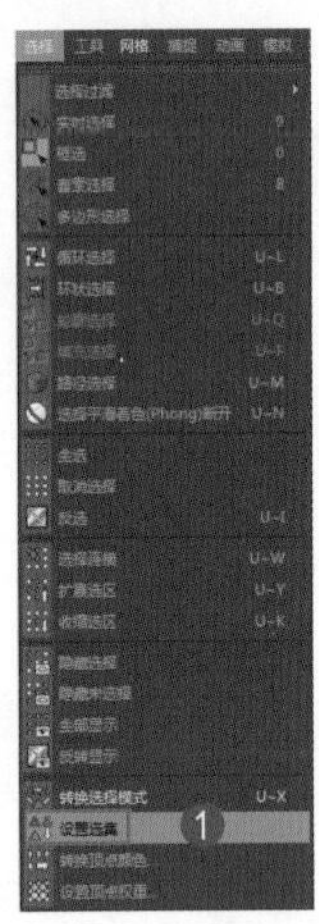

图2.12

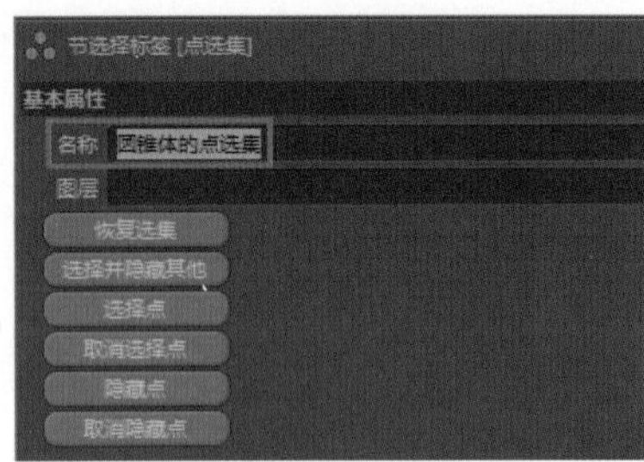

图2.13

2.1.4 实例：使用选择过滤器

微课视频

工程文件 Scenes\2.1.4.c4d\使用选择过滤器

通常场景中的对象种类非常多，如果想分类选择场景中的对象，可以使用选择过滤器来进行操作。选择视图菜单中的【过滤】命令，可以看到有多种类型可勾选，如图2.14所示。

取消勾选某个类型对应的复选框，该类型对象就不会在视图中显示，但这并不是说该类型对象被删除了，它们只是不在视图中显示而已。

（1）打开本例场景文件，如图2.15所示。在该场景中有灯光、多边形和效果器3种对象。

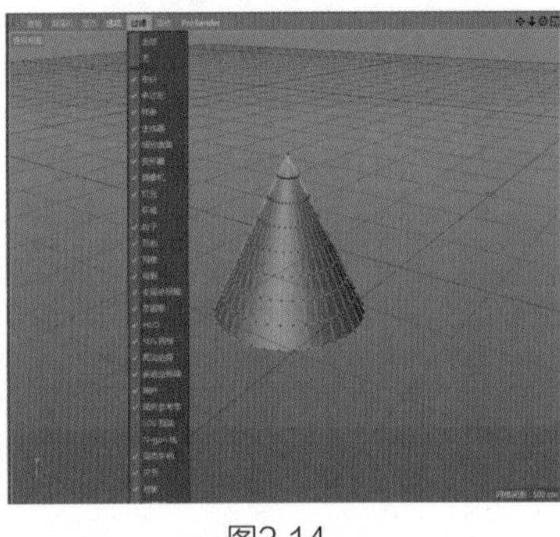

图2.14

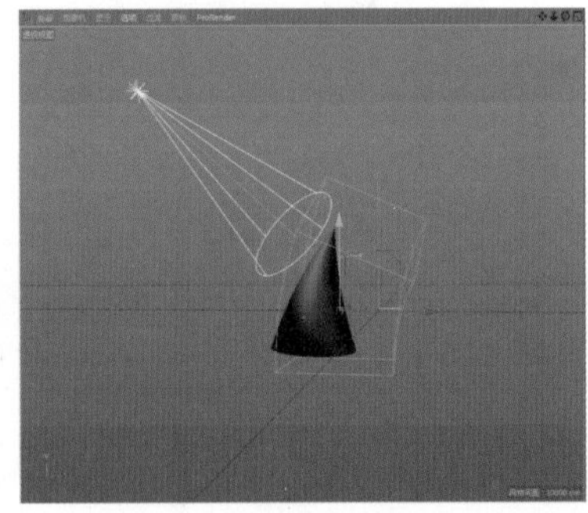

图2.15

（2）选择视图菜单中的【过滤】命令，取消勾选【多边形】复选框❶，我们看到场景中的圆锥体没有在视图中显示❷，如图2.16所示。

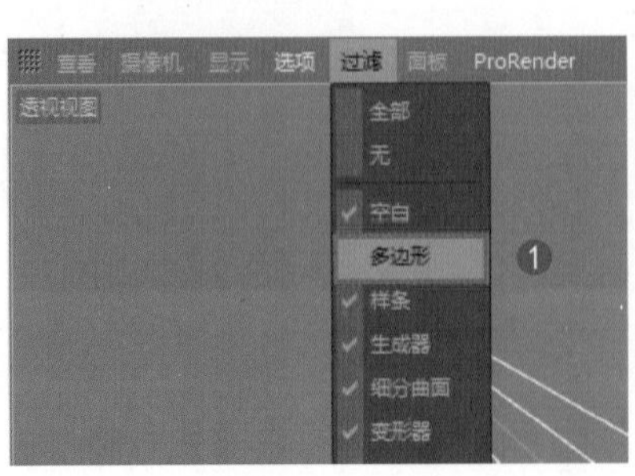

图2.16

（3）选择视图菜单中的【过滤】命令，勾选【多边形】复选框，取消勾选【灯光】复选框❶，场景中的灯光没有显示在视图中，圆锥体重新在视图中显示❷，如图2.17所示。

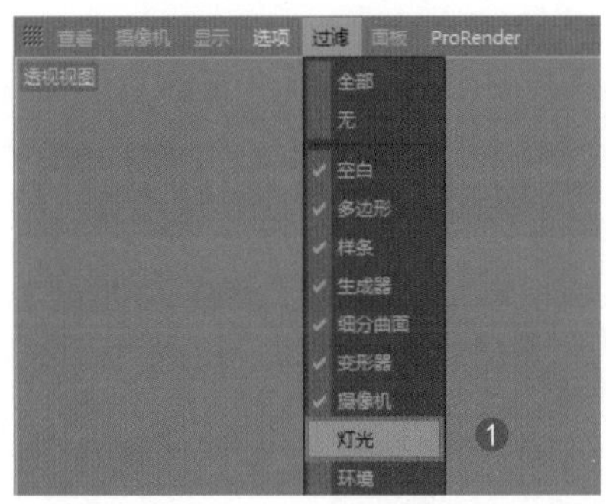

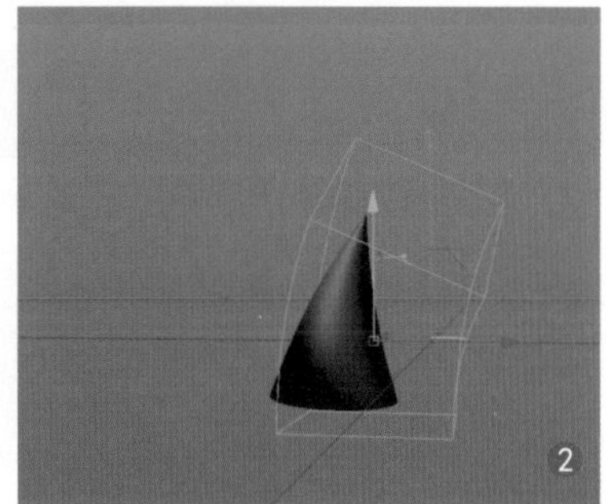

图2.17

2.1.5 实例：孤立当前对象

微课视频

工程文件 Scenes\2.1.5.c4d\孤立当前对象

在界面左边的工具栏中，可以选择【视窗单体独显】工具Ⓢ对当前对象进行独显，如图2.18所示。这样有助于编辑单一对象或一组对象，防止在处理选定对象时误操作其他对象。这样还有一个好处是可帮助我们专注于需要查看的对象，不用被周围的环境分散注意力；同时也可以提升系统显示速度。

（1）打开本例场景文件，如图2.19所示。场景中有几个器皿和一张桌子，现在场景比较复杂，我们要选择咖啡杯模型进行单独操作时，就需要用【视窗单体独显】工具。

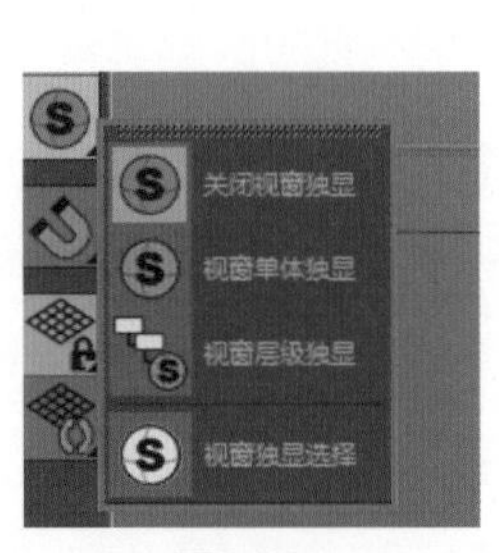

图2.18

图2.19

（2）选择咖啡杯模型，选择【视窗单体独显】工具❶，对被选择的对象进行独显❷，如图2.20所示。

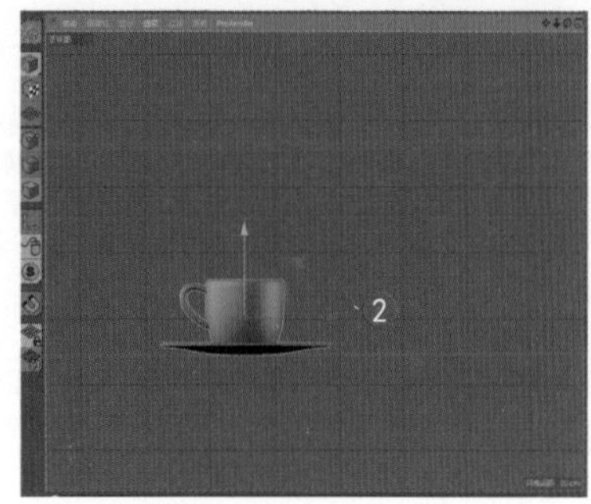

图2.20

（3）此时咖啡杯模型被孤立显示。要想取消孤立显示，只需选择【关闭视窗独显】工具即可，如图2.21所示。

图2.21

（4）也可以对一组对象进行独显，在视图中选择一个组❶，选择工具栏中的【视窗层级独显】工具❷，则该组中的所有对象都将被独显，如图2.22所示。

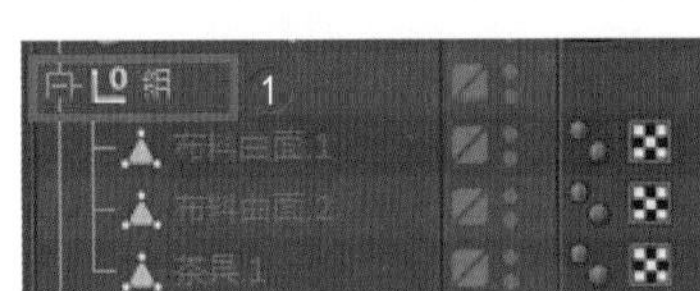

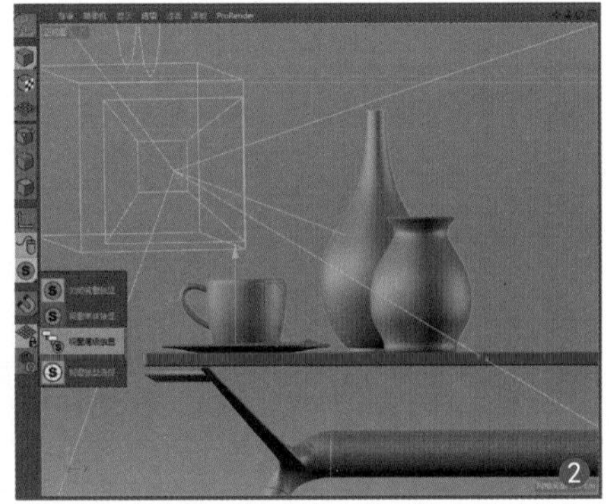

图2.22

2.2 变换命令

基本的变换命令是更改对象的位置、旋转对象或缩放对象的最直接方式。这些命令位于默认的主工具栏上。默认的快捷菜单中（右击视图弹出）也提供了这些命令。

2.2.1 选择并移动

使用【选择并移动】按钮可以选择并移动对象。若要移动单个对象，则无须先单击【选择并移动】按钮。当该按钮处于活动状态时，单击对象进行选择，并按住鼠标左键拖动鼠标以移动所选对象，如图2.23所示。

2.2.2 选择并旋转

使用【选择并旋转】按钮可以选择并旋转对象。若要旋转单个对象，则无须先单击该按钮。当该按钮处于活动状态时，单击对象进行选择，并按住鼠标左键拖动鼠标以旋转该对象。围绕一个轴旋转对象时，不要旋转鼠标以期望对象按照鼠标的运动来旋转，只要上下拖动鼠标即可。朝上旋转对象与朝下旋转对象的方式相反，如图2.24所示。

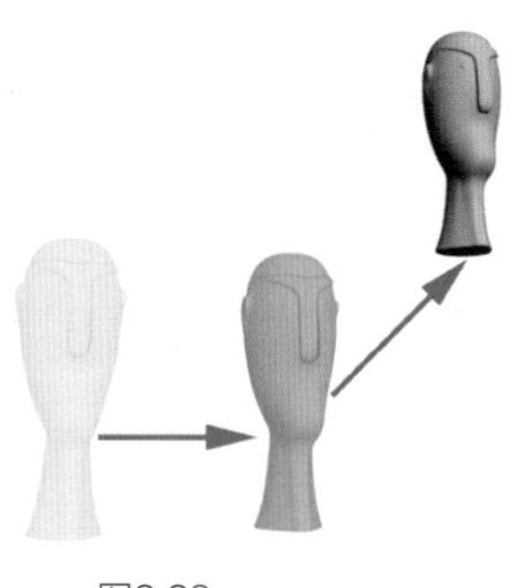

图2.23

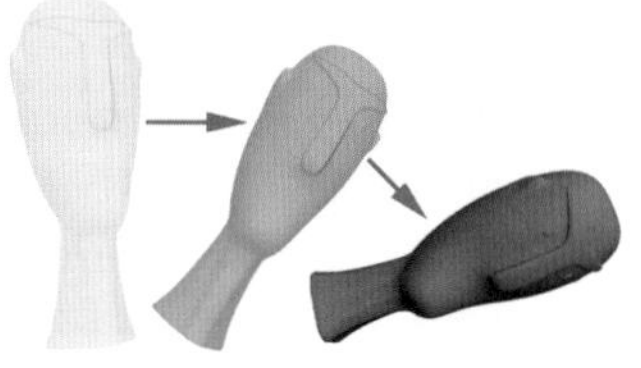

图2.24

2.2.3 实例：选择并缩放

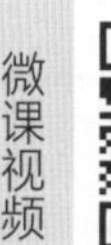

选择并缩放有两种缩放方式：一种是等比例缩放；另一种是非等比例缩放（以不同的轴向进行缩放）。

工程文件 Scenes\2.2.3.c4d\选择并缩放

（1）打开本例场景文件，选择一个对象，然后单击按钮，可以看到对象上出现了红色、绿色、蓝色3个轴（红色为X轴，绿色为Y轴，蓝色为Z轴），如图2.25所示。

（2）在轴之外的空白区域按住鼠标左键，此时3个轴都变成黄色，拖动鼠标可以等比例缩放对象，如图2.26所示。

（3）选择某一个轴，该轴变成黄色，拖动鼠标可以非等比例缩放对象，如图2.27所示。

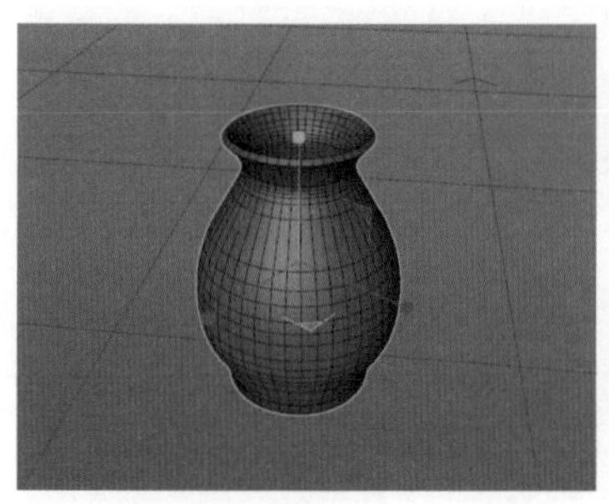

图2.25

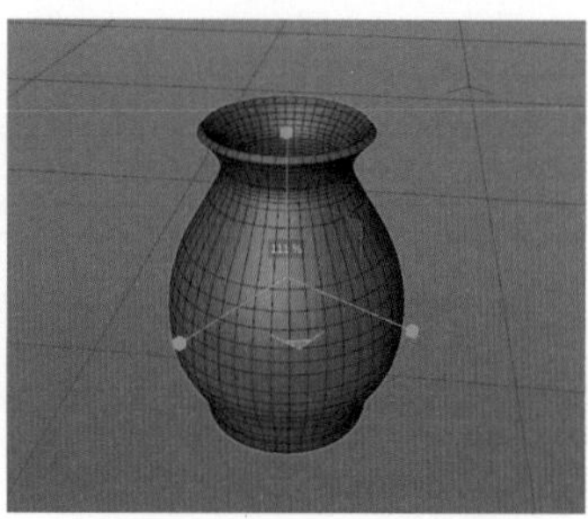

图2.26

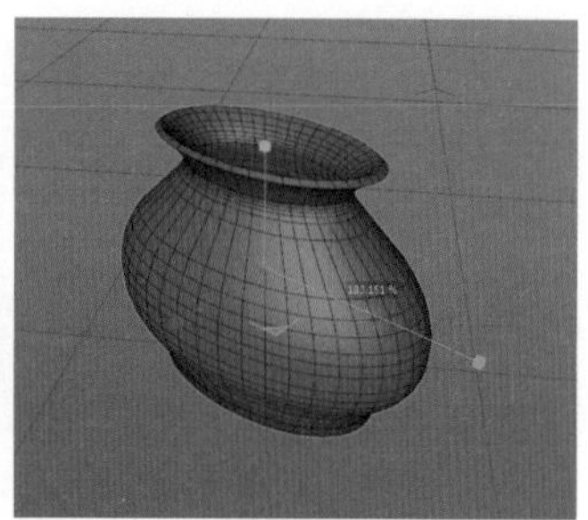

图2.27

2.3 变换坐标和坐标中心

用于设置坐标的控件，以及变换要使用的坐标中心的工具位于默认的主工具栏上。

2.3.1 应用参考坐标系

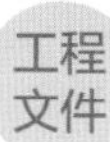

工程文件 Scenes\2.3.1.c4d\应用参考坐标系

使用参考坐标系列表，可以指定变换（移动、旋转和缩放）所用的坐标系。该列表中的选项包括对象坐标和全局坐标，如图2.28所示。

对象坐标：使用对象自身的透视坐标，*X*轴、*Y*轴和*Z*轴都对应对象本身内置的坐标轴。

新建一个实例场景，在其中创建一个立方体，对其进行旋转，我们看到立方体的轴向随着对象自身进行旋转，如图2.29所示。

全局坐标：将活动视图屏幕用作坐标系。无论怎么旋转对象，坐标系始终不变，如图2.30所示。在正视图中会发现全局坐标系有以下3个特点：*X*轴始终朝右，*Y*轴始终朝上，*Z*轴始终垂直于屏幕指向用户。

图2.28

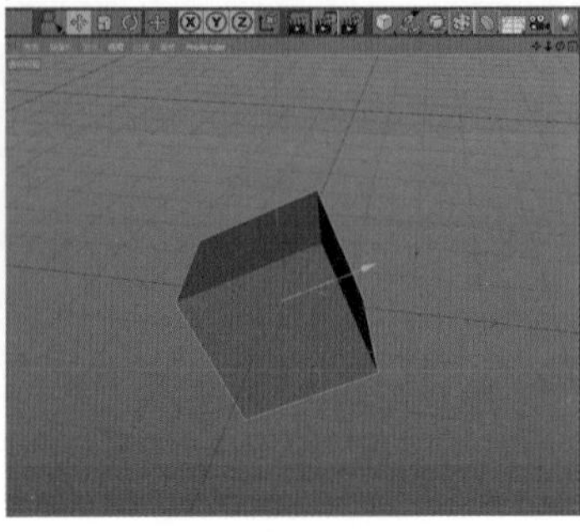

图2.29

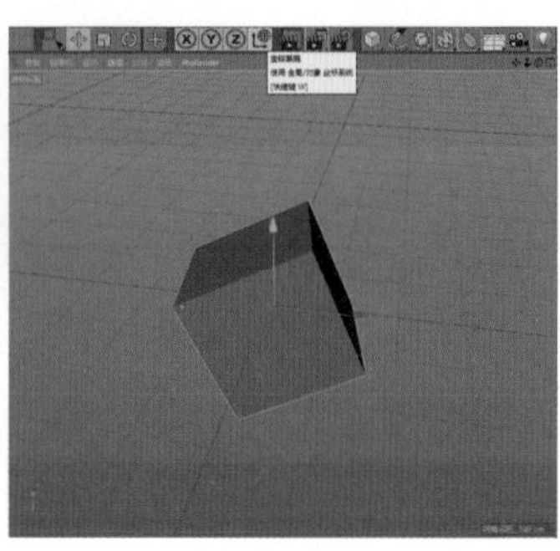

图2.30

2.3.2 实例：改变轴心点

微课视频

工程文件 Scenes\2.3.2.c4d\改变轴心点

改变轴心点可方便地对对象进行旋转和缩放。下面介绍如何改变对象的轴心点。

（1）新建一个立方体，它的默认轴心点在对象正中心，激活【启用轴心修改模式】按钮，然后用移动工具或旋转工具对轴心点进行操作，如图2.31所示。

（2）改变对象的轴心点后，需要单击【启用轴心修改模式】按钮，此时如果对对象进行旋转或缩放，对象将根据新的轴心进行变化。

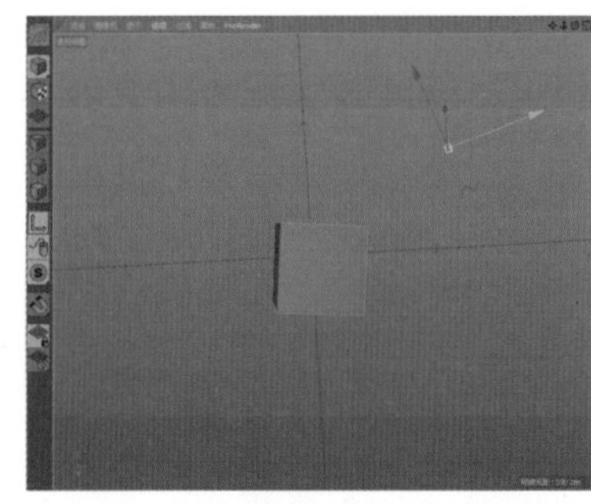

图2.31

2.3.3 实例：对齐轴心点

微课视频

工程文件 Scenes\2.3.3.c4d\对齐轴心点

对齐轴心点可方便地对对象进行动画制作或位置变换。下面介绍如何对齐对象的轴心点。

（1）新建两个对象（球体和圆柱体），如图2.32所示。

（2）选择立方体进行旋转，如图2.33所示。子对象将跟随立方体的轴向进行变化。

（3）选择【网格】|【轴对齐】命令，打开【轴对齐】窗口，设置轴心对齐，如图2.34所示。让立方体的轴心点重新回到对象中心。

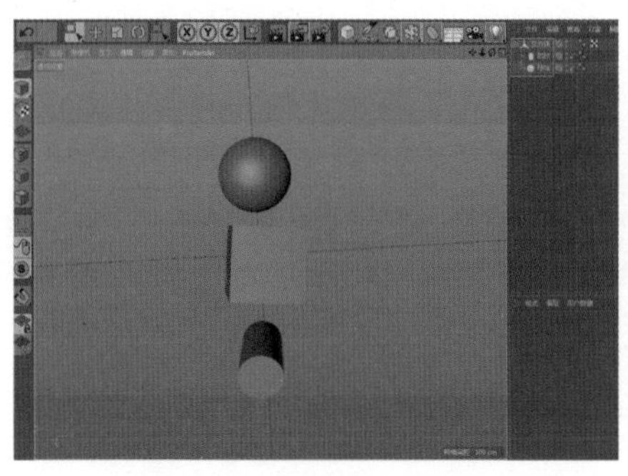

图2.32

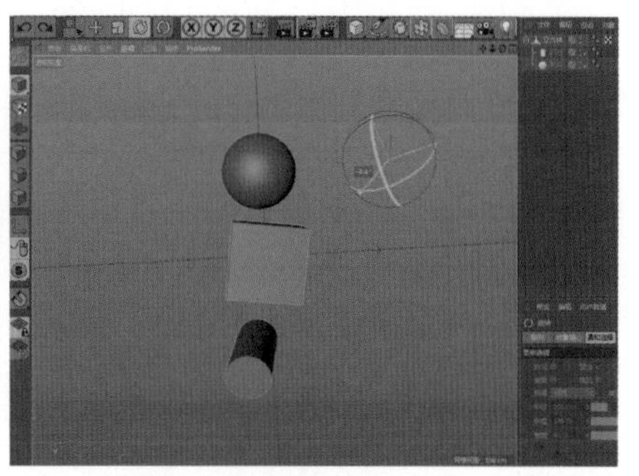

图2.33

（4）现在想让球体、圆柱体与立方体的坐标系统相同，需要进行两步操作，在对象面板中，先选择【球体】和【圆柱】，然后将其拖动到【立方体】上，使其成为父子关系，如图2.35所示。

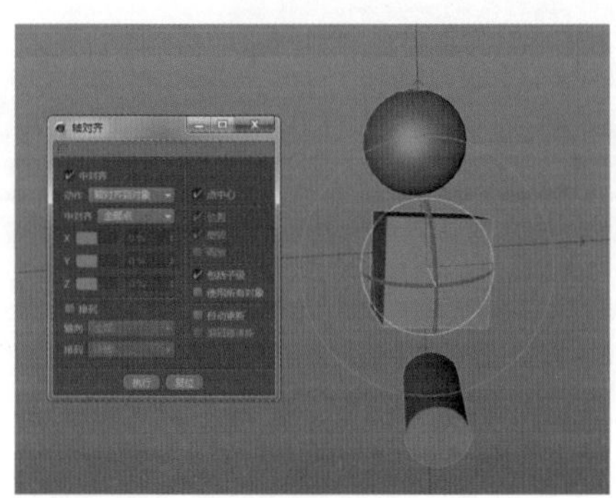

图2.34

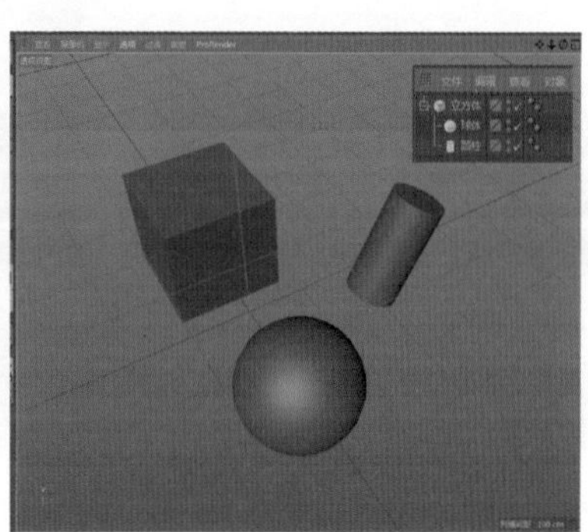

图2.35

（5）选择球体，在下方的坐标部分可以看到，由于球体成为立方体的子对象，球体的坐标已经变成了立方体的坐标，如图2.36所示。

（6）将【位置】下的X、Y、Z都设为0cm，单击【应用】按钮，此时可以看到球体已经移动到立方体的位置，两个对象完全对齐了，如图2.37所示。

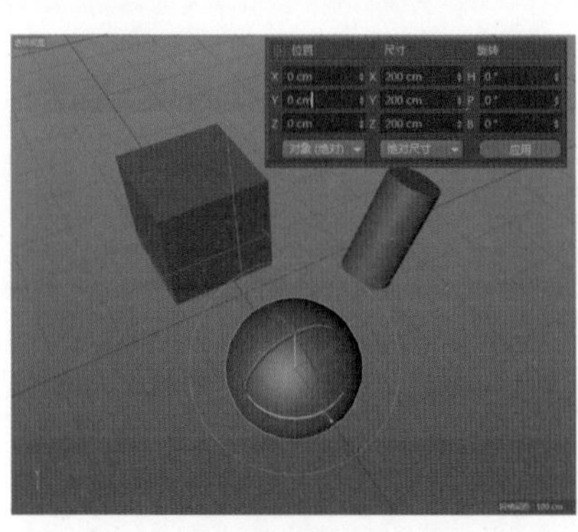

图2.36

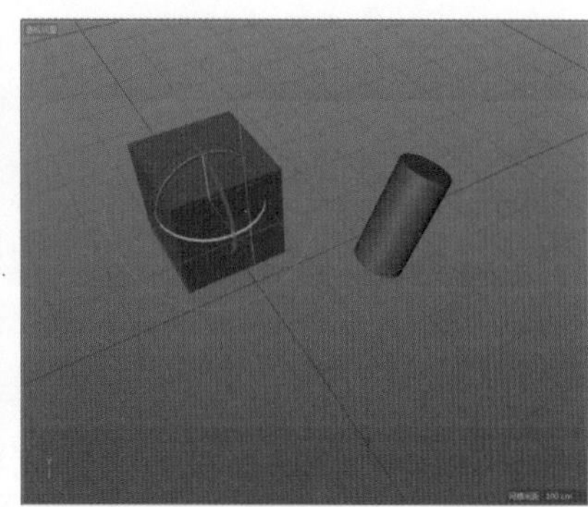

图2.37

（7）选择圆柱体，在下方的坐标部分可以看到，由于圆柱体成为立方体的子对象，圆柱体的坐标已经变成了立方体的坐标，如图2.38所示。

（8）将【位置】下的X、Y、Z都设为0cm，将【旋转】下的H、P、B都设为0。单击【应用】按钮。此时可以看到圆柱体已经移动到立方体的位置，两个对象完全对齐，如图2.39所示。

（9）对齐操作完成后，可以将对象的父子关系解除（在对象面板中，将【球体】和【圆柱】拖动到【立方体】之外即可解除层级关系），如图2.40所示。

此时可以看到，每个对象都有跟立方体一样的位置参数，如图2.41所示。

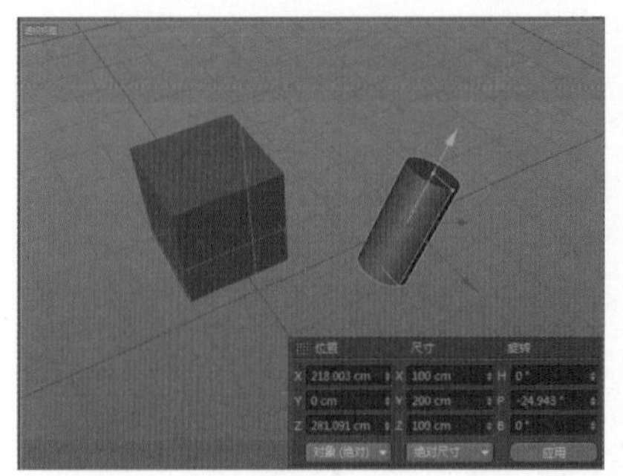
图2.38

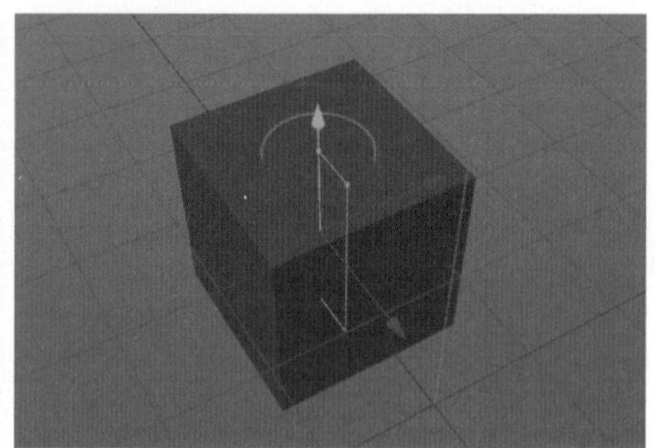
图2.39

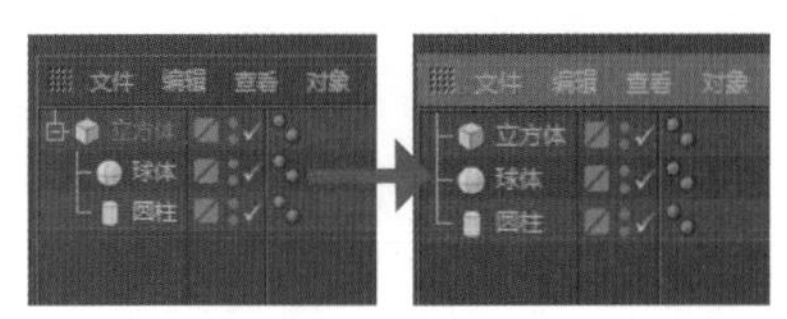
图2.40

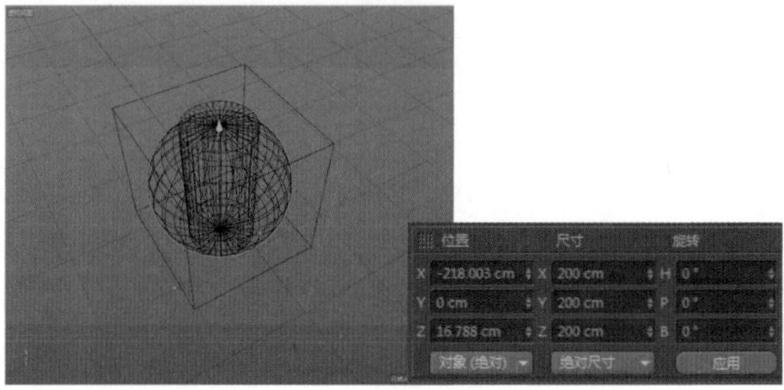
图2.41

2.4 变换约束

变换约束就是将X轴、Y轴、Z轴进行锁定，在变换操作时关闭相应轴的参数变化。比如在缩放对象时锁定了X轴，缩放时就只进行Y轴、Z轴两个轴向的变化。

2.4.1 限制X轴

限制X轴可以在进行变换（移动、旋转、缩放）时将X轴方向上的变化锁定。单击【选择并移动】按钮，然后单击【限制X轴】按钮，将只能在X轴以外的轴向上移动对象，如图2.42所示。

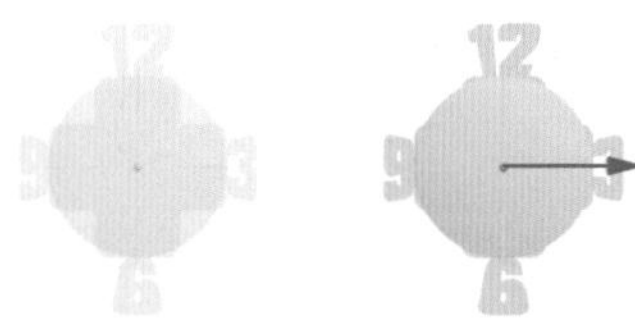
图2.42

2.4.2 限制Y轴

限制Y轴可以在进行变换（移动、旋转、缩放）时将Y轴方向上的变化锁定。单击【选择并移动】按钮，然后单击【限制Y轴】按钮，将只能在Y轴以外的轴向上移动对象，如图2.43所示。

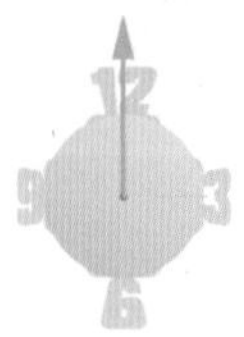

图2.43

2.4.3 限制Z轴

限制Z轴可以在进行变换（移动、旋转、缩放）时将Z轴方向上的变化锁定。单击【选择并移动】按钮，然后单击【限制Z轴】按钮时，将只能在Z轴以外的轴向上移动对象，如图2.44所示。

图2.44

2.4.4 限制两个轴

限制两个轴可以在进行变换（移动、旋转、缩放）时将指定的两个轴方向上的变化锁定。单击【选择并移动】按钮，然后单击这两个轴向 X Y Z，将只能在这两个轴以外的轴向上移动对象，如图2.45所示。

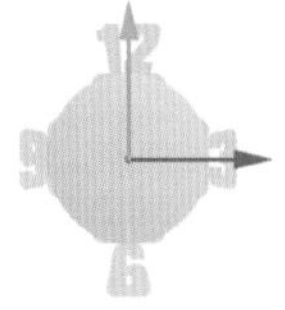

图2.45

2.5 变换工具

使用变换工具可以根据特定条件变换对象。变换工具也是平时比较常用的工具类型，常用的变换工具包括对称工具、阵列工具等。

2.5.1 实例：应用【对称】工具

微课视频

工程文件 Scenes\2.5.1.c4d\应用【对称】工具

使用【对称】工具可以将对象以轴向的方式进行镜像，选择不同的轴向可以得到不同的对称效果，如图2.46所示。

（1）打开本例场景文件，选择恐龙对象。在按住Ctrl键的同时选择工具栏中的【对称】工具（也可以在选择【对称】工具后，在对象面板中将恐龙拖动到【对称】工具下方，使其成为【对称】工具的子对象），如图2.47所示。

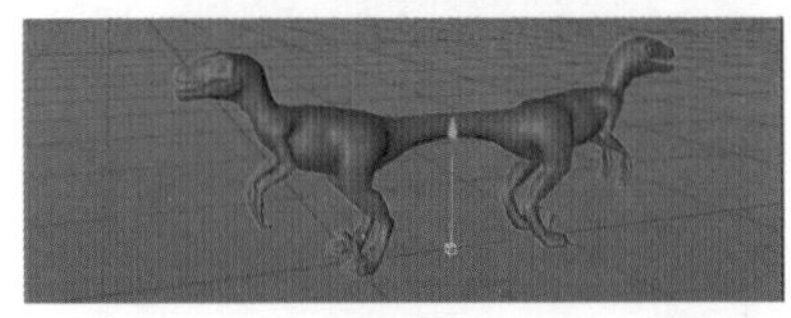

图2.46

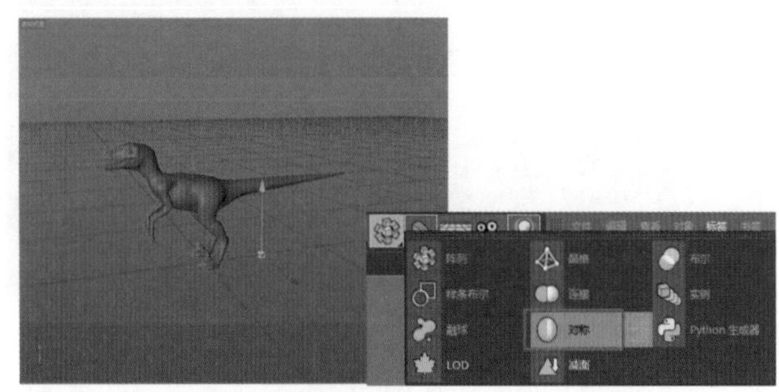

图2.47

（2）在参数面板中设置对称轴向，如图2.48所示。

（3）调整恐龙的轴向到尾部，此时恐龙以*ZY*轴向进行镜像对称，如图2.49所示。

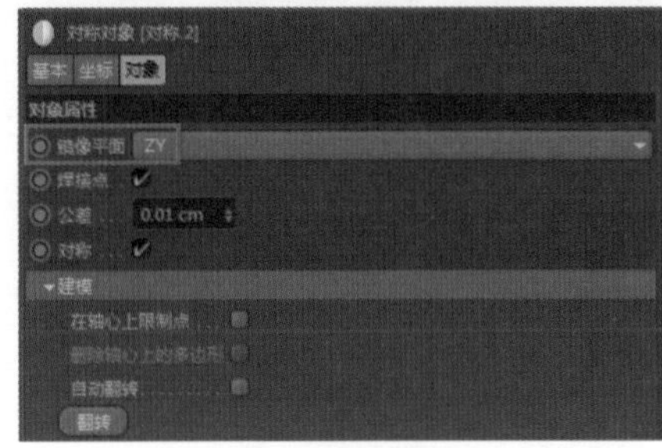

图2.48

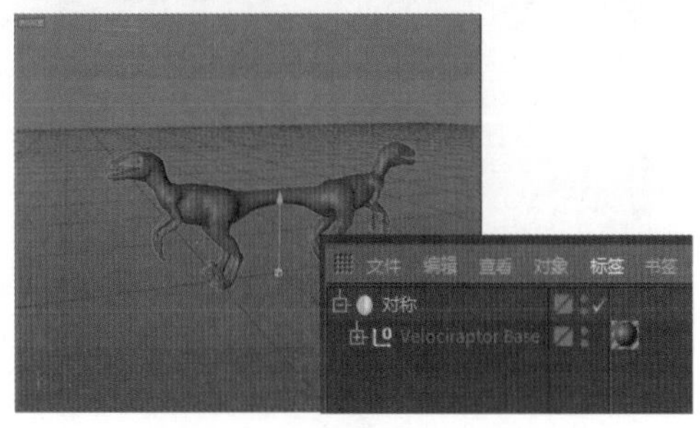

图2.49

注意 在Cinema 4D中，图标为绿色的工具都要选定对象成为父级对象才能起作用。

2.5.2 实例：应用【阵列】工具

微课视频

工程文件 Scenes\2.5.2.c4d\应用【阵列】工具

使用【阵列】工具可以基于当前选择的对象进行阵列复制，还可以创建一维、二维和三维阵列，图2.50所示为对象的阵列效果。

（1）新建一个立方体，在按住Ctrl键的同时在工具栏中选择【阵列】工具，如图2.51所示。

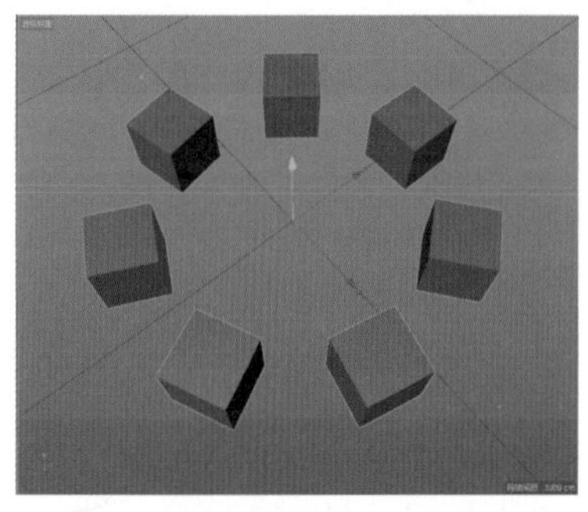

图2.50

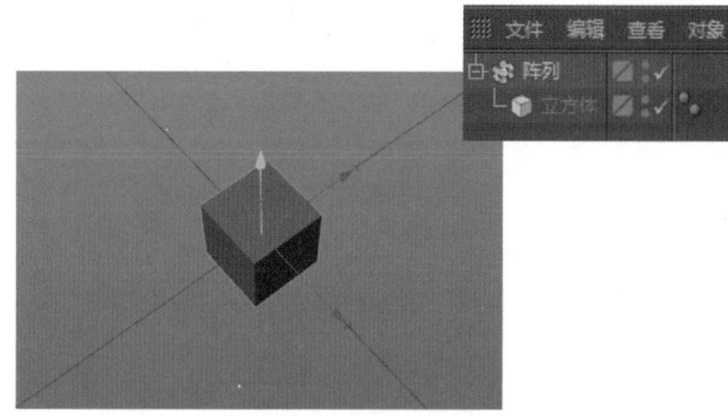

图2.51

（2）在参数面板中设置阵列参数，如图2.52所示。

（3）改变立方体的尺寸可以得到不同的阵列效果，如图2.53所示。

图2.52

图2.53

（4）通过修改阵列的【副本】参数可以得到更多数量的阵列，如图2.54所示。

（5）通过修改阵列的【振幅】和【频率】参数可以得到意想不到的阵列效果，如图2.55所示。

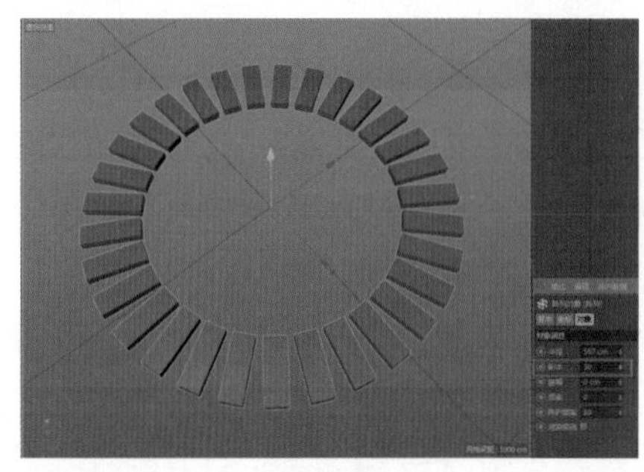
图2.54

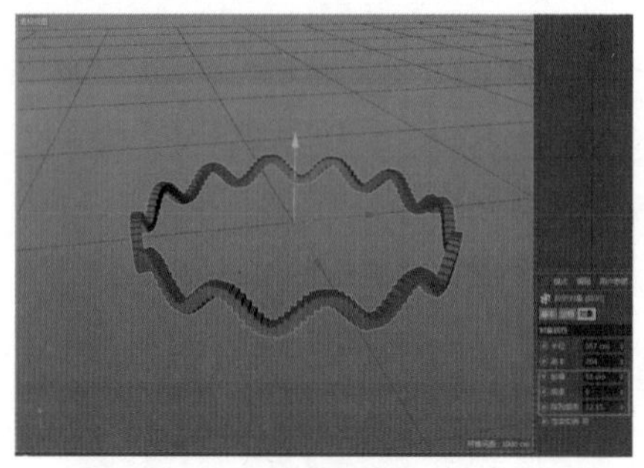
图2.55

2.6 捕捉

使用捕捉工具可以在创建、移动、旋转和缩放对象时进行控制，因为它们可以在对象或子对象的创建和变换期间捕捉到现有几何体的特定部分。

2.6.1 捕捉工具

图2.56所示为与捕捉有关的工具，包括2D捕捉、3D 捕捉、工具特别捕捉、交互式捕捉等各种捕捉类型。

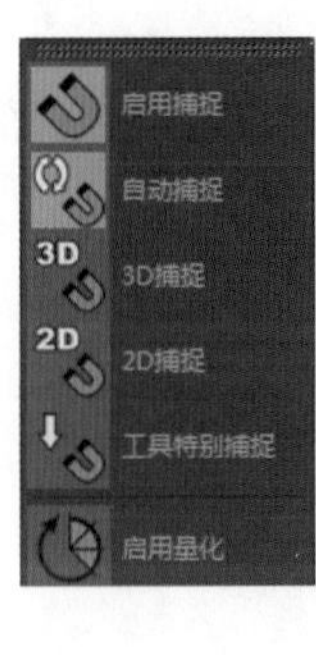

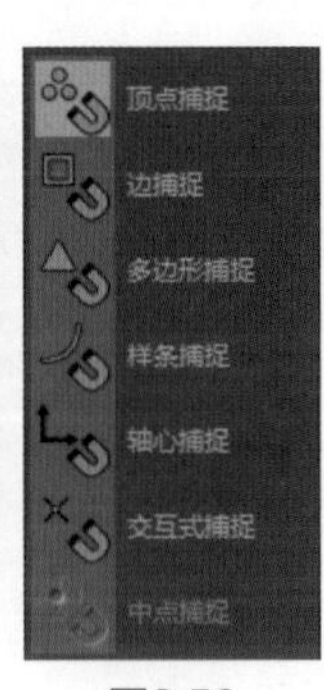

图2.56

2D捕捉、3D捕捉主要用于提供二维平面和三维空间的控制范围。

自动捕捉：默认设置，仅捕捉活动栅格上对象投影的顶点或边缘。

2D 捕捉：仅捕捉活动栅格上的对象，包括该栅格平面上的任何几何体，将忽略*Z*轴或垂直尺寸。

3D 捕捉：直接捕捉三维空间中的任何几何体；用于创建和移动所有尺寸的几何体，而不考虑构造平面。

启用量化：通过指定的百分比来设置对象的移动、旋转或缩放程度。

2.6.2 实例：捕捉类型

微课视频

工程文件 Scenes\2.6.2.c4d\捕捉类型

捕捉类型大致分为以下4类：第1类是三维空间捕捉，包括对顶点、边或线段、面、中心面、中点和端点的捕捉；第2类是平面捕捉，包括对垂足和切点的捕捉；第3类是对象捕捉，包括对轴心和边界框的捕捉；第4类是工作平面捕捉，包括对栅格点和栅格线的捕捉。本书将重点介绍对点、线、面的捕捉。

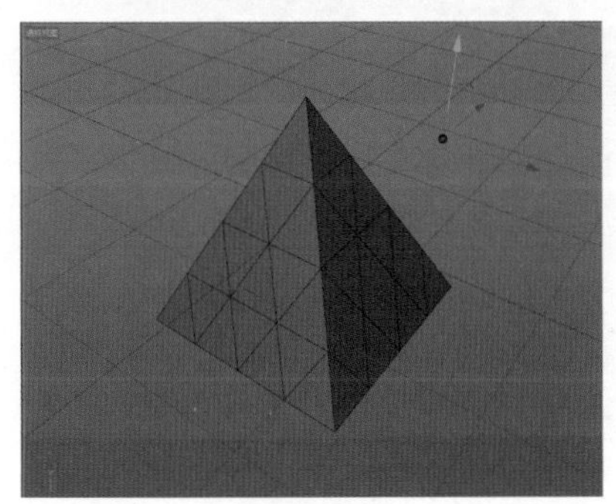

图2.57

捕捉的基本作用有两个，创建对象和定位对象，下面通过实例进行具体说明。

（1）单击界面左边工具栏中的【启用捕捉】按钮，当该按钮变成蓝色时，表示已经启用了捕捉功能。

（2）在场景中创建一个角锥和一个球体，如图2.57所示。

（3）确保【启用捕捉】按钮为激活状态，激活【自动捕捉】按钮和【顶点捕捉】按钮，如图2.58所示。

（4）移动球体到角锥的顶点处，可以看到球体很容易就被吸附到角锥的顶点上，此时球体的中心点和角锥的顶点是重合的。试着将球体移动到其他顶点上，如图2.59所示。

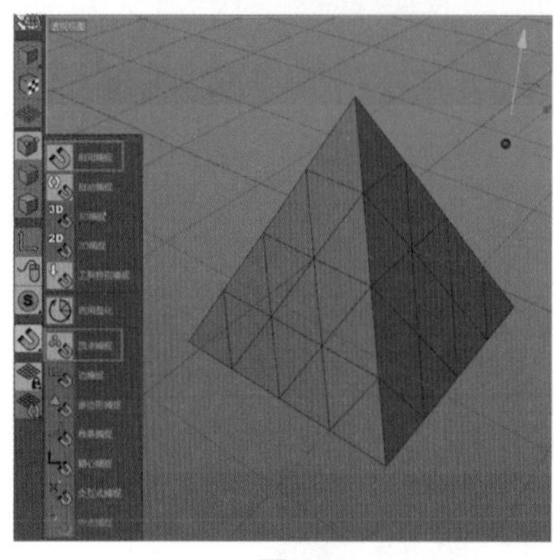

图2.58

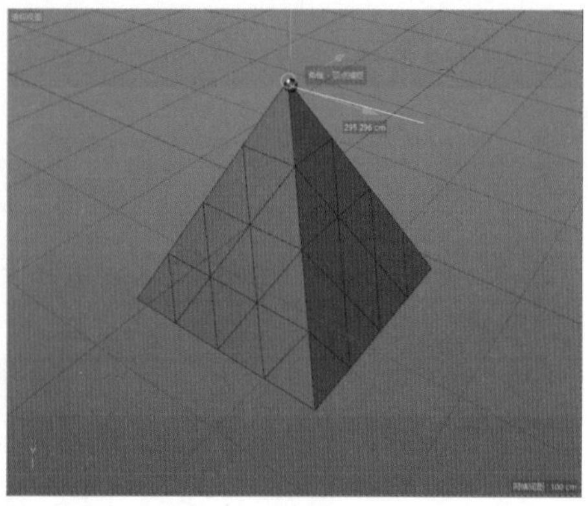
图2.59

（5）关闭【顶点捕捉】按钮，激活【边捕捉】按钮❶。移动球体到角锥的边界处，可以看到球体很容易就吸附到了角锥的边界上❷，如图2.60所示。

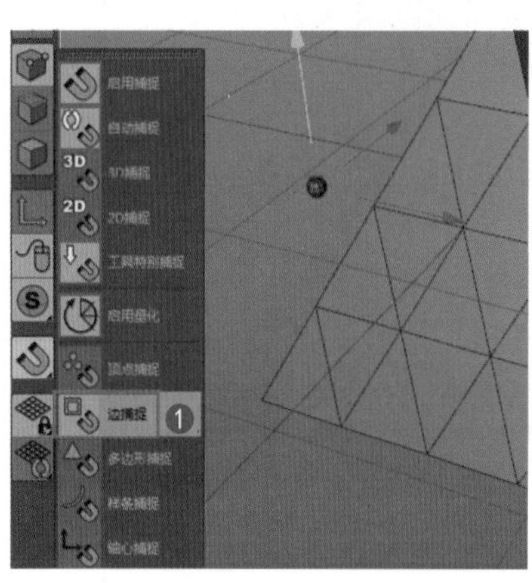

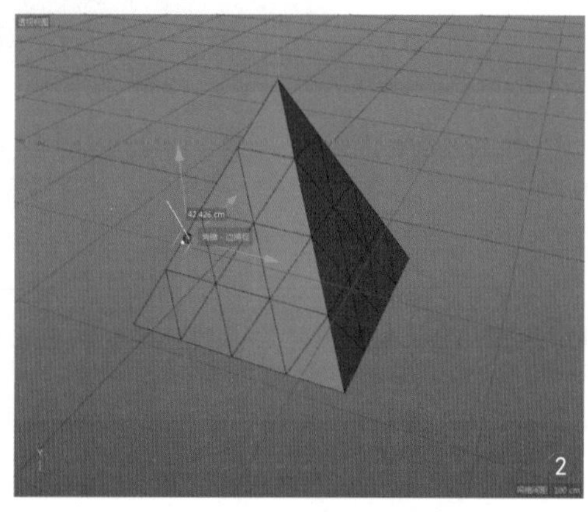

图2.60

（6）关闭【边捕捉】按钮，激活【多边形捕捉】按钮❶。移动球体到角锥的多边形处，可以看到球体很容易就吸附到角锥的多边形中心处❷，如图2.61所示。

在Cinema 4D中，还可以使用其他捕捉方式，如轴心捕捉、引导线捕捉、样条捕捉等，可以将对象捕捉到线条上，这种捕捉方式适用于制作路径动画，如图2.62所示。

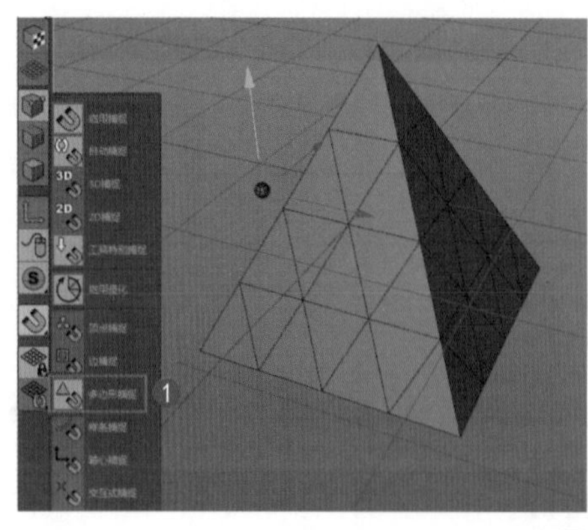

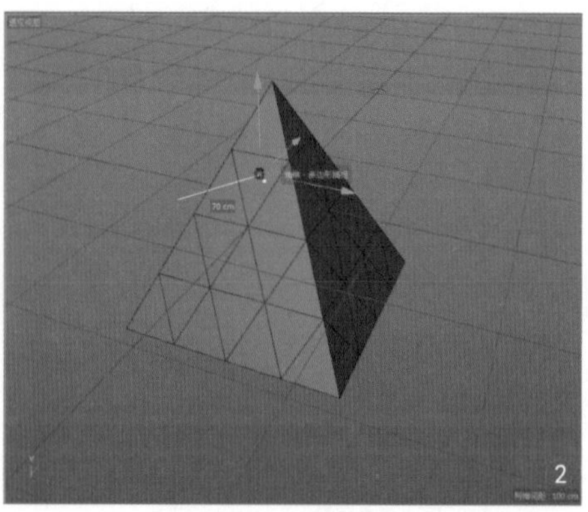

图2.61

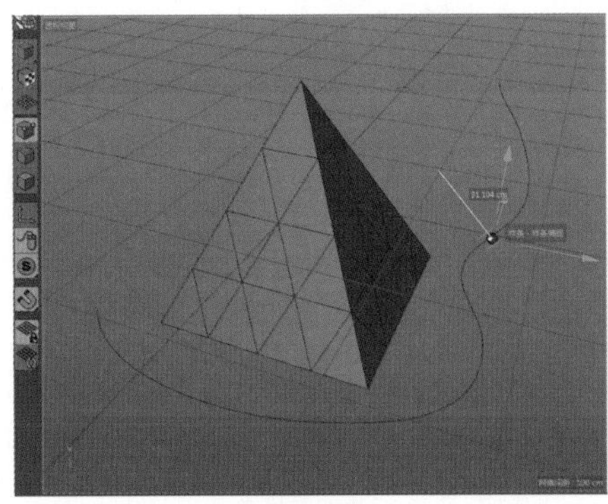

图2.62

课后习题

工程文件 Scenes\2.1.2.c4d\课后练习

1. 选择练习

使用矩形选择模式和圆形选择模式对一组对象进行选择。

练习要求：

（1）至少学会使用两种以上的选择方式；

（2）学会对模型的点、线、面进行选择。

2. 阵列练习

将一个立方体布局成3×3的阵列。

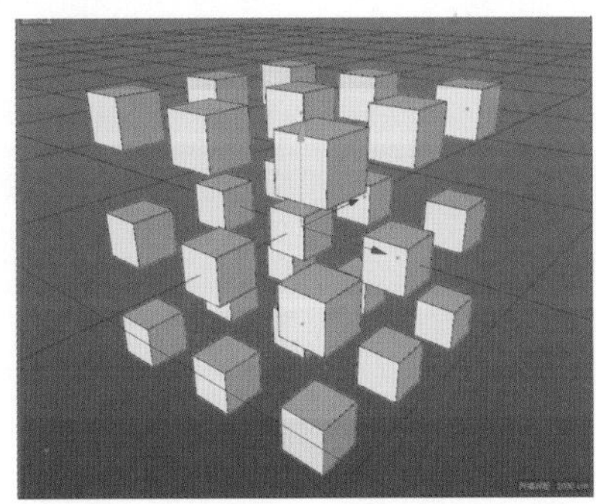

练习要求：

（1）控制阵列的距离；

（2）设置圆形阵列布局和方形阵列布局。

场景文件的管理和界面定制

本章导读

在制作一个比较大的场景的时候，如何能有效地将场景中的对象按照自己的意愿进行统一管理，是一件很棘手的事情，本章将通过保存工程、自定义工具栏和界面布局等实用操作，介绍如何对场景进行有条理的、便于操作的管理，并以实例形式来帮助读者巩固所学的知识。

知识点	了解	理解	应用	实践
保存工程		√	√	√
多场景的运用	√	√		
自定义工具栏		√	√	
自定义界面布局		√	√	
自定义界面颜色			√	√

3.1 保存工程

在Cinema 4D中，如果仅保存工程文件，不同目录中的贴图和资源将无法有效打包在一起，导致移动了文档或在另一台计算机上打开工程文件时，会提示丢失贴图资源。本节将介绍如何打包工程文件的资源。

3.1.1 实例：管理工程文件

微课视频

工程文件　Scenes\3.1.1.c4d\管理工程文件

下面介绍打开、保存和关闭工程文件的操作。

（1）打开Cinema 4D，在场景中新建一个立方体。选择【文件】|【另存为】命令，如图3.1所示。

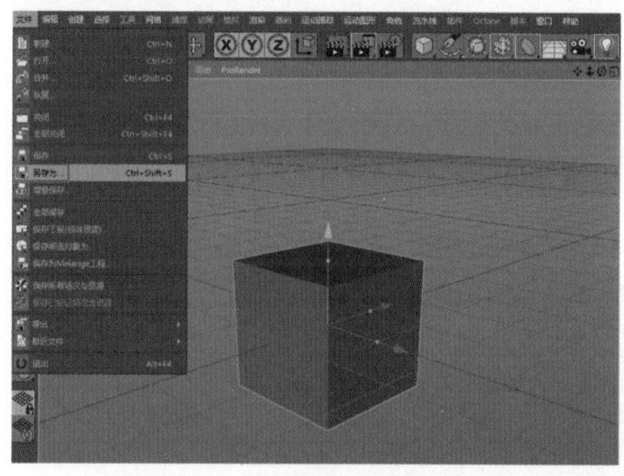

图3.1

（2）在弹出的对话框中设置保存路径文件名并单击“保存”按钮，如图3.2所示。

（3）选择【文件】|【关闭】命令，将该文件关闭，如图3.3所示。

图3.2

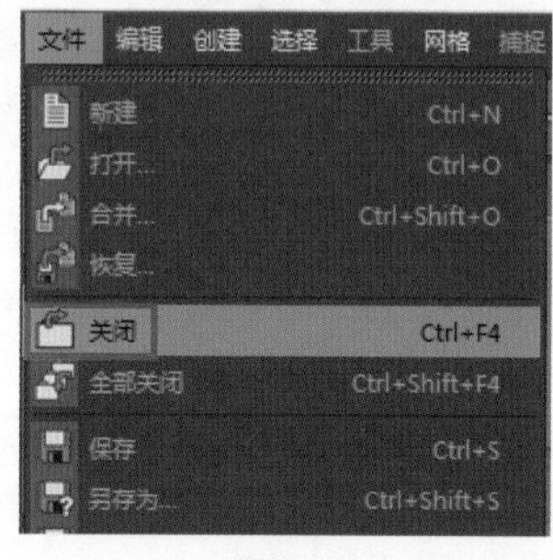

图3.3

3.1.2 实例：打开多个工程文件

微课视频

工程文件　Scenes\3.1.2.c4d\打开多个工程文件

在实际工作中，可以同时打开多个工程文件进行操作。在Cinema 4D中，多个文件之间的切换是无缝连接的，非常方便。在主菜单栏的【窗口】菜单中可以看到打开的文件，如图3.4所示。

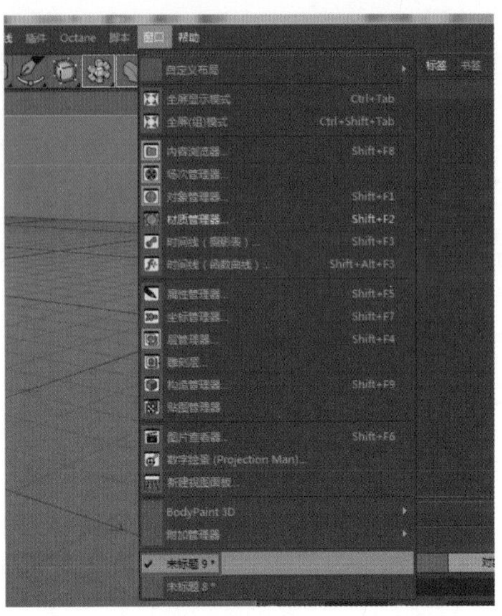

图3.4

（1）如果要切换工程文件，只需在【窗口】菜单中选择相应的文件名即可。

（2）如果要关闭这些工程文件，可选择【文件】|【全部关闭】命令❶，此时会弹出对话框询问是否保存修改后的文件❷，如图3.5所示。

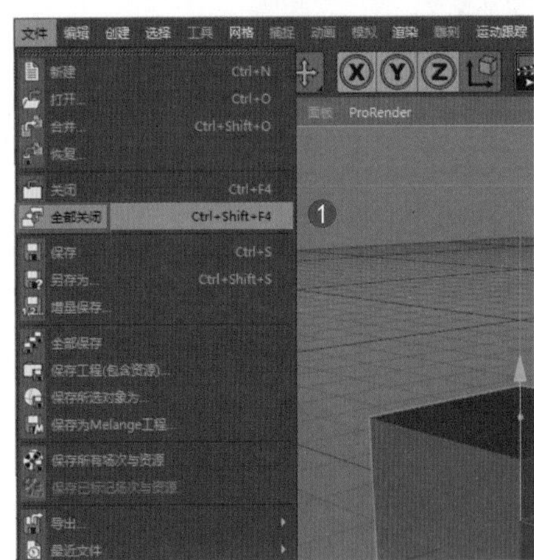

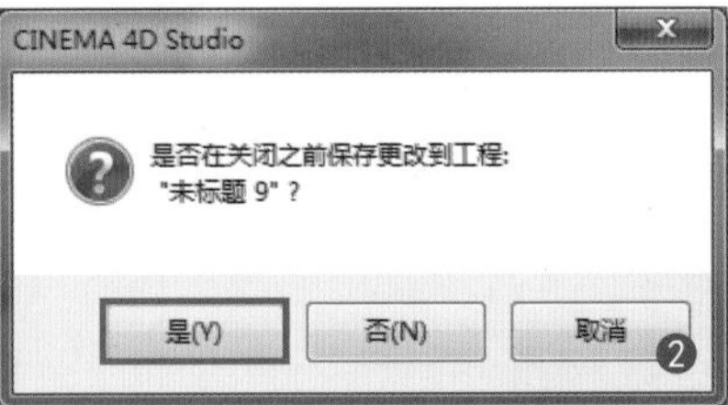

图3.5

3.1.3 实例：保存工程

微课视频

工程文件 Scenes\3.1.3.c4d\保存工程

在工作中，将工程文件和贴图同时打包在一起，可以很容易地切换到其他计算机中进行操作。

（1）打开一个有贴图的文件，选择【文件】|【保存工程(包含资源)】命令，如图3.6所示。

（2）在弹出的对话框中设置文件名为“工程文件”，如图3.7所示。

图3.6

图3.7

（3）文件保存完成后，可以在指定的保存位置看到一个打包好的“工程文件”文件夹❶，进入该文件夹会看到除了有.c4d扩展名的工程文件之外，还有一个专用贴图文件夹tex，里面就是打包好的贴图❷，如图3.8所示。

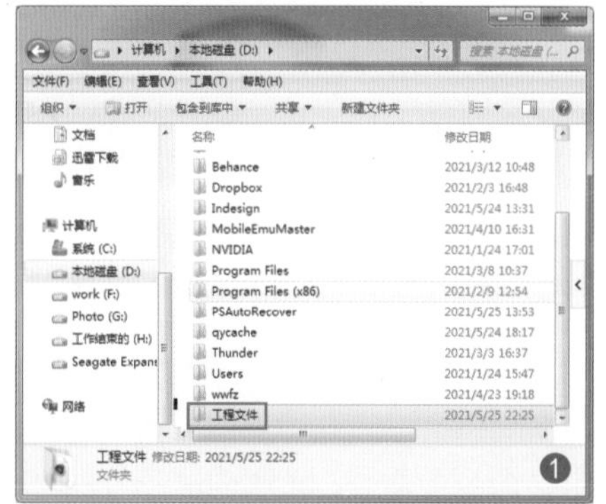

图3.8

（4）在动画制作过程中可能会保存很多不同阶段制作的文件，这种情况下可以用【增量保存】功能，如图3.9所示。

保存完成后可以在原来的文件夹中看到带有编号的增量保存文件，如图3.10所示。增量保存可以很方便地保存不同版本的文件。

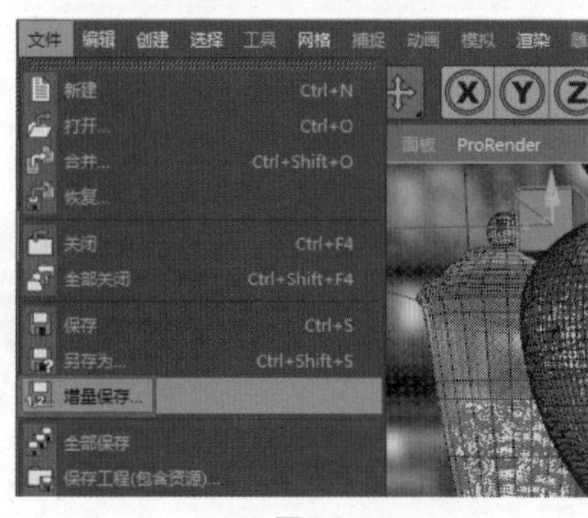

图3.9

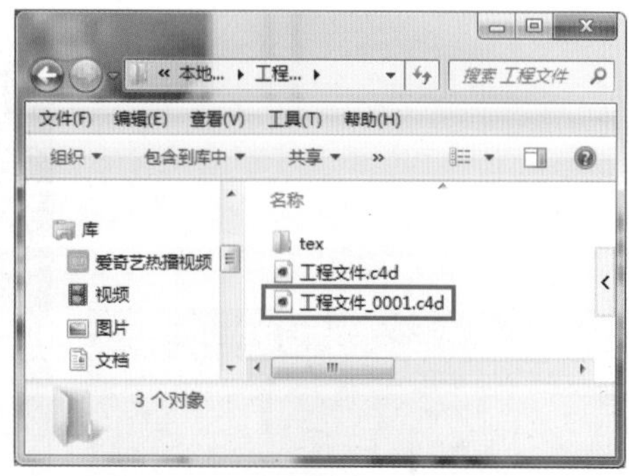

图3.10

（5）有时候我们会将文件输出成不同的格式文件便于到其他软件中进行编辑，比如.obj格式❶可以保存UV信息，可用于展开UV贴图工作。输出时要勾选【纹理坐标(UVS)】复选框，以记录UV信息❷，如图3.11所示。

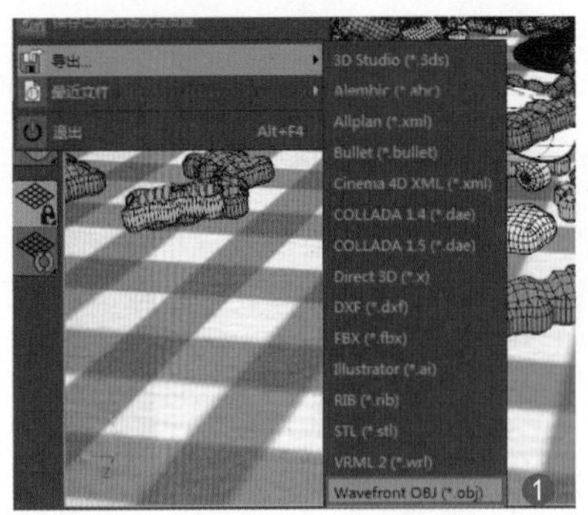

图3.11

3.2 自定义界面

Cinema 4D的工具栏和菜单内容非常多，有时候无法全部显示，但Cinema 4D允许用户自定义界面。用户可以将自己常用的工具按钮放置在顺手的位置，还可以更改界面布局和界面颜色。

3.2.1 实例：自定义工具栏

微课视频

工程文件 Scenes\3.2.1.c4d\自定义工具栏

Cinema 4D的工具栏在界面很多位置都有出现，如界面上方和左边，还有材质编辑器上方。下面介绍自定义工具栏的操作。

（1）选择【窗口】|【自定义布局】|【自定义命令】命令。或按Shift+F12组合键，打开【自定义命令】窗口，如图3.12所示。

（2）在【自定义命令】窗口中输入命令的名称，这里由于安装了Octane渲染器，所以输入“Octane”，找到Octane的相关工具，如图3.13所示。

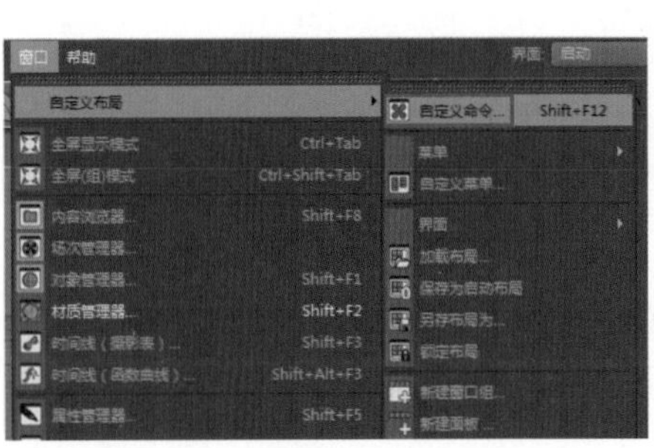

图3.12

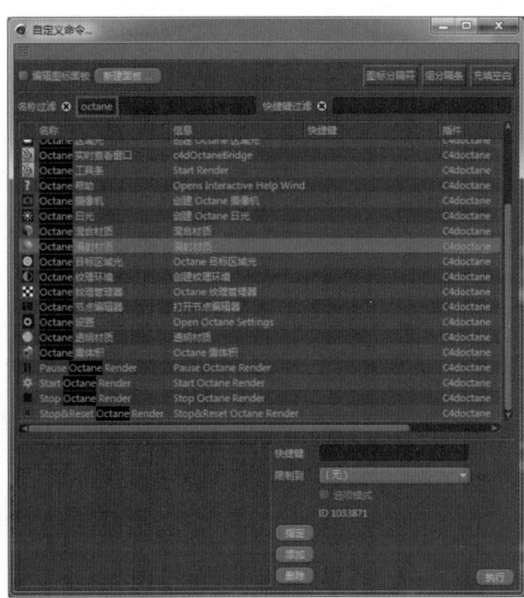

图3.13

（3）将需要的工具按钮拖到相应的位置，这样就完成了自定义工具栏的操作，如图3.14所示。

图3.14

3.2.2 实例：自定义界面布局

微课视频

工程文件 Scenes\3.2.2.c4d\自定义界面布局

Cinema 4D的界面分成很多个区域，这些区域是可以随意挪动的，用户可以根据个人需要对界面进行布局，非常方便。

（1）打开一个工程文件，可以看到材质编辑器默认位于界面的左下角，如图3.15所示。

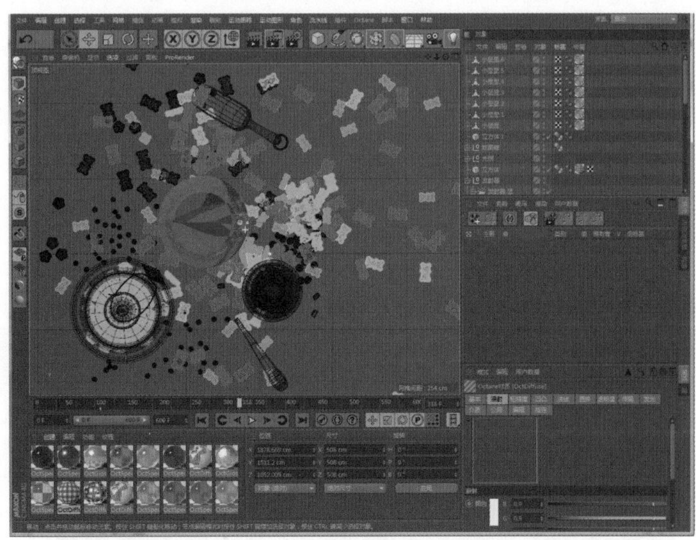

图3.15

（2）界面中的每个区域都会有一个▦按钮，拖动这个按钮即可移动该区域，如图3.16所示。

（3）将材质编辑器移动到需要的位置，本例移动到界面的右边，松开鼠标左键，将该区域固定，如图3.17所示。

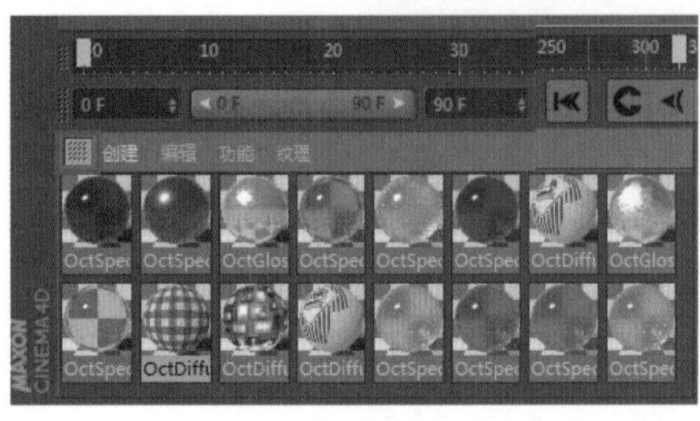

图3.16

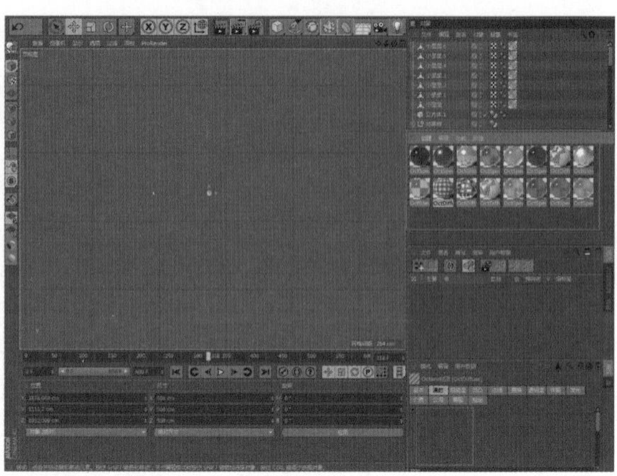
图3.17

（4）还可以将这个布局进行保存，以便下次打开软件时可随时调用。选择【窗口】|【自定义布局】|【另存布局为】命令❶。在打开的【保存界面布局】对话框中设置布局名称❷，如图3.18所示，单击【保存】按钮。

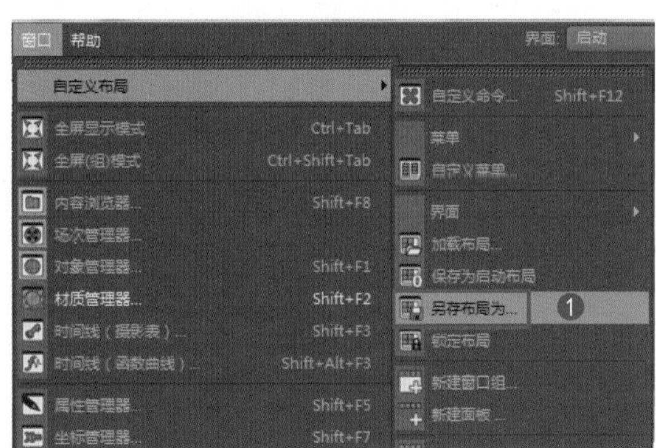

图3.18

（5）在界面右上角的界面下拉列表中可以找到刚才保存的“测试界面”布局，如图3.19所示。下次重新打开软件后可在这里调用该布局。

图3.19

3.2.3 实例：自定义界面颜色

微课视频

Scenes\3.2.3.c4d\自定义界面颜色

如果不喜欢深灰色的默认界面颜色，可以自定义界面颜色。

（1）选择【编辑】|【设置】命令，如图3.20所示，打开【设置】窗口。

（2）在【设置】窗口中找到【界面颜色】进行设置即可，可以改变背景、文字、按钮等各种界面元素的颜色，如图3.21所示。

图3.20

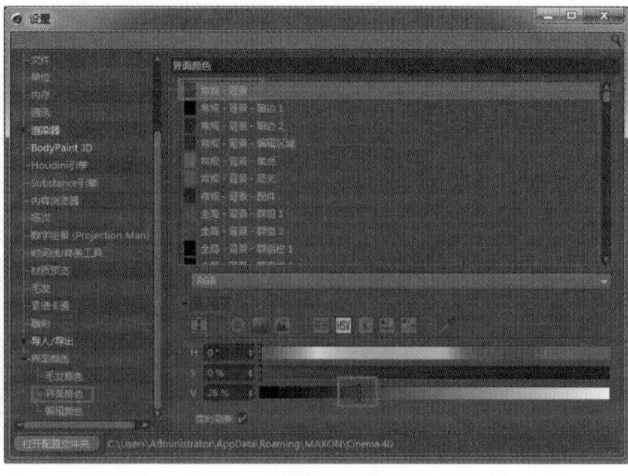

图3.21

3.3 层管理

Cinema 4D中有一个层面板，任何对象都可以在层面板中进行分层管理，方便我们在场景非常复杂的情况下进行模型的梳理。

3.3.1 层管理界面

Cinema 4D的层面板在参数面板区域，单击【层】页面即可进入层面板，如图3.22所示。

层面板中有很多图标，分别代表它们各自管理的属性，可以激活某个图标（表示在视图中激活该功能），也可以关闭某个图标（表示在视图中关闭了该功能），如图3.23所示。

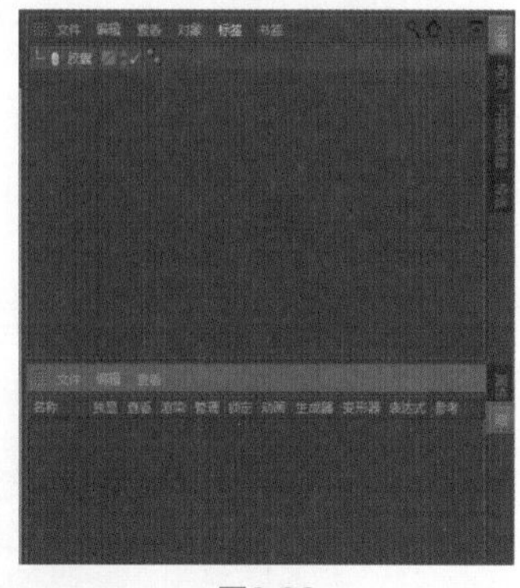

图3.22

图3.23

独显：单独显示（跟视图独显不同，可以在层里独显）。

查看：在视图中看不到，但能渲染出来。

渲染：关闭渲染，在视图中能看到，跟按钮的功能一样。

管理：在层面板中隐藏，让对象面板显得简洁；能渲染，能在视图显示。

锁定：将对象变成不可操作的状态，但可在视图中显示。

动画：在某一帧定格动画。

生成器：生成器的开关，整个对象都消失。

变形器：变形器的开关。

表达式：表达式的开关。

参考系：参考系的开关。

3.3.2 实例：建立层

微课视频

Scenes\3.3.2.c4d\建立层

层可以让我们更好地管理场景中的对象，本小节介绍如何建立层。

（1）打开场景文件，在该场景中有3个胶囊对象和3个立方体对象，在【对象】面板中框选3个立方体，右键单击打开快捷菜单，选择【加入新层】命令，如图3.24所示。

在3个立方体名称后方出现了随机的色块，这就是层标签，代表对象已经加入了层，这3个色块颜色一样，代表这3个对象属于同一个层，如图3.25所示。

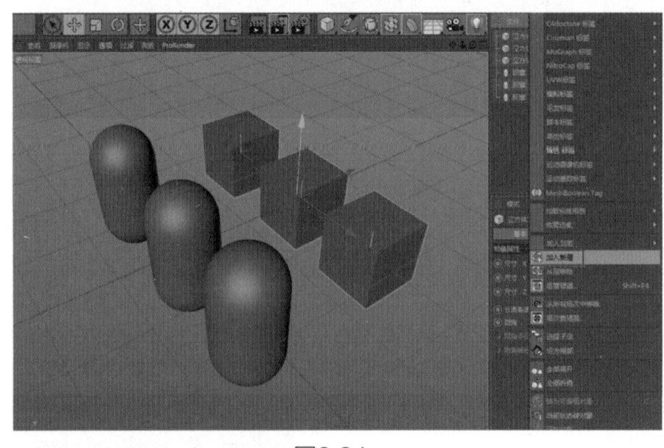

图3.24

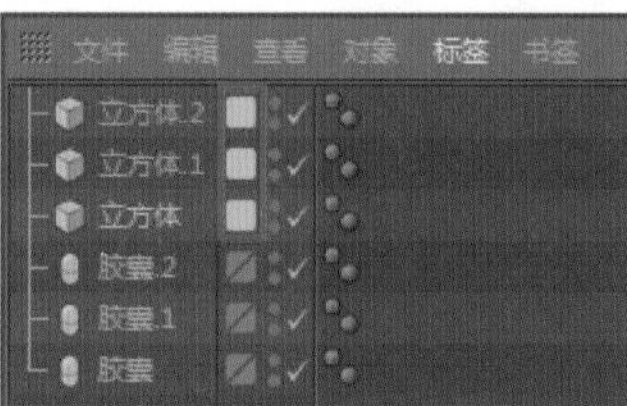

图3.25

（2）在层面板中找到对应层，双击，可以重新命名层（本例命名为“立方体”），如图3.26所示。

（3）双击色块，打开【颜色拾取器】对话框，给层重新设置颜色，如图3.27所示。

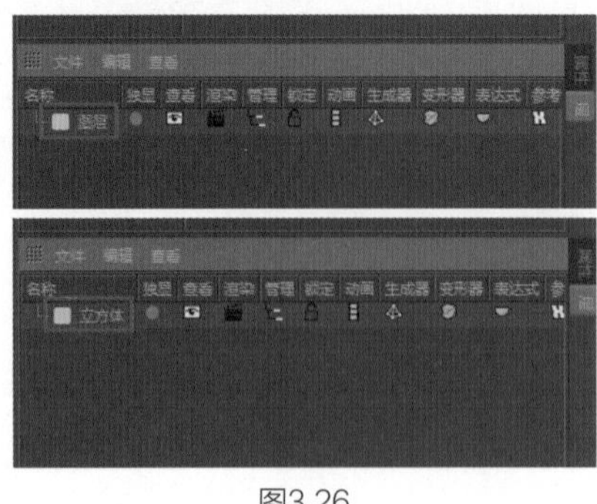

图3.26

图3.27

（4）在对象面板中框选另外3个胶囊对象，右键单击打开快捷菜单，选择【加入新层】命令。现在3个胶囊名称后方出现与立方体后面不同颜色的色块，如图3.28所示，颜色是系统随机给出的。

（5）选中一个胶囊，选择【晶格】工具和【扭曲】工具，如图3.29所示。

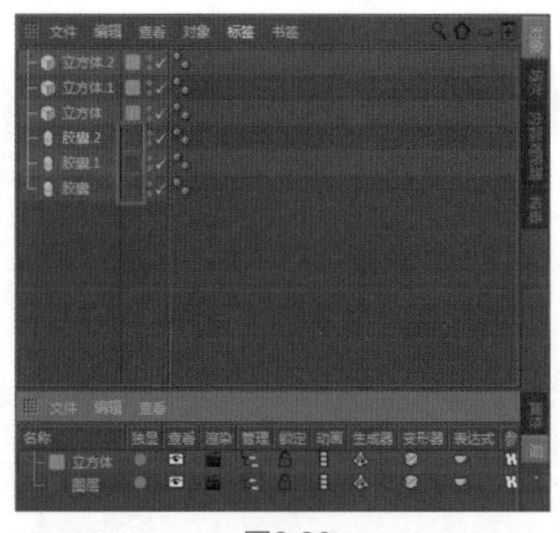

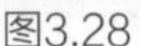

图3.28

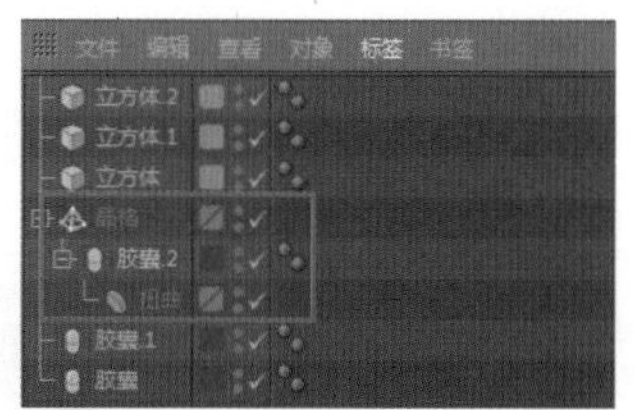

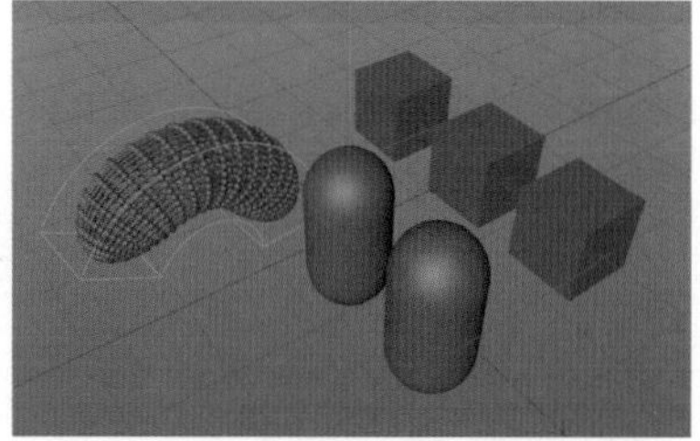

图3.29

（6）分别单击【晶格】工具和【扭曲】工具名称后方的色块❶，在弹出的菜单中选择【加入到层】|【图层】命令❷，如图3.30所示。

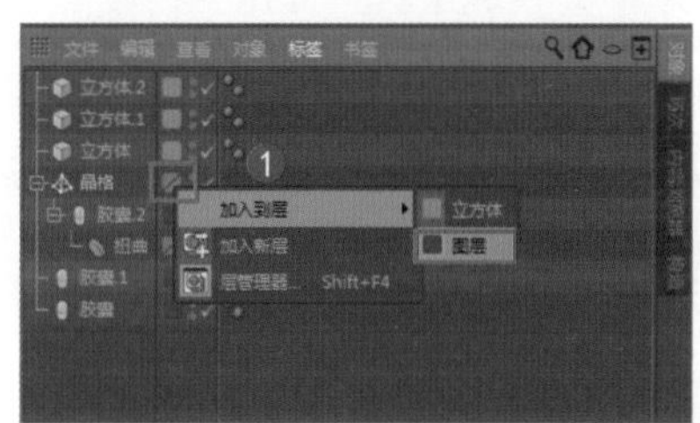

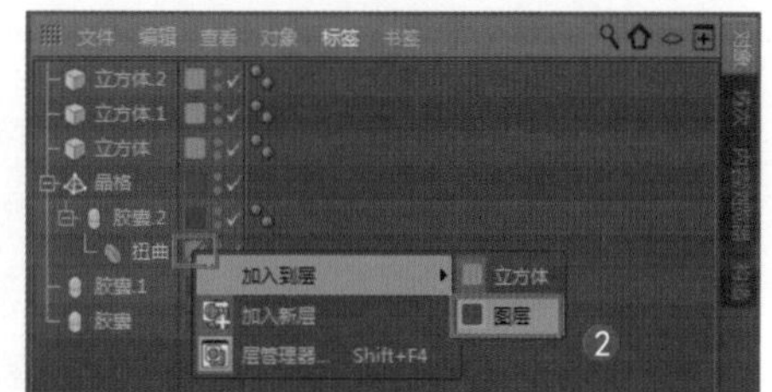

图3.30

此时共建立了两个分别是淡蓝色和深蓝色的层，如图3.31所示。

图3.31

3.3.3 实例：层管理

微课视频

工程文件 Scenes\3.3.3.c4d\层管理

继续使用上面的场景，对创建的两个层进行管理。

（1）在层面板中双击“图层”名称，重新命名该层（本例命名为“胶囊”），如图3.32所示。

（2）在胶囊层中单击【独显】按钮S，视图和对象面板中除胶囊层对象外的其他对象全部被隐藏，如图3.33所示。

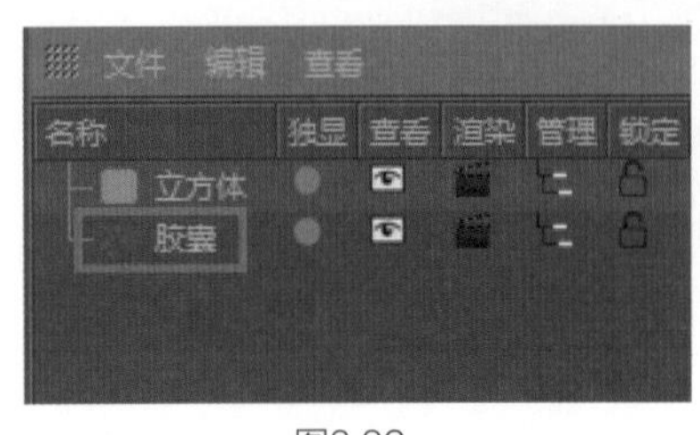

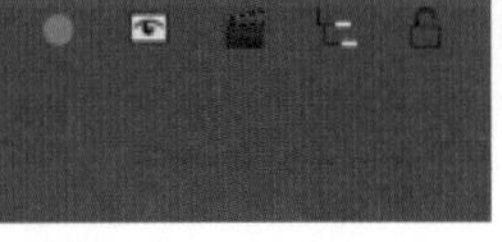

图3.32

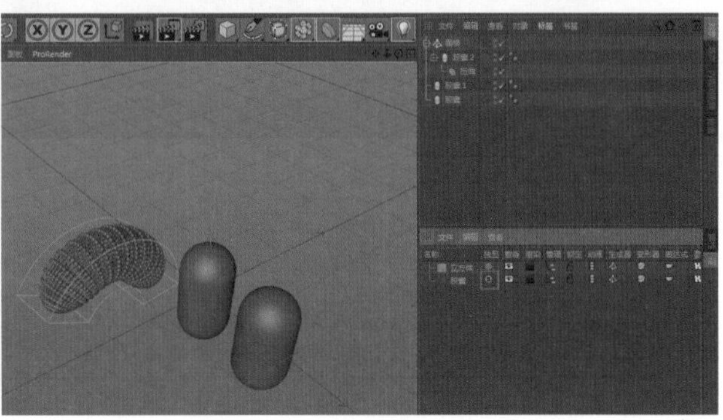

图3.33

（3）渲染视图，只有胶囊被渲染出来，如图3.34所示。这说明层面板的独显具有隐藏对象的功能，和工具菜单中的独显工具不同，工具菜单中的独显工具只作用于视图显示（仍然可以被渲染）。

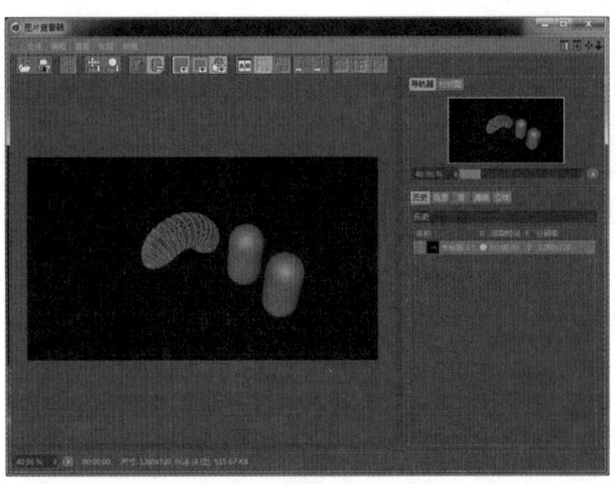

图3.34

（4）单击层面板的【独显】按钮关闭独显功能。单击立方体层的【查看】按钮❶，视图中的立方体均被隐藏，但在渲染时，立方体仍然可以被渲染，这说明层面板的查看功能仅针对视图显示❷，如图3.35所示。

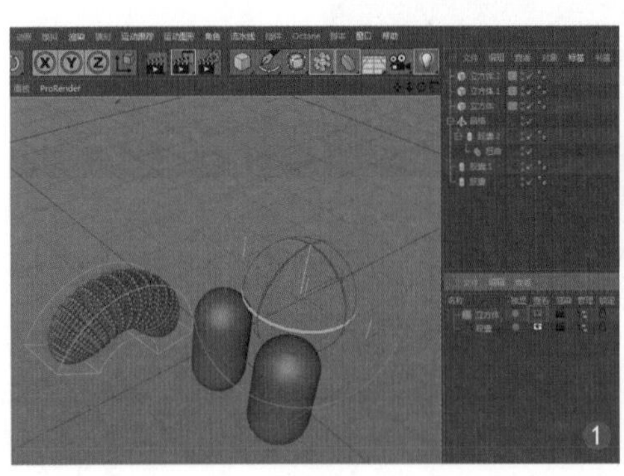

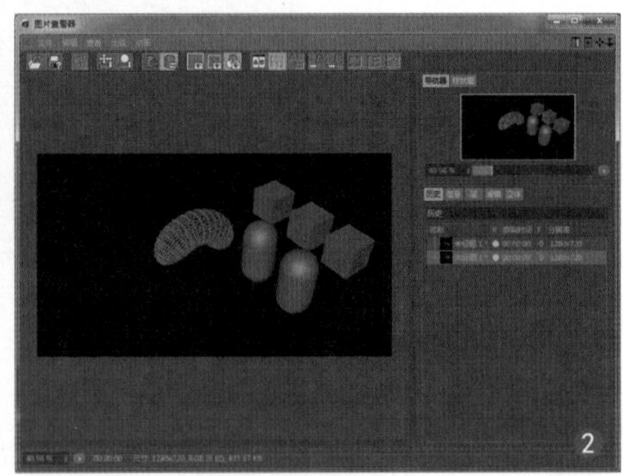

图3.35

（5）在胶囊层单击【渲染】按钮，关闭该层的渲染功能，此时胶囊将不再被渲染，如图3.36所示。

（6）在胶囊层单击【管理】按钮，胶囊层在对象面板中被隐藏，这个功能是让对象面板更加简洁，如图3.37所示。

图3.36

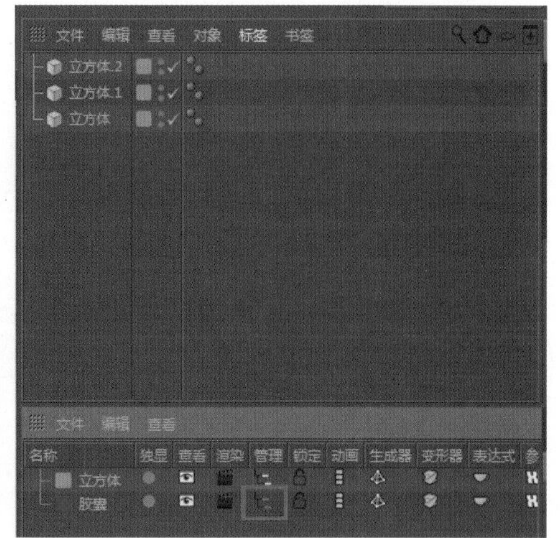

图3.37

（7）在胶囊层单击【锁定】按钮，视图中的胶囊对象将不会被选定（类似于被冻结），这种操作可以保证对象在显示状态下得到保护，不会被误选择。在锁定操作下，对象在对象面板呈灰色显示，如图3.38所示。

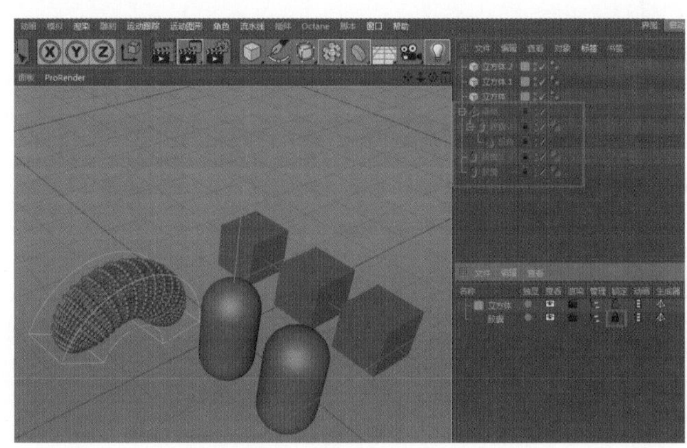
图3.38

（8）在胶囊层单击【动画】按钮，如果之前为该胶囊做过动画，则动画被定格显示，这个功能的好处是可以将动画效果播放到某一帧，再定格显示动画效果（有利于做位置参考），如图3.39所示。

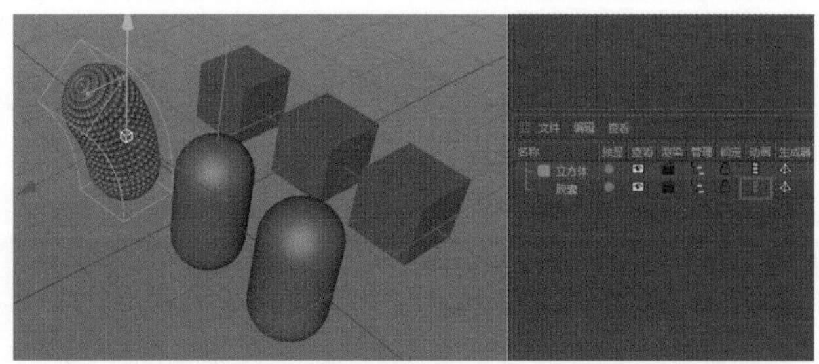
图3.39

【生成器】按钮和【变形器】按钮是场景中生成器和变形器的效果开关，类似于对象面板的按钮，如图3.40所示。

【表达式】按钮和【参考】按钮的使用场景不多，在这里不再赘述。当遇到对象很多的场景时，层面板能让我们有效地工作。如果想将对象加入其他已有的层，可以在对象面板单击对象名称的层按钮，选择要加入的层，如图3.41所示。

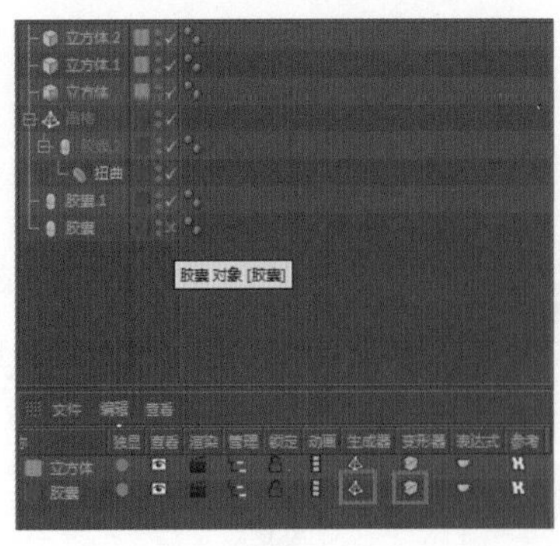

图3.40

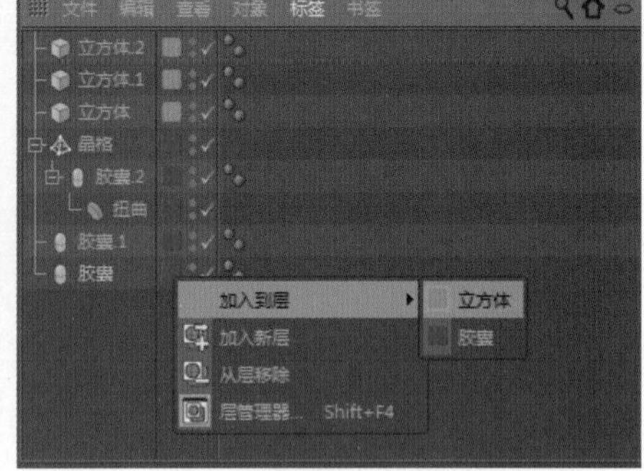

图3.41

课后习题

1. 管理文件练习

学会管理模型和贴图文件，防止贴图丢失。

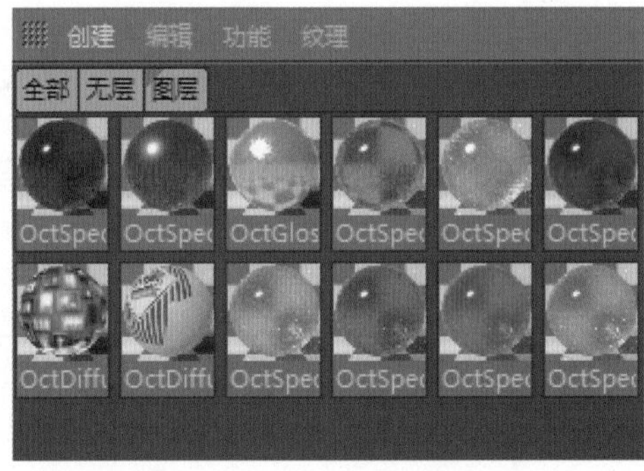

练习要求：

（1）将模型和贴图打包在一起；

（2）研究将贴图和模型分别放在不同文件夹后，再次打开模型文件时如何找回贴图文件。

2. 自定义界面练习

将自己习惯的界面设置和布局保存。

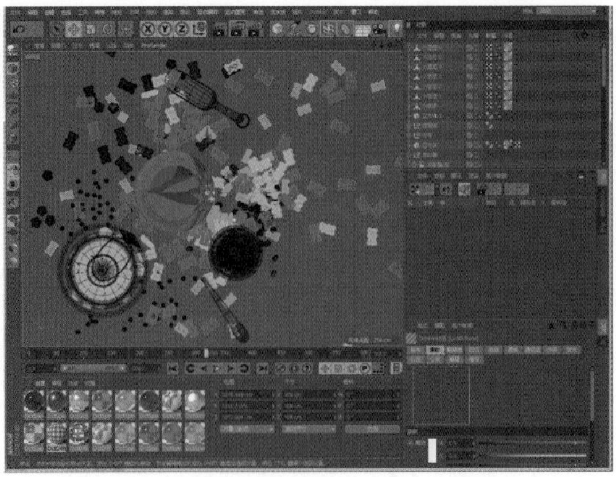

练习要求：

（1）保存自定义界面布局；

（2）将自定义界面布局设置成默认启动模式。

基础对象的创建

本章导读

本章主要介绍参数化几何体及NURBS曲面的创建，包括Cinema 4D中的一些基本建模元素和参数的变化。对于NURBS曲面建模，本章给出了具体的建模思路，以实例的形式帮助读者巩固所学的知识。

知识点	了解	理解	应用	实践
参数化对象	√	√	√	√
参数化图形	√	√	√	√
绘制曲线	√	√	√	√
点线面的编辑	√	√	√	√
NURBS造型工具	√	√	√	√

4.1 参数化对象

Cinema 4D中的参数化对象是用来创建具有三维空间结构的造型实体，包括【空白】、【立方体】、【圆锥】、【圆柱】、【圆盘】、【平面】、【多边形】、【球体】等18种类型，如图4.1所示。

几何基本体在现实世界中，就像我们熟悉的皮球、管道、长方体、圆环和圆锥形冰激凌杯一样，有不同的形状。在Cinema 4D中，用户可以使用单个基本体进行建模。还可以对基本体的参数进行修改，从而制作更复杂的对象。

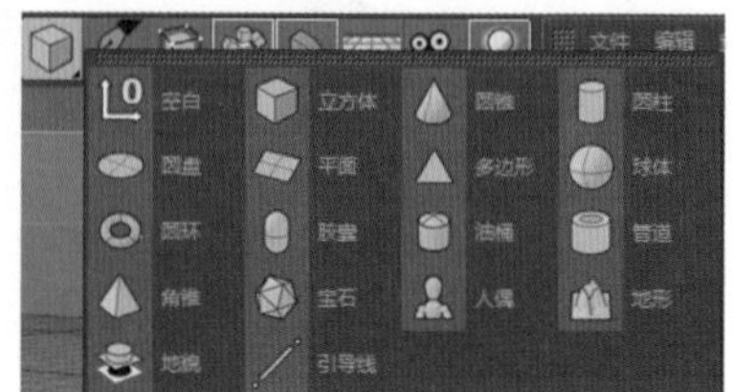

图4.1

创建一个参数化对象❶，可以在参数面板中对其进行参数化修改❷，如分段数、圆角、长、宽、高等，❸为圆角效果，如图4.2所示。

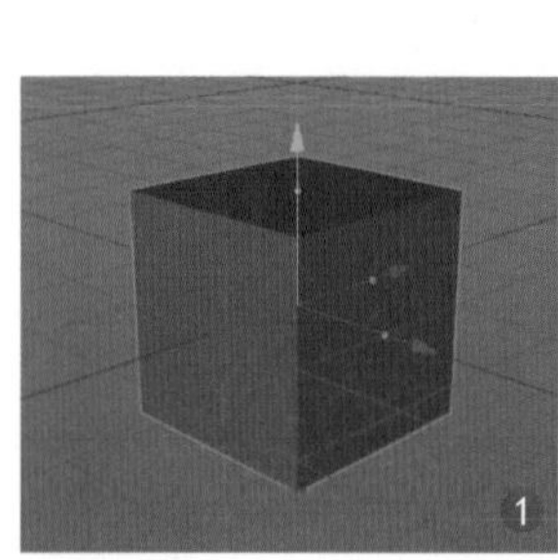

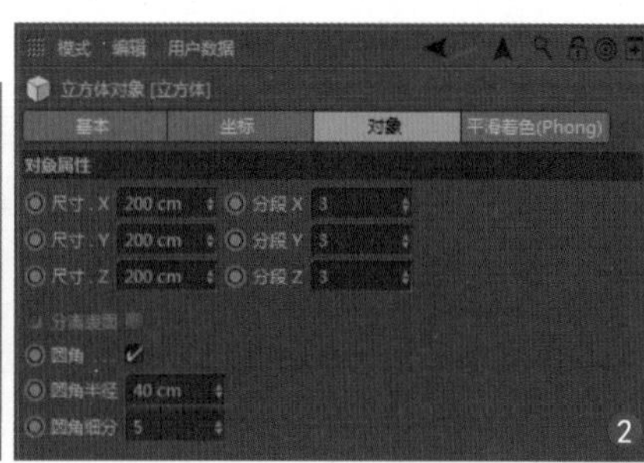

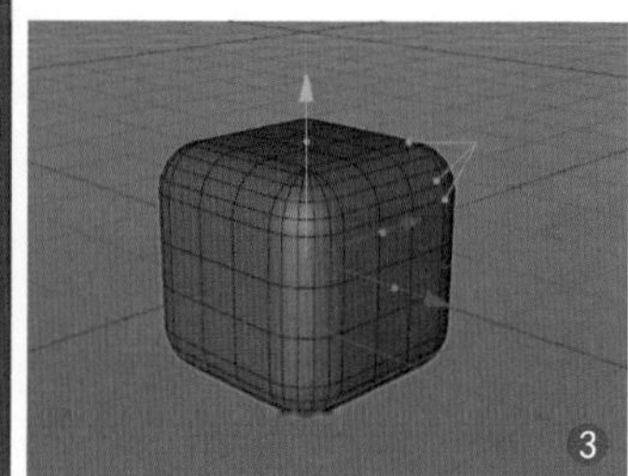

图4.2

4.1.1 实例：创建切角宝石

微课视频

工程文件　Scenes\4.1.1.c4d\创建切角宝石

本小节介绍如何创建切角宝石。

（1）选择【宝石】工具，视图中出现了一个默认的宝石，如图4.3所示。

（2）在参数面板中对其参数进行修改，如分段数、圆角、长、宽、高等，如图4.4所示。

（3）将【类型】改为【碳原子】后的效果如图4.5所示。可以通过调整【分段】修改细节，还可以将其改成八面体、四面体等造型。

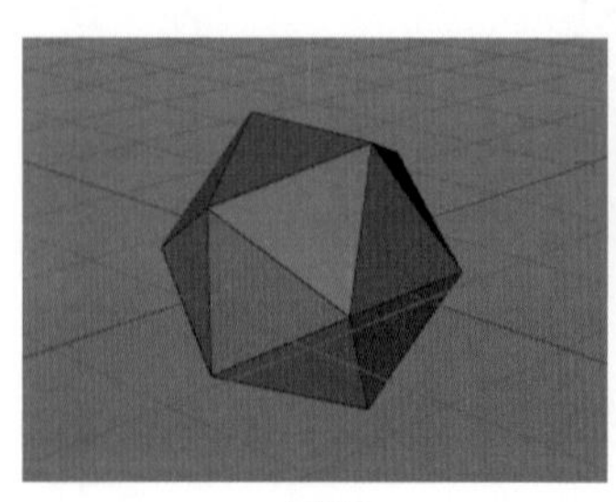

图4.3

图4.4

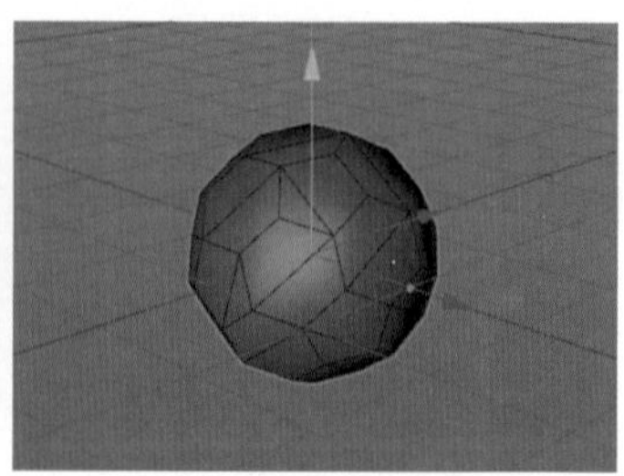

图4.5

4.1.2 实例：创建地形

微课视频

Scenes\4.1.2.c4d\创建地形

本小节介绍如何创建地形。

（1）选择【地形】工具，视图中出现了一个默认的地形，如图4.6所示，可以通过修改参数调整地形的形态。

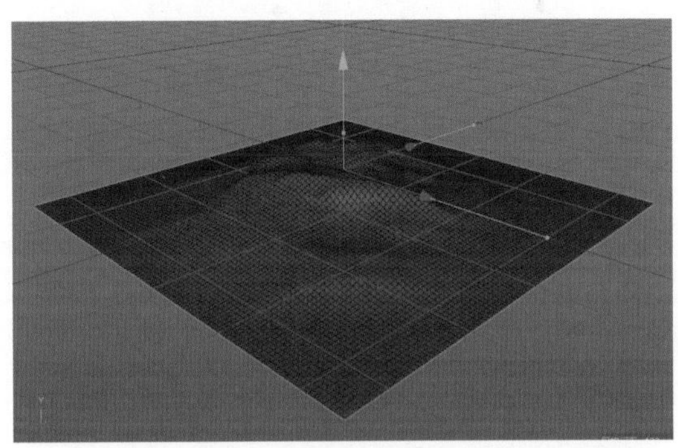

图4.6

（2）在参数面板中修改地形参数❶，让地形高度增大❷，如图4.7所示。

模式 编辑 用户数据
地形对象 [地形]
基本 坐标 对象 平滑着色(Phong)
对象属性
尺寸 600 cm 323 cm 600 cm
宽度分段 100
深度分段 100
粗糙皱褶 50 %
精细皱褶 50 %
1

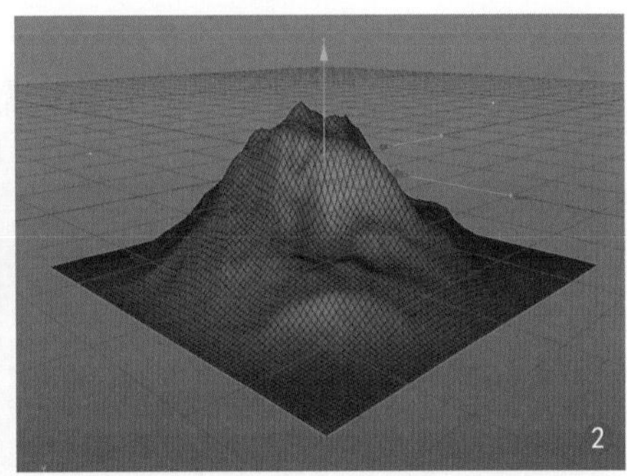

图4.7

（3）设置【海平面】参数❶，以覆盖平地部分❷，如图4.8所示。

缩放 1
海平面 84 %
地平面 100 %
1

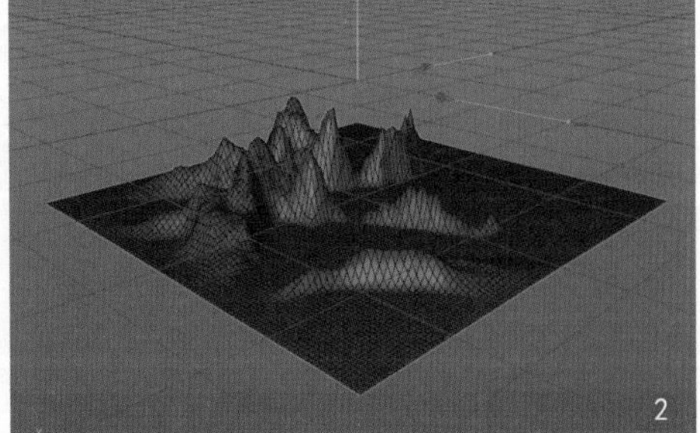

图4.8

（4）修改类型为【球状】❶，使地形呈圆形效果❷，如图4.9所示。

（5）还可以通过修改【方向】、【随机】、【粗糙皱褶】等参数，让地形更加复杂，如图4.10所示。

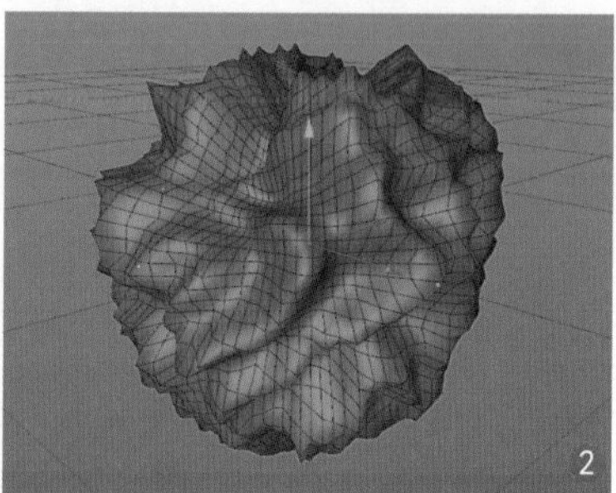

图4.9

图4.10

4.2 参数化图形

图形是一种由一条或多条曲线组成的对象，在Cinema 4D中这些曲线分为参数化图形和NURBS（Non-Uniform Rational B Spline）曲线两种。这些曲线可以被用作其他对象组件的二维或三维元素。

图形的主要作用是生成面片和薄的三维曲面，以及定义放样组件，如路径和图形。图形还可以拟合曲线、生成旋转曲面、生成挤出对象，以及定义运动路径。工具栏中提供了日常生活中能够经常看到的几何图形的创建工具，如圆环、矩形、星形等。

【画笔】、【草绘】等工具可以用来画线，而参数化图形则可以通过修改参数产生固定的形状，包括圆环、齿轮、矩形、文本、多边形、螺旋形等共15种图形，每种图形都具有特定的属性参数，如图4.11所示。

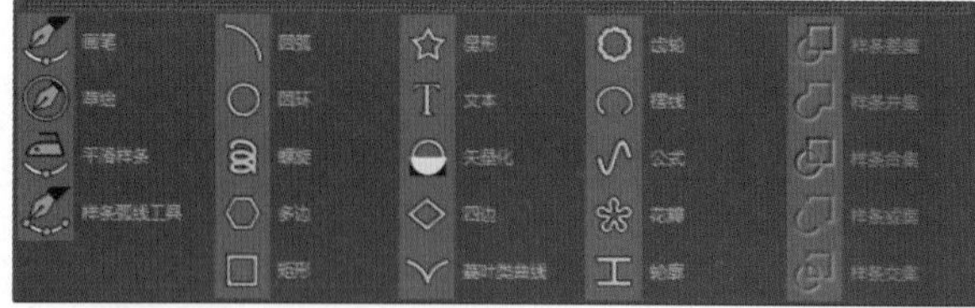

图4.11

4.2.1 实例：绘制星形

微课视频

工程文件 Scenes\4.2.1.c4d\绘制星形

本例介绍如何绘制星形。

（1）选择【星形】工具 ❶，视图中出现了一个默认的星形图形❷，如图4.12所示。

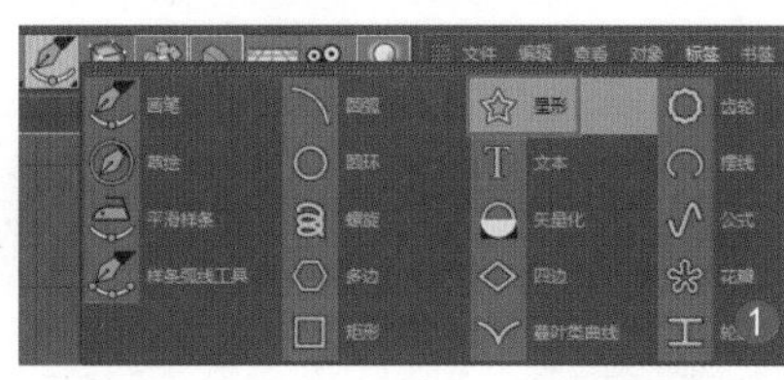
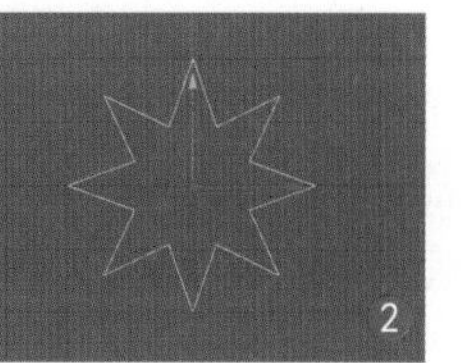

图4.12

（2）在参数面板中对其进行参数修改，如分段数、圆角、长、宽、高等。修改【点】为“5”❶，星形变成了五角星❷，如图4.13所示。

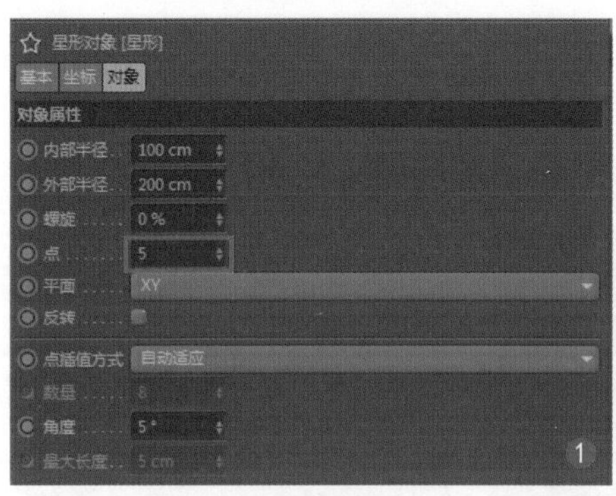

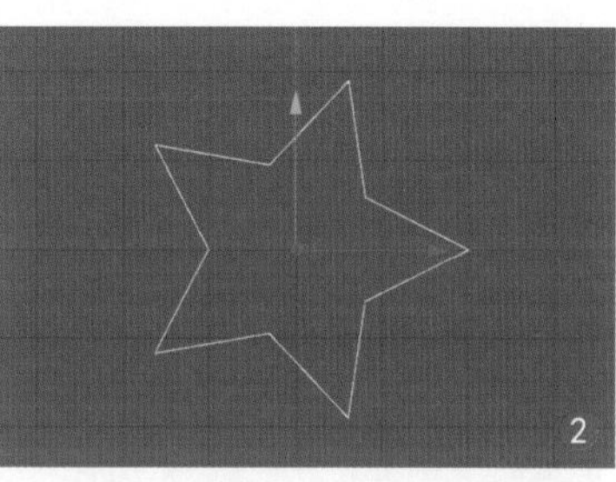

图4.13

（3）修改【内部半径】和【螺旋】的值❶，星形变成了扭曲的造型❷，如图4.14 所示。

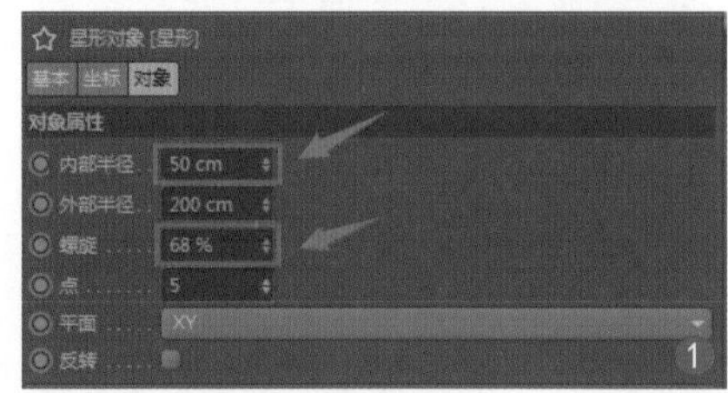

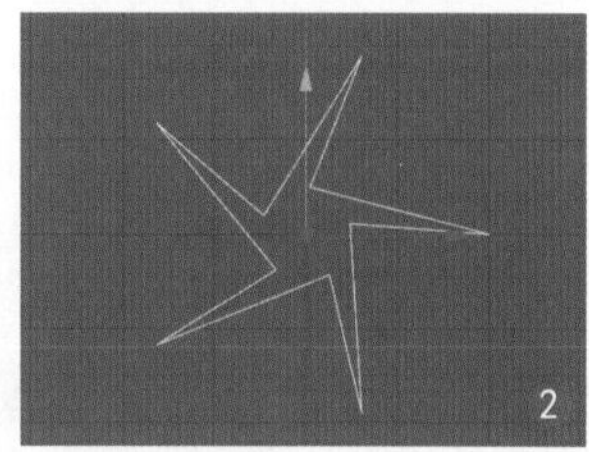

图4.14

4.2.2 实例：绘制文字

微课视频

工程文件 Scenes\4.2.2.c4d\绘制文字

本小节介绍如何绘制文字。

（1）选择【文本】工具 ❶，视图中出现了一个默认的文本图形❷，如图4.15所示。

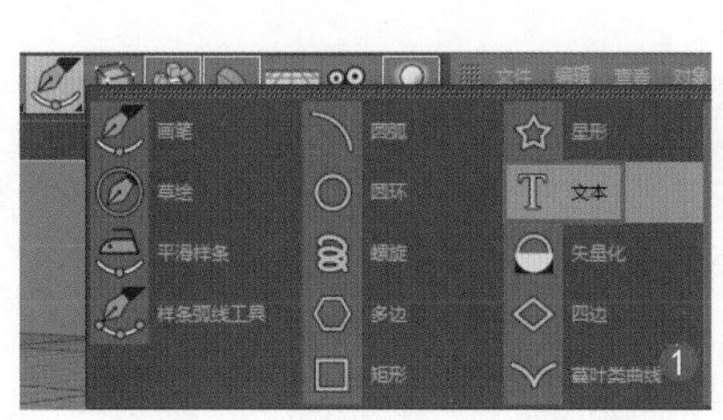
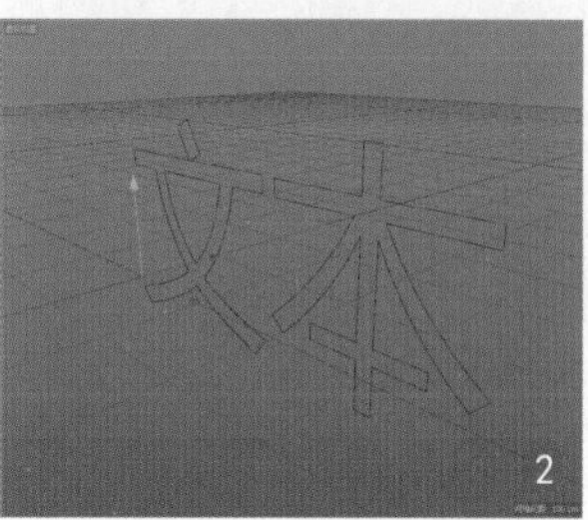

图4.15

（2）进入参数面板，对文本的字体和文字内容进行修改❶，❷为修改后的效果，如图4.16所示，还可以对文字进行字体加粗等操作。

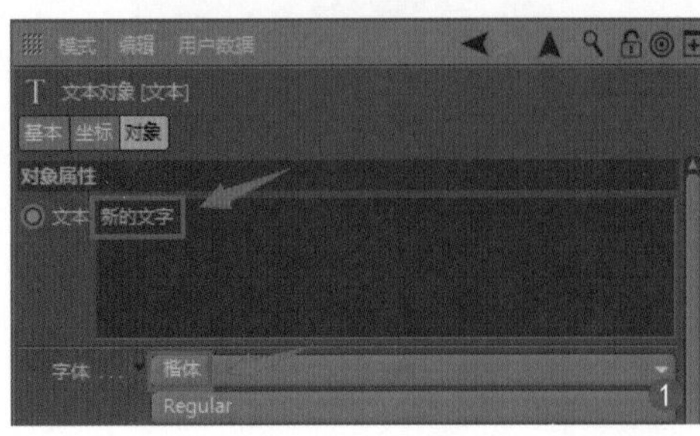

图4.16

（3）修改文字间隔❶，改变文字的字距❷，如图4.17所示。

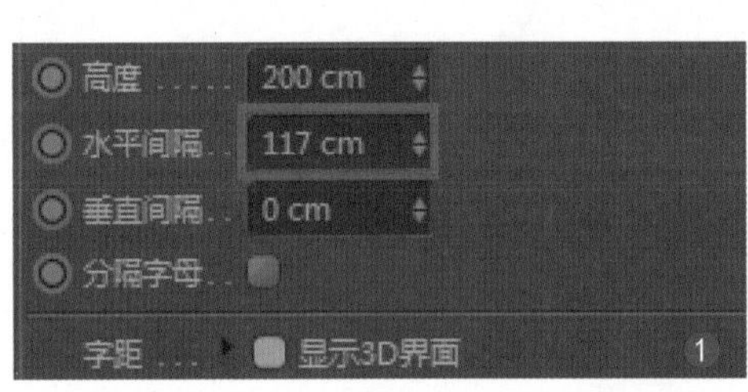

图4.17

（4）在工具栏中，在按住Alt键的同时选择【挤压】工具❶，此时文本会产生立体厚度❷，如图4.18所示。

（5）在参数面板中可以看到，挤压的参数包括【基本】、【坐标】、【对象】和【封顶】四个大类。在【对象】选项卡中设置Z轴的厚度为20cm，表示文本将在Z轴方向产生20cm的厚度，如图4.19所示。

图4.18

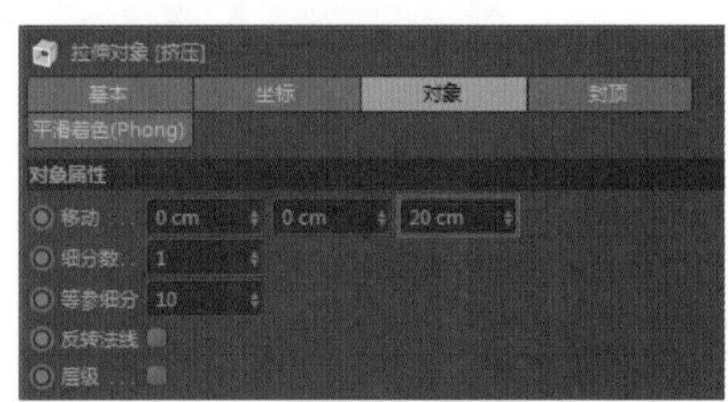

图4.19

（6）在【封顶】选项卡中可以调整文本模型是否有封盖。一般情况下，如果想让字体产生好的倒角效果，选择【圆角封顶】，如图4.20所示。

通过对步幅和半径的调整，可以得到光滑的、锋利的等不同的倒角效果，如图4.21所示。

图4.20

图4.21

4.3 绘制曲线

在Cinema 4D中可以自由绘制曲线，【画笔】工具和【草绘】工具用来绘制曲线，【平滑样条】工具和【样条弧线】工具用于修改曲线。

4.3.1 曲线绘制工具

曲线绘制工具有【画笔】工具和【草绘】工具两个，使用它们可以绘制各种类型的曲线，如图4.22所示。

绘制工具
画笔
草绘

图4.22

【画笔】工具采用节点方式绘制曲线，就是通过绘制一个个节点来控制曲线形状，如图4.23所示。

【草绘】工具采用涂鸦方式绘制曲线，绘制结果一般不准确，但比较快速，如图4.24所示。

在【画笔】工具的参数面板中可以选择曲线的绘制类型，可绘制的曲线类型有线性、立方、Akima、B-样条和贝塞尔5种，如图4.25所示，其中线性和贝塞尔是最常用的。

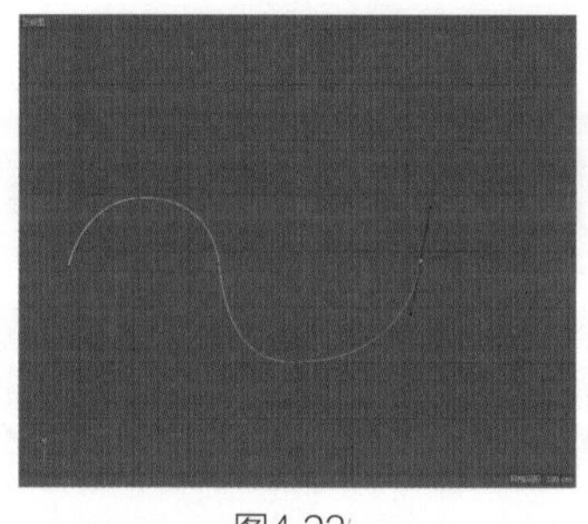

图4.23

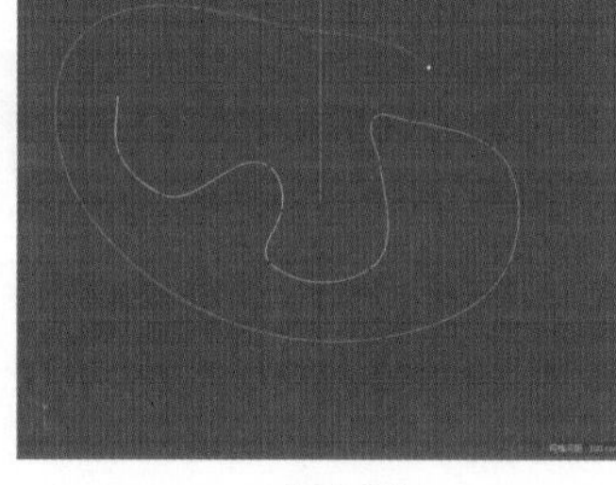

图4.24

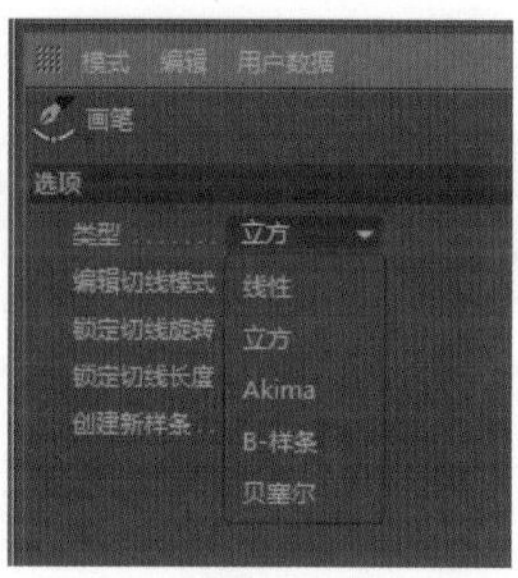

图4.25

4.3.2 实例：绘制线性和NURBS曲线

Scenes\4.3.2.c4d\绘制线性和NURBS曲线

本小节介绍如何绘制线性和NURBS曲线。

（1）选择工具栏中的【画笔】工具，在参数面板中确定当前类型为线性，如图4.26所示。

（2）在正视图中单击确定第一个点，这是起始点，移动鼠标指针到第二个点处单击，此时起始点和第二个点之间产生了一条线段。继续绘制，可以看到线性模式的曲线始终在点与点之间产生线段。绘制完成后按Esc键结束，效果如图4.27所示。

（3）选择工具栏中的【画笔】工具，在参数面板中确定当前类型为贝塞尔，如图4.28所示。

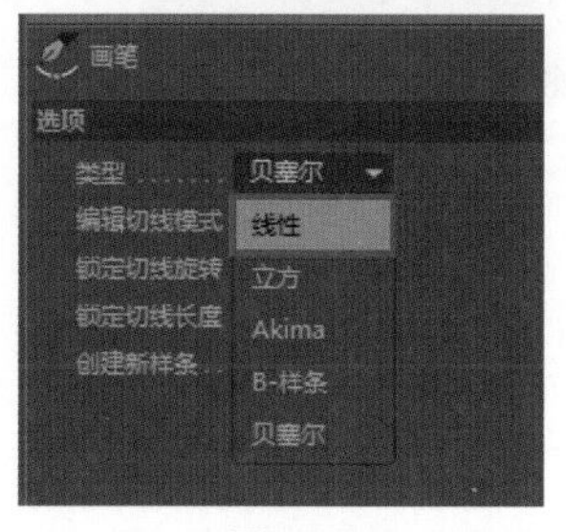

图4.26

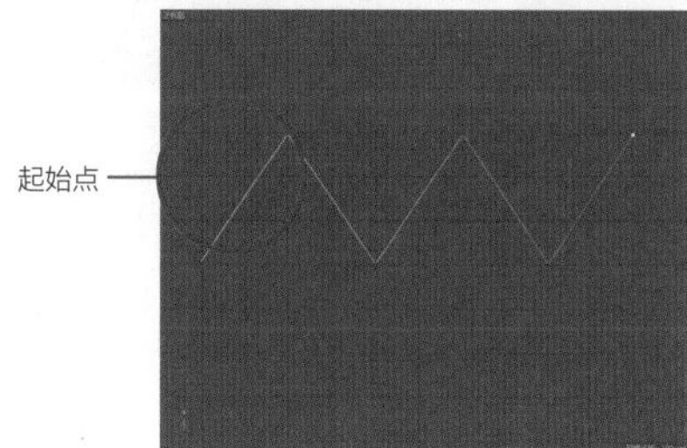

图4.27

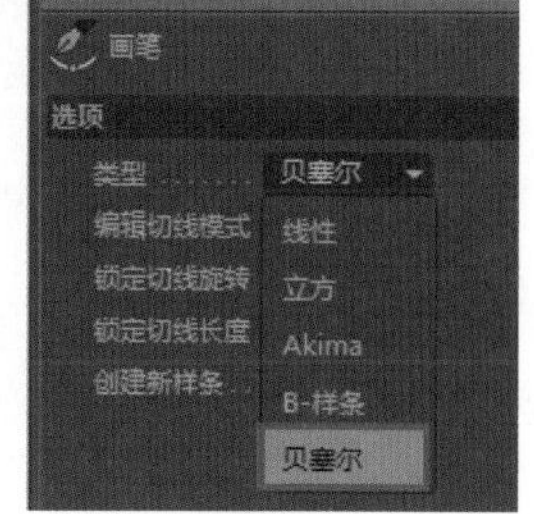

图4.28

（4）在正视图中单击，确定起始点，移动鼠标指针到第二个点处，按住鼠标左键并拖动，第二个点上出现了一个黑色手柄，起始点与第二个点之间产生了弧线，如图4.29所示。

（5）松开鼠标左键后，移动鼠标指针至第三个点处，单击确认第三个点，如图4.30所示。

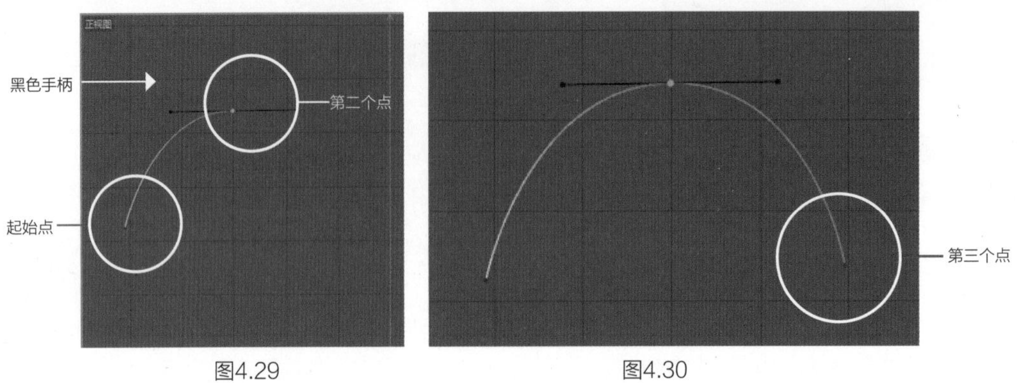

图4.29　图4.30

（6）用步骤（4）的方法确定第四个点，此时可以发现，如果只是放置顶点，点上并不会出现黑色手柄，如果是按住鼠标左键并拖动鼠标确定点，则点上会产生黑色手柄，如图4.31所示。

（7）确定其他的点，完成曲线的绘制，按Esc键结束绘制，如图4.32所示。

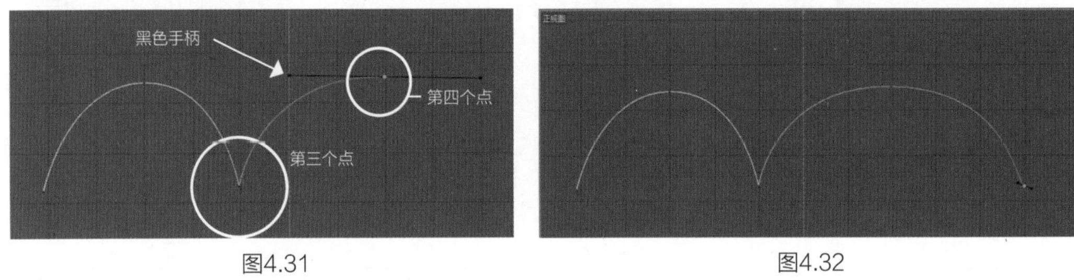

图4.31　图4.32

（8）选择工具栏中的【画笔】工具，在参数面板中确定当前类型为B-样条，如图4.33所示。这次绘制另一种B-样条弧形曲线。

（9）在正视图中单击以确定起始点，绘制曲线的方法与步骤（4）相同。可以看到，当拖动鼠标时，点与点之间虽然产生了弧线，但没有出现手柄。弧线附近产生了悬浮的CV点，如图4.34所示。

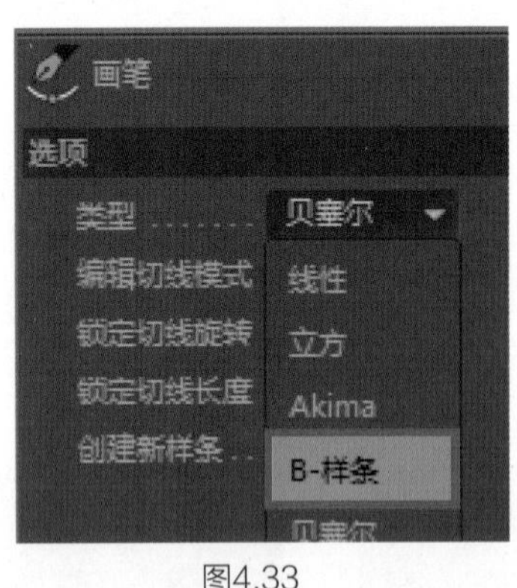

图4.33

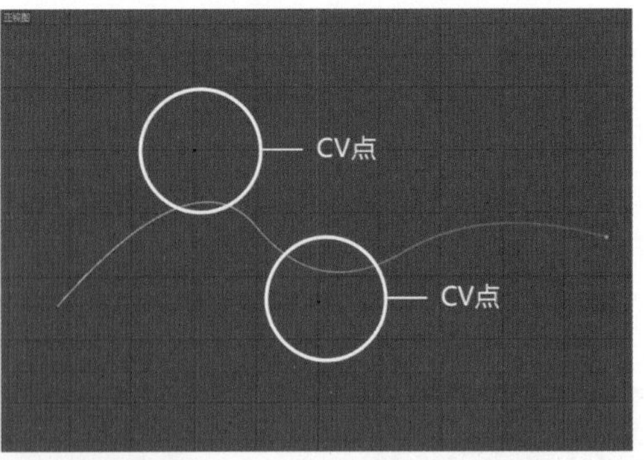

图4.34

从前面的实例中可以看到，Cinema 4D中主要有线性曲线、贝塞尔曲线（手柄曲线）和B-样条曲线（CV点曲线）3种曲线，贝塞尔曲线和B-样条曲线是一种NURBS曲线，即统一非有理B样条曲线。NURBS曲线是完全不同于多边形模型的计算方法，这种方法以曲线来操控三维对象表面（而不是用网格），非常适合复杂曲面对象的建模。从外观上看，NURBS曲线与样条线类似，而且二者可以相互转换，但它们的数学模型是大相径庭的。NURBS曲线的操控比样条曲线简单，所形成的几何体表面也更加光滑。

4.4 点、线、面的编辑

在Cinema 4D中，模型次物体级别分为顶点、边和多边形，通过对点、线、面的编辑可以对模型的形态进行调整，这就是多边形建模。下面介绍点、线、面的编辑工具。

4.4.1 实例：使用顶点编辑工具

微课视频

工程文件 Scenes\4.4.1.c4d\使用顶点编辑工具

本小节介绍顶点编辑工具的用法。进入顶点次物体级别，在快捷菜单中会看到所有的顶点编辑工具命令。

（1）创建一个球体，在参数面板中可以对球体的半径和分段数进行调整。因为这是一个参数化模型，所以无法单独对点、线、面进行编辑，如图4.35所示。

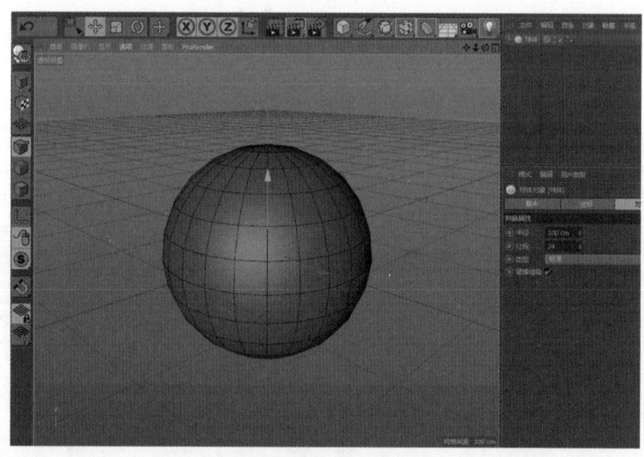

图4.35

（2）单击按钮或按C键，将参数化的球体转换为可编辑多边形，此时就可以进入点、线、面相应的次物体级别进行编辑操作了，如图4.36所示。

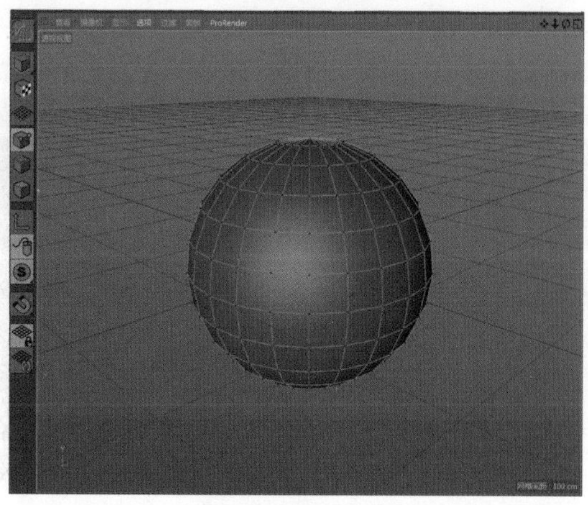

图4.36

（3）单击 按钮，进入顶点次物体级别，框选模型上的顶点并单击鼠标右键，在弹出的快捷菜单中可以看到所有关于顶点的编辑命令，如图4.37所示。

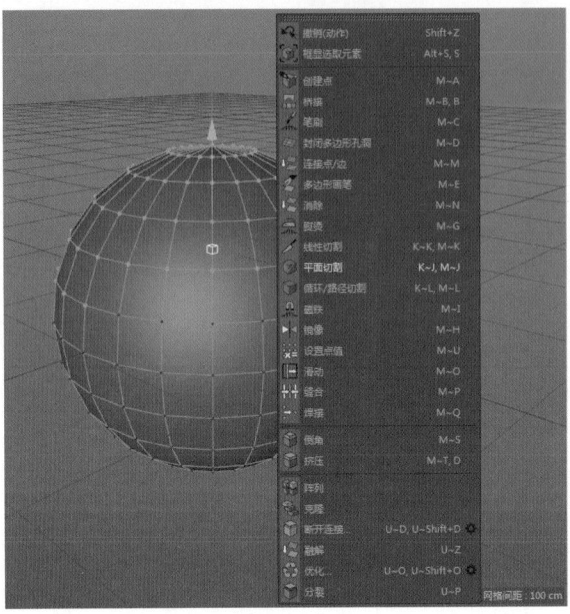

图4.37

（4）在球体上选择一个顶点并单击鼠标右键，在弹出的快捷菜单中选择【倒角】命令，拖动鼠标创建倒角，如图4.38所示。

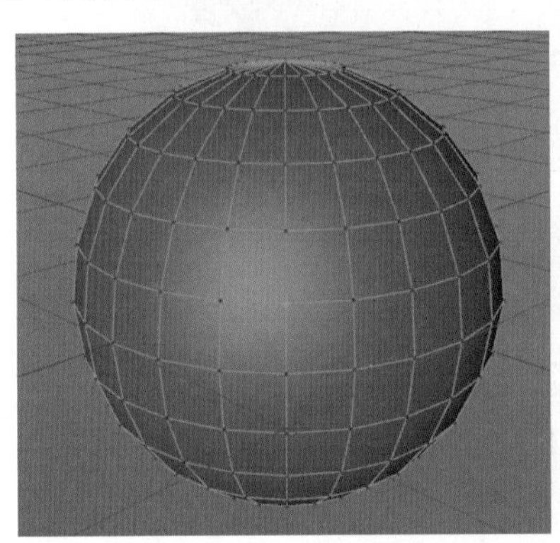
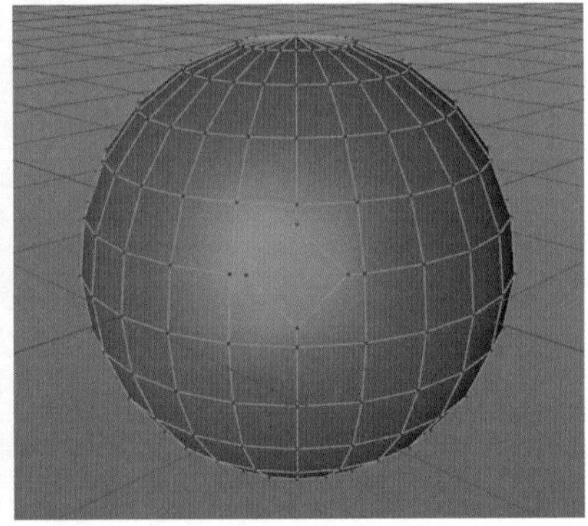

图4.38

（5）在参数面板中可以看到倒角的各项参数，调节参数可以更准确地控制倒角效果，如图4.39所示。

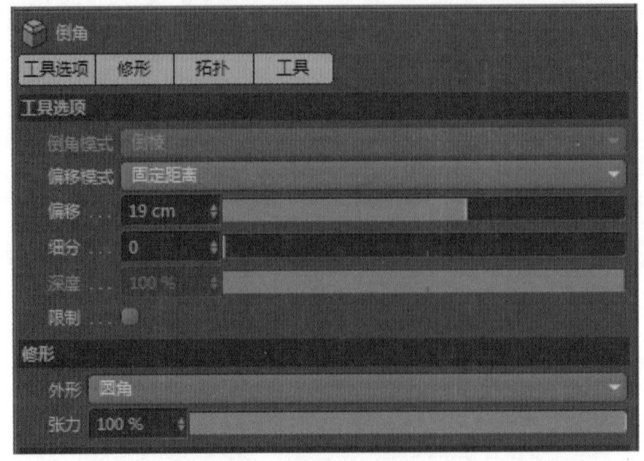

图4.39

这就是顶点编辑工具的基本用法，有的工具是直接在视图中进行拖动操作的，有的工具则可以在参数面板进行编辑。

4.4.2 实例：使用边编辑工具

微课视频

工程文件 Scenes\4.4.2.c4d\使用边编辑工具

本小节介绍边编辑工具的用法，进入边次物体级别，在快捷菜单中会看到所有的边编辑工具命令，它们与顶点编辑工具命令有点类似，很多命令是相通的。

（1）单击按钮进入边次物体级别，选择模型的边并单击鼠标右键，在弹出的快捷菜单中可以看到所有的边编辑工具对应的命令，如图4.40所示。

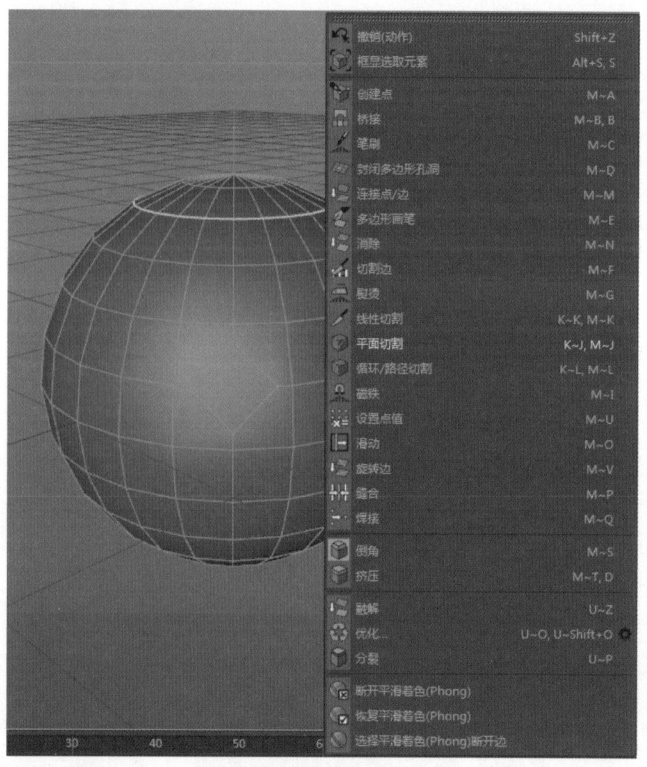

图4.40

（2）可以看到，有些命令和顶点次物体状态下相同，这里虽然名称相同，用法却是针对边的。按U+L组合键，循环选择模型的一圈边❶，单击鼠标右键，在弹出的快捷菜单中选择【消除】命令，此时选中的边被消除❷，如图4.41所示。

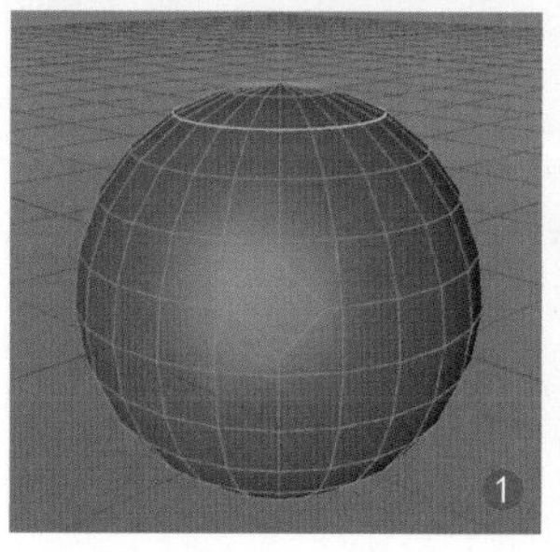

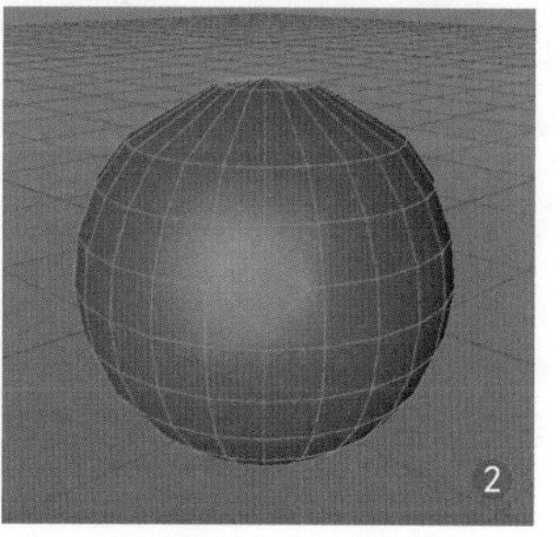

图4.41

（3）在不选择任何边的情况下单击鼠标右键，在弹出的快捷菜单中选择【切割】命令，在模型上绘制切割线，如图4.42所示。

（4）在参数面板中选择相应的切片模式❶，按Esc键完成切割，球体像西瓜一样按步骤（3）中绘制的切割线被切割开❷，如图4.43所示。

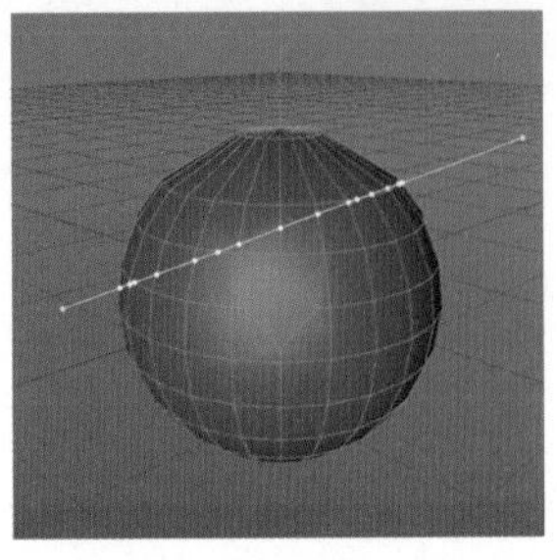

图4.42

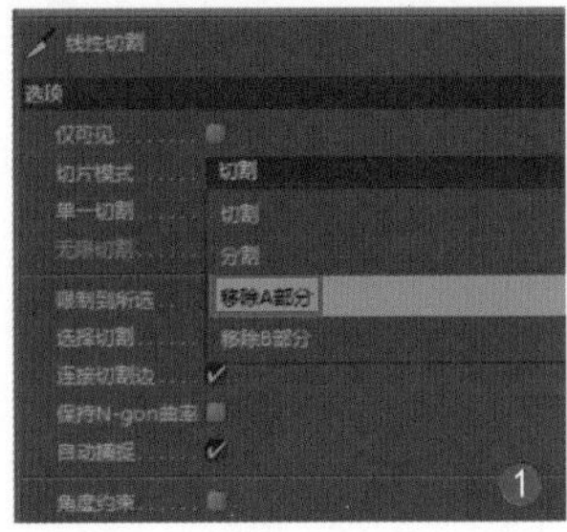

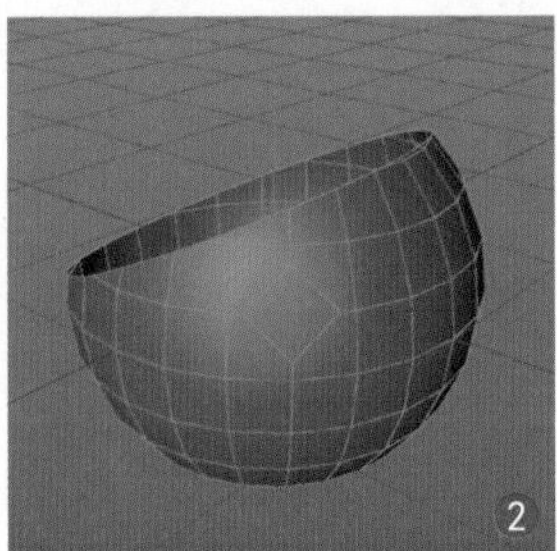

图4.43

（5）在剩下的球体上单击鼠标右键，在弹出的快捷菜单中选择【封闭多边形孔洞】命令，如图4.44所示。

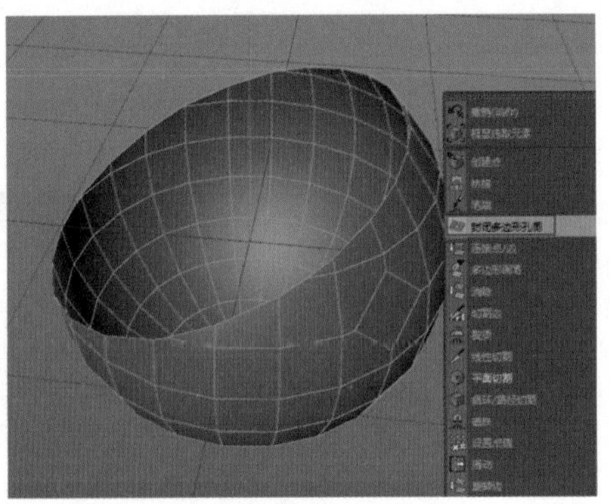

图4.44

（6）将鼠标指针移动到球体开口处，系统自动识别出要封闭的开口❶，单击即可将开口封闭❷，如图4.45所示。

（7）在空白处单击鼠标右键，在弹出的快捷菜单中选择【切割】命令，在模型上绘制相应的边，如图4.46所示。

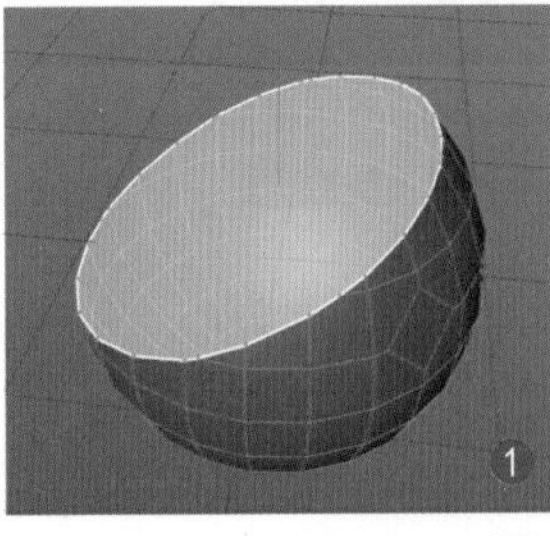

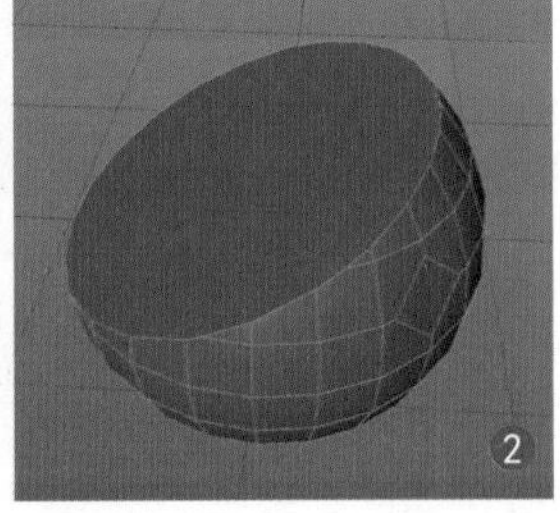

图4.45

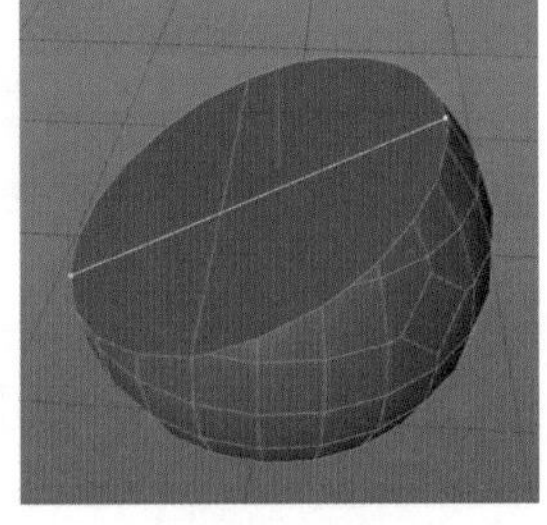

图4.46

4.4.3 实例：使用多边形编辑工具

Scenes\4.4.3.c4d\使用多边形编辑工具

本小节介绍多边形编辑工具的用法。进入多边形次物体级别，在快捷菜单中选中某个命令后（如倒角），在点次物体级别和边次物体级别中都可以使用。

（1）单击按钮进入多边形次物体级别，选择模型中的多边形并单击鼠标右键，在弹出的快捷菜单中可以看到所有的多边形编辑工具对应的命令，如图4.47所示。

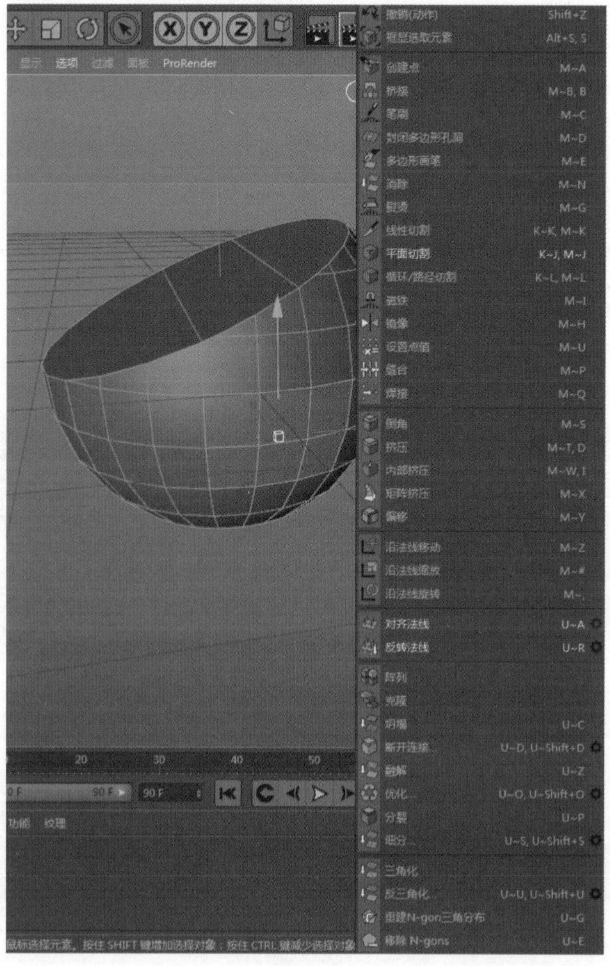

图4.47

（2）在多边形的快捷菜单中，编辑命令比点和边的多一些，选择【挤压】命令，拖动鼠标可以对当前选择的面进行挤压操作，如图4.48所示。

（3）选择【倒角】命令，对挤压的面进行倒角操作，如图4.49所示。

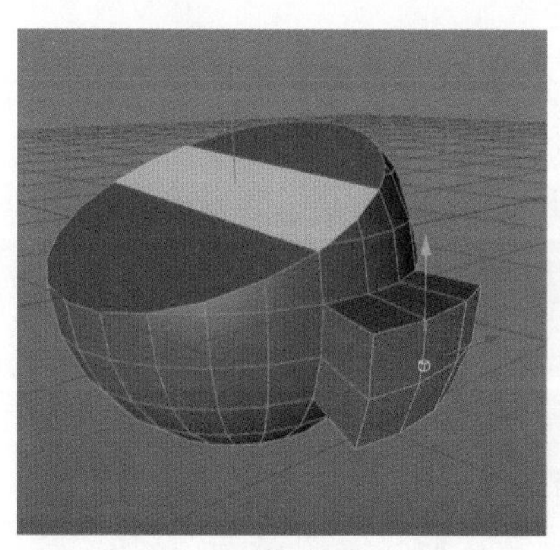

图4.48

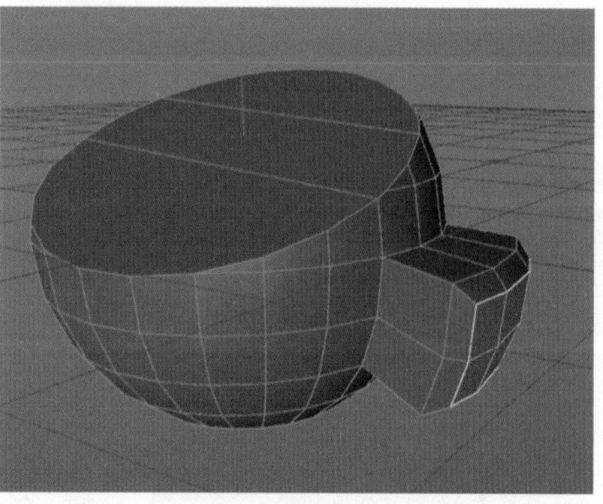

图4.49

（4）在参数面板中调节【细分】值❶，可以对倒角进行细分❷，通过参数的配合可以进一步编辑多边形，如图4.50所示。

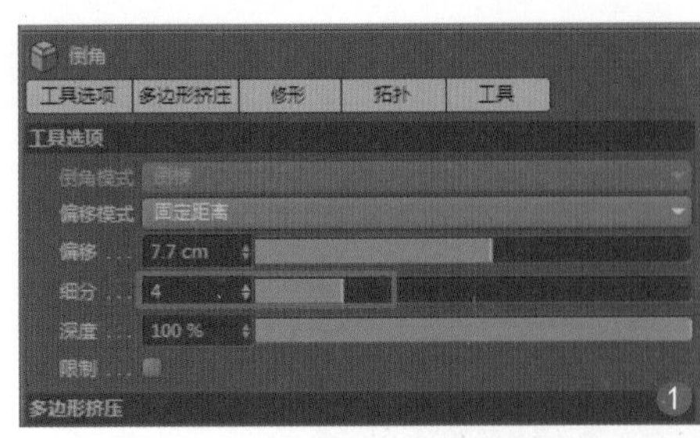

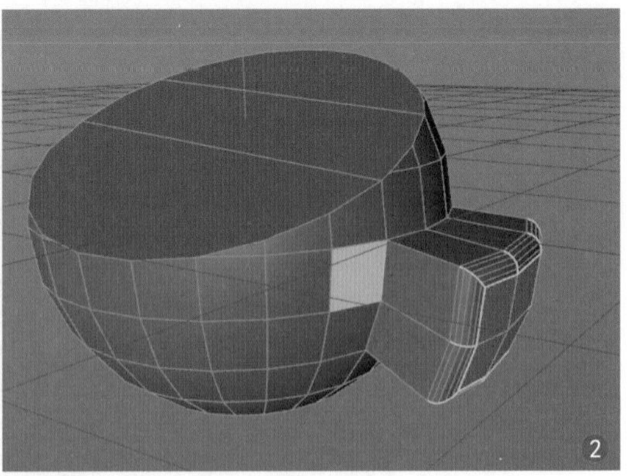

图4.50

这里要注意一点，多边形编辑与参数化几何体不同，多边形编辑是不可逆的，制作过程中可以多备份几个中间过程文件。本例中的一个中间过程文件如图4.51所示。

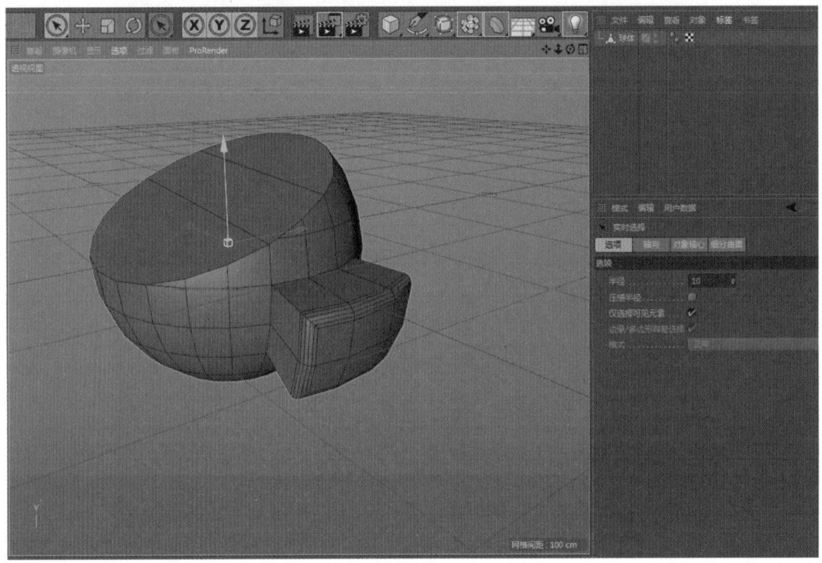

图4.51

4.5 NURBS造型工具

Cinema 4D中的NURBS造型工具有两个分类，分别是【细分曲面】和【阵列】，【细分曲面】的分类里面有【旋转】、【扫描】、【挤压】、【放样】和【贝塞尔】❶，【阵列】的分类里面有【连接】、【对称】、【布尔】等工具❷，如图4.52所示。

在NURBS造型工具中，使用较多的是【旋转】、【扫描】、【挤压】、【放样】、【对称】和【布尔】等工具，【减面】、LOD等工具用得较少，篇幅所限，这里主要介绍【旋转】和【布尔】工具。

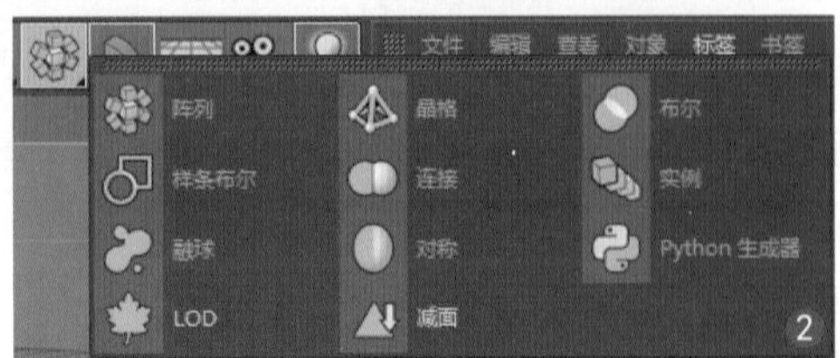

图4.52

4.5.1 实例：使用【旋转】工具

Scenes\4.5.1.c4d\使用【旋转】工具

【旋转】工具就是我们常说的车削工具，将截面或者一条曲线❶绕轴旋转成一个对象❷，可以选择绕X、Y、Z轴向旋转成型❸，如图4.53所示。

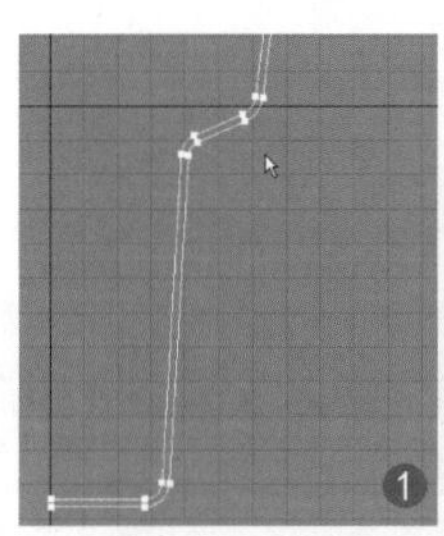

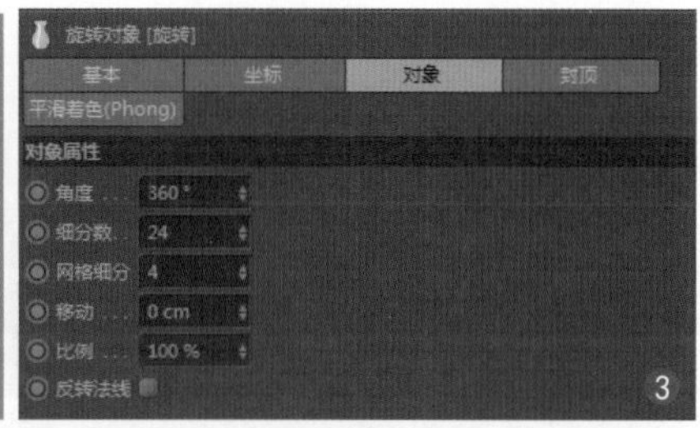

图4.53

下面使用【旋转】工具制作一个玻璃杯。

（1）选择【画笔】工具❶，在正视图中绘制玻璃杯的截面❷，如图4.54所示。

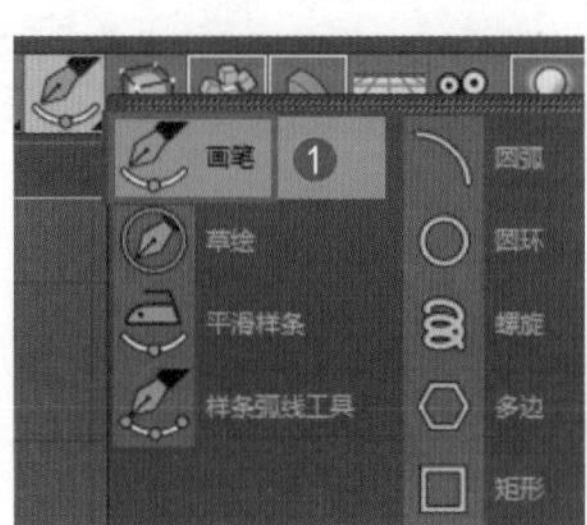

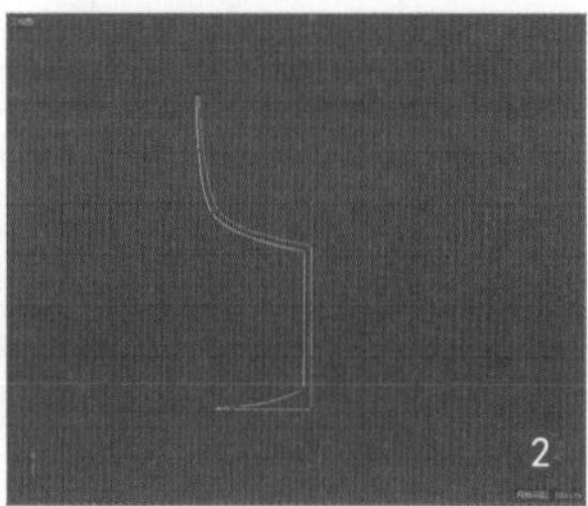

图4.54

（2）按Alt键的同时选择【旋转】工具❶，给截面曲线添加旋转命令❷，此时产生了一个玻璃杯对象❸，如图4.55所示。

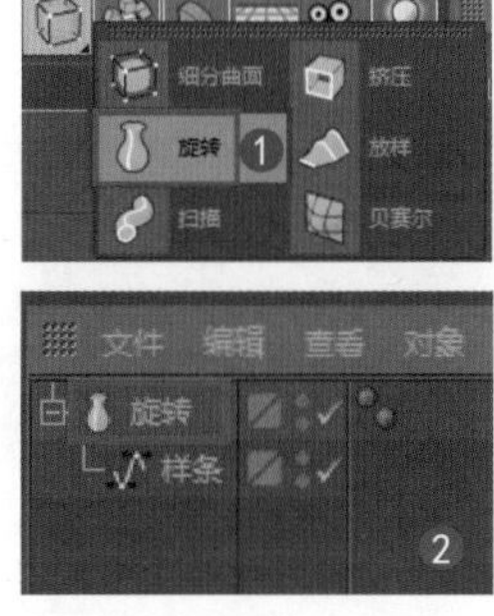

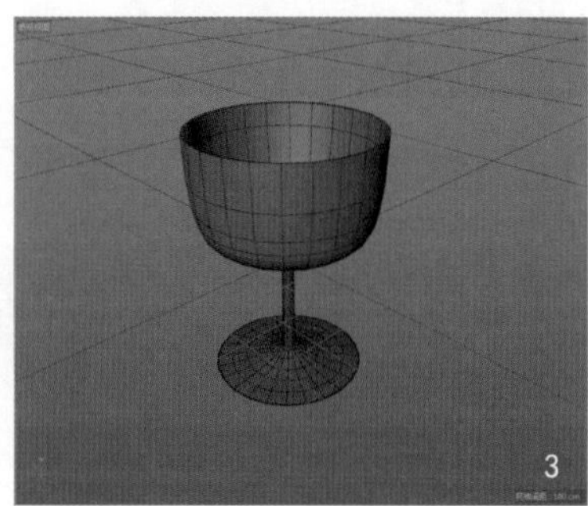

图4.55

（3）在参数面板中可设置【角度】，该值少于360°模型会产生缺口，如图4.56所示。

（4）设置不同的【细分数】可控制旋转精度，如图4.57所示。

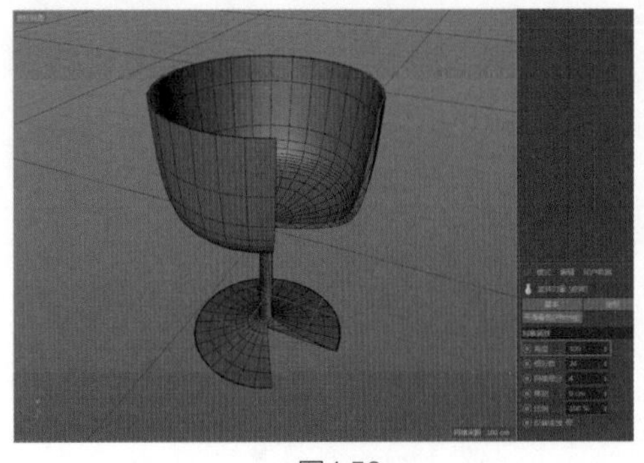

图4.56

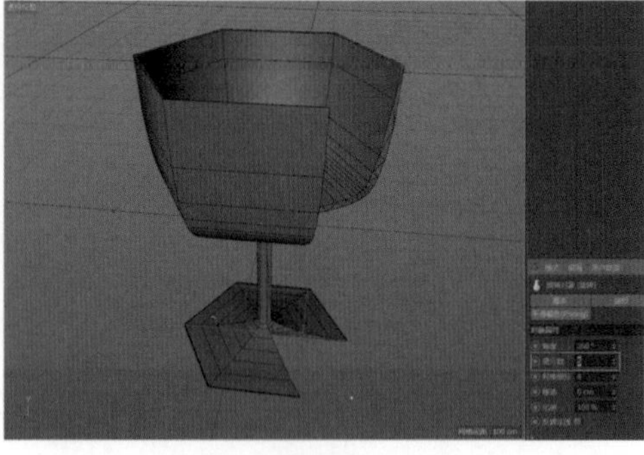

图4.57

（5）调整【移动】参数可控制截面在当前轴向的上下位移，【角度】参数可控制截面的旋转角度，如图4.58所示。

（6）在【封顶圆角】部分可控制封顶和圆角类型，如图4.59所示。

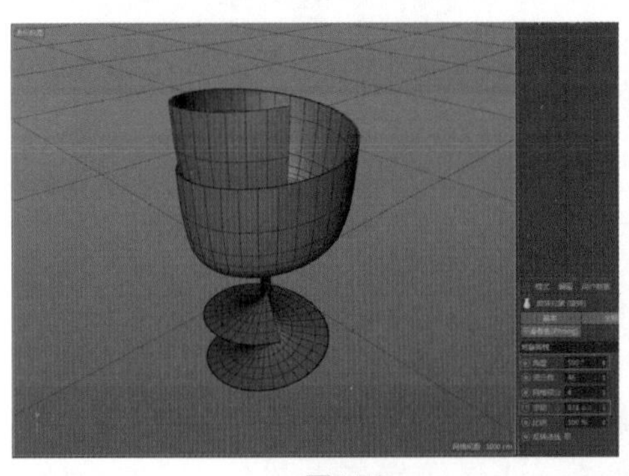

图4.58

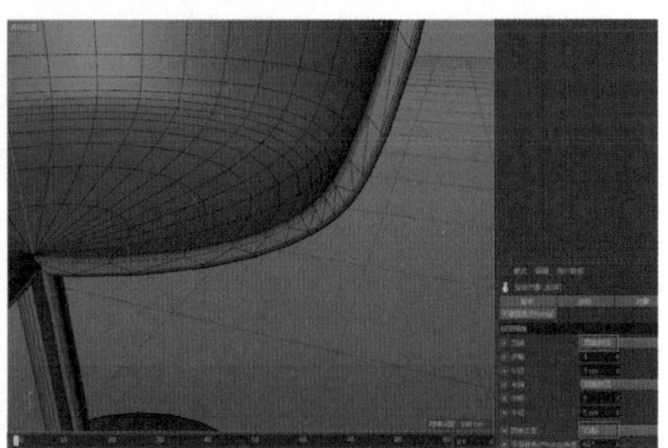

图4.59

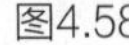

4.5.2 实例：使用【布尔】工具

微课视频

工程文件 Scenes\4.5.2.c4d\使用【布尔】工具

【布尔】工具在建模时可以对对象执行连接、相减、相交和剪切操作。布尔操作是对建模工具箱的强有力的补充。

下面通过两个简单对象介绍【布尔】工具的用法。

（1）在视图中创建一个立方体和一个球体，移动其中一个对象，使二者相交，如图4.60所示。

（2）在工具栏中选择【布尔】工具❶，建立一个布尔对象，在对象面板中将立方体和球体拖动到布尔对象下方❷，使它们成为布尔对象的子对象，如图4.61所示。

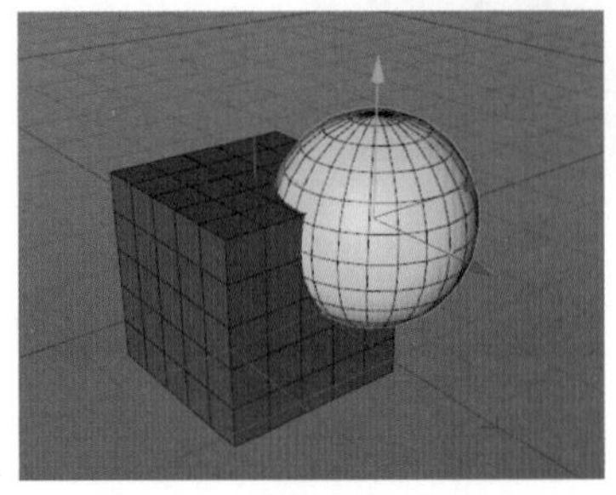

图4.60

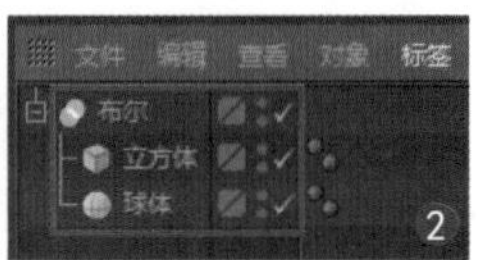

图4.61

（3）为了方便理解布尔操作，在对象面板中将立方体更名为“A”，将球体更名为“B”❶（双击对象名称即可更名）。此时模型中，立方体A减去了球体B❷。在参数面板的默认状态下，布尔类型是【A减B】❸，如图4.62所示。

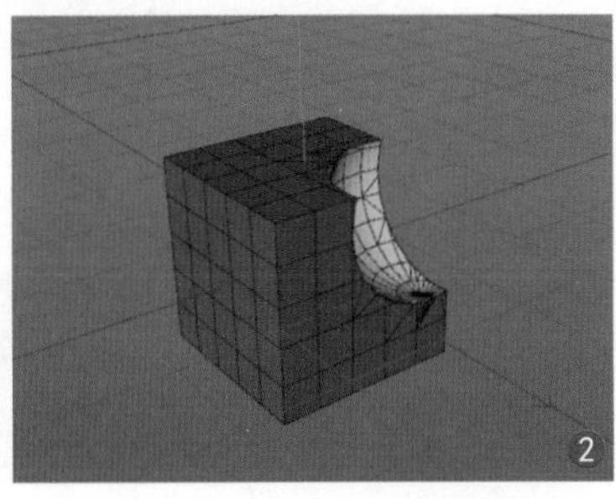
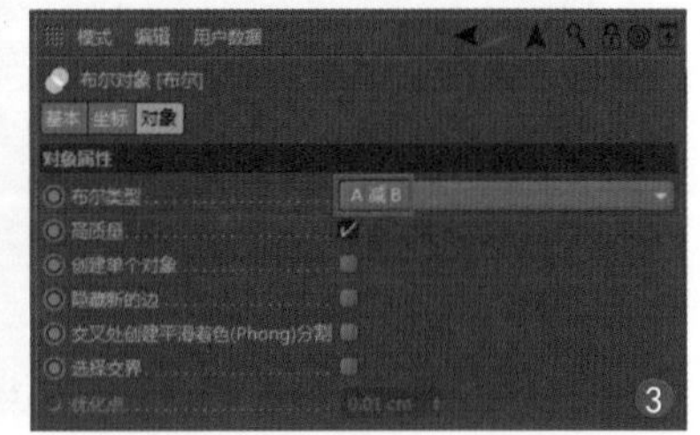

图4.62

（4）更改布尔类型为【AB交集】❶，模型产生了变化，A和B的相交处被保留❷，如图4.63所示。

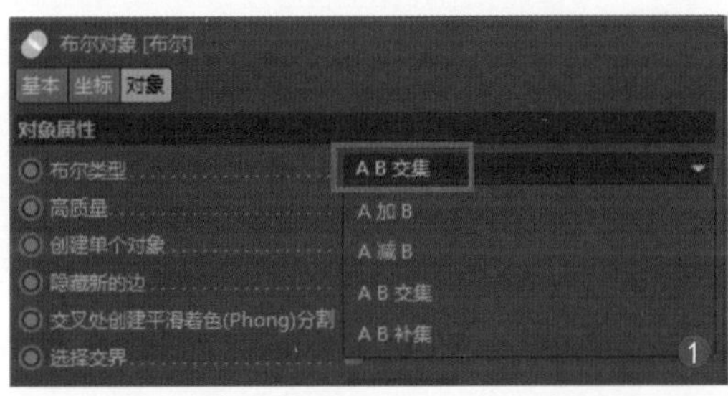

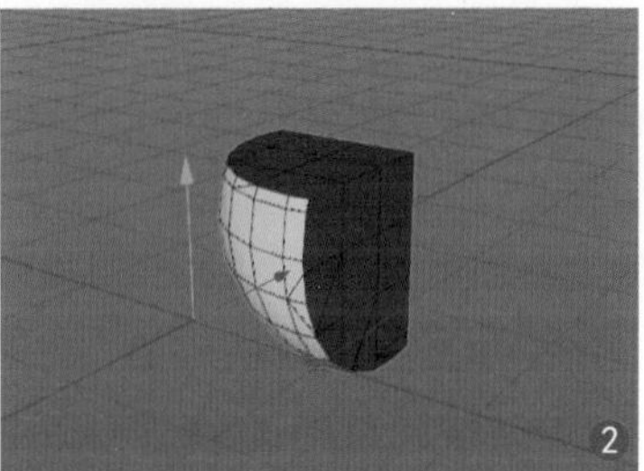

图4.63

（5）在布尔参数面板中，可以选择的布尔类型有A加B、A减B、AB交集、AB补集。如果要得到B减A的效果❶，在对象面板中将B拖放到A之前即可❷，如图4.64所示。

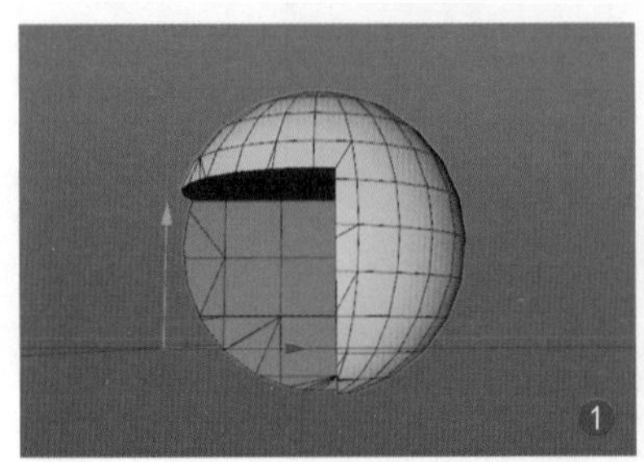

图4.64

（6）如果将布尔类型选择为【A加B】，则两个对象会成为一体❶。勾选【创建单个对象】复选框❷，布线会发生改变，两个对象被塌陷成一个整体模型，如图4.65所示。

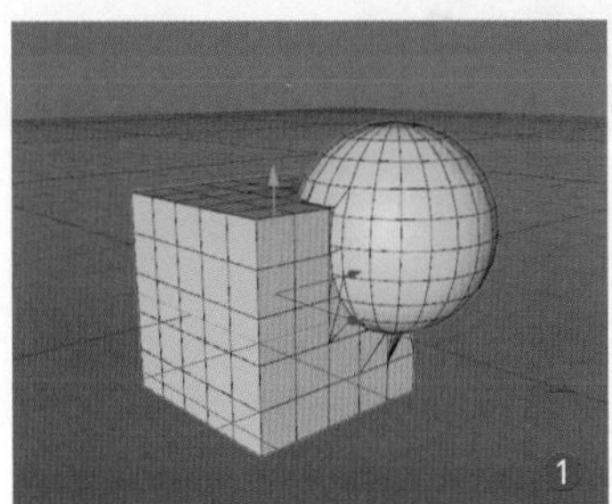

图4.65

（7）勾选【隐藏新的边】复选框❶，两个模型之间的紊乱布线将会消除，产生干净、整齐的相交布线❷，如图4.66所示。

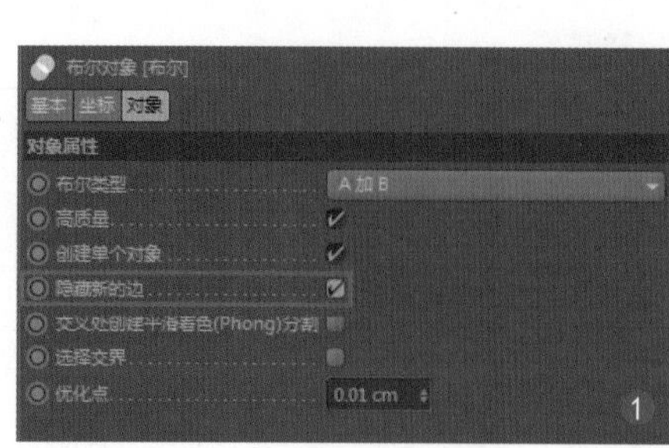

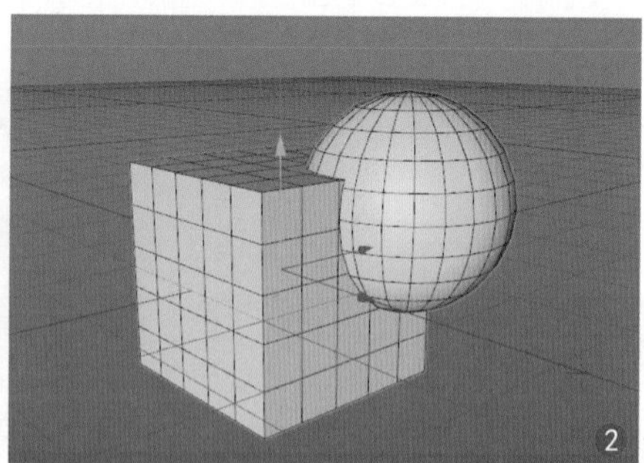

图4.66

在工业建模时，推荐使用带倒角的外挂布尔工具MeshBoolean，这种生硬的相交布尔工具尽量少用。

课后习题

1. 建模练习

制作立体文字。

练习要求：

（1）给立体文字进行两种以上的倒角处理；

（2）测试不同的厚度，直至产生最佳倒角效果。

2. 放样建模练习

用放样功能制作窗帘模型。

练习要求：
（1）控制好窗帘的皱褶；
（2）制作出窗帘的下垂感。

第5章 变形器和标签

本章导读

本章主要介绍如何使用变形器堆栈及如何在对象层级中使用堆栈，通过实例讲解变形器的使用方法、标签的含义及用法。在对象面板中，可以创建各种分类标签并对其进行基本操作。

知识点	了解	理解	应用	实践
变形器的应用	√	√	√	
变形器堆栈的应用		√	√	√
常用的变形器		√	√	
【扭曲】变形器、【膨胀】变形器、【斜切】变形器		√	√	
【锥化】变形器、【FDD】变形器、【网格】变形器			√	√
【爆炸】变形器、【样条约束】变形器			√	√
标签的操作			√	√
标签的分类			√	√

5.1 变形器

在Cinema 4D中要对对象进行变形操作，需要给对象添加变形器，Cinema 4D内置的变形器有20多个（不包括外挂变形器），各种变形器可以叠加操作，配合效果器的使用，可以创作出多种多样的效果。

5.1.1 认识变形器堆栈

将一个变形器施加给对象，变形器和对象就形成了父子关系。在Cinema 4D中，变形器以蓝色图标显示，要记住的一点是，蓝色工具一般都是添加在对象的子级，绿色工具一般都是添加在对象的父级。

父子层级形成了变形器堆栈，这种堆栈关系是在对象面板中呈现的。对象面板包含累积历史记录，上面有选定的对象，以及应用于对象的变形器。

在Cinema 4D内部，系统会从堆栈底部开始计算，然后按顺序移动到堆栈顶部，对对象进行更改。因此，应该从下往上读取堆栈，根据Cinema 4D使用的序列来显示或渲染最终对象。图5.1所示为先给立方体添加【螺旋】变形器，再添加【扭曲】变形器，最后添加【细分曲面】工具。

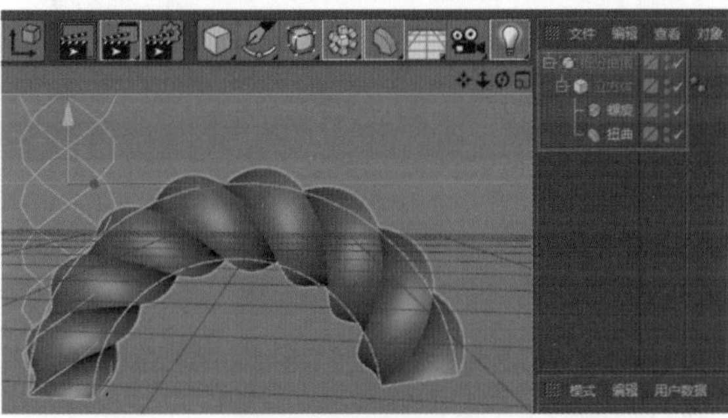

图5.1

5.1.2 实例：变形器的应用

微课视频

工程文件 Scenes\5.1.2.c4d\变形器的应用

下面介绍变形器的应用。

（1）在场景中新建一个立方体，设置其参数，如图5.2所示。

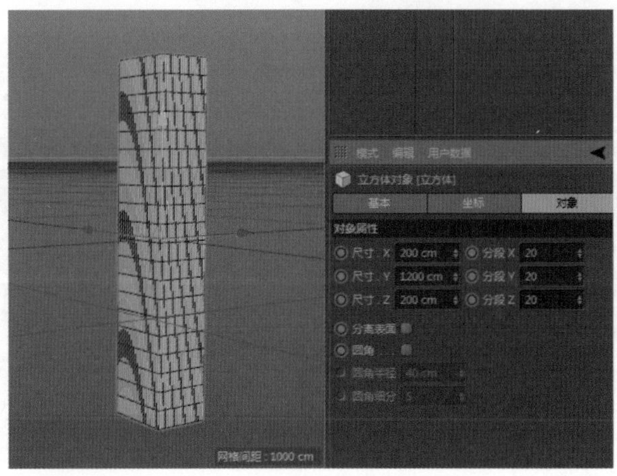

图5.2

（2）在按住Shift键的同时，在工具栏中选择【螺旋】工具，如图5.3所示，给【立方体】添加【螺旋】变形器。

（3）此时【螺旋】变形器成了立方体的子级，在参数面板中设置【角度】值❶，立方体产生了螺旋效果❷，如图5.4所示。

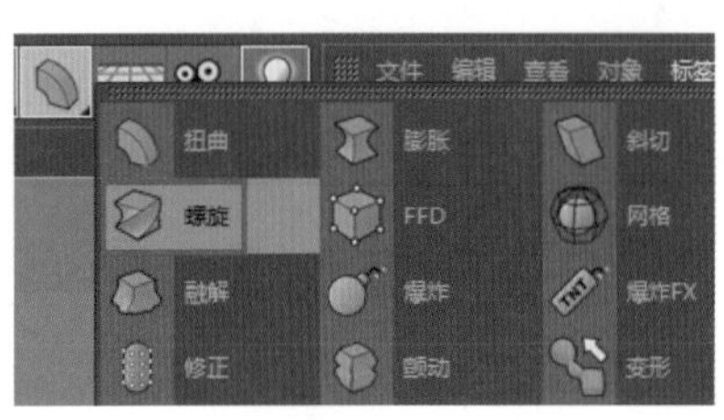

图5.3

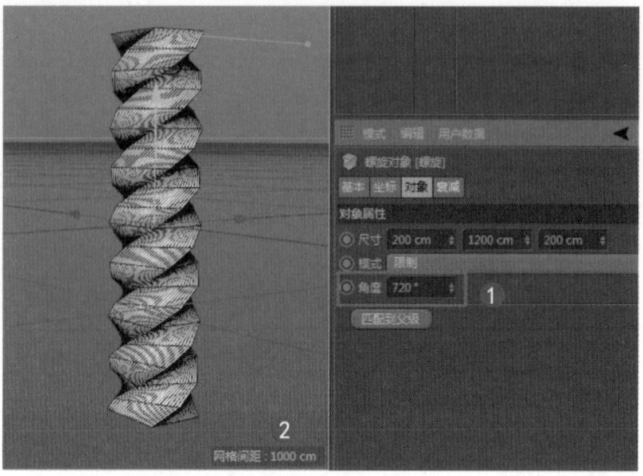

图5.4

（4）在对象面板中单击【立方体】，将其选中。在按住Shift键的同时，在工具栏中选择【扭曲】工具❶，给【立方体】添加【扭曲】变形器。此时的变形器堆栈如图5.5所示❷。

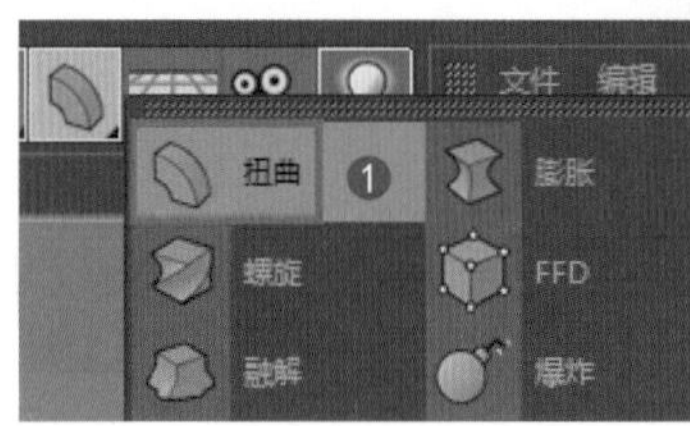

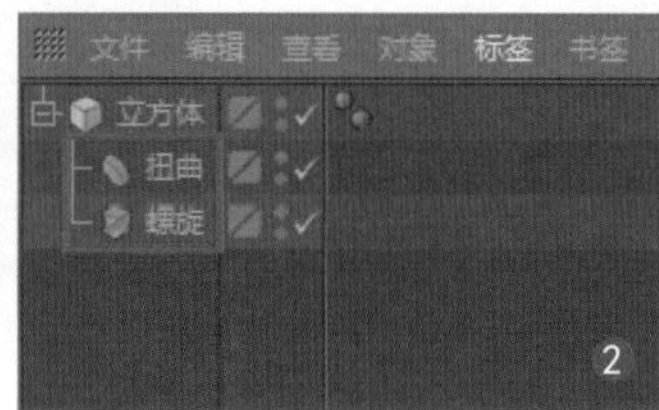

图5.5

（5）修改【扭曲】变形器的【强度】值❶，将得到扭曲效果。这个效果出错的原因是先用了【螺旋】，后用了【扭曲】，所以出现了破面❷，如图5.6所示。

（6）将变形器堆栈中的【扭曲】拖动到【螺旋】下方❶（要保证这两个变形器都是【立方体】的子对象），系统从下往上读取堆栈，先内部螺旋变形，再整体扭曲。此时模型变形为所需的效果❷，如图5.7所示。

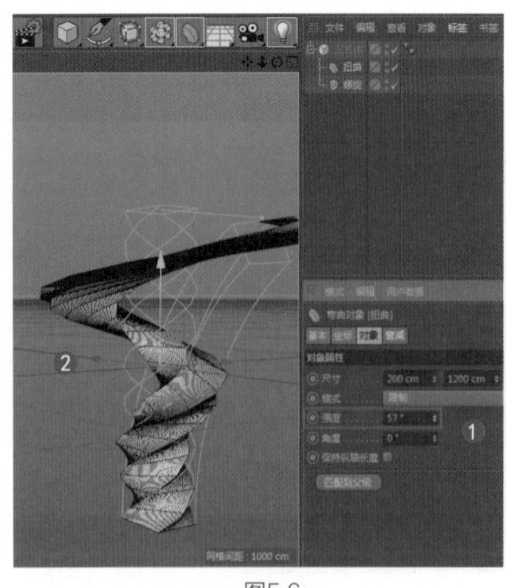

图5.6

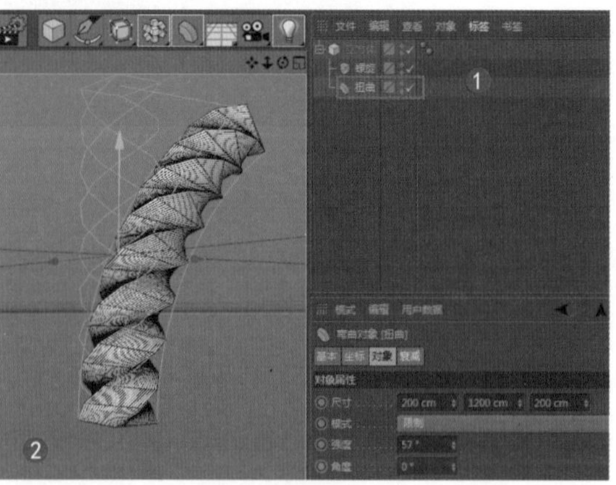

图5.7

（7）在按住Alt键的同时选择【细分曲面】工具，完成变形操作。【细分曲面】位于变形器堆栈的父级，如图5.8所示。

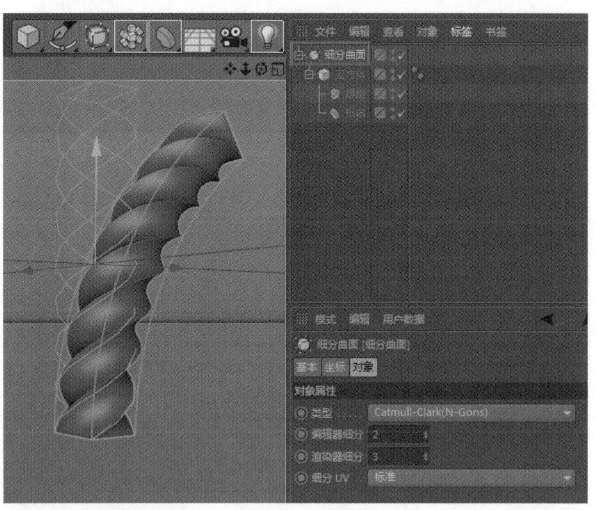

图5.8

5.1.3 实例：变形器堆栈的应用

Scenes\5.1.3.c4d\变形器堆栈的应用

变形器堆栈的优势在于随时可以进入某一阶段对模型进行变形，如我们想重新对【螺旋】进行【角度】参数的修改，只需在对象面板中选择该变形器，再进入参数面板进行参数调节即可。

（1）在对象面板中单击【螺旋】后面的图标，该图标变成❶，代表已经关闭了螺旋变形操作，此时视图中的螺旋效果消失，只剩下弯曲变形效果❷，如图5.9所示。

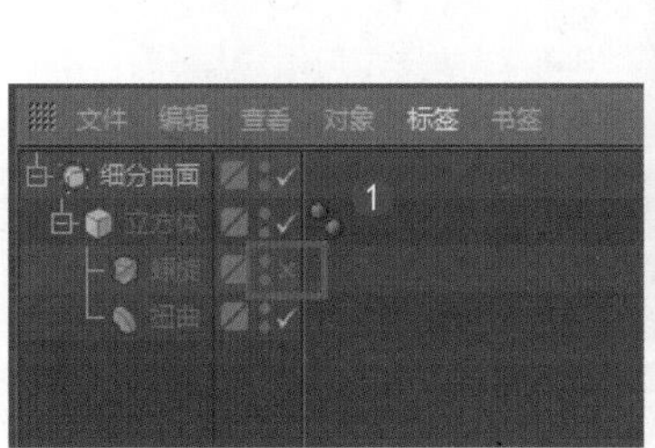

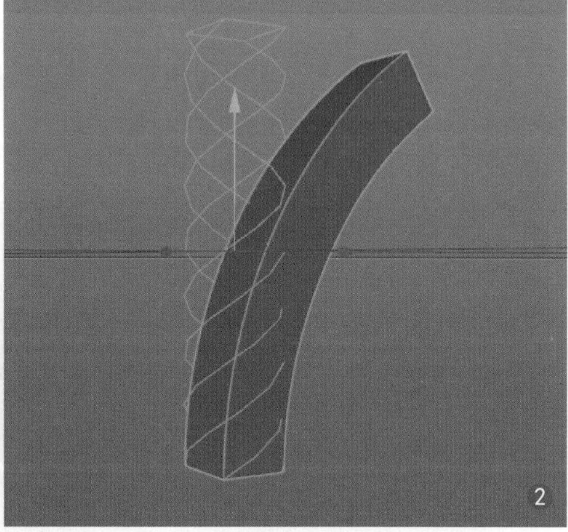

图5.9

（2）单击【螺旋】后面上方的圆点，该圆点变成红色❶，代表已经关闭了螺旋变形器在视图中的显示，这样方便我们观察视图❷，如图5.10所示。

图5.10

5.2 常用的变形器

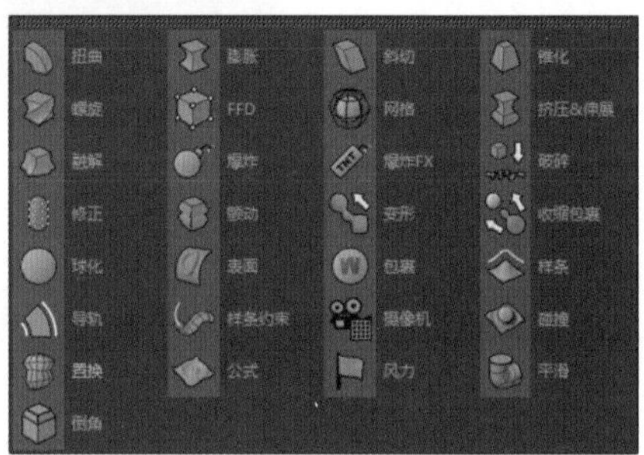

图5.11

变形器与变换（移动、缩放、旋转等）的区别在于它们影响对象的方式不同，使用变形器可以塑形对象，并能更改对象的几何形状及属性。

Cinema 4D中的变形器有很多种，如图5.11所示，篇幅原因，这里仅介绍几种常用的工具，它们大部分都是作为对象的子级进行应用（极个别变形器不以子级方式进行应用）。

5.2.1 实例：应用【扭曲】变形器

微课视频

工程文件 Scenes\5.2.1.c4d\应用【扭曲】变形器

使用【扭曲】变形器可以对对象进行3个轴向上的扭曲变形，还可以通过范围框控制发生扭曲的区域。

（1）新建一个立方体，设置参数，如图5.12所示（足够的分段数可以保证变形的流畅性）。

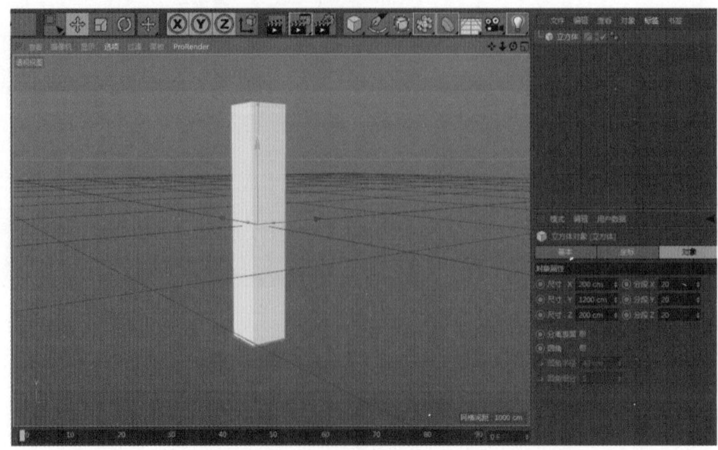

图5.12

（2）在按住Shift键的同时在工具栏中选择【扭曲】工具，给【立方体】添加【扭曲】变形器，如图5.13所示。

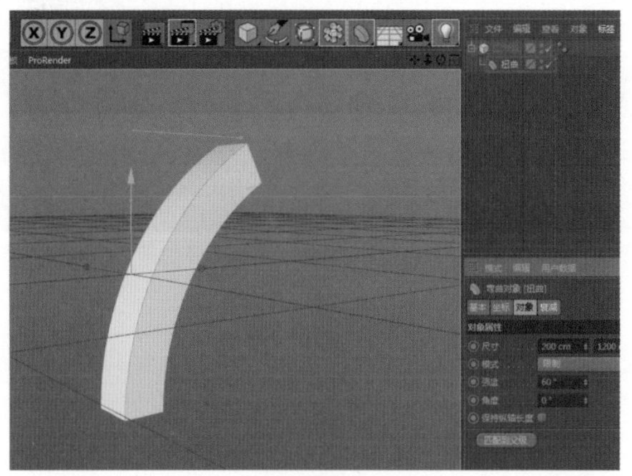

图5.13

（3）默认情况下，【扭曲】变形器的范围框与【立方体】相匹配，可以在参数面板中调节范围框的尺寸，以改变变形区域，如图5.14所示。

（4）移动范围框可改变【立方体】扭曲变形的效果，如图5.15所示。

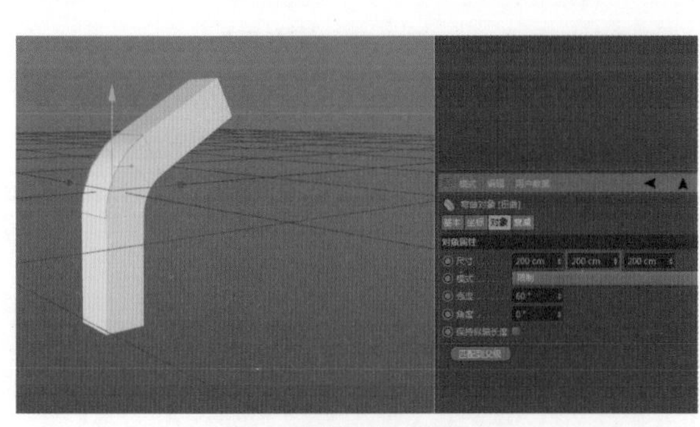

图5.14

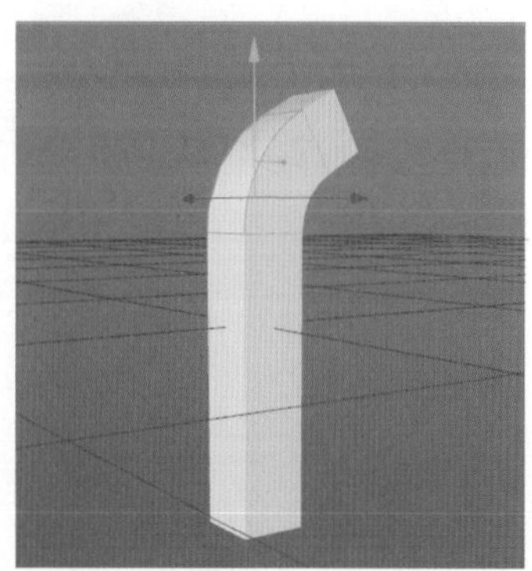

图5.15

（5）改变【角度】值可改变弯曲的方向，如图5.16所示。

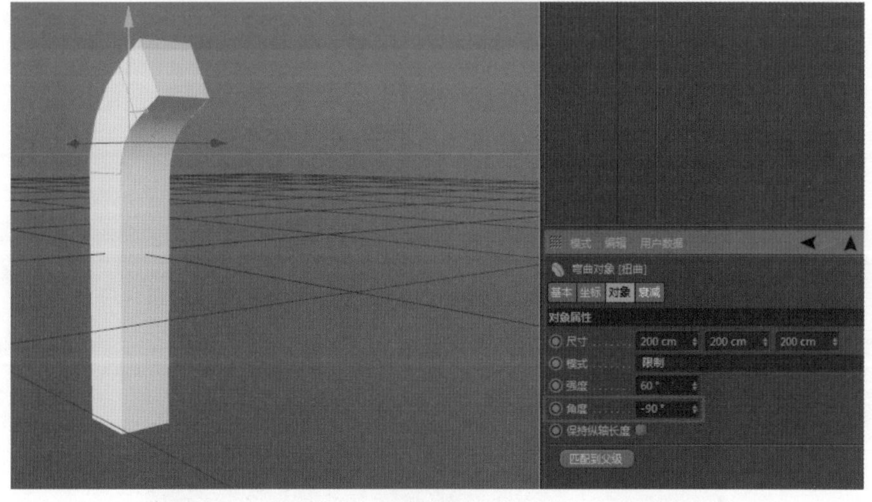

图5.16

（6）试着选择不同的模式并观察扭曲效果，如图5.17所示。

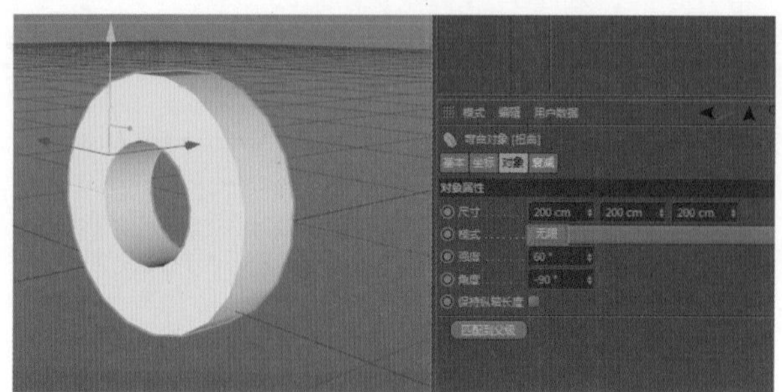

图5.17

5.2.2 实例：应用【膨胀】变形器

微课视频

工程文件 Scenes\5.2.2.c4d\应用【膨胀】变形器

使用【膨胀】变形器可让模型沿着指定轴进行鼓起和凹陷。

(1)新建立方体并设置其参数。在按住Shift键的同时在工具栏中选择【膨胀】工具，给【立方体】添加【膨胀】变形器❶，在参数面板中增大【强度】值可让模型鼓起❷，如图5.18所示。

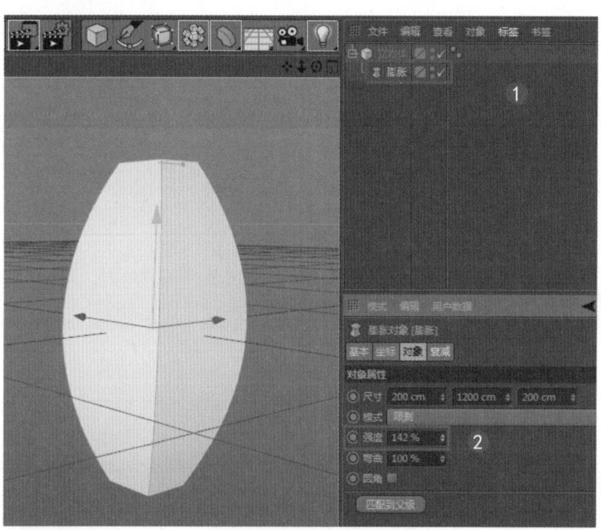

图5.18

(2)将【强度】值缩小可让模型凹陷变形，如图5.19所示。

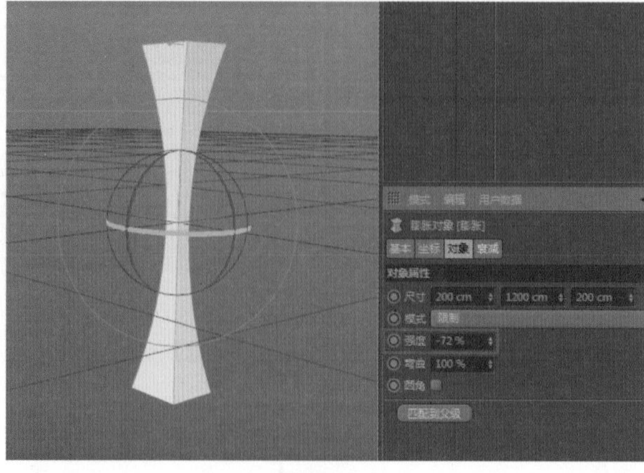

图5.19

（3）勾选【圆角】复选框可让变形的边角平滑，如图5.20所示。

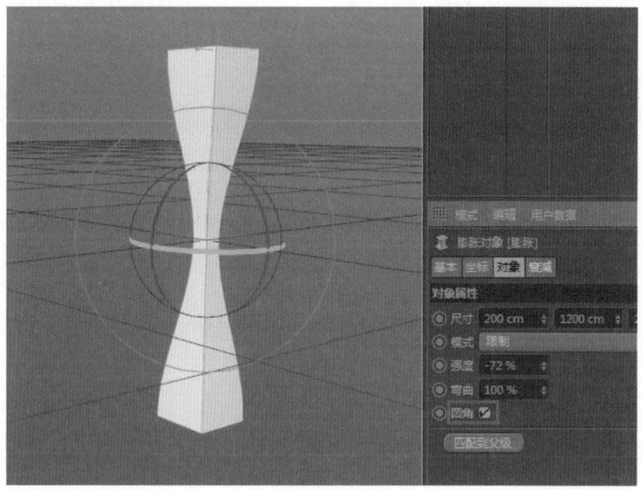

图5.20

如果想在不同的轴向上进行变形，选择【膨胀】工具后，对其蓝色范围框进行选择即可。

5.2.3 实例：应用【FDD】变形器

微课视频

工程文件 Scenes\5.2.3.c4d\应用【FDD】变形器

使用【FDD】变形器可让对象随着节点的变化变形。

（1）新建一个球体，在按住Shift键的同时在工具栏中选择【FDD】工具。在参数面板中设置FDD的网点值为5×3×3，如图5.21所示。

（2）单击按钮进入顶点次物体级别，框选图5.22所示的3个顶点。

（3）沿Y轴向下拖动这3个顶点，模型产生变形，如图5.23所示。

（4）框选图5.24所示的两排顶点。

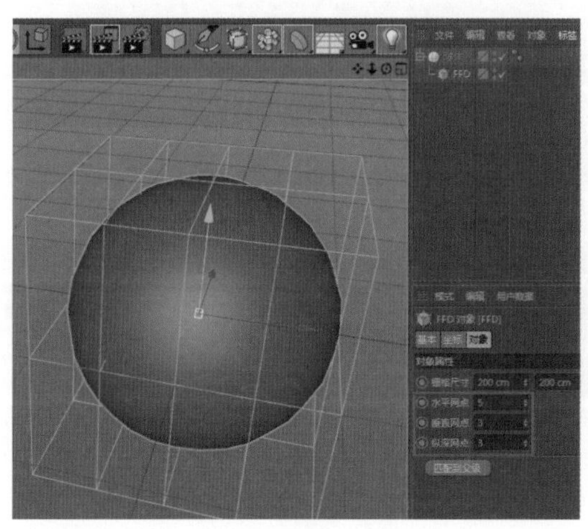

图5.21

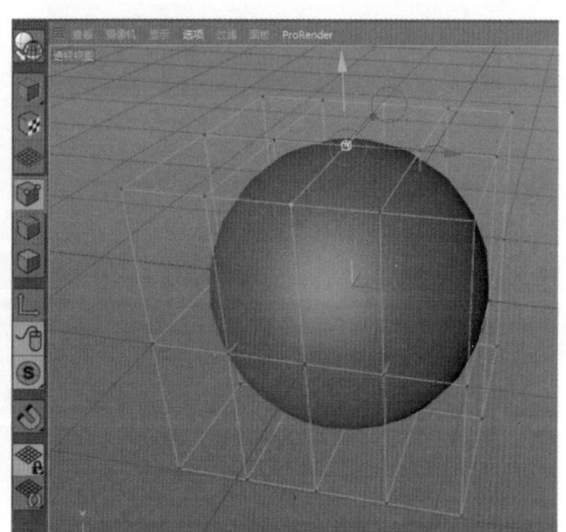

图5.22

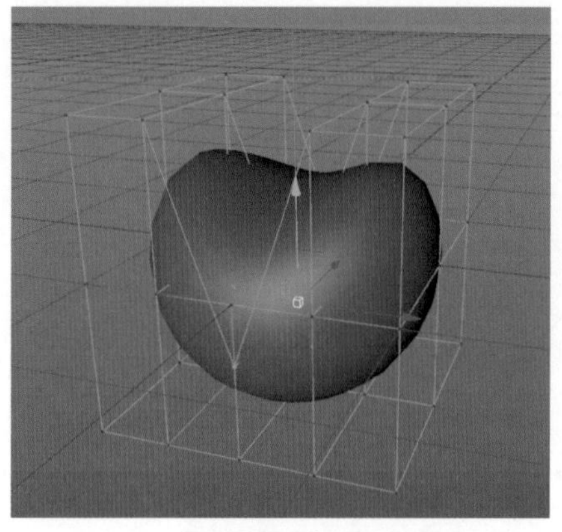
图5.23

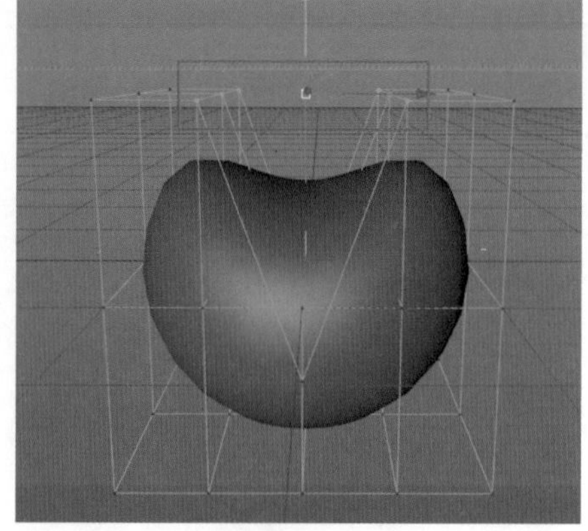
图5.24

（5）按T键选择【缩放】工具，沿X轴缩小对象，如图5.25所示。

（6）框选最下方的所有顶点，如图5.26所示，按空格键可在【框选】工具和【缩放】工具之间进行切换。

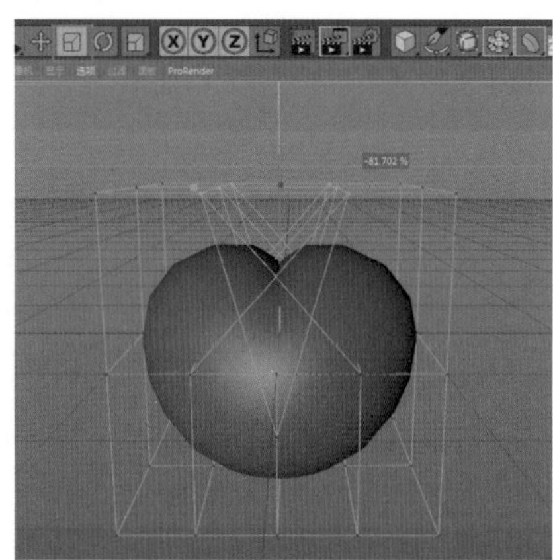
图5.25

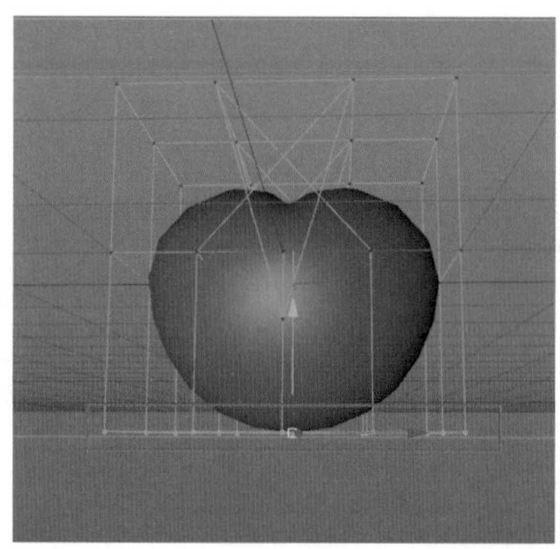
图5.26

（7）在按住Shift键的同时拖动视图空白处（不要选择任何轴）进行等比例缩小，缩小为0%相当于将所有点压缩为一点，如图5.27所示。

（8）按Shift+A组合键全选所有顶点，如图5.28所示。

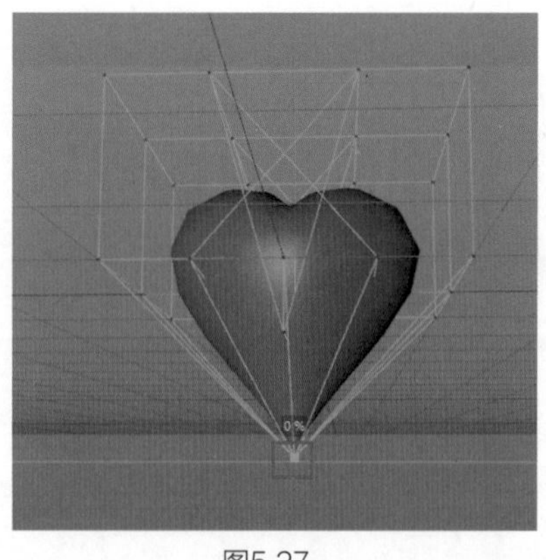

图5.27

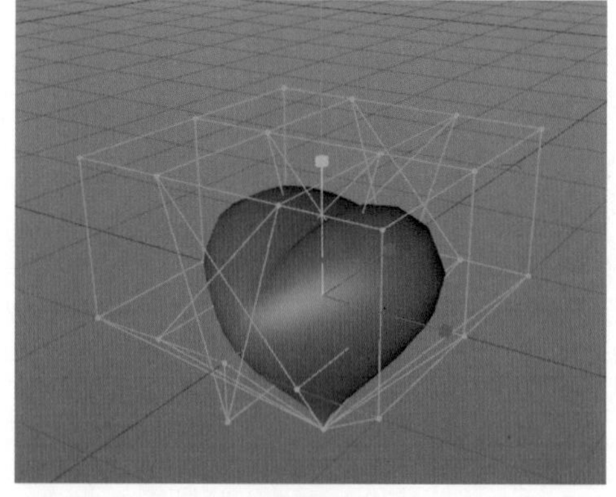
图5.28

（9）在Z轴向上缩小模型，将桃心压扁，如图5.29所示。

（10）单击工具栏中的按钮，回到模型级别，在对象面板中选择【球体】，在按住Alt键的同时选择【细分曲面】工具，给【球体】添加【细分曲面】，如图5.30所示。桃心模型制作完成。

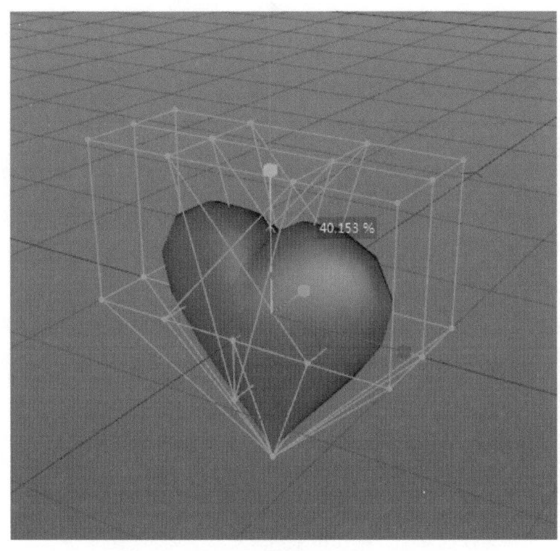

图5.29

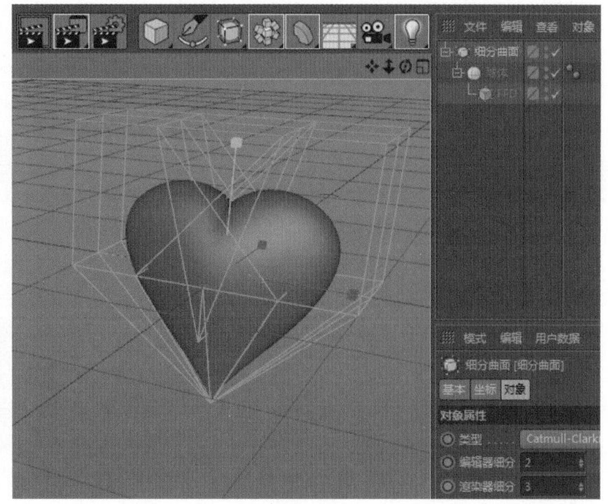

图5.30

在使用【FDD】变形器进行变形时，尽量不要设置太多的顶点，否则会让操作变得复杂，也不太容易得到想要的模型效果。

5.2.4 实例：应用【网格】变形器

微课视频

工程文件 Scenes\5.2.4.c4d\应用【网格】变形器

使用【网格】变形器可让对象随着指定对象节点的变化产生变形。

（1）新建一个球体，在按住Shift键的同时在工具栏中选择【网格】工具，效果如图5.31所示。

（2）新建一个立方体，在对象面板中选择【网格】，打开【网格】变形器的参数面板，将【立方体】拖动到参数面板的【网笼】区域内，如图5.32所示。

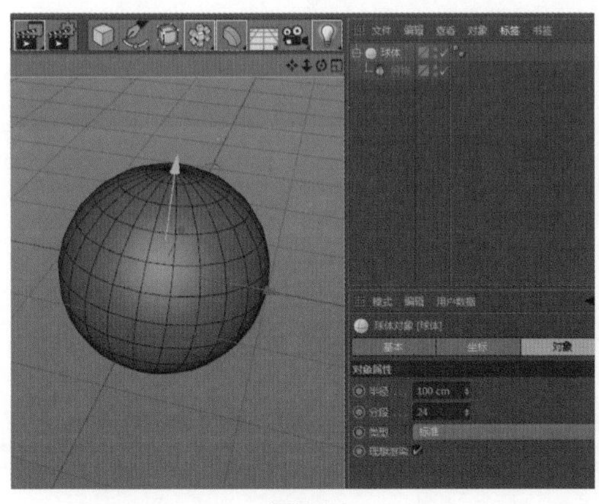

图5.31

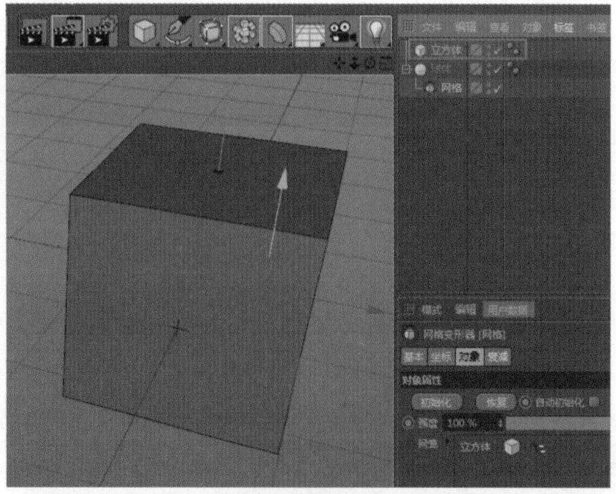

图5.32

（3）单击【初始化】按钮，系统自动将立方体变成透明体，这个透明体将用于控制球体的变形，如图5.33所示。

（4）在对象面板中选择【立方体】，在参数面板中修改立方体的长、宽，球体将跟随立方体的改变而变形，如图5.34所示。

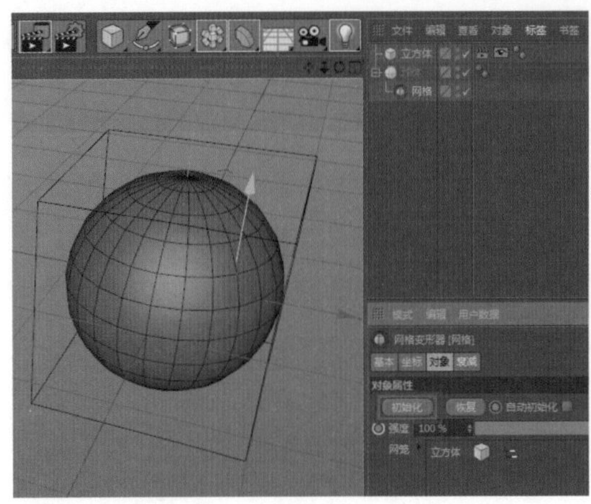
图5.33

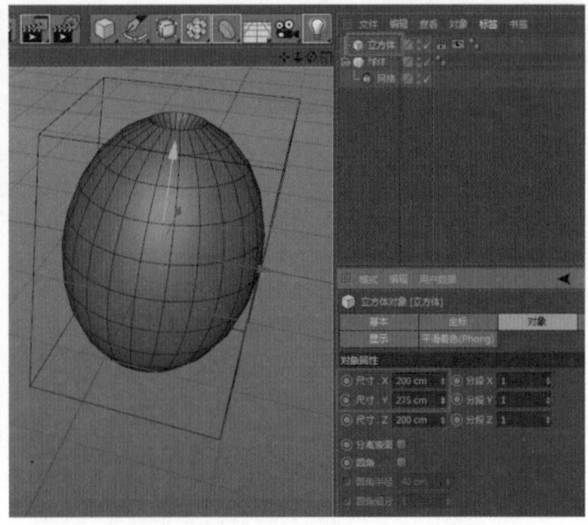
图5.34

（5）按C键将立方体塌陷为可编辑多边形，进入顶点次物体级别，移动顶点，球体同样可以跟随立方体的改变而变形，如图5.35所示。

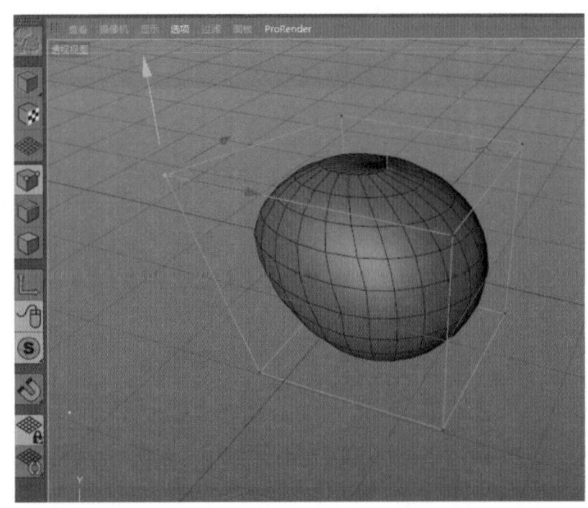
图5.35

这个工具的优点是可以在不操作对象自身模型的前提下自由控制对象的变形。

5.2.5 实例：应用【融解】变形器

微课视频

工程文件 Scenes\5.2.5.c4d\应用【融解】变形器

图5.36

使用【融解】变形器可让对象随着指定对象的轴向像冰激凌融化一样进行变形。

（1）打开一个模型文件，如图5.36所示，按住Shift键的同时在工具栏中选择【融解】工具。

（2）模型对象应用【融解】变形器后，模型产生了变形，如图5.37所示。默认情况下，变形是沿着*Y*轴方向进行的，可以根据不同的需要进行改变。

（3）一般情况下，通过这个变形器的【融解尺寸】参数制作动画❶，可以制作出类似冰块融化的效果❷，如图5.38所示。

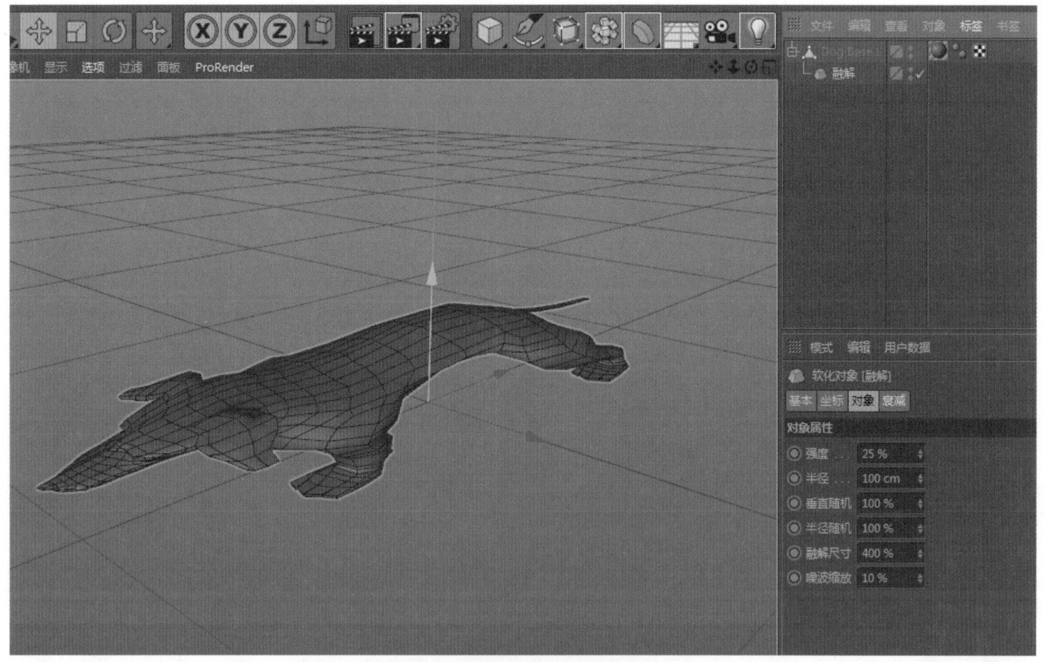

图5.37

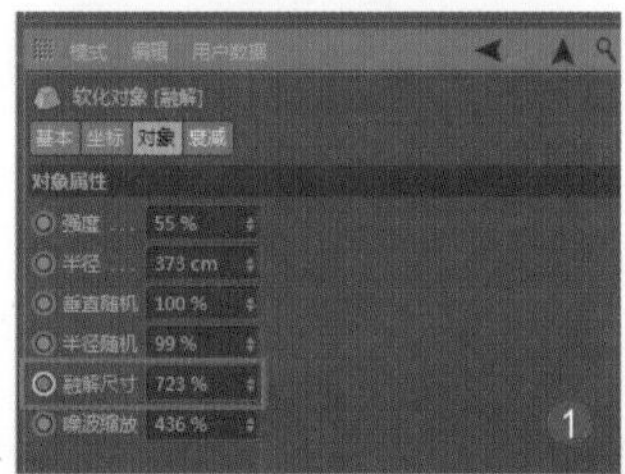

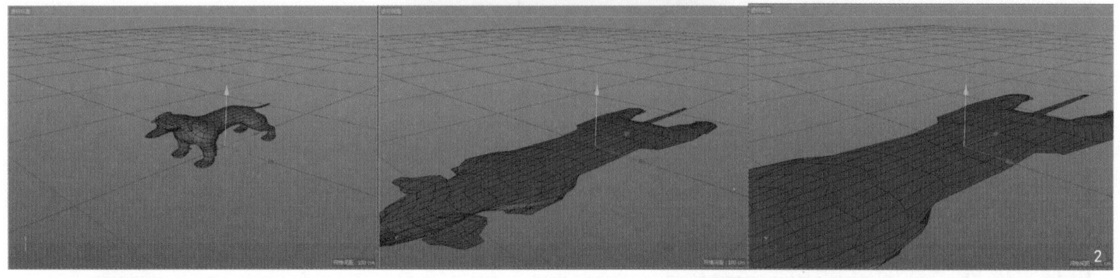

图5.38

5.3 标签的用法

Cinema 4D中有一个很独特的概念——“标签”，在对象面板中的对象选项后方有一排按钮，这些按钮即标签，有材质标签、动画标签、修改标签等。它们代表了相应对象上施加的各种操作。单击标签可以打开相应的参数面板进行设置。

5.3.1 标签的操作

在Cinema 4D中，当对对象进行了一些特殊操作后（如赋材质、添加动力学等），在对象面板中，相应对象后会出现一些标签，如图5.39所示。

选择一个标签就相当于进入了这个操作的当前设置状态，参数面板中会出现相应的选项，可以对当前操作进行设置，如图5.40所示。

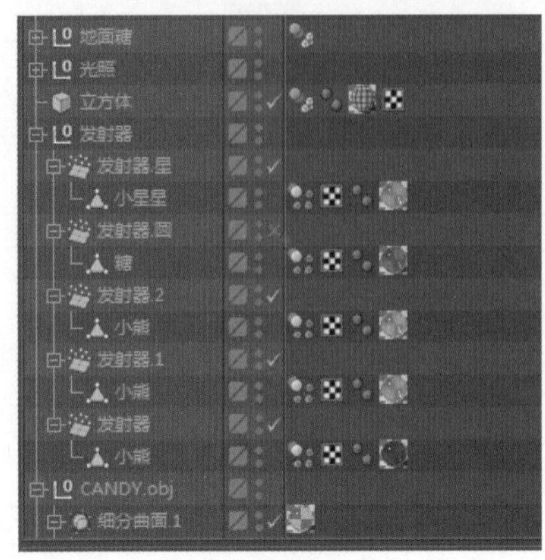

图5.39

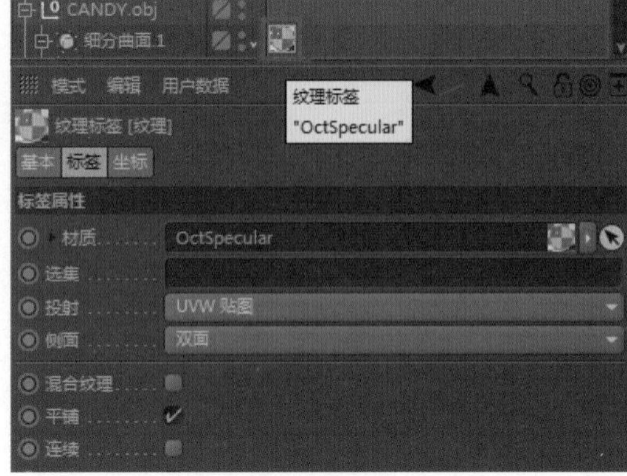

图5.40

标签的顺序可以调整，也可以将其在不同对象间进行拖动，如将一个立方体的材质标签拖动到另一个圆柱体上，相当于将立方体的材质属性转移给了该圆柱体。

5.3.2 标签的分类

在对象面板中选择一个对象后单击鼠标右键，在弹出的快捷菜单中会出现一些标签，如图5.41所示，Cinema 4D的标签几乎都在这里呈现，选择一个标签，该标签就会被添加到所选对象之后。

Cinema 4D已经将标签进行了分类，如动力学模拟标签、毛发标签和UVW标签等。如果安装了Octane渲染器或其他外挂插件，系统会将这些标签进行分类显示，如图5.42所示。

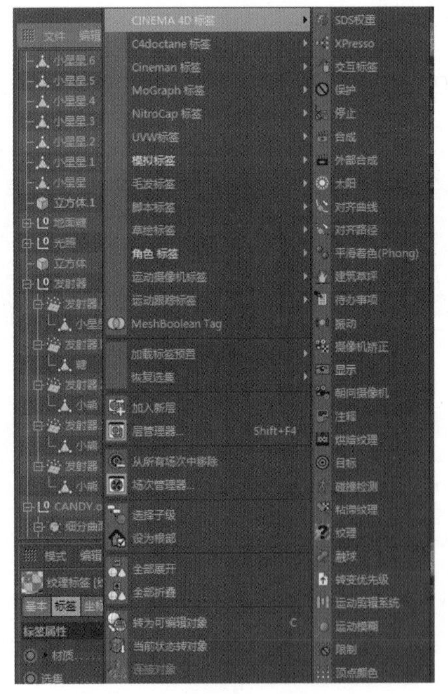

图5.41

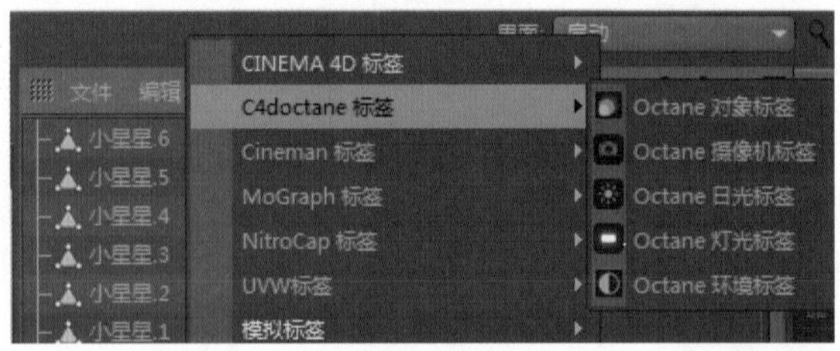

图5.42

可以按Delete键删除对象已有的标签，还可以在按住Ctrl键的同时拖动，以复制的方式将标签拖动给其他对象。

课后习题

工程文件 Scenes\练习5.c4d\课后习题

1.扭曲工具练习

用扭曲等变形器将模型进行变形处理。

练习要求：

（1）让模型膨胀；

（2）用【扭曲】工具，让模型产生变形效果。

2.模型爆炸练习

为模型制作爆炸效果。

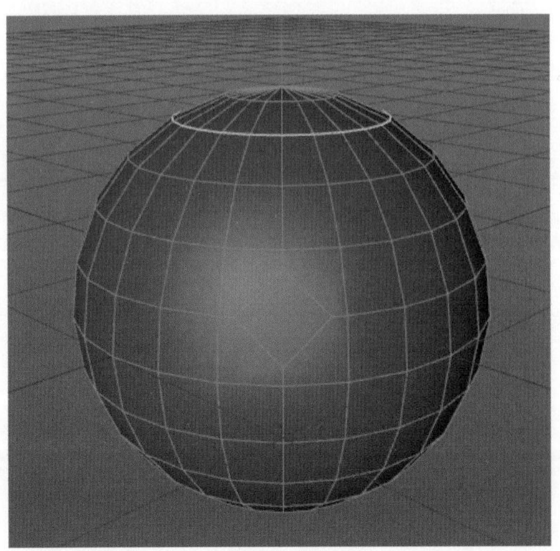

练习要求：

（1）控制好碎片的厚度；

（2）在球体的不同区域产生爆炸的不同强度效果。

第 6 章

灯光和环境

本章导读

通过对本章灯光系统的学习，读者能了解灯光在Cinema 4D中的制作原理和制作流程；通过对灯光、聚光灯、区域光的学习，读者能了解通用灯光的制作方法；通过对灯光和全局渲染的学习，读者能了解各种打光方法、各种参数的用法及如何为场景布光。Cinema 4D中的灯光主要用来模拟真实光照，它要求使用者对三维模型有大概的了解。本章的主题着眼于如何利用出色的打光技术来制作有真实感的图像。本章先介绍光的原理，然后逐步讲解如何制作灯光下的三维场景。

知识点	了解	理解	应用	实践
真实光理论	√	√		
自然光属性	√	√		√
聚光灯		√	√	√
区域灯光		√	√	√
Octane灯光		√	√	√
HDRI和云雾效果			√	√

6.1 真实光理论

灯光是制作三维图像时用于表现造型、体积和环境的关键，我们在制作三维图像时，总希望模拟出的灯光效果能和真实世界的相差无几。现实生活中有很多光照效果，因此，如果我们对灯光不是很敏感，会对我们在三维世界中探索和模拟真实世界光照效果产生影响。本节将介绍光的基础知识，以提升读者在三维世界里成功模拟真实世界里的光照效果的能力。

灯光为我们的视觉感官提供了基本信息，通过摄像机的镜头，使物体的轮廓易于辨认。但灯光的功能远不止于此，它还提供了满足视觉艺术需求的元素，它赋予了场景生命和灵性，使场景中的对象栩栩如生。在场景中，不同的灯光效果能够烘托不同的氛围：快乐、悲伤、神秘、恐怖……这里面的变化是戏剧性的、微妙的。可以这么说：光投射到物体上，为整个场景注入了浓厚的感情色彩，并且能够直观地反映到视图中，如温暖、柔和的灯光能体现出温馨的效果，如图6.1所示。

设计、造型、表面处理、布光、动画制作、渲染和后期处理，这些都是我们在做三维设计项目时会涉及的。但部分设计人员把主要精力放在了造型方面，其他方面花的心思相对较少，而最容易忽视的大概就是布光了。在场景中随意放上几盏灯，然后依赖软件和渲染器的渲染引擎，这样做只能产生不真实的图像。我们的目标是产生如照片般具有真实感的图像，这就要求不但要有好的造型，还要有好的贴图和好的布光。在三维场景中模拟自然光是很难的，如图6.2所示。

图6.1

图6.2

模拟自然光要求设计人员能充分考虑所用光源的位置、强度和颜色。下面主要从以下三方面进行介绍。

1. 颜色

光的颜色取决于光源。白光由各种颜色的光组成。白光在遇到障碍物时其颜色会发生改变。光在传播的过程中，如果遇到白色的物体，反射回来的光会不变；如果遇到黑色的物体，所有的光，无论最初是什么颜色，都会被物体吸收，不会产生反射。所以当我们看到一个全黑的物体时，所看到的黑色只是因为没有光从那个方向进入我们的眼睛而已。

2. 反射与折射

完全反射只有在反射物绝对光滑时才会出现，如图6.3所示。

现实中，不是所有的入射光都按同一方向发生反射。它们中的一些以其他角度反射出去，这极大地降低了反射光的强度。

光折射时也是一样。入射光并不是按照同一方向弯曲的，而是根据折射面的情况被分成几组，按不同的角度折射，如图6.4所示。

这样的反射和折射会产生界限不清的反射光和折射光。这同样引出一个事实，即反射光源是一个点光源，而不是一个单一方向的光源。反射光的强度会逐渐衰减，最终将消失于环境色中。

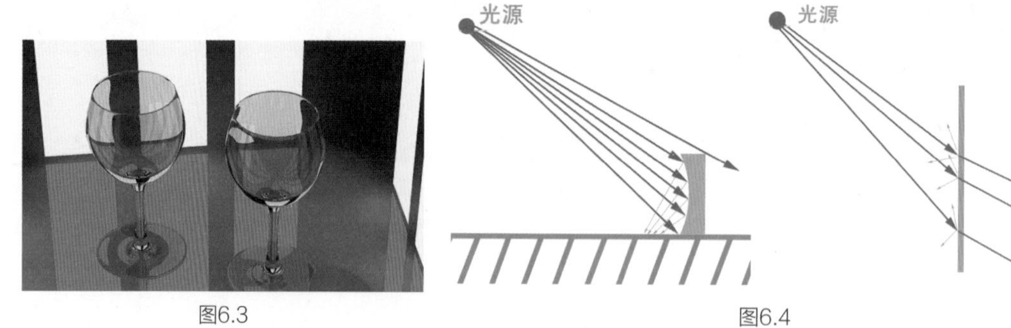

图6.3　　　　图6.4

当前的三维软件已可以支持基本的反射模拟。在任何一个被定义了反射特性的对象中都可以找到入射光线。光被反弹的次数受光的递归限度控制，这个参数可以在Cinema 4D中进行设置。

3．强度和衰减

光的强度随与光源的距离变长和光照面积增大会产生衰减。在目前的大多数的三维软件中，光的衰减都按照线性刻度来计算，Cinema 4D同样也支持灯光衰减控制。

至此，相信读者已经对光的特性有一定的了解了。下面来看这些特性是如何影响自然光的。

6.2 自然光属性

自然光是真实世界中的光，有很多种。要详细研究每一种自然光可能会花费大量的时间，因此，本书只介绍最基本的几种。

在户外，阳光是最基本的光。它的颜色微微偏黄，但当近看周围的物体时就知道黄色不是影响周围的唯一颜色。虽然阳光是最基本的光，但在户外还能发现无数种其他颜色产生的光。比如在描述光的特性时，提到了光在遇到和自身颜色不同的障碍物时其颜色也会发生改变，阳光也是如此。真实世界里的光是由许多种颜色的光组成的，只是最活跃的是阳光。即使周围阳光不足，也还有其他环境光。即使在撒哈拉沙漠，沙子也不总是黄色的，因为就连大气中的灰尘粒子都在反射光。

每片树叶，每块砖头，甚至人类自己都在扮演着二次光源！但是，这些二次光源完全独立于它们所反射的光的颜色和强度。如果反射物体是黑色的，那么大部分光都会被吸收，加上光会逐渐减弱，反射光的范围就会变得更小。但是如果反射物的颜色较亮，如一堵白色的墙，那它就会在光的分布上对周围物体产生极大的影响。在图6.5中，白色对象反射的光就比橘色对象反射的光要多得多。

阳光在一天的不同时段会呈现不同的颜色。清晨，阳光是红色调的；日落时分，红色更加明显。在这两个时间段之间，阳光是黄色调的。

一天之中，由阳光产生的阴影的位置和形状也在发生着变化。黎明时，没有基色源。因此，我们在黎明时所看到的光都是经大气反射的。假设有这样一个地方，那里有一些物体挡在你和太阳之间，在这种情况下，想找到一个清晰的阴影是很难的。

正午时分，阴影就十分明显。阴影投射物和阴影接受物之间的距离决定了阴影的清晰度。阴影清晰度的变化，如图6.6所示（为了更好地说明问题，此处夸大了平面上随距离增大阴影柔和度的变化）。现实中，直射的阳光所造成的阴影逐渐变淡的比例要比阴影投射物和阴影接受物之间的距离增大的比例小得多。阴影清晰度的变化比例受光源大小的影响。光源相对于物体越大，阴影柔和度的增加比例就越大。

日落时，如果物体没有直接受阳光的照射，它的阴影就非常柔和。黎明时也是如此，整个天空作为一个大的光源，它发出的光遮盖了大多数的阴影。同样，在阴影里的物体只有在离地面非常近的时候，才能投射同样边缘柔和的阴影，如图6.7所示。

图6.5

图6.6

图6.7

6.3 建立灯光

在Cinema 4D中，灯光有8种，包括灯光、聚光灯、目标聚光灯、区域光、IES灯光、远光灯、日光和PBR灯光，如图6.8所示。其中，灯光（也叫泛光灯）、聚光灯和区域光是最常用的，配合使用能获得不错的效果。在Cinema 4D中，泛光灯是具有穿透力的照明工具，也就是说，在场景中泛光灯不受任何对象的阻挡。如果将泛光灯比作一个不受任何遮挡的灯，那么聚光灯则是带着灯罩的灯。在外观上，泛光灯是一个点光源，而目标聚光灯则分为光源点与投射点。

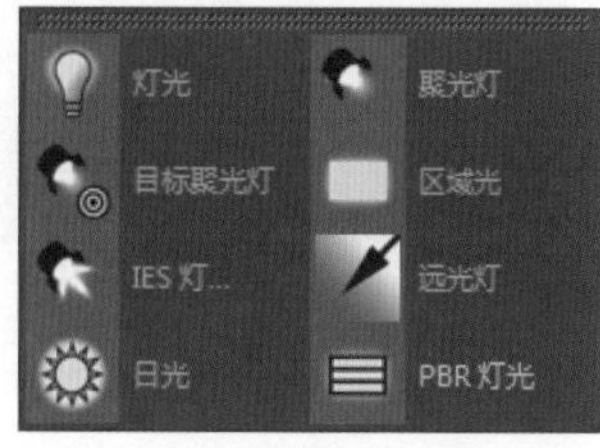

图6.8

6.3.1 实例：建立灯光

微课视频

工程文件 Scenes\6.3.1c4d\建立灯光

灯光的光线方向无法控制，均匀地向四周发散。它主要用作辅助光源，帮助照亮场景。其优点是比较容易建立和控制，缺点是不能建立太多，否则场景对象会显得平淡而无层次。

（1）在顶视图中建立一个对象。

（2）选择工具栏中的工具，在视图中建立一盏灯光。

（3）将灯光移动到对象的右下方，产生斜射的光照效果，如图6.9所示。

（4）渲染透视视图，将得到一个有光照的渲染效果，如图6.10所示。

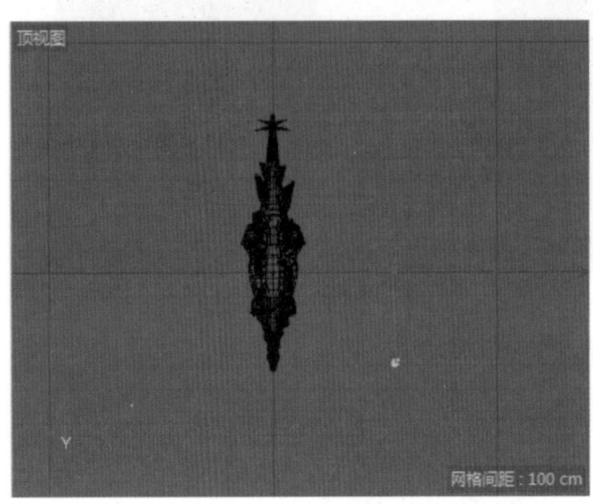

图6.9

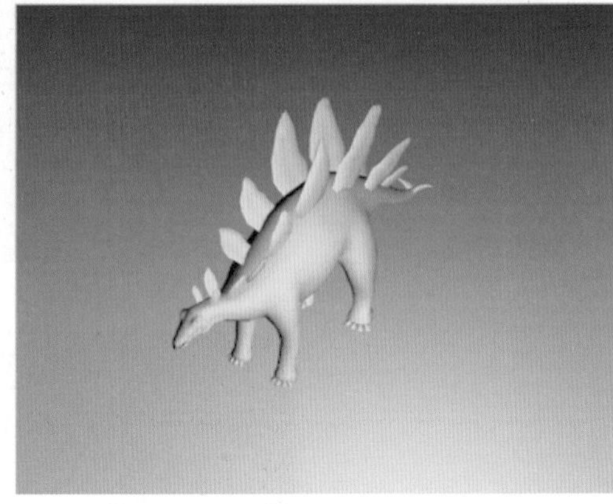

图6.10

（5）选择前面建立的这盏灯光，在参数面板中设置【投影】为【阴影贴图(软阴影)】，这是渲染速度最快的投影方式，如图6.11所示。

（6）渲染视图，可以看到产生了投影效果，如图6.12所示。

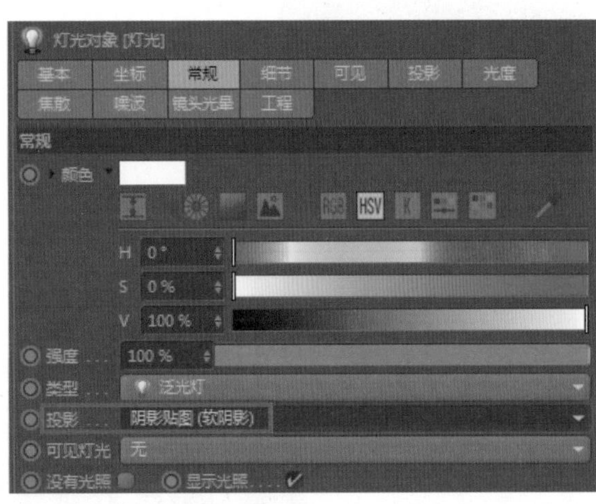

图6.11

图6.12

（7）在【投影】下拉列表中有3种阴影类型可选，如图6.13所示。【阴影贴图(软阴影)】是渲染速度最快的阴影类型方式；【光线跟踪(强烈)】适用于透明对象的渲染；【区域】是一种面积阴影，效果最真实，渲染速度也最慢。这里选择【区域】。

图6.13

（8）重新渲染视图，可以看到阴影比较真实，如图6.14所示。

在场景中我们可以观察到，将【投影】设置为【区域】后，灯光上方出现了一个方框，这是灯光的范围，如图6.15所示。

图6.14

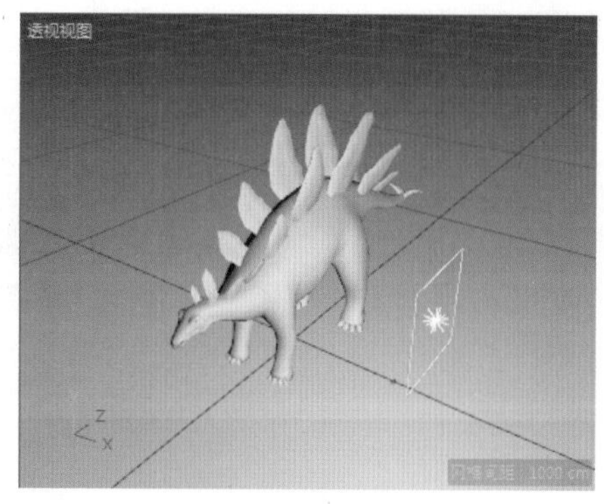

图6.15

（9）用【缩放】工具将这个范围框放大，如图6.16所示。

（10）重新渲染视图，可以看到阴影产生了扩散效果，如图6.17所示，这说明照射的范围越大，阴影越模糊。

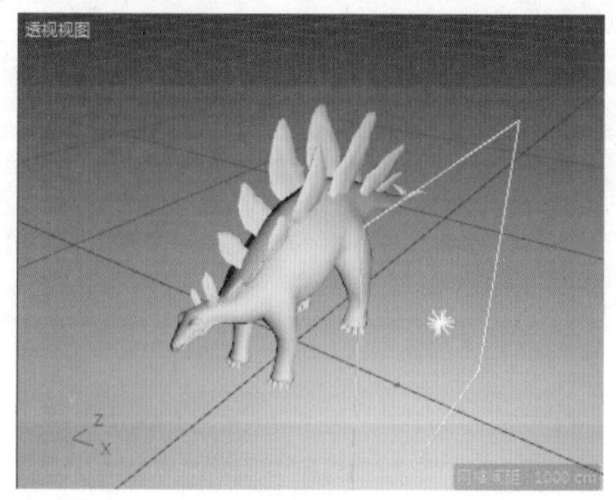

图6.16

图6.17

（11）单击工具栏中的【渲染设置】按钮，打开【渲染设置】窗口，单击【效果】按钮，给渲染器添加【全局光照】，如图6.18所示。

（12）在【全局光照】界面下设置【预设】为【室内-高品质（小型光源）】，这是一个适合渲染小场景的预设，如图6.19所示。

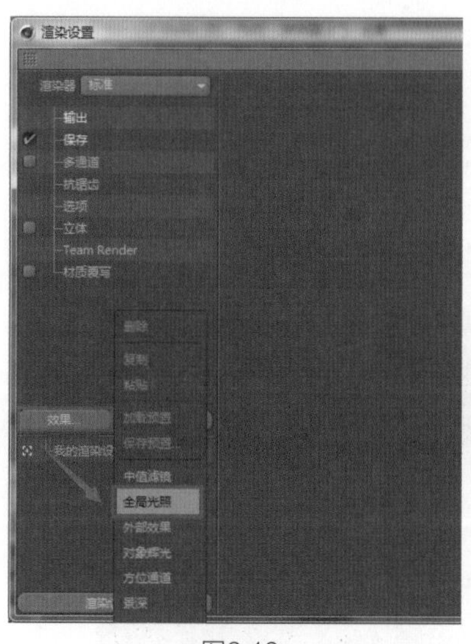

图6.18

图6.19

（13）为了更加清楚地理解全局光照，在对象周围建立几个红色的对象，如图6.20所示。

（14）重新渲染场景，红色对象由于是全局光照，对其他对象的环境色产生了影响，如图6.21所示。

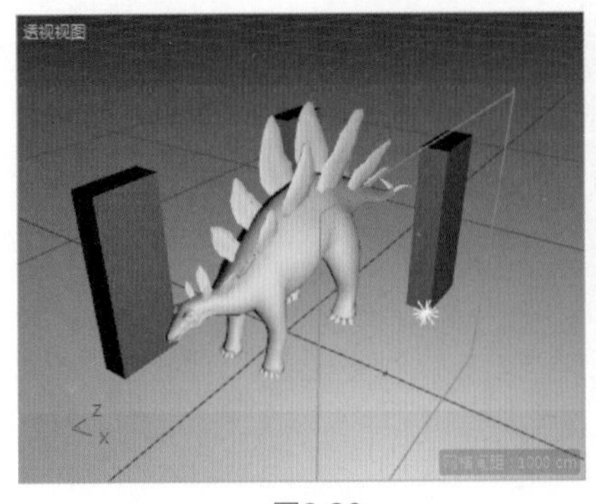

图6.20

图6.21

（15）在【灯光对象】的参数面板中可以调节不同的灯光颜色❶，控制画面的整体光照效果❷，如图6.22所示。

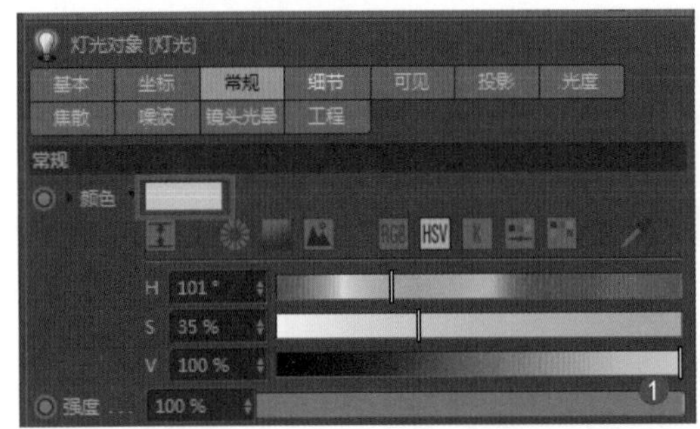

图6.22

6.3.2 实例：建立聚光灯

微课视频

工程文件 本小节素材与上一小节相同

聚光灯是一种光线方向可控制的灯光，类似于灯光加装了一个灯罩。

（1）在工具栏中选择【聚光灯】工具❶，在视图中建立一盏聚光灯，通过【移动】工具和【旋转】工具让聚光灯的灯光照向对象❷，如图6.23所示。

（2）在参数面板中可以控制聚光灯光线的衰减范围，还可以通过控制【内部角度】和【外部角度】来调节边缘的衰减范围，如图6.24所示。

（3）当【内部角度】和【外部角度】相等时，将产生锋利的光照边缘，如图6.25所示。

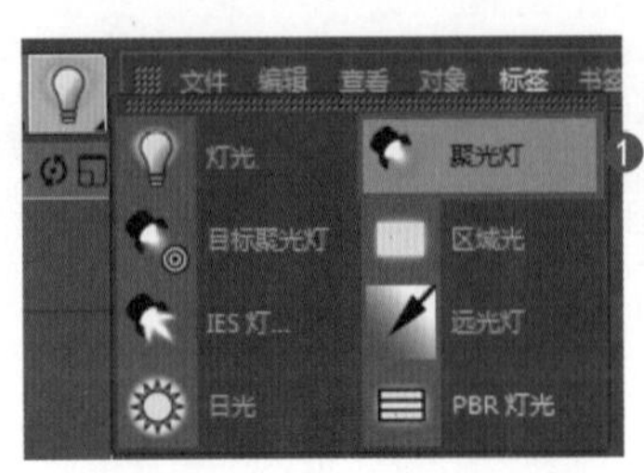

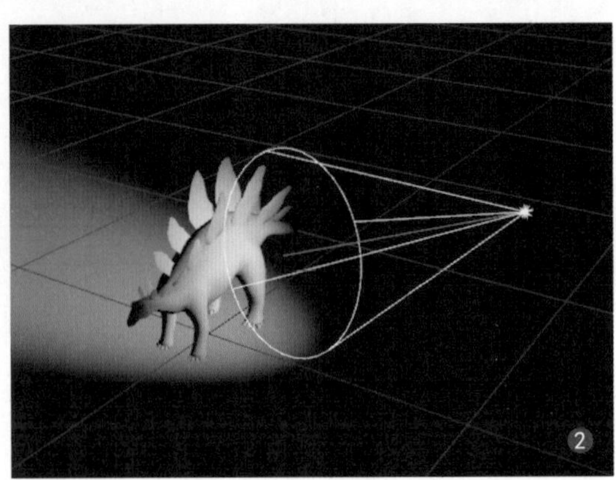

图6.23

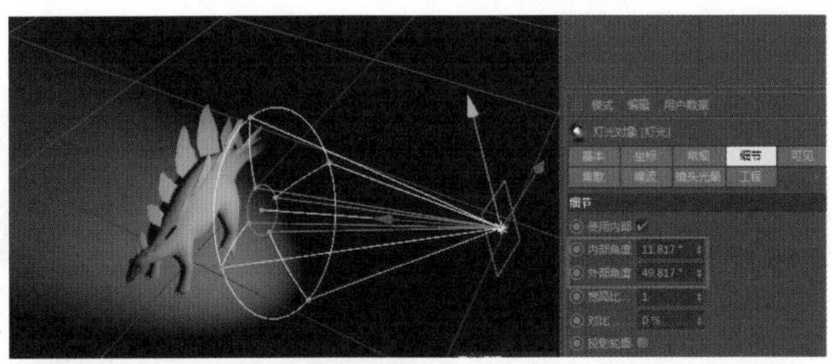

图6.24

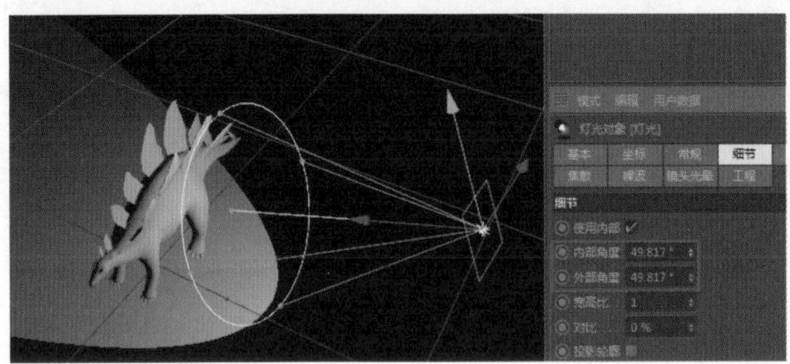

图6.25

（4）不同类型的灯光有很多相同的调节参数，如颜色、亮度、投影类型等。

6.3.3 实例：建立目标聚光灯

本小节素材与上一小节相同

目标聚光灯和聚光灯一样，都是一种可控制光线方向的灯光，不同之处在于它自带一个目标控制点。

（1）在工具栏中选择【目标聚光灯】工具❶，在视图中建立一盏目标聚光灯❷，如图6.26所示。

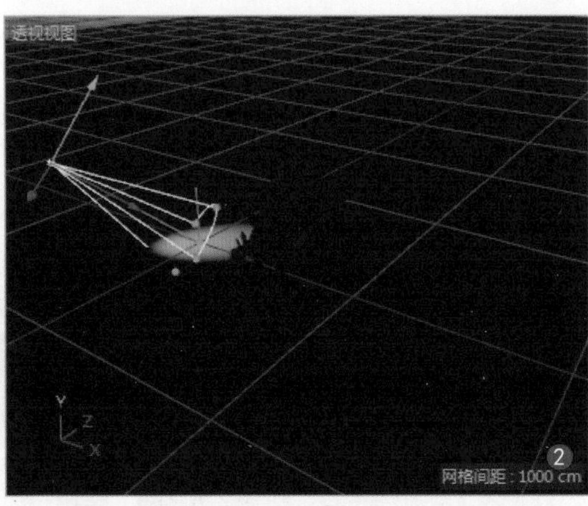

图6.26

（2）在对象面板中可以看到灯光后面带有目标标签，如图6.27所示。

（3）在对象面板中选择目标标签，将被照射对象（恐龙）放入目标标签的【目标对象】栏，如图6.28所示。

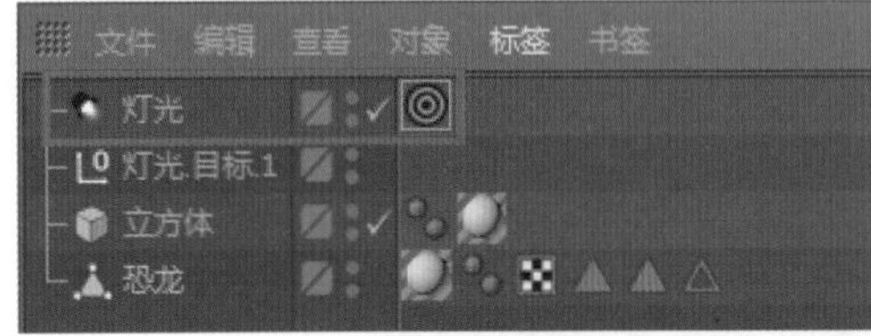

图6.27

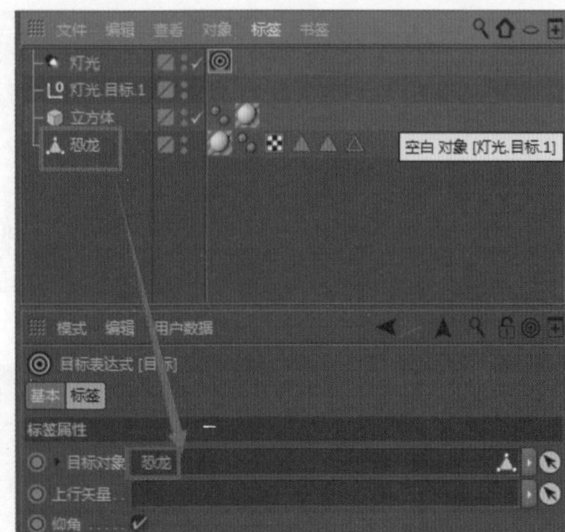

图6.28

（4）此时视图中的目标聚光灯的目标控制点指向恐龙对象，目标聚光灯的灯光照在了恐龙对象的坐标点上，如图6.29所示。

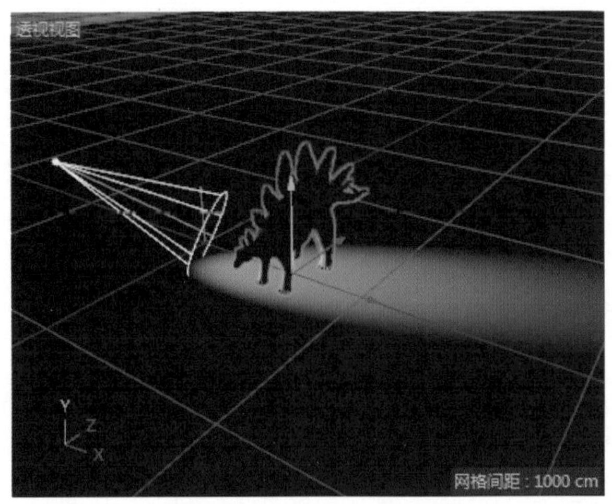

图6.29

（5）无论如何移动这盏灯光，该灯光的目标控制点始终指向恐龙对象，如图6.30所示。

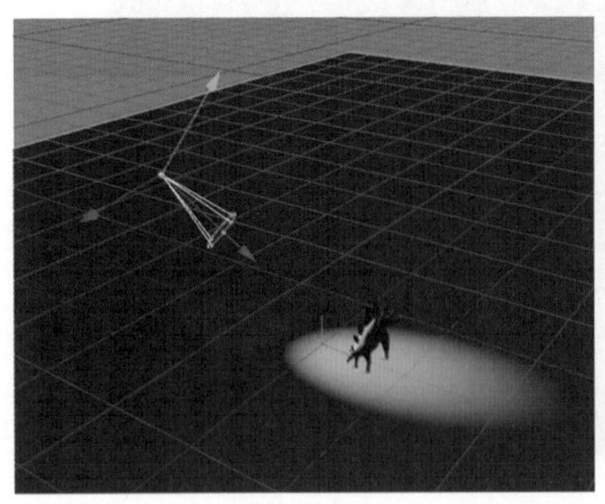

图6.30

目标聚光灯的其他参数与聚光灯相同。

6.3.4 实例：建立区域光

微课视频

工程文件 本小节素材与上一小节相同

区域光是一种可控制照明尺寸的灯光，类似于VRay的面积光源。

（1）在工具栏中选择【区域光】工具❶，在视图中建立一盏区域光，通过拖动它的节点可控制照明尺寸❷，如图6.31所示。

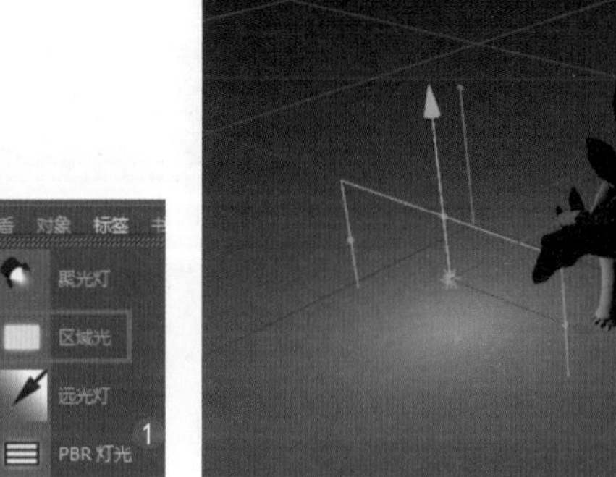

图6.31

（2）在参数面板中选择灯光的投影类型❶，渲染视图，默认情况下都能产生较真实的光照效果❷，如图6.32所示。

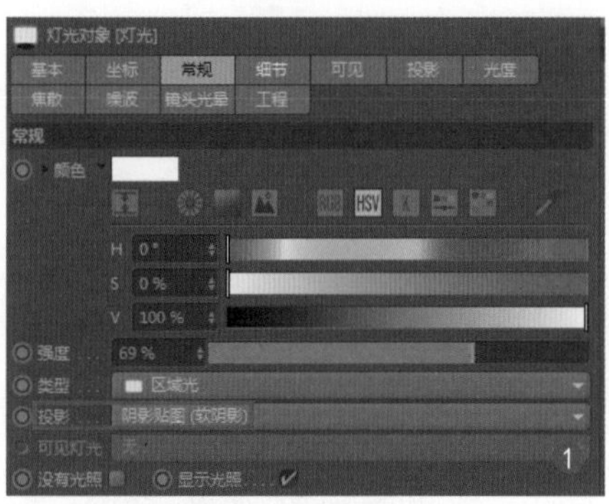

图6.32

6.4 灯光效果实战

下面通过几个实例，帮助读者熟练掌握灯光的使用方法。

6.4.1 实例：制作燃气灶火焰

微课视频

工程文件 Scenes\6.4.1.c4d\制作燃气灶火焰

本例将利用聚光灯的【衰减】属性制作火焰，通过设置灯光的放射性克隆方式制作燃气灶火焰效果。

（1）打开场景文件。在工具栏中选择【聚光灯】工具，如图6.33所示，在视图中建立一盏聚光灯。

（2）在对象面板中设置【类型】为【圆形平行聚光灯】，如图6.34所示。

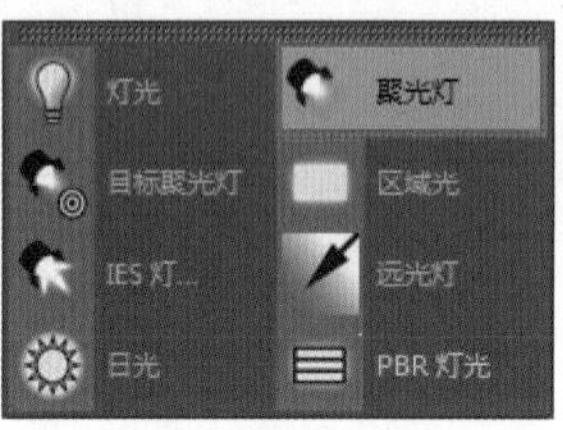

图6.33

图6.34

（3）在【常规】选项卡中设置灯光为【可见】及其他灯光参数，如图6.35所示。

（4）设置灯光的【内部半径】和【外部半径】，如图6.36所示。

图6.35

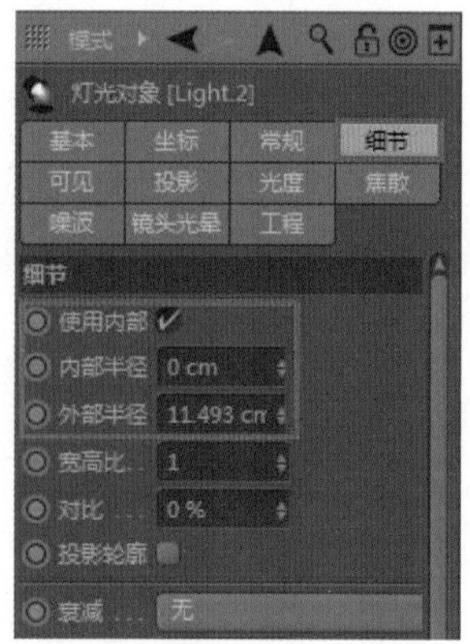

图6.36

（5）设置灯光的衰减相关参数❶，设置灯光的【颜色】为渐变色❷，如图6.37所示。

（6）确认灯光为当前选择状态，在按住Ctrl键的同时选择主菜单栏中的【运动图形】|【克隆】命令，给灯光添加【克隆】效果❶。在参数面板的【对象】选项卡中，设置【模式】为【放射】❷。设置克隆【数量】和【半径】等（燃气灶的火苗数量、半径、坐标等）❸，如图6.38所示。

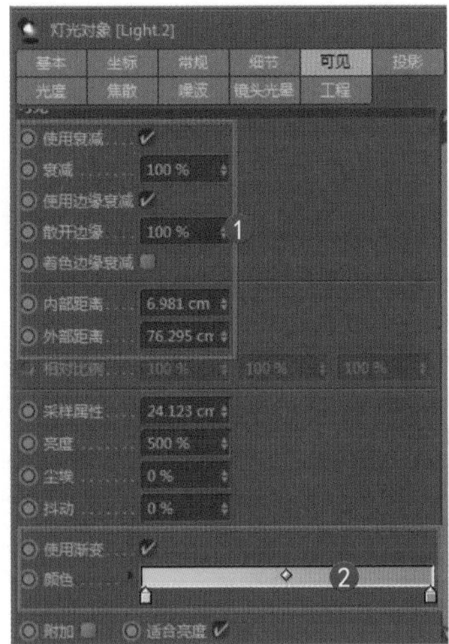

图6.37

图6.38

（7）渲染视图，效果如图6.39所示。

图6.39

6.4.2 实例：制作焦散效果

Scenes\6.4.2.c4d\制作焦散效果

本例利用折射颜色来控制玻璃的透明度，通过渲染设置控制灯光的焦散。

（1）打开场景文件。在工具栏中选择【目标聚光灯】工具❶，在视图中建立一盏目标聚光灯。将目标控制点指向手镯，让灯光将其照亮❷，如图6.40所示。

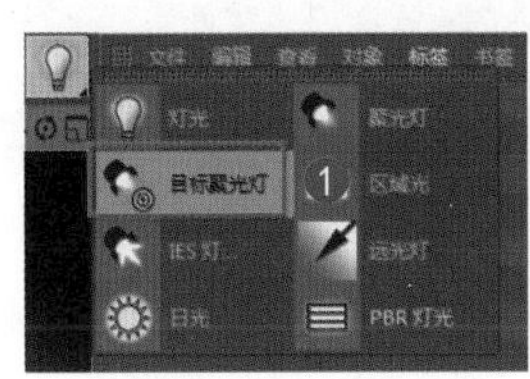

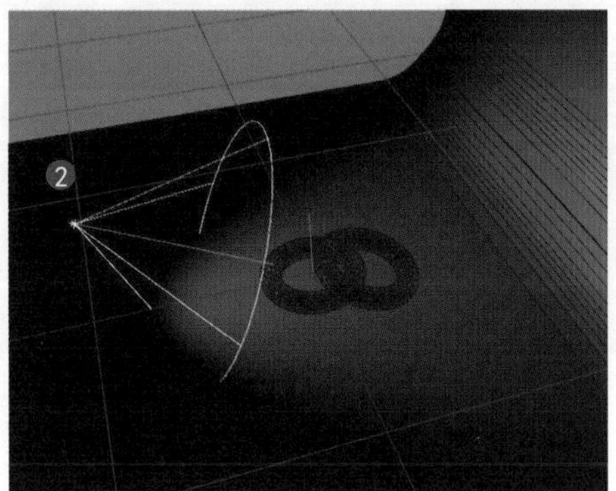

图6.40

（2）新建一个默认材质，设置【折射率】为1.427❶。设置【吸收颜色】为绿色、【吸收距离】（通透度）为50cm❷，如图6.41所示。

图6.41

（3）设置反射类型，如图6.42所示。

（4）切换到【层】选项卡，设置层颜色为【菲涅耳(Fresnel)】，如图6.43所示。

图6.42

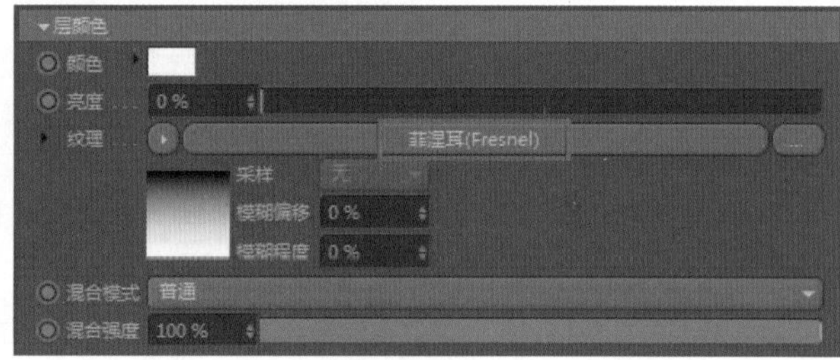

图6.43

（5）设置菲涅耳渐变，以产生真实的反射效果，如图6.44所示。

（6）在灯光对象的参数面板中设置灯光的投影模式，如图6.45所示。

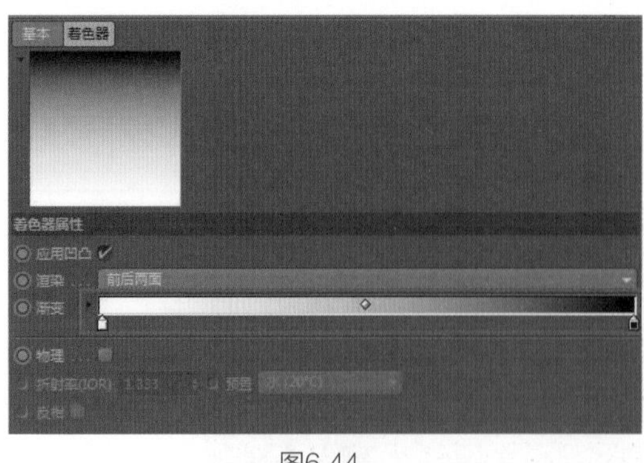

图6.44

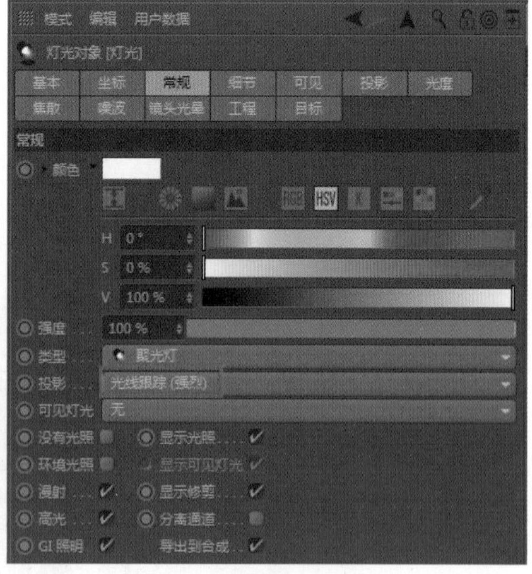

图6.45

（7）设置焦散的【能量】和【光子】（值越大，焦散越强烈），如图6.46所示。

（8）打开【渲染设置】窗口，在其中添加【焦散】属性，并设置其【强度】，如图6.47所示。

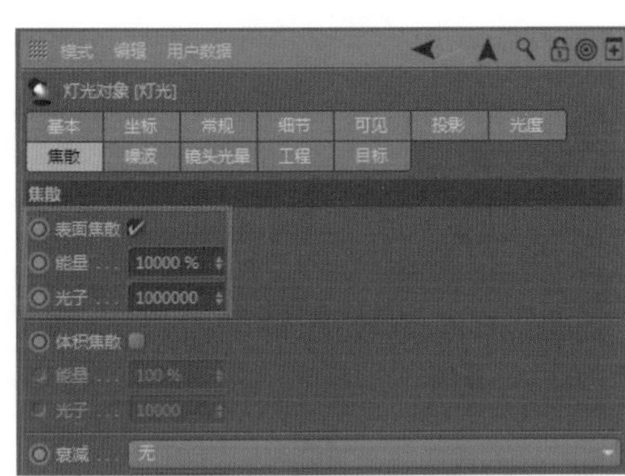

图6.46

图6.47

（9）渲染视图，手镯产生了焦散效果，如图6.48所示。

图6.48

6.5 用Octane渲染器布光

如果在Cinema 4D中安装了Octane渲染器，系统中会有一组Octane灯光，这些灯光分为3种，分别是区域光、目标区域光和IES灯光。其中，区域光类似于Cinema 4D内置灯光的区域光，目标区域光类似于目标聚光灯，IES灯光是一种可添加IES文件的光斑灯光。

这3种Octane灯光位于Octane渲染器面板的【对象】菜单中，如图6.49所示。

图6.49

Octane灯光的建立方法与默认灯光的一样，这里不再赘述。

6.5.1 实例：给玻璃制品布光

工程文件 Scenes\6.5.1.c4d\给玻璃制品布光

本例给玻璃布光。具体方法是利用弧形面片产生无缝背景；设置灯光贴图为渐变，以产生柔和的照明效果；在玻璃周围放置黑色反光板，以在玻璃的边缘产生光线变化。

（1）打开场景文件。在该场景中，已为玻璃瓶搭建了一个弧形背景，如图6.50所示。

（2）在玻璃瓶两侧建立黑色面片（玻璃可反射黑色），如图6.51所示。

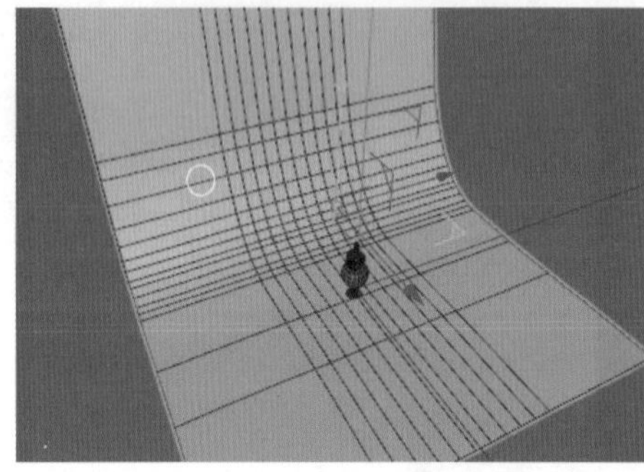

图6.50

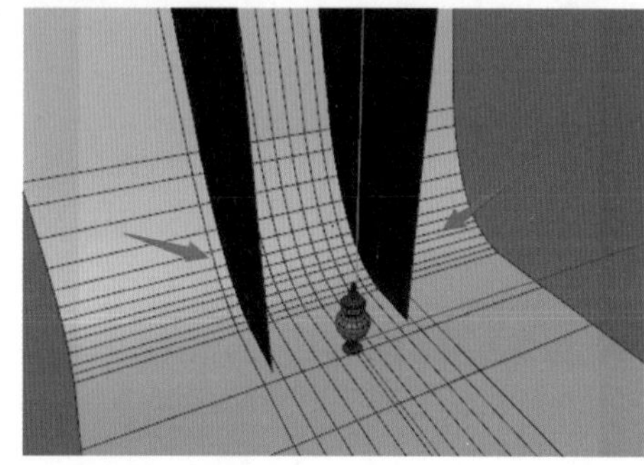

图6.51

（3）在玻璃瓶顶部放置一个黑色面片（用于制作玻璃瓶顶部的反射），如图6.52所示。

（4）建立一个Octane区域光，使其照亮背景，如图6.53所示。

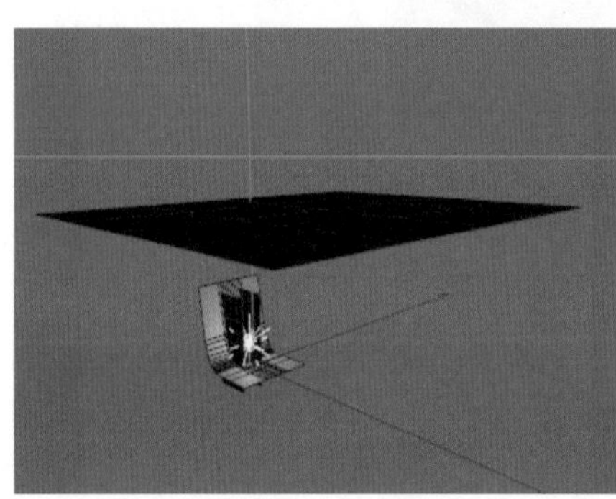

图6.52

图6.53

（5）在Octane灯光标签的参数面板中勾选【漫射可见】复选框（用于产生背光），设置灯光【纹理】贴图为【渐变】，如图6.54所示。

（6）设置渐变模式为黑白❶，设置渐变【类型】为【二维-圆形】（让背景产生圆形渐变）❷，如图6.55所示。

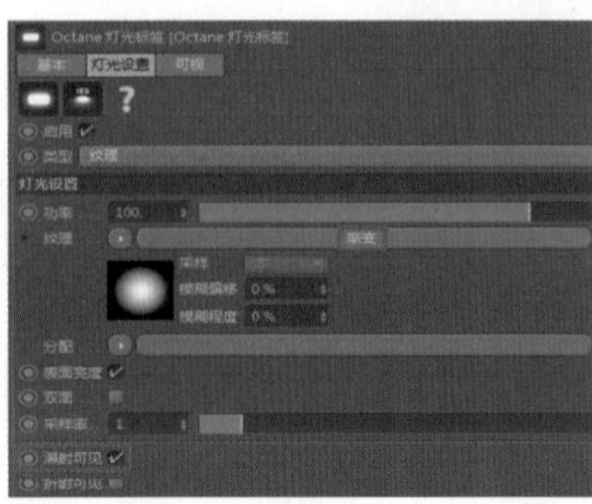

图6.54

图6.55

（7）建立一盏Octane区域光，使其照亮玻璃瓶，如图6.56所示。

（8）【灯光设置】中设置【功率】❶，并设置【纹理】贴图为【渐变】❷，如图6.57所示。

（9）设置渐变模式为黑白❶，设置渐变【类型】为【二维-圆形】❷，如图6.58所示。

（10）取消勾选【折射可见】复选框（让玻璃不会反射灯光的影像），如图6.59所示。

（11）渲染视图，玻璃的边缘产生了反射效果，如图6.60所示，这是一种标准的为透明体布光的方法，希望大家可以熟练掌握。

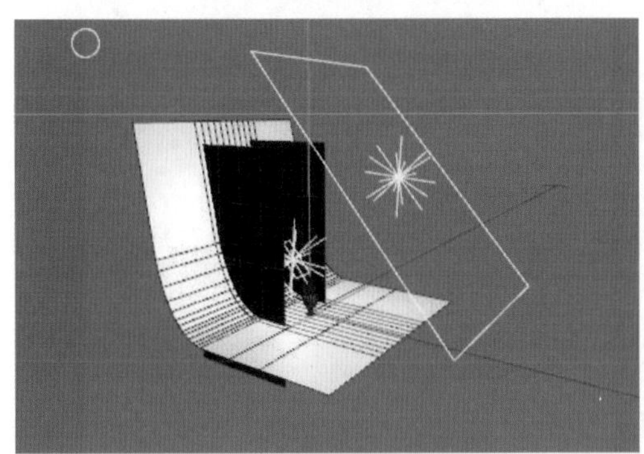

图6.56

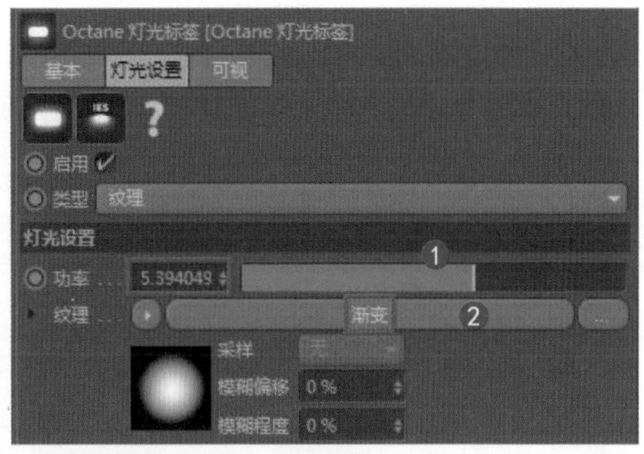

图6.57

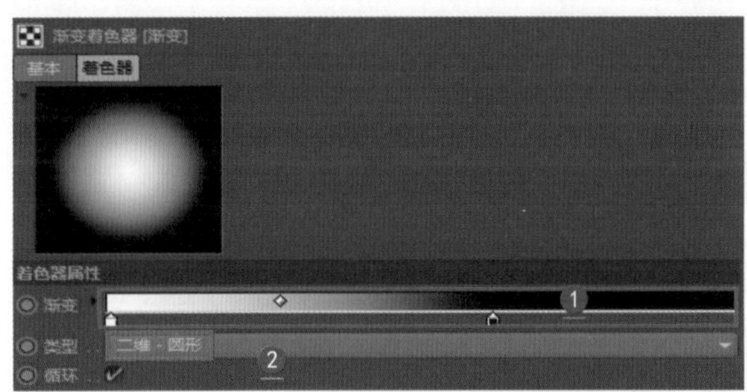

图6.58

漫射可见
折射可见

图6.59

图6.60

6.5.2 实例：给电子产品布光

微课视频

工程文件 Scenes\6.5.2.c4d\给电子产品布光

本例给塑料外壳的电子产品布光，这种为塑料布光的方法属于“多点布光控制”。具体方法是使用区域光产生灯光渐变。

（1）打开本例场景文件。新建一个OctaneSky❶，设置天空的HDR贴图❷，设置【强度】为0❸，产生没有系统默认光的纯黑照明，如图6.61所示。

（2）新建一盏Octane区域光，如图6.62所示。

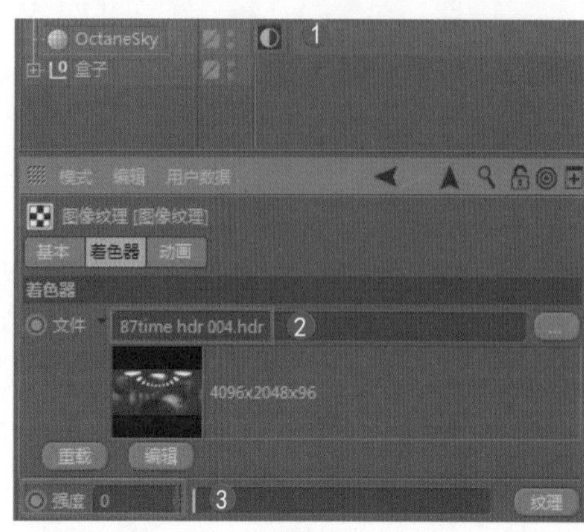

图6.61

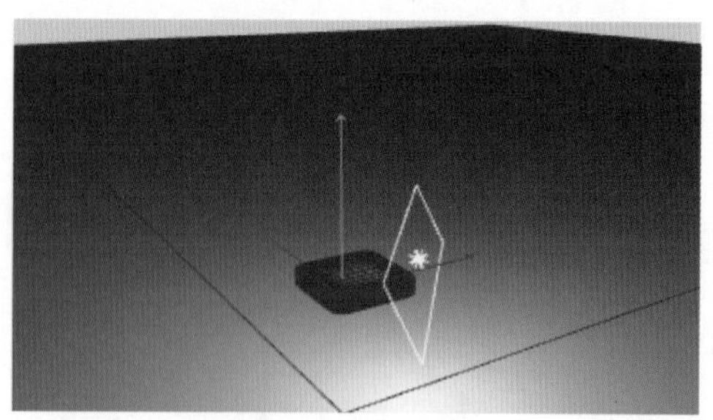

图6.62

HDRI是High Dynamic Range Image（高动态范围图像）的缩写。它是一种比LDRI（Low Dynamic Range，低动态范围图像）包含更多颜色信息的特殊的图像格式。HDRI包含32位颜色信息，而LDRI只包含8位。这一点对于调节图像的亮度尤为重要。

（3）设置灯光【功率】为1.2❶，勾选【漫射可见】和【折射可见】复选框❷，设置【透明度】为0（灯光自身在场景中不被渲染）❸，如图6.63所示。

此时的光照效果（右上角产生渐变照明）如图6.64所示。

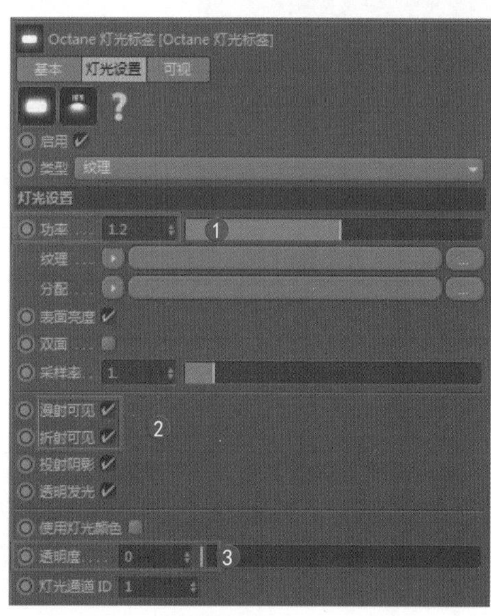

图6.63

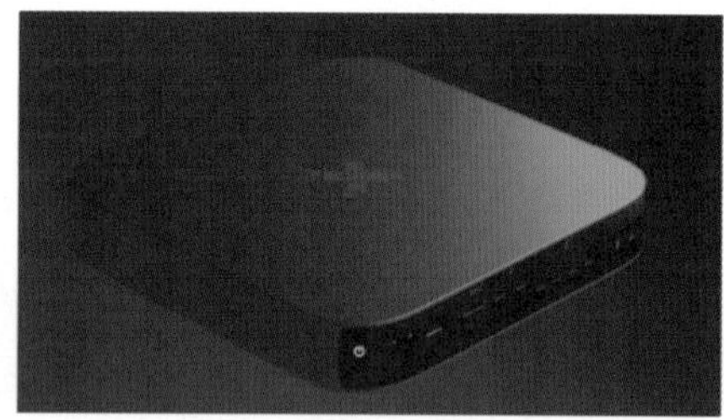

图6.64

（4）在产品对象左边新建一盏灯光，如图6.65所示。

（5）调整灯光功率，使产品对象左侧产生轮廓光效果，如图6.66所示。

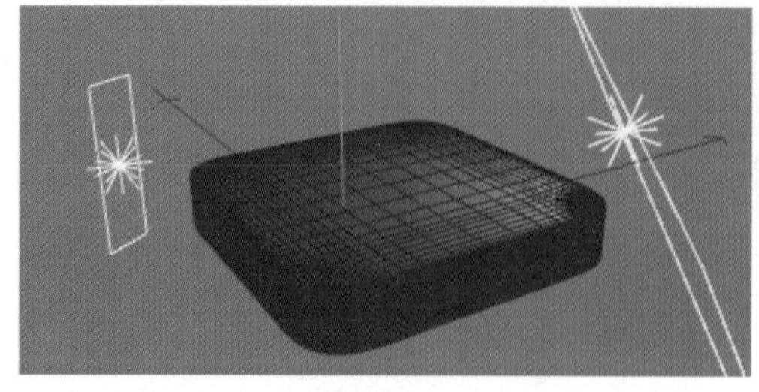

图6.65

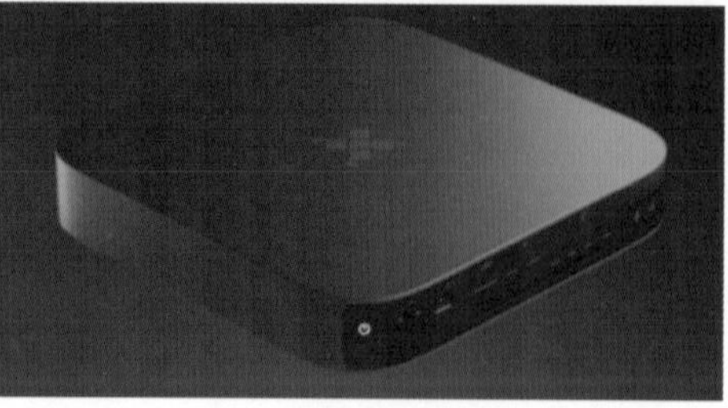

图6.66

（6）在产品对象左上方新建一盏灯光，如图6.67所示。

（7）调整灯光功率，使产品对象左上角产生渐变光效果，如图6.68所示。

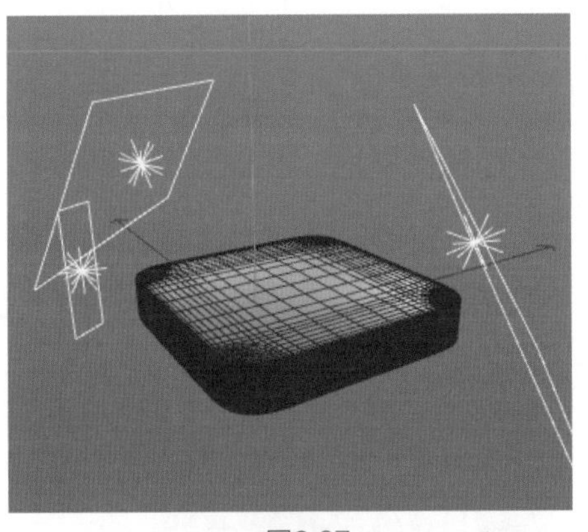
图6.67

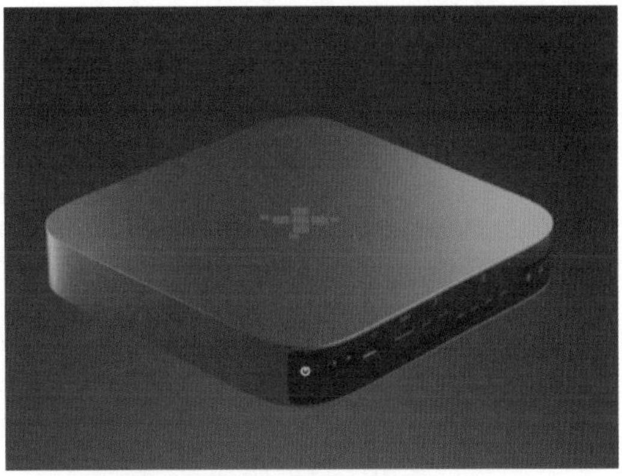

图6.68

（8）在产品对象前方新建一盏灯光，如图6.69所示。

（9）调整灯光功率，使产品对象前方产生结构光，如图6.70所示。

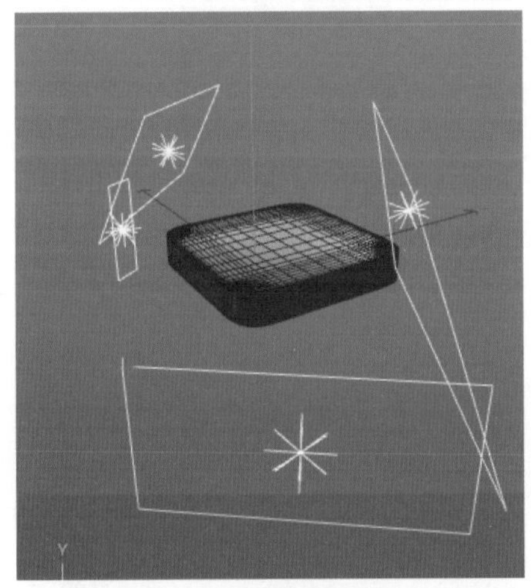
图6.69

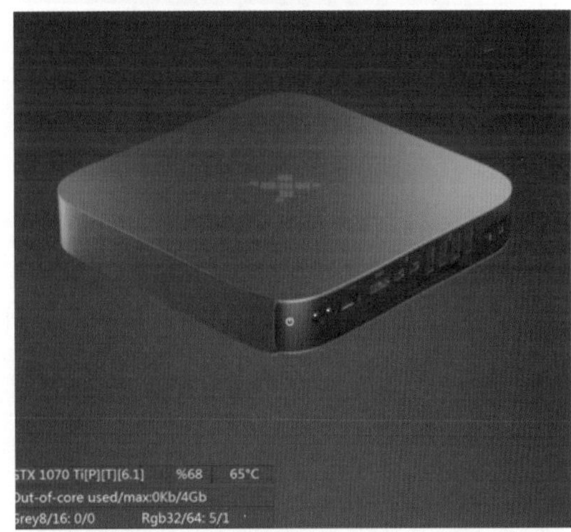

图6.70

（10）在产品对象棱角处分别新建3盏灯光，如图6.71所示。

（11）调整灯光功率，以在棱角处产生结构光，如图6.72所示。

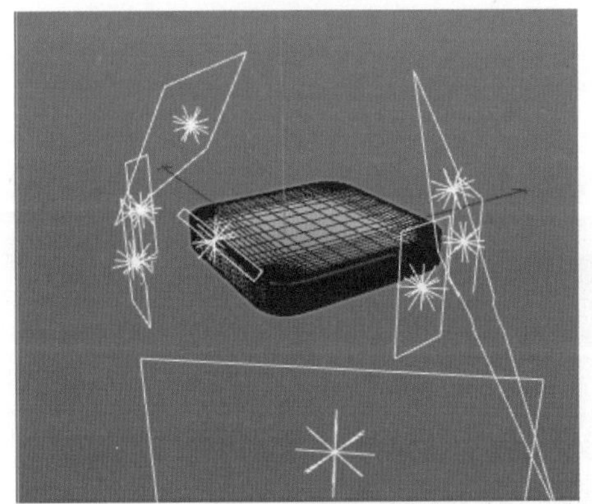
图6.71

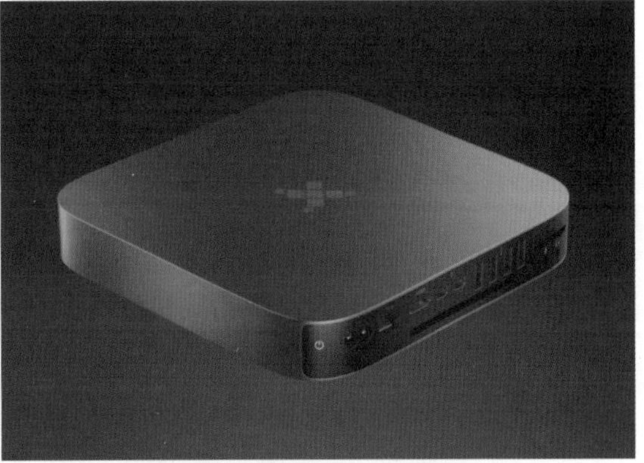
图6.72

6.6 为环境布光

在Cinema 4D中，默认的环境工具有12个，常用的是【地面】、【天空】、【环境】和【物理天空】。【地面】可以产生延伸到无限远处的平面；【天空】可以使用HDRI，产生真实的环境光照效果；【物理天空】是用时区的方式模拟地球上的任意地点、任意时间的光照；【环境】则可以模拟简单的背景和雾效。下面用实例的形式讲解这些常用工具。

图6.73所示为软件内置的环境工具。

Octane渲染器中的环境工具在Octane渲染器面板的【对象】菜单中。

图6.74所示为Octane渲染器中的环境工具，本节将软件内置的环境工具和Octane渲染器中的环境工具放在一起讲解。

图6.73

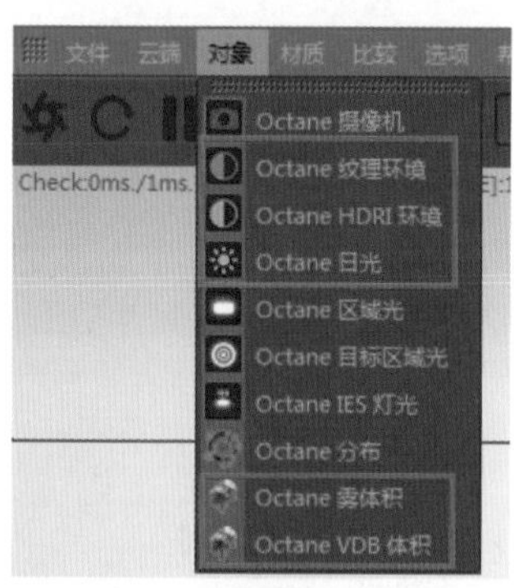

图6.74

Octane渲染器中的环境工具有5个：【Octane纹理环境】主要用于加载背景颜色和贴图，【Octane HDRI环境】用HDRI来模拟真实光照，【Octane日光】可以模拟真实天空照明（类似内置环境工具中的物理天空），【Octane雾体积】和【Octane VDB体积】用于模拟烟雾、云朵。

这里要强调的是，Octane渲染器中的环境工具可以在场景中没有灯光的状态下产生照明效果，这也是Octane渲染器的一大特点。

6.6.1 实例：内置环境工具的应用

微课视频

工程文件 Scenes\6.6.1.c4d\内置环境工具的应用

本例将为天空对象添加HDRI以产生真实的光照效果；设置【合成】标签让背景不被渲染；设置Gamma值让整体画面的亮度增强。

（1）打开本例场景文件（场景中为面包机模型）❶。默认渲染效果没有任何光照❷，如图6.75所示。

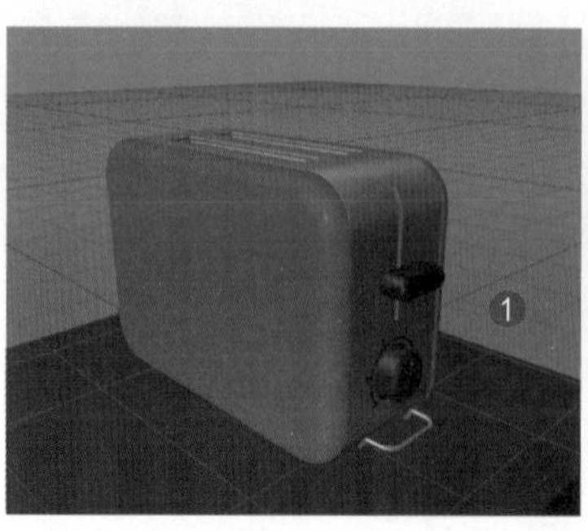

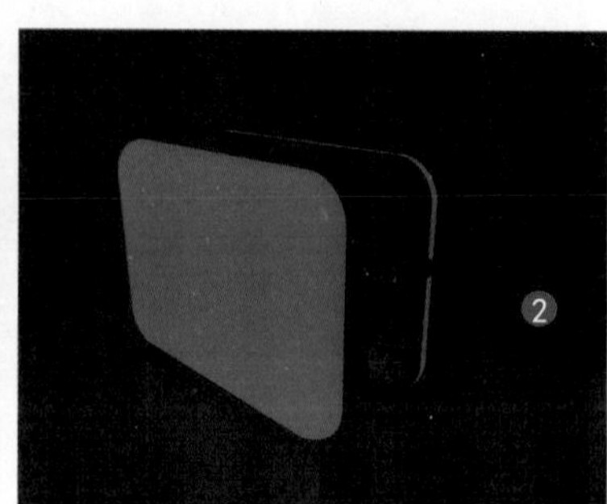

图6.75

（2）在工具栏中选择【天空】工具，建立一个天空对象，如图6.76所示。
（3）新建一个默认材质，如图6.77所示。
（4）设置【发光】通道中的【纹理】为HDR，如图6.78所示。
（5）将材质赋给天空对象，如图6.79所示。

图6.76

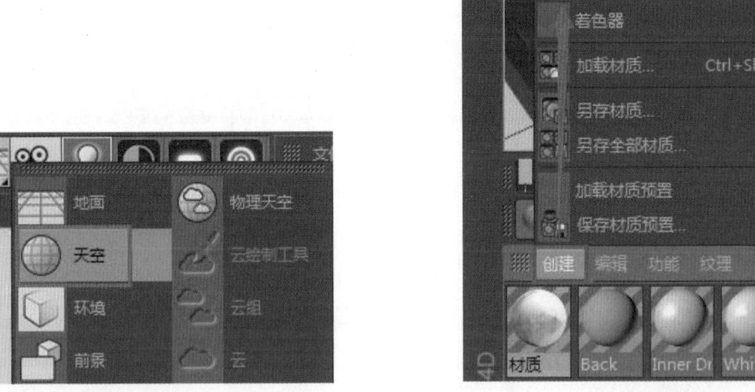

图6.77

图6.78

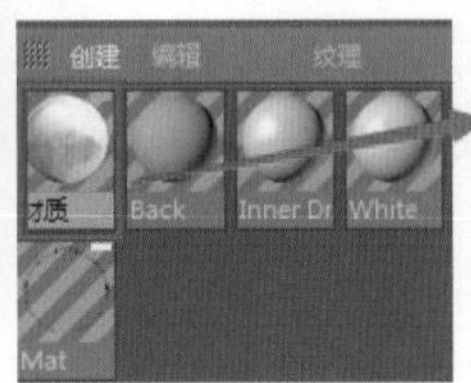

图6.79

（6）渲染视图，效果如图6.80所示。
（7）给天空对象添加一个【合成】标签，如图6.81所示。

图6.80

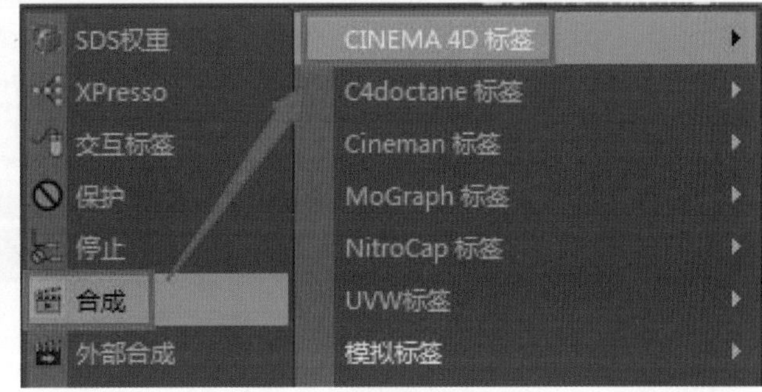

图6.81

（8）关闭【摄像机可见】属性，如图6.82所示。
（9）渲染视图，此时的HDR照明渲染中去掉了背景，如图6.83所示。

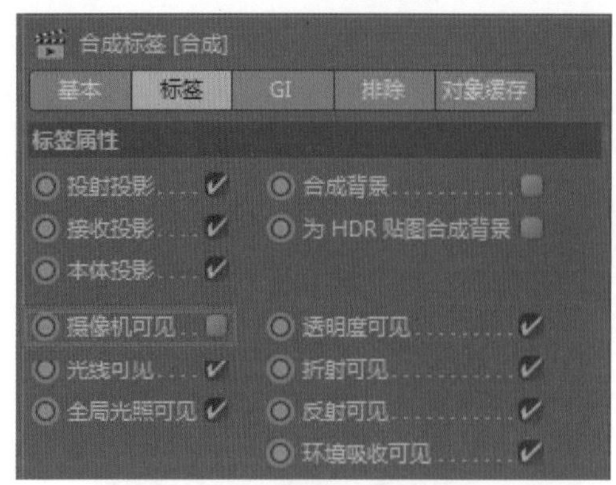

图6.82

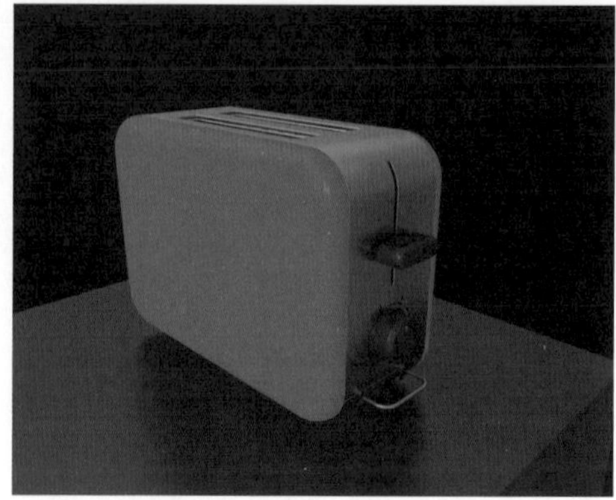

图6.83

（10）打开【渲染设置】窗口，设置渲染器为【物理】渲染器❶，添加【全局光照】和【环境吸收】，设置渲染【预设】为室内-高品质❷，如图6.84所示。

（11）此时的材质效果更加逼真，画面更细腻，如图6.85所示。

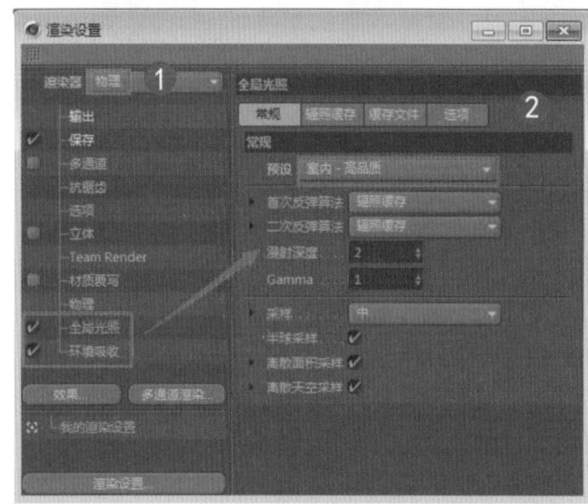

图6.84

图6.85

（12）增大Gamma的值（增强画面整体亮度），如图6.86所示。

（13）此时的渲染效果中，得到了背景HDR产生的照明效果，如图6.87所示。

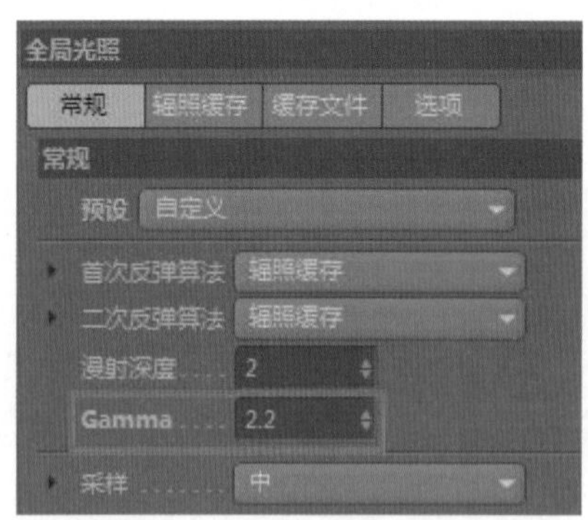

图6.86

图6.87

6.6.2 实例：给夜景环境布光

微课视频

工程文件 Scenes\6.6.2.c4d\给夜景环境布光

本例将利用天空预置营造夜色；通过设置自发光材质制作月色；利用灯光的衰减制作亭子和船舱内的光晕。

（1）打开场景文件（一个低多边形场景），如图6.88所示。

（2）建立一个【物理天空】❶，设置物理天空的参数，以产生天空、太阳、大气等❷，如图6.89所示。

图6.88

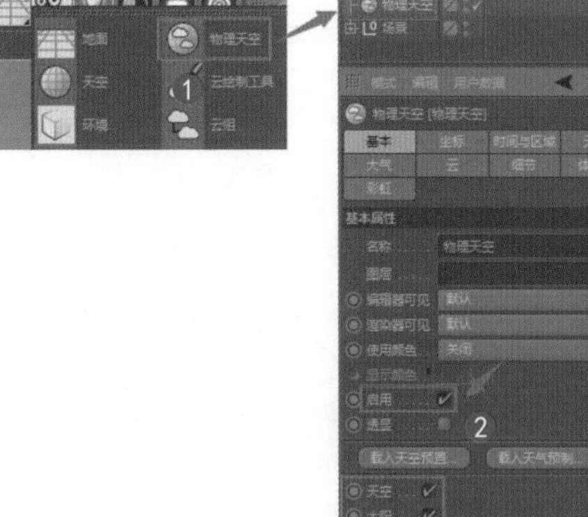

图6.89

（3）载入天空预置（夜晚）❶，新建一个默认材质，设置【发光】通道的颜色（月色）❷，如图6.90所示。

图6.90

（4）设置【亮度】值❶，将该材质赋给月亮对象（产生自发光月色）❷，如图6.91所示。

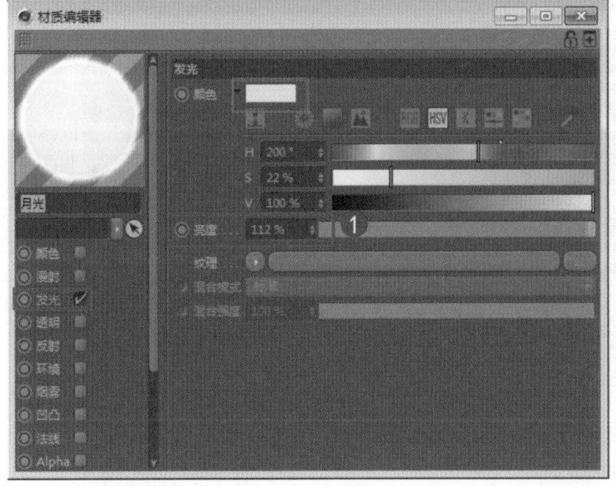

图6.91

（5）在亭子内新建一盏泛光灯，如图6.92所示。

（6）设置灯光颜色为暖色❶，设置灯光【强度】和【可见灯光】等属性，直至可见到光晕❷，如图6.93所示。

图6.92

图6.93

（7）设置衰减属性，让灯光照射在亭子周围即可，如图6.94所示。

（8）在船舱内新建一盏泛光灯，如图6.95所示。

图6.94

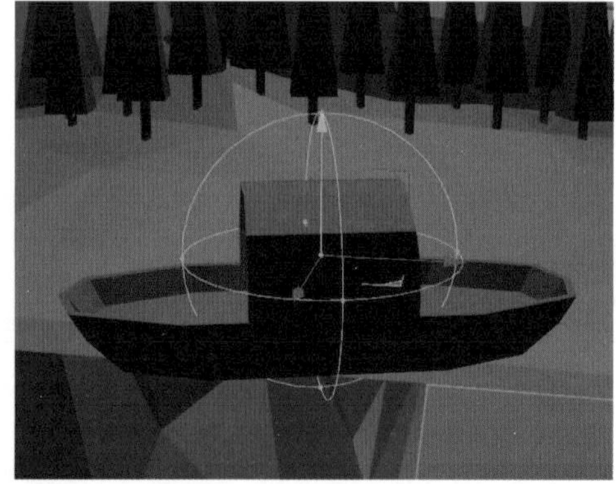

图6.95

（9）设置灯光颜色为暖色❶，设置灯光【强度】和【可见灯光】等属性，直至可见到光晕❷，设置衰减属性❸，让灯光照射在船舱周围即可，如图6.96所示。

（10）渲染视图产生了夜晚照明效果，如图6.97所示。

（11）改变天空预置可产生不同的天光照明效果，如图6.98所示。

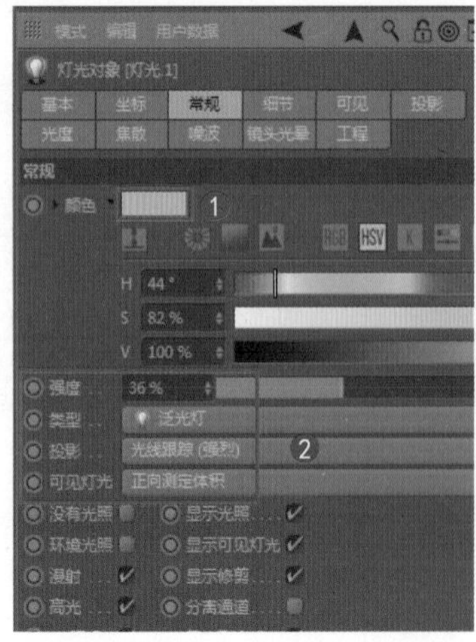

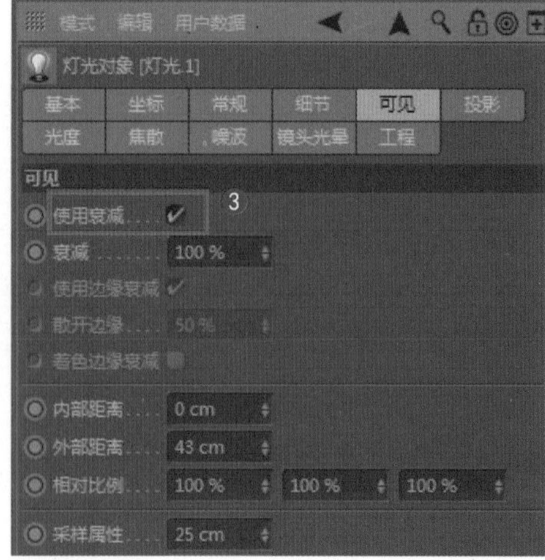

图6.96

图6.97

图6.98

课后习题

工程文件 Scenes\练习6-1.c4d\课后习题

1. 布光练习

控制场景中主光源和辅助光源的照明效果。

练习要求：

（1）至少使用两盏以上的灯光；

（2）测试不同的灯光阴影属性，找出适合表现产品的阴影；

（3）测试抗锯齿渲染。

2. 反光板练习

将自发光材质和渐变贴图赋给反光板，调整反光板的位置，让产品表面产生完美的反射效果。

工程文件 Scenes\练习6- 2 .c4d\课后习题

练习要求：

（1）控制好整体照明；

（2）控制不同区域高光的强弱。

材质

本章导读

通过对本章的学习，读者能了解材质编辑器在材质编辑过程中的重要功能，以及各种材质类型、材质通道和各种贴图效果的制作方法。

知识点	了解	理解	应用	实践
材质编辑器		√	√	√
材质的编辑		√	√	√
贴图坐标的调整			√	√
参数化贴图			√	√
玻璃材质的制作			√	√
陶瓷材质、绸缎材质的制作			√	√

7.1 材质编辑器简介

材质编辑器是Cinema 4D中的一个能力非常强大的模块，所有的材质都在这个编辑器中进行制作。材质是某种物质在一定光照条件下产生的反光度、透明度、色彩及纹理的光学效果。在Cinema 4D中，所有模型的表面都要按真实三维空间中的物体加以装饰，才能达到生动、逼真的视觉效果。

材质编辑器提供创建和编辑材质及贴图的功能。材质可使场景更加具有真实感。材质详细描述对象如何反射或透射灯光。材质属性与灯光属性相辅相成，进行明暗处理或渲染时将两者合并，用于模拟对象在真实世界中的情况。可以将材质应用到单个的对象或选择集，一个场景可以包含许多不同的材质。

在Cinema 4D中，有两个材质编辑器界面，一个位于界面左下角，如图7.1所示，用于对材质球进行管理；另一个为材质编辑器窗口，用于对材质进行编辑。窗口左上角是材质预览框，主要用于对材质效果进行预览；窗口左边是材质通道，用于选择相应的材质通道，相关参数显示在右边，如图7.2所示。

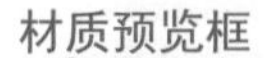

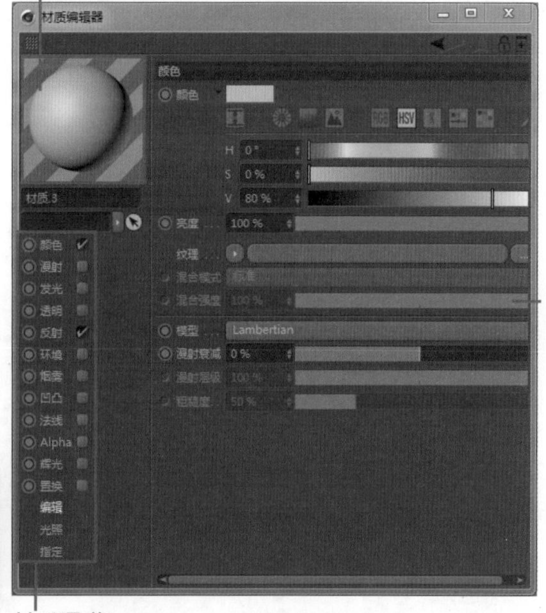

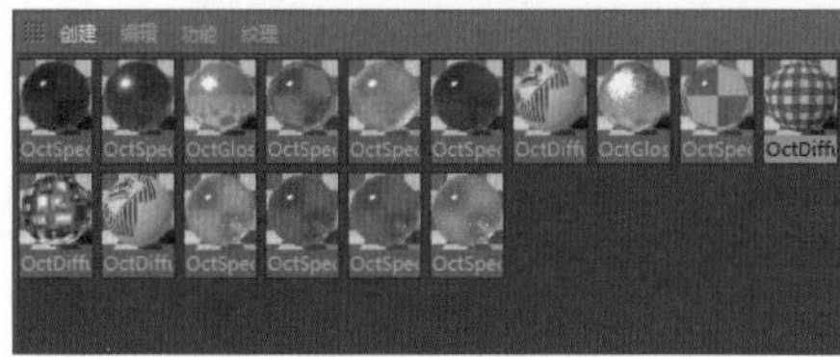

图7.1

图7.2

7.1.1 实例：新建材质

Scenes\7.1.1.c4d\新建材质

下面介绍如何新建材质。

（1）新建一个立方体，如图7.3所示。

（2）新建材质的方法有3种，第一种方法是双击材质编辑器中的空白区域，新建一个默认材质，如图7.4所示。

（3）第二种方法是选择材质编辑器中的【创建】|【新材质】命令，如图7.5所示。第三

种是单击材质编辑器中的空白面板，按Ctrl+N组合键。

（4）双击材质球下方的名称，将材质球改名为“材质练习”，如图7.6所示。

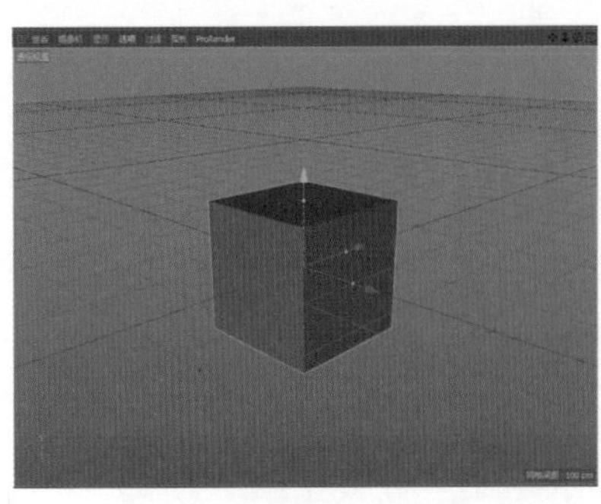

图7.3

图7.4

图7.5

图7.6

（5）有3种方法可以将材质赋予对象，第一种方法是直接拖动材质球到指定对象上。将【材质练习】材质球拖动到视图的立方体对象上，如图7.7所示，将材质赋予立方体对象。

第二种方法是将材质球拖动到对象面板中的对象名称上，如图7.8所示，此时【立方体】后面多了一个材质标签。

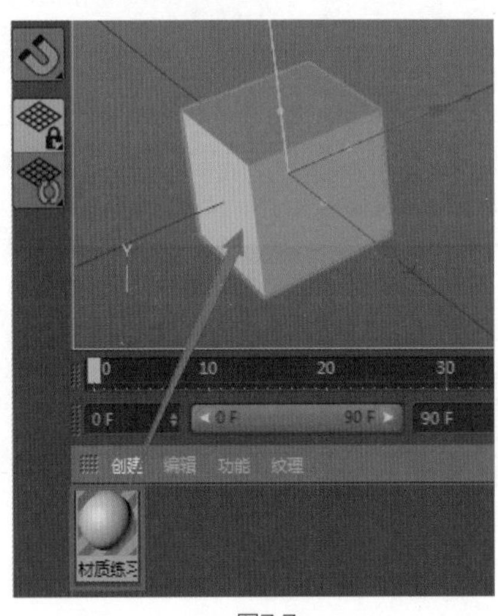

图7.7

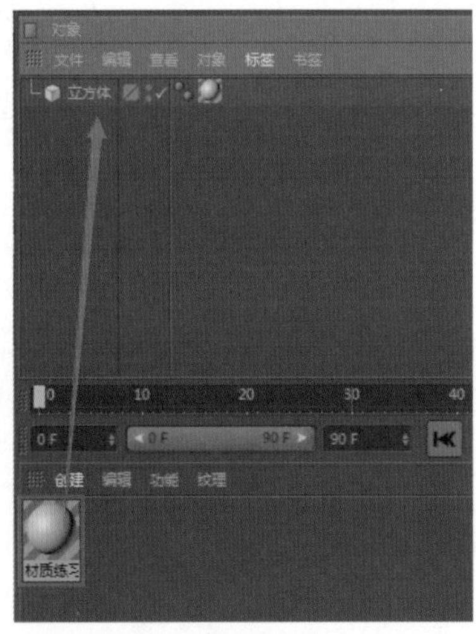

图7.8

第三种方法是在对象被选中的状态下，选择材质球，选择材质编辑器中的【功能】|【应用】命令，如图7.9所示。

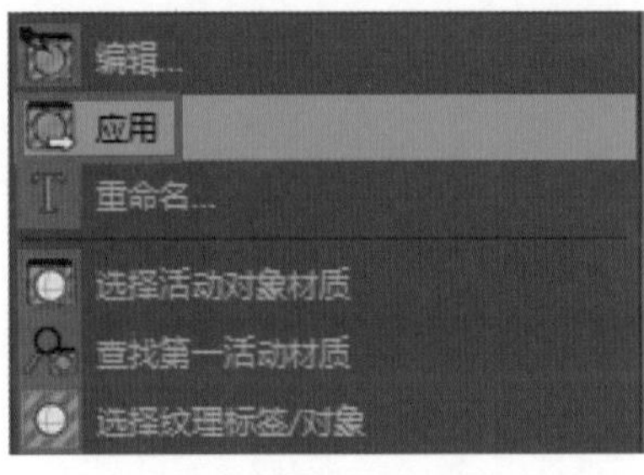

图7.9

7.1.2 实例：编辑材质

微课视频

工程文件　Scenes\7.1.2.c4d\编辑材质

下面介绍如何编辑材质。

（1）双击材质球，打开【材质编辑器】窗口，如图7.10所示。

（2）在【颜色】通道中设置颜色为蓝色，如图7.11所示。

图7.10

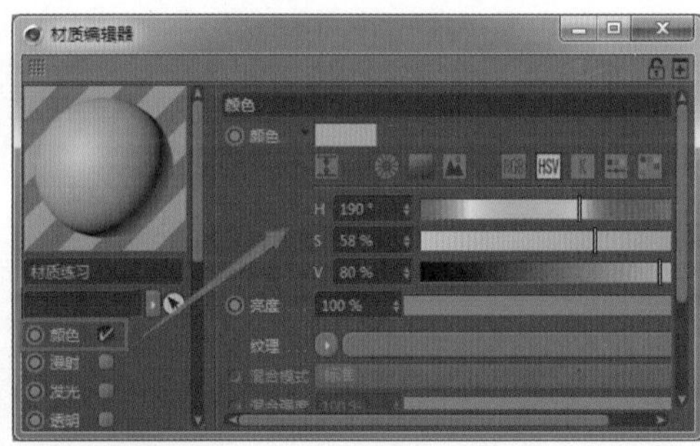

图7.11

（3）在【反射】通道中设置参数，如图7.12所示，以产生反射效果。

（4）在【透明】通道中设置【亮度】为90%，如图7.13所示，以产生透明效果。

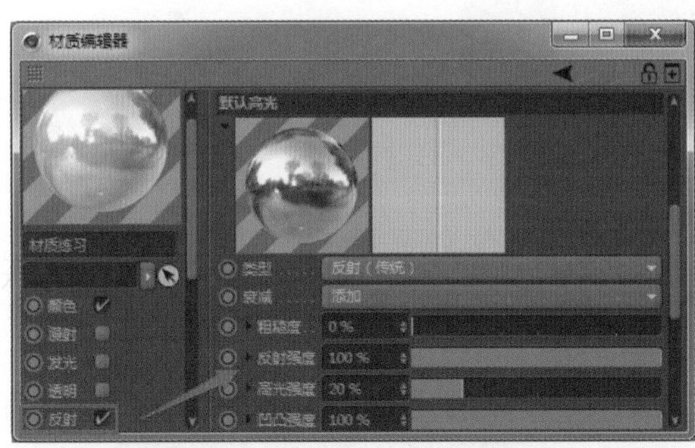

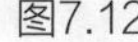

图7.12

图7.13

7.1.3 实例：渲染材质效果

微课视频

工程文件　Scenes\7.1.3.c4d\渲染材质效果

下面介绍如何渲染材质效果。

（1）按Ctrl+R组合键或单击工具栏中的按钮❶，渲染场景，可以看到，默认情况下场景一片漆黑❷，如图7.14所示，因为没有进行任何环境设置，在默认的纯黑色背景下场景也呈纯黑色。

（2）下面建立环境。单击工具栏中的按钮，如图7.15所示，建立一个天空对象，该对象在视图中是不可见的，仅在对象面板中显示，如图7.16所示。

（3）在材质编辑器中单击，按Ctrl+N组合键，新建一个材质球，如图7.17所示。

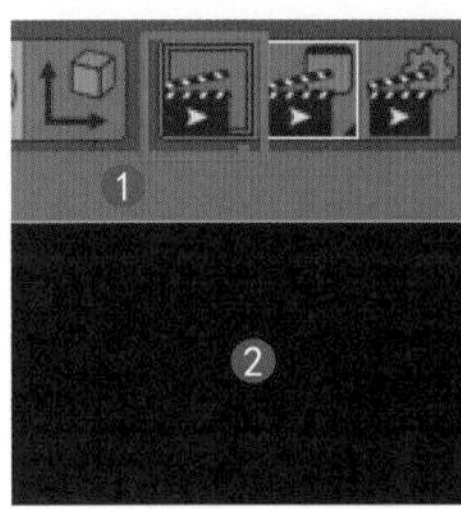

图7.14

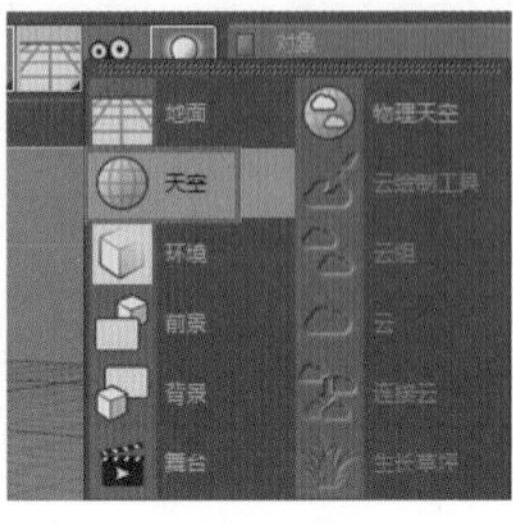

图7.15

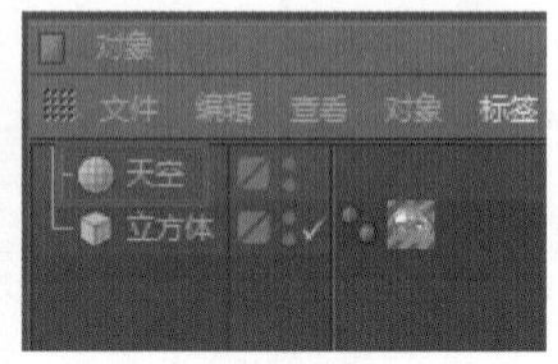

图7.16

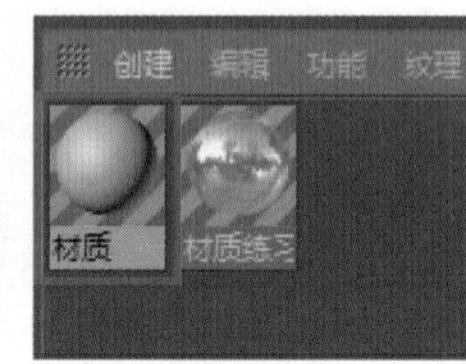

图7.17

（4）双击新建的材质球，打开【材质编辑器】窗口，取消勾选除了【发光】的所有通道对应的复选框，如图7.18所示，这样该材质就只有【发光】属性了。

（5）在对象面板中打开【内容浏览器】界面❶，选择本例预置的HDR❷，将该贴图拖动到【纹理】栏中❸，如图7.19所示。

（6）将该材质球拖动到对象面板中的天空对象上，如图7.20所示。

（7）重新渲染视图，立方体反射出天空的效果，如图7.21所示（为了得到较好的反射效果，给立方体添加了圆角）。

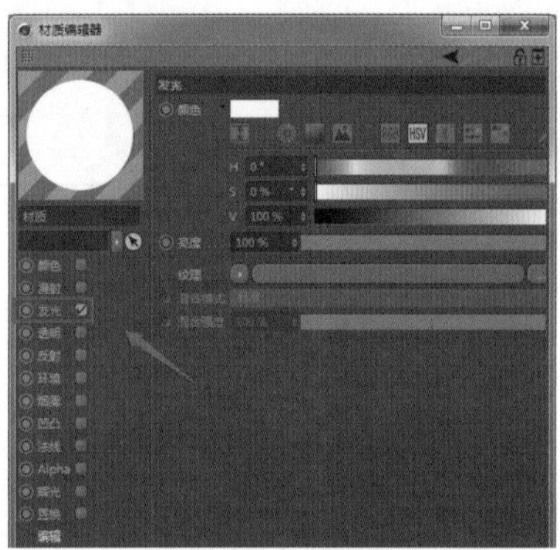

图7.18

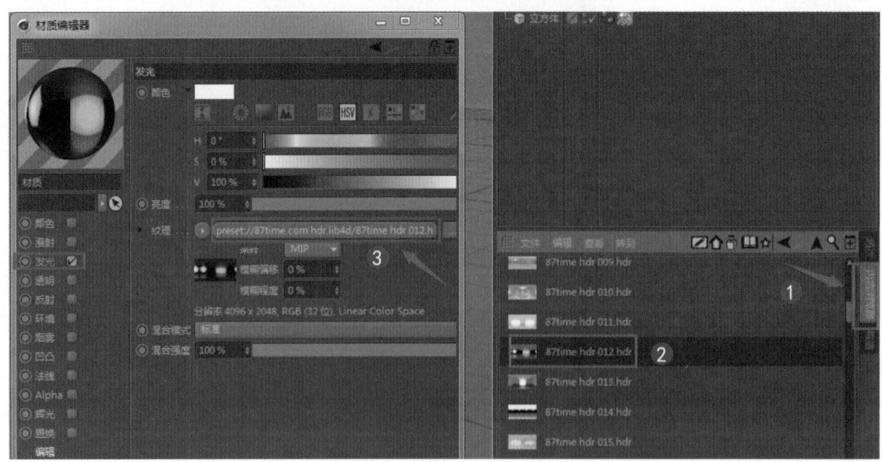

图7.19

图7.20

图7.21

（8）如果想取消立方体的材质，可以在图7.22所示的对象面板中立方体的后面将材质标签删除。

（9）材质标签的使用很方便，可以拖动标签将其放到其他对象上，如图7.23所示，将材质从一个对象移动到另一个对象上。

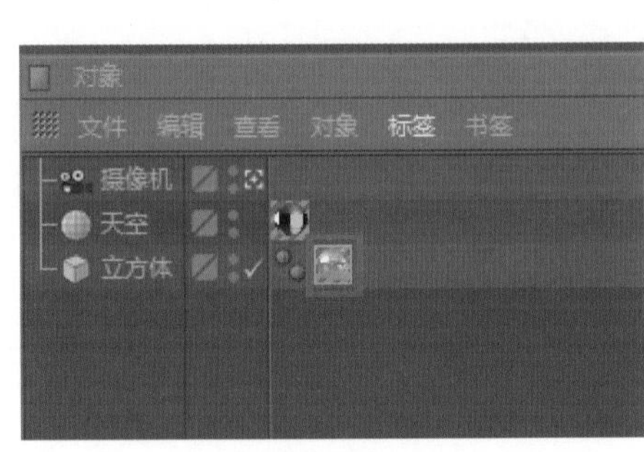

图7.22

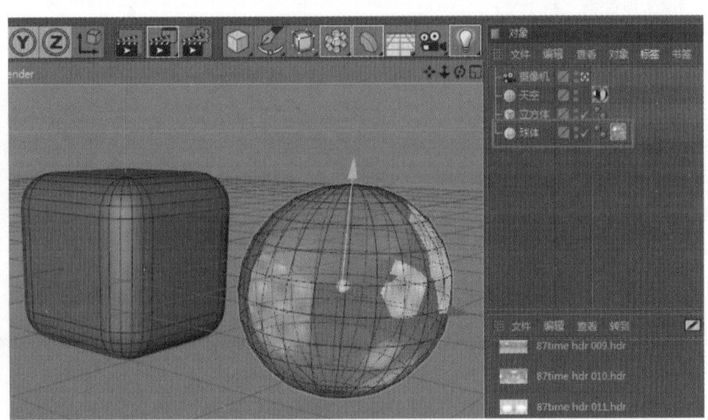

图7.23

（10）按住Ctrl键的同时拖动材质标签可将材质复制到其他对象上，如图7.24所示。

（11）将材质球放到群组对象上，如图7.25所示，则该群组下面的所有对象都将拥有这个材质。

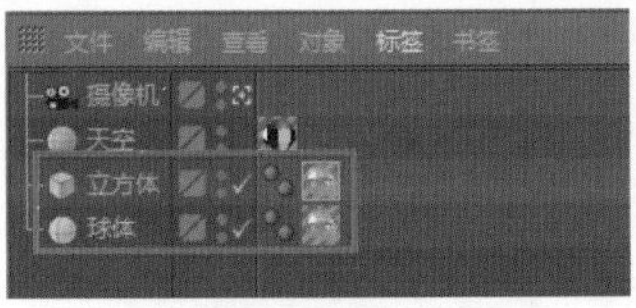

图7.24

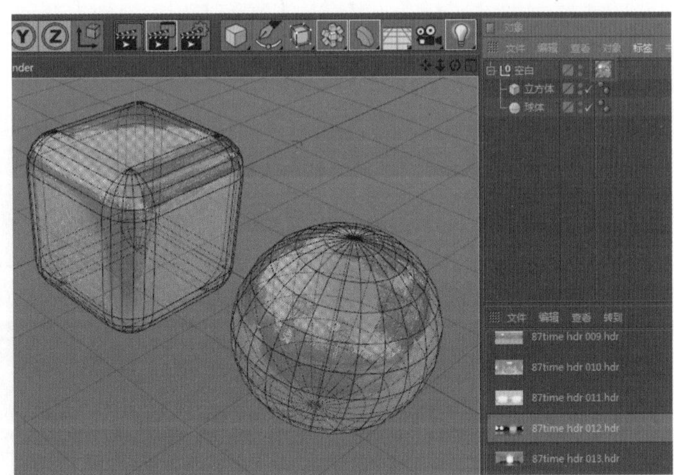

图7.25

（12）如果想将对象的材质替换成别的材质，只要将新的材质球拖放到旧的材质球上即可，如图7.26所示。

材质球可以单独保存❶，也可以一次将场景中的所有材质球全部保存❷，方便以后调取，如图7.27所示。

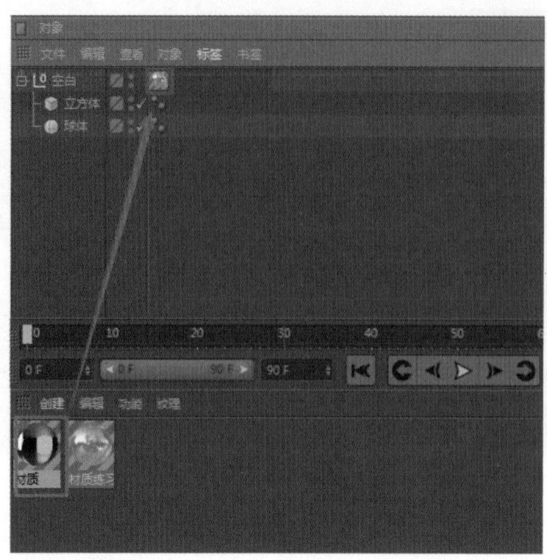

图7.26

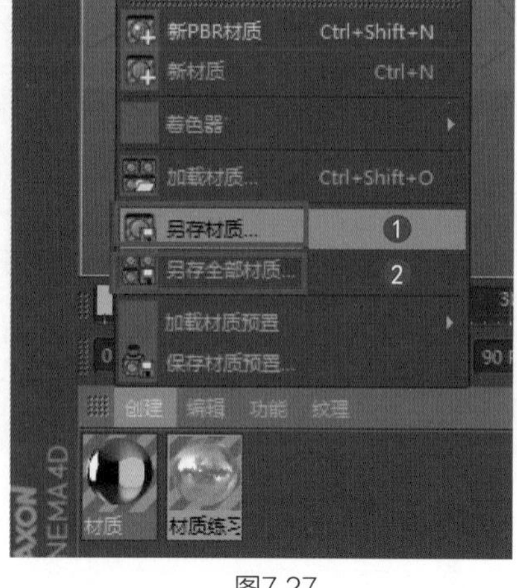

图7.27

7.2 贴图坐标

贴图坐标又称为UV坐标。在贴图中，*X*、*Y*、*Z*轴用*U*、*V*、*W*轴来表示，其基本含义一样，就是用于对贴图进行对位调整。在Cinema 4D中，贴图坐标的设置方法主要有3种，分别是材质标签方式、纹理模式调节和在UV面板中进行UV展开（本节仅介绍前两种方法，UV展开将在本书赠送的案例中进行介绍）。

7.2.1 实例：用材质标签调节贴图坐标

微课视频

工程文件 Scenes\7.2.1.c4d\用材质标签调节贴图坐标

下面通过实例来直观地用材质标签调节贴图坐标操作的介绍。

（1）建立一个立方体，设置其【分段】和【尺寸】参数，如图7.28所示。按C键将立方体塌陷为可编辑多边形。

（2）双击材质球编辑器的空白处，新建一个默认材质，如图7.29所示。

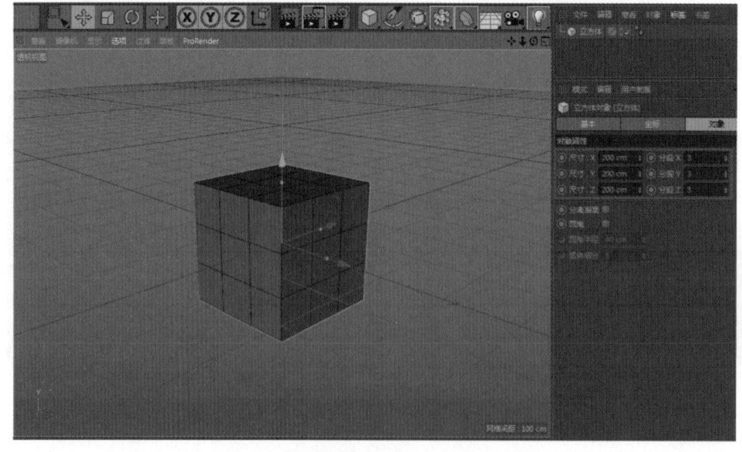

图7.28

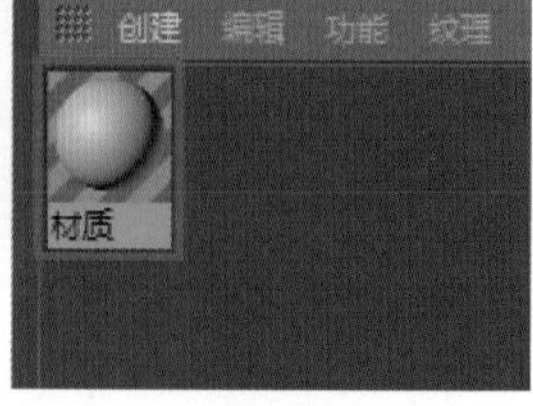

图7.29

（3）双击该材质球，打开【材质编辑器】窗口，如图7.30所示。

（4）在【颜色】通道中单击【纹理】按钮，在弹出的下拉菜单中选择【加载图像】命令，如图7.31所示。

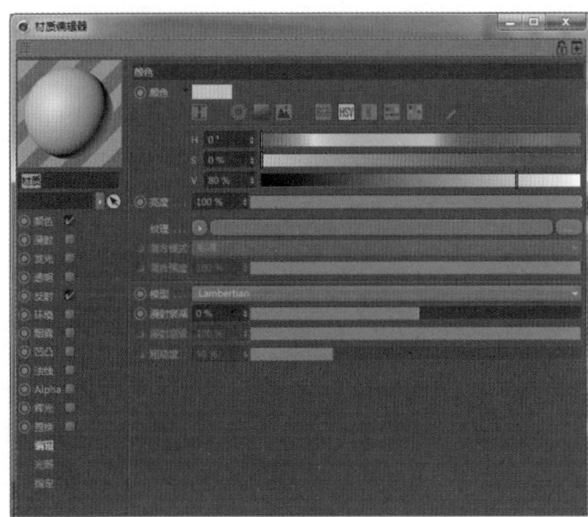

图7.30

图7.31

（5）在弹出的资源浏览器中选择一幅图片❶；将材质球拖动到视图中的立方体上，此时立方体上出现了贴图效果，默认情况下立方体的四面都会有贴图❷，如图7.32所示。

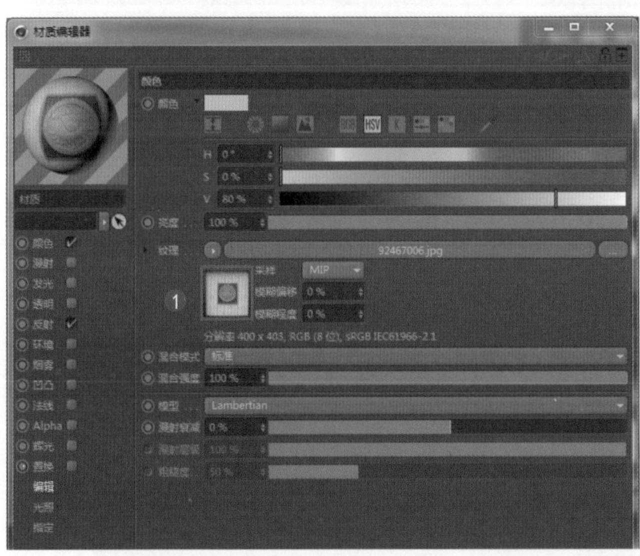

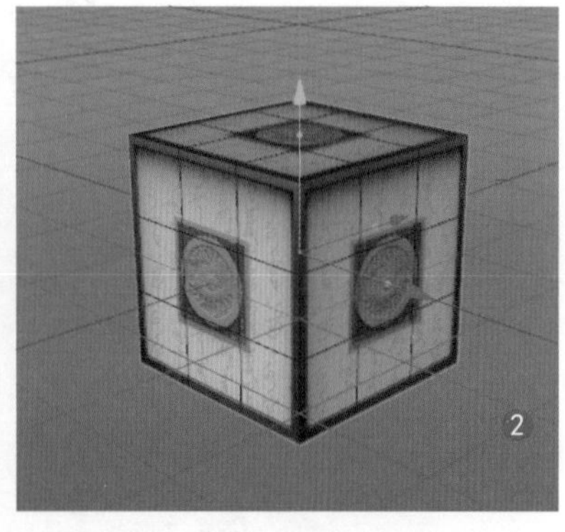

图7.32

（6）此时，对象面板中的【立方体】后方出现了材质标签，如图7.33所示。

（7）选择材质标签❶，在参数面板中可以看到在默认情况下，材质的投射方式为【UVW贴图】❷，如图7.34所示。

图7.33

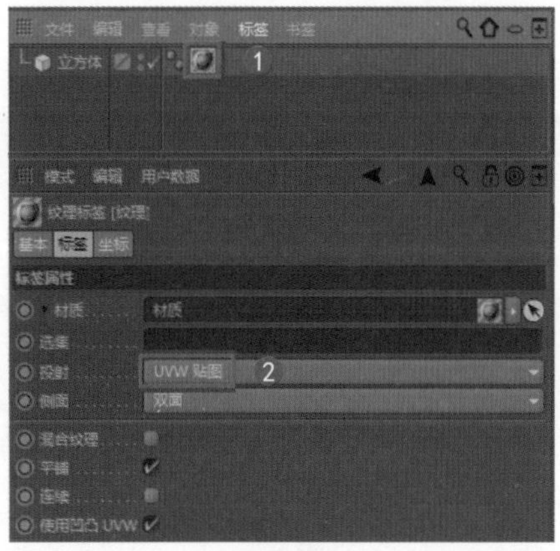

图7.34

（8）将材质的投射方式改为【平直】❶，立方体上有一面产生了贴图，其他区域的贴图都被拉伸❷，如图7.35所示。

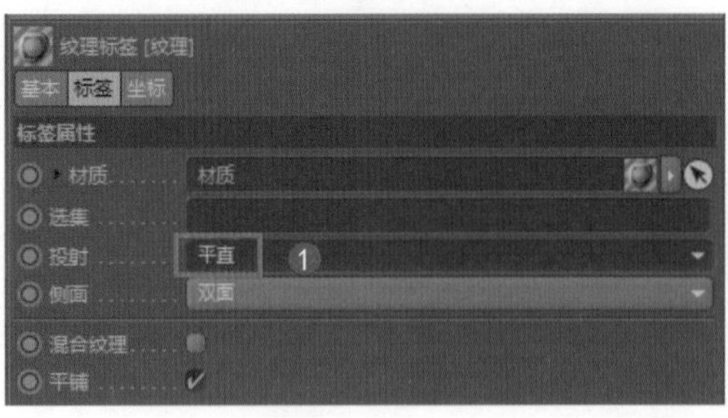

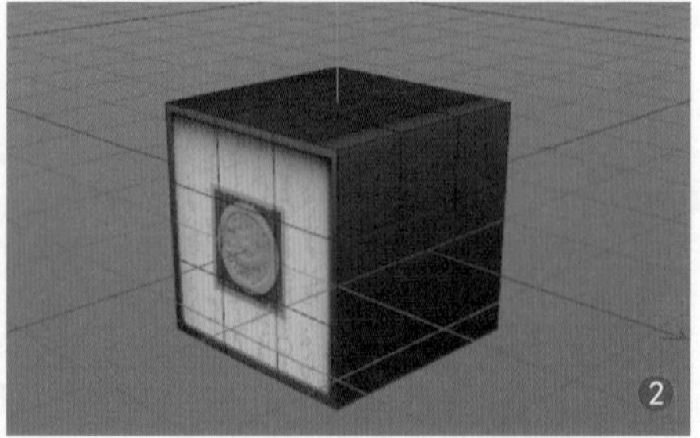

图7.35

（9）修改【偏移】、【长度】和【平铺】的值❶，贴图效果发生了变化❷，如图7.36所示。

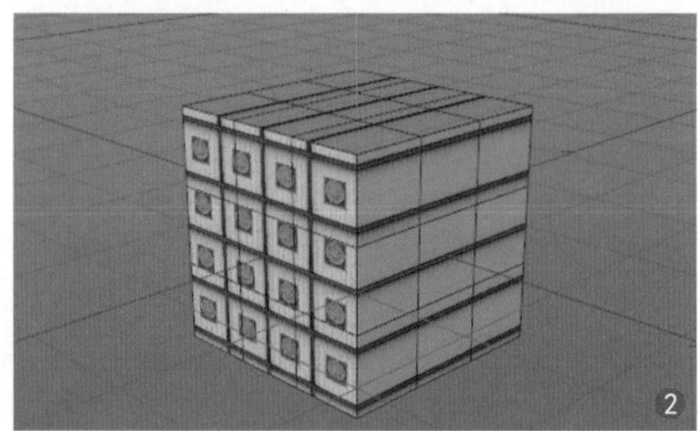

图7.36

（10）取消勾选【平铺】复选框❶，贴图的连续纹理消失了❷，如图7.37所示。

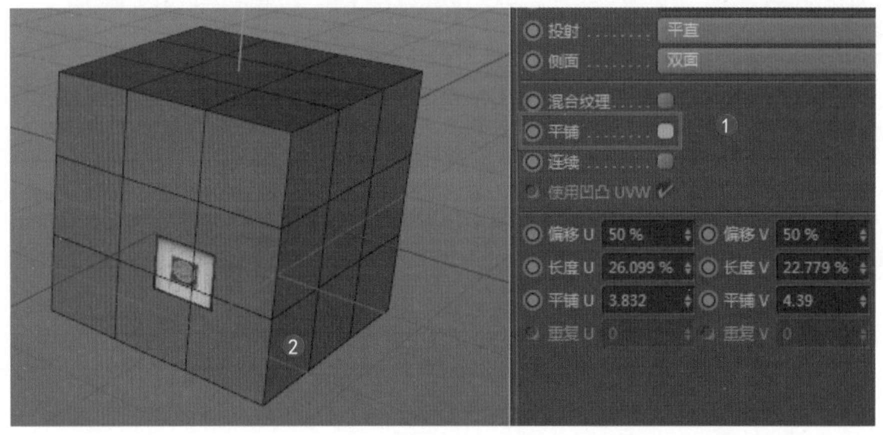

图7.37

（11）在【坐标】选项面板中调整【旋转】参数❶，可以对贴图进行角度的调节❷，如图7.38所示。

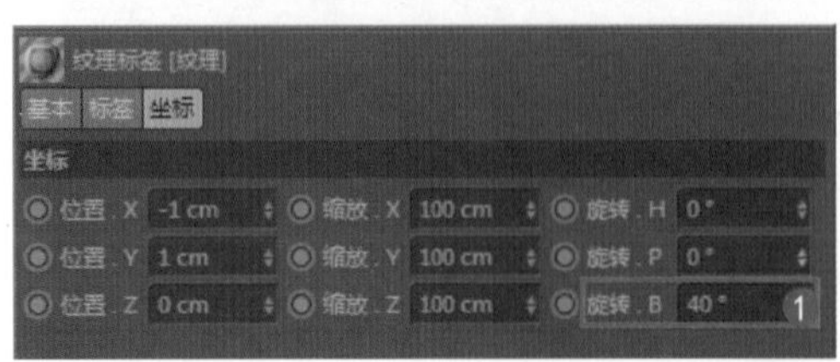

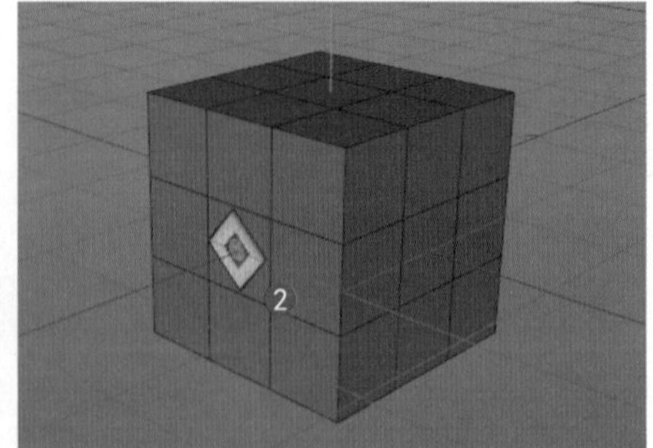

图7.38

（12）调节【位置】参数❶可以改变贴图的位置❷，如图7.39所示。

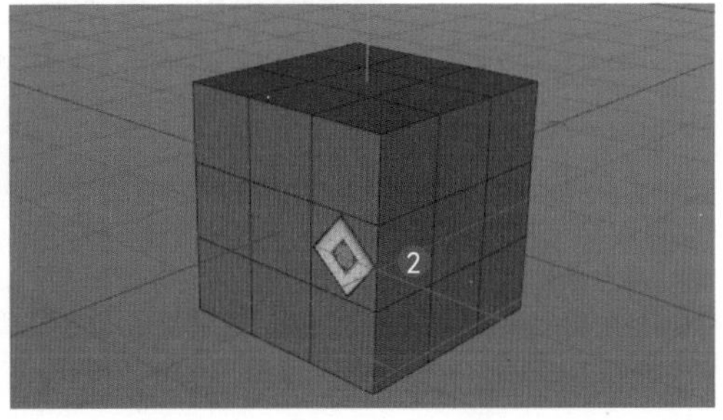

图7.39

使用材质标签的方式为简单对象贴图非常方便、快捷，可以轻松得到贴图效果。Cinema 4D的贴图和编辑贴图功能最方便的地方在于它可以同时在一个对象上对多个材质球进行贴图坐标的编辑。

（13）选择立方体，进入多边形次物体级别，选择立方体的面，如图7.40所示。

（14）在材质编辑器中按住Ctrl键拖动前面制作的材质球，复制一个同样的材质球，如图7.41所示。

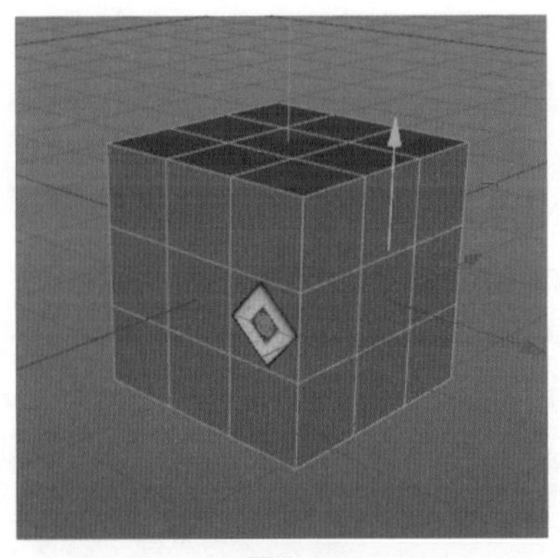

图7.40

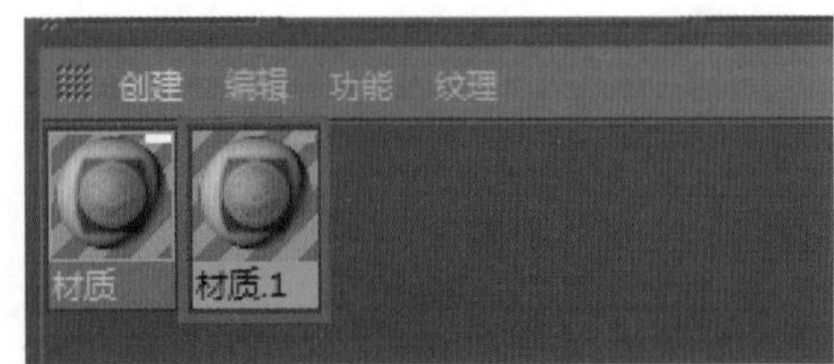

图7.41

（15）替换新复制的材质球的贴图，如图7.42所示。

（16）将这个材质球拖动到前面选择的多边形上，被选择的多边形上产生了贴图效果，如图7.43所示。

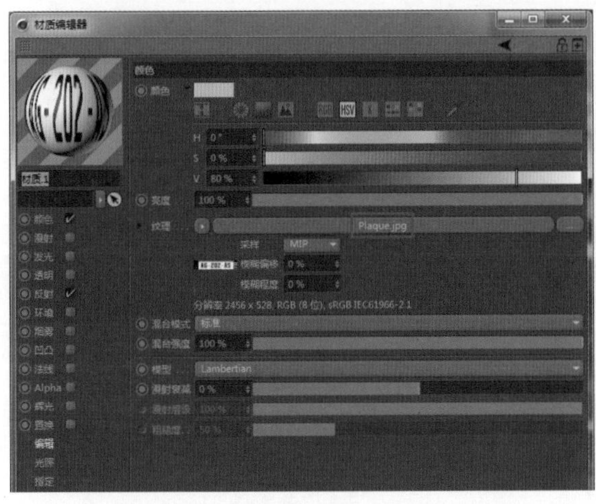

图7.42

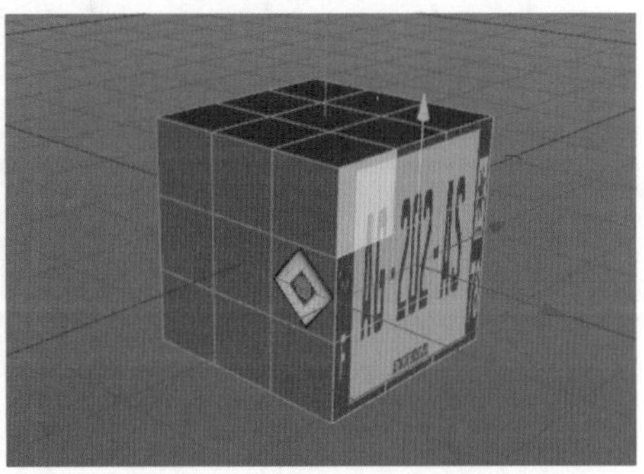

图7.43

（17）在对象面板中，【立方体】后方出现了两个材质标签，如图7.44所示。可以分别对这两个材质标签进行贴图坐标的编辑。

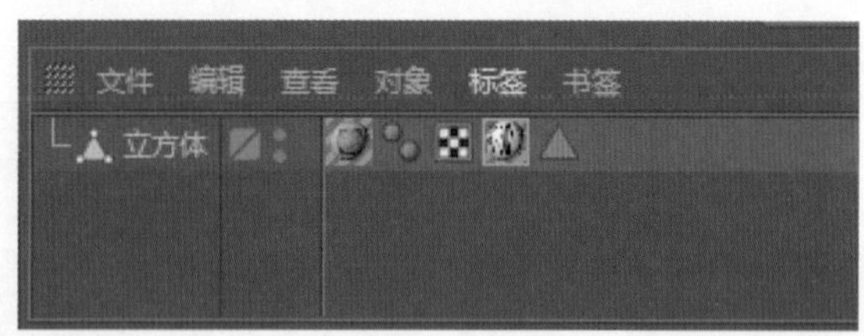

图7.44

（18）单击新的材质标签，在参数面板中配合调整【偏移】和【长度】值❶，可以任意控制贴图的位置❷，如图7.45所示。

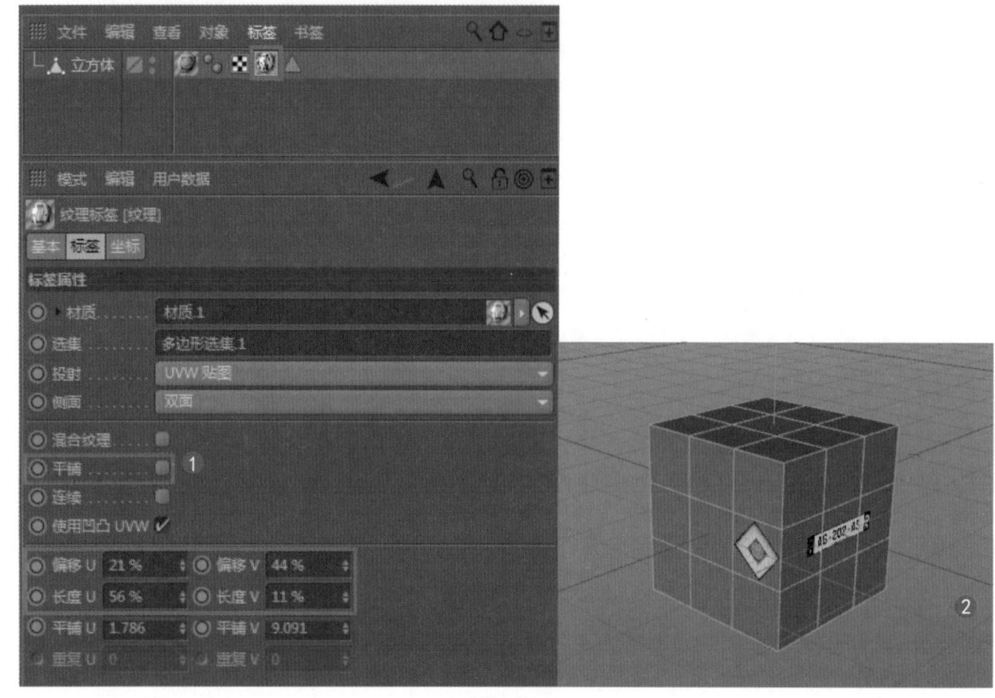

图7.45

（19）在材质标签上单击鼠标右键，在弹出的快捷菜单中选择【适合对象】命令❶，将贴图-多边形面适配❷，如图7.46所示。

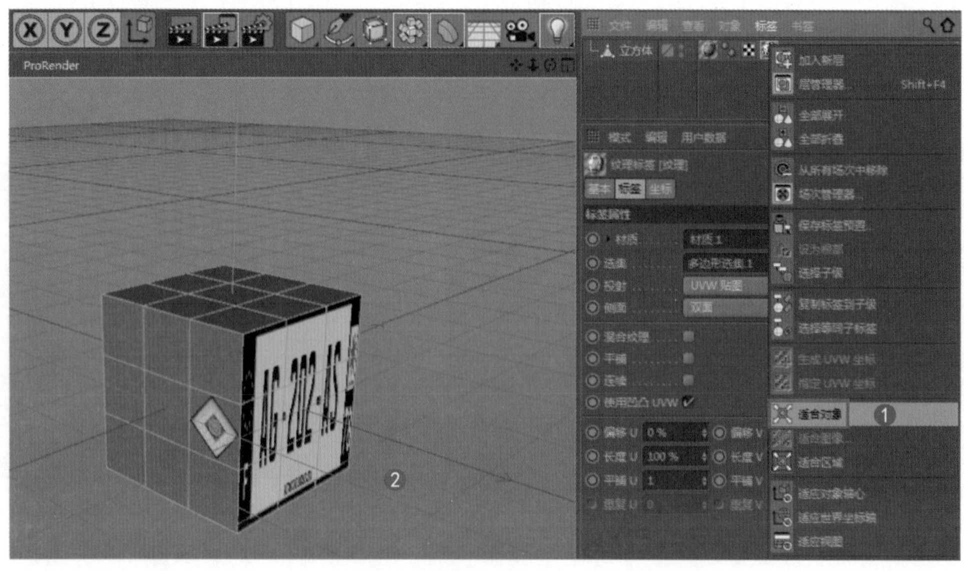

图7.46

（20）右键单击材质标签，在弹出的快捷菜单中选择【适合区域】命令❶，在正交视图中框选一块区域，将贴图放置到指定区域中❷，如图7.47所示。

（21）要想让贴图比例正确，需继续右键单击材质标签，在弹出的快捷菜单中选择【适合图像】命令❶，在打开的文件夹中选择对应贴图，贴图比例就变得正确了❷，如图7.48所示。

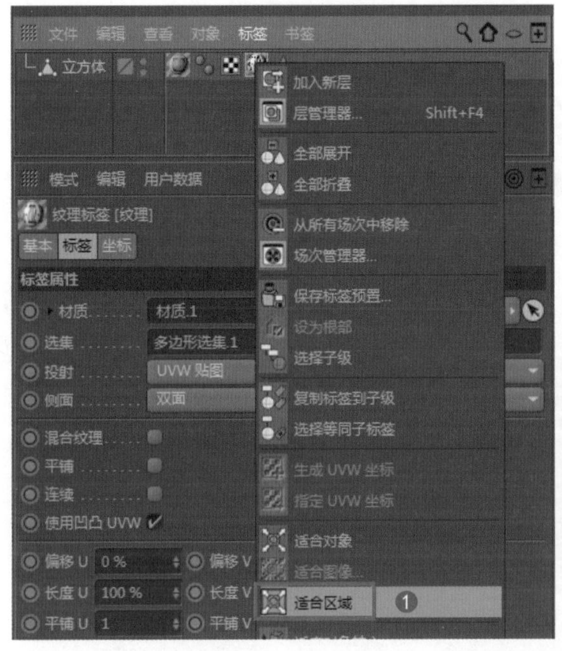

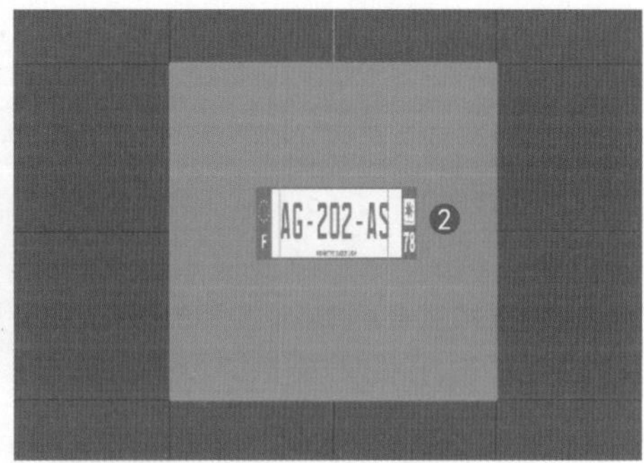

图7.47

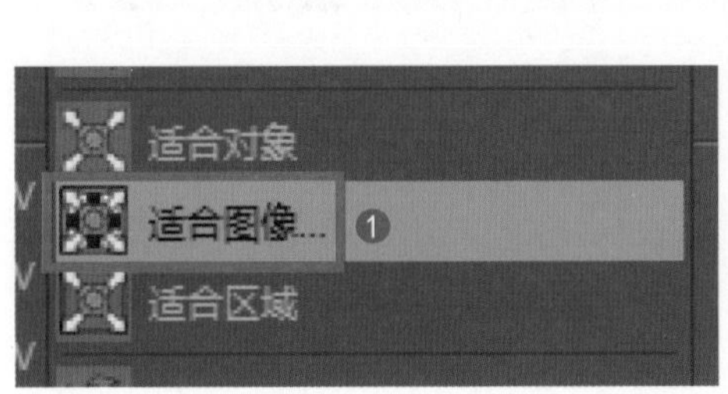

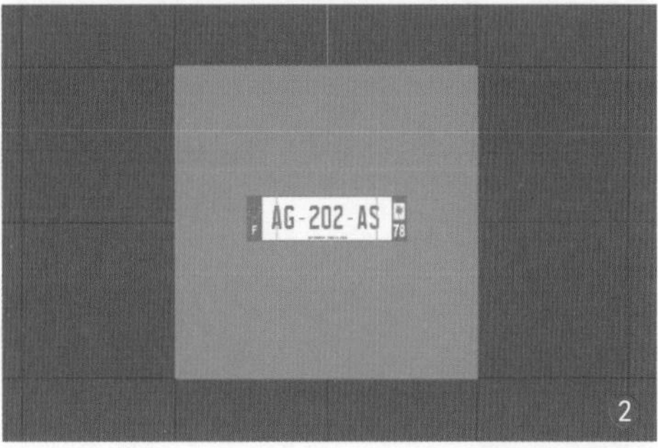

图7.48

7.2.2 实例：应用纹理模式调节贴图坐标

微课视频

工程文件 Scenes\7.2.2.c4d\应用纹理模式调节贴图坐标

用纹理模式调节贴图坐标是一种全新的设置方法，用户可以直观地通过纹理框来调节贴图的位置。下面用实例来讲解纹理模式的应用。

（1）继续上一小节的实例，选择立方体，单击按钮进入纹理模式，如图7.49所示。

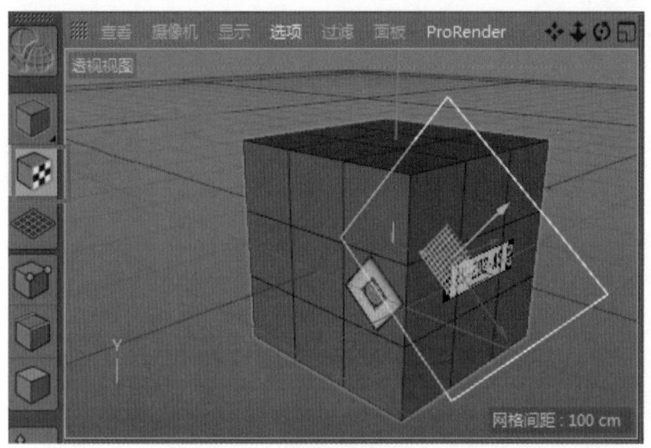

图7.49

（2）在纹理模式中，单击对象面板【立方体】后面不同的材质标签，在视图中我们能看到不同的黄色贴图坐标框，如图7.50所示。

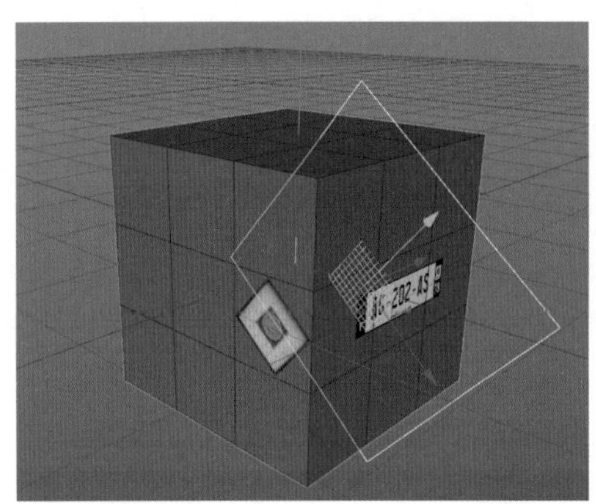
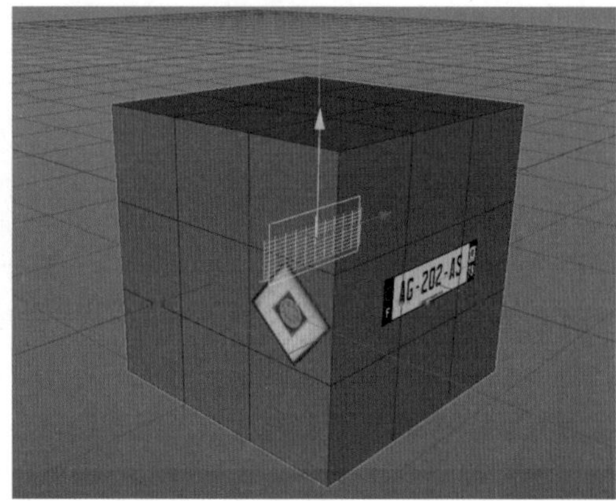
图7.50

（3）拖动贴图坐标框，可以看到相应的贴图位移，可以对这个贴图坐标框进行移动、旋转和缩放，操作方便，效果直观。设置完成后，单击按钮退出纹理模式。

7.3 材质制作实战

本节讲解几个重要的材质制作实例，学习在Cinema 4D中制作材质的基本方法。

7.3.1 实例：制作平板玻璃材质

Scenes\7.3.1.c4d\制作平板玻璃材质

下面制作平板玻璃材质，效果如图7.51所示。本例将利用反射来控制玻璃表面的反光效果；通过设置折射率来表现玻璃的透明度；用噪波贴图表现平板玻璃的表面。

图7.51

（1）新建一个材质球，在【颜色】通道中设置玻璃颜色为灰色❶，在【透明】通道中设置【折射率】为1.5（这是通透玻璃的通用折射率）❷，如图7.52所示。

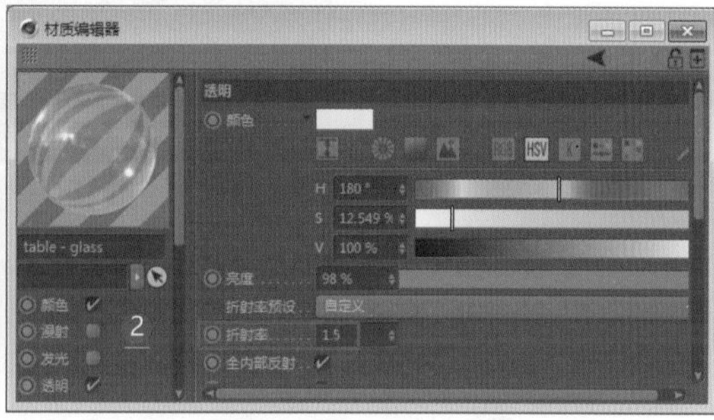

图7.52

（2）在【反射】通道中设置玻璃的【反射强度】和【粗糙度】❶（目的是让玻璃粗糙一些，因为现实生活中没有完全光滑的玻璃），在【凹凸】通道中设置【纹理】为【噪波】❷，设置凹凸【强度】为1%❸，如图7.53所示。

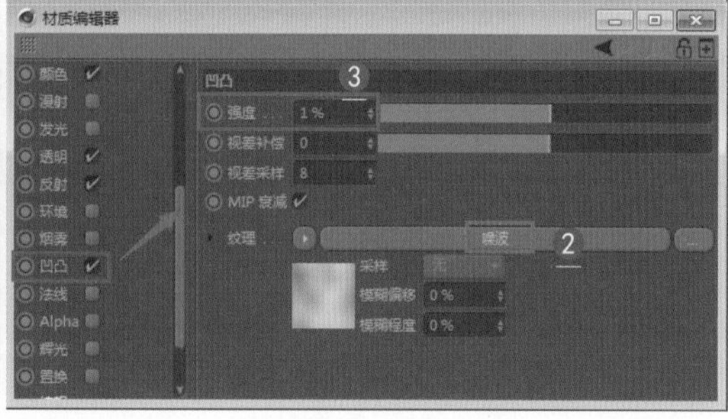

图7.53

（3）设置噪波贴图的参数❶，设置【全局缩放】为480%，噪波的斑纹设置得非常大，目的是要模拟平板玻璃表面微弱的起伏，制造工艺的原因，平板玻璃表面通常不会十分平整，所以略微的起伏能让玻璃效果更逼真，❷为最终的渲染效果，如图7.54所示。

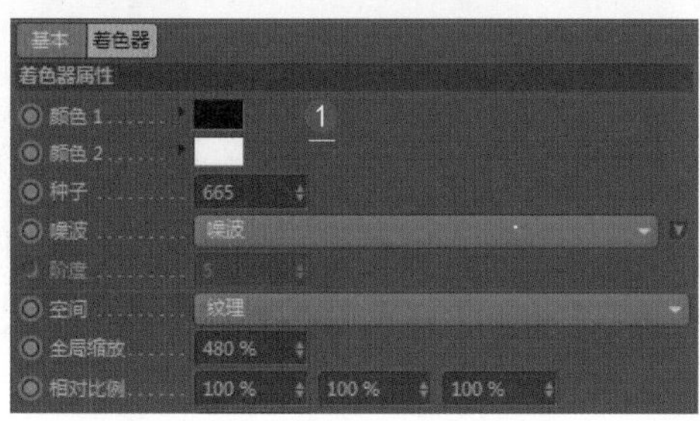

图7.54

7.3.2 实例：制作玻璃上的划痕和指纹材质

微课视频

工程文件　Scenes\7.3.2.c4d\制作玻璃上的划痕和指纹材质

下面制作玻璃上的划痕和指纹材质，效果如图7.55所示。本例将利用折射和反射参数来控制玻璃的透明度；通过设置玻璃划痕和玻璃上的指纹贴图表现玻璃上的痕迹。

图7.55

（1）设置玻璃材质。新建一个默认材质，在【颜色】通道中设置玻璃颜色为灰色❶，在【透明】通道中设置【折射率】为1.3❷，如图7.56所示。

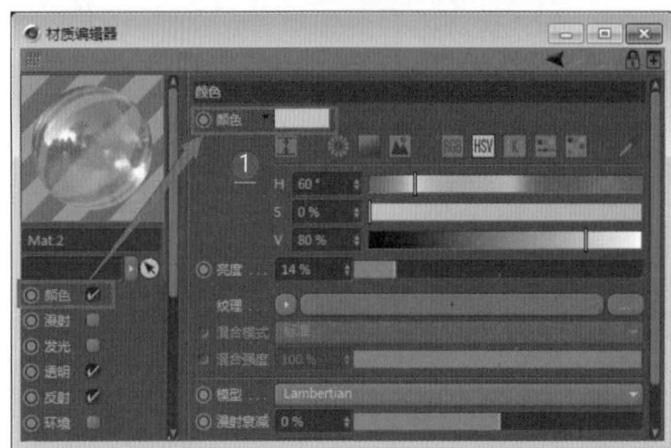

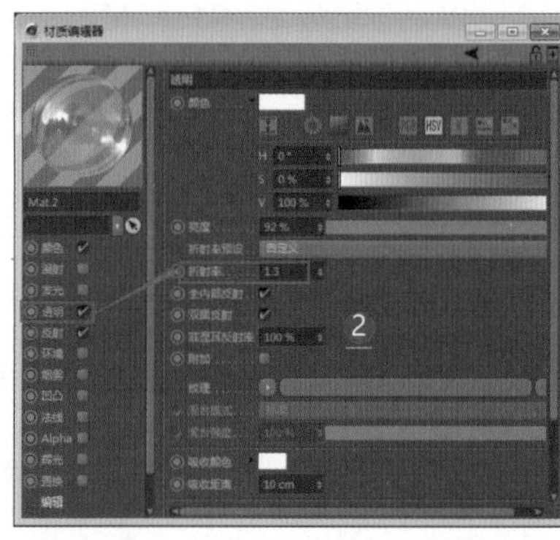

图7.56

（2）在【反射】通道中设置玻璃反射【类型】为【反射(传统)】❶，设置玻璃高光参数❷，如图7.57所示。这是标准的玻璃体制作流程，类似于制作服装时，要先制作一个服装原型。因此本例要先有玻璃原型，然后在这个基础上进行划痕和指纹的叠加。

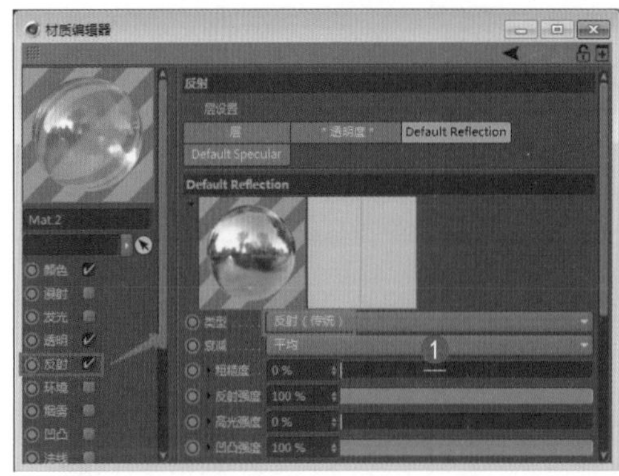

图7.57

（3）新建一个材质球，在【颜色】通道中设置玻璃【纹理】为噪波贴图，并设置噪波贴图参数，如图7.58所示。

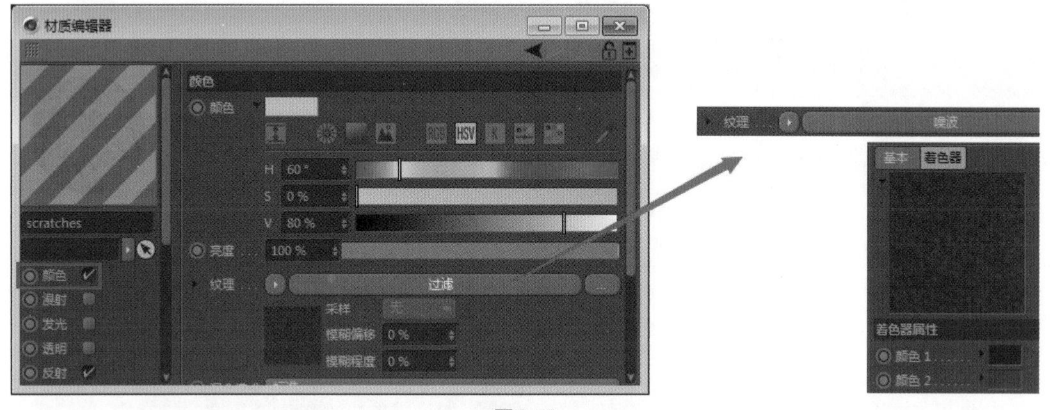

图7.58

（4）在【凹凸】通道中设置【纹理】为纹理贴图❶，选择划痕纹理贴图❷，如图7.59所示。合理地使用划痕纹理贴图可产生冰裂纹理效果。

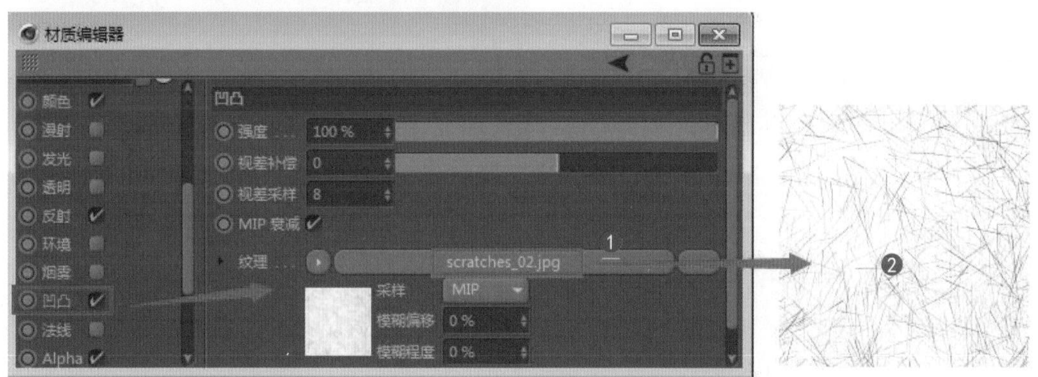

图7.59

（5）在Alpha通道中设置【纹理】为纹理贴图❶，选择划痕纹理贴图❷，如图7.60所示。

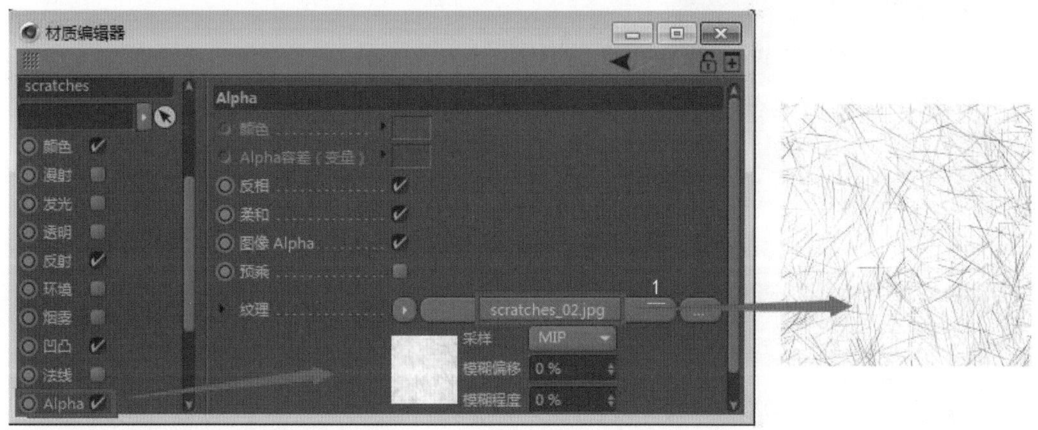

图7.60

（6）新建一个材质球，设置【透明】通道中的【亮度】为86%❶，设置Alpha通道中的【纹理】为纹理贴图❷，选择【fingerprint.jpg】（指纹）纹理贴图❸，如图7.61所示。

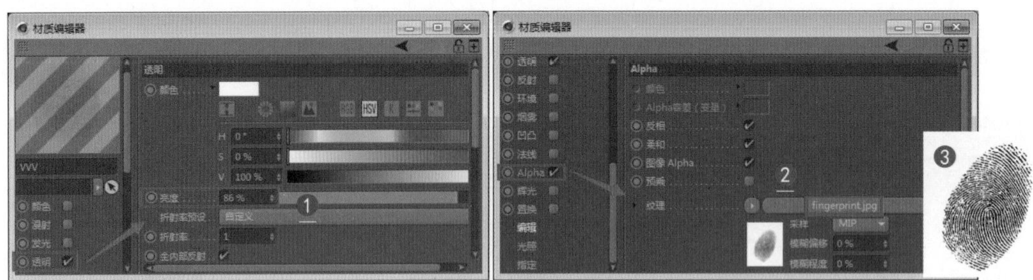

图7.61

（7）将玻璃材质、划痕材质、指纹材质都赋给玻璃对象❶，❷为最终渲染效果，如图7.62所示。在Cinema 4D中贴图可以叠加，与3ds max等软件不同，叠加时Cinema 4D会甄别贴图是否有透明属性，本例的划痕贴图和指纹贴图都具有透明属性，所以都会叠加在玻璃上。

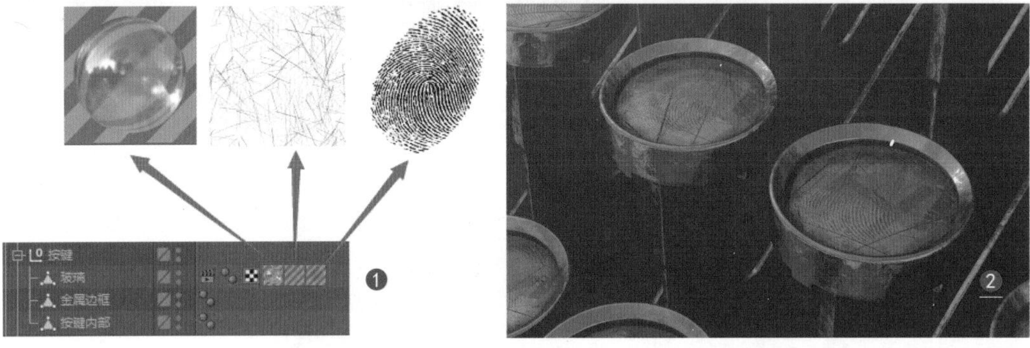

图7.62

7.3.3 实例：制作绸缎材质

微课视频

工程文件 Scenes\7.3.3.c4d\制作绸缎材质

图7.63

下面制作绸缎材质，效果如图7.63所示。本例将利用【背光】贴图让绸缎有光泽感，通过设置织物反射的类型制作绸缎纹理。

（1）新建一个默认材质，在【发光】通道中设置【纹理】为【背光】❶，并设置参数，以产生丝光效果❷，如图7.64所示。【背光】是一种特效发光贴图，可让材质呈现半透光效果，用在绸缎上非常合适。

图7.64

（2）在【反射】通道中设置【全局高光亮度】和【全局反射亮度】参数❶，设置反射【类型】为【Irawan(织物)】❷，如图7.65所示。

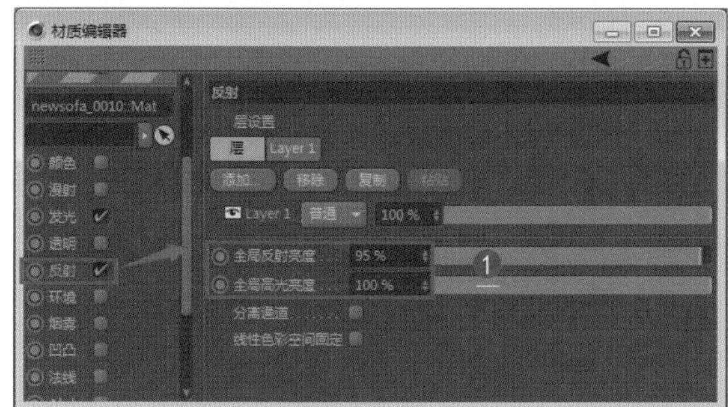

图7.65

（3）在【反射】通道中的【层布料】区域，设置织物【预置】为【棕色缎子(衬里)】❶，渲染视图，❷为绸缎渲染效果，如图7.66所示。

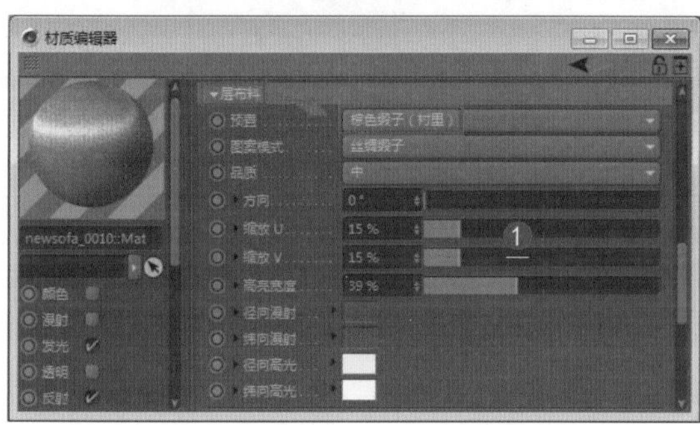

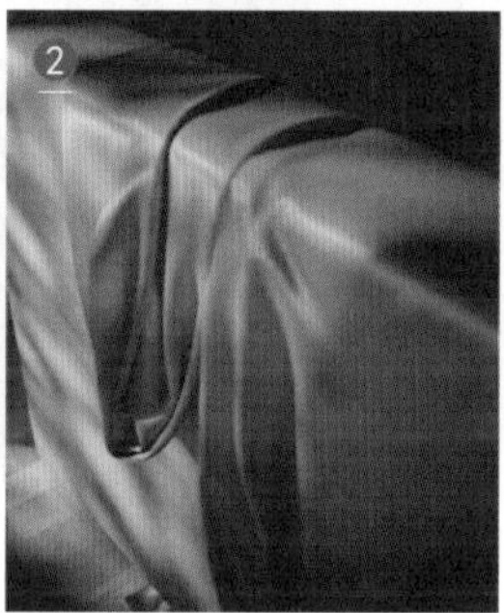

图7.66

课后习题

工程文件 Scenes\练习7-1.c4d\课后习题

1. 贴图练习

控制产品表面的贴图。

练习要求：
（1）控制产品表面贴图的尺寸和方向；
（2）为产品包装设置出塑料质感和金属质感。

2. 材质参数练习

工程文件 Scenes\练习7-2.c4d\课后习题

设置不同的参数，让泡沫表面产生不同的薄膜反射效果。

练习要求：
（1）控制好反射强度；
（2）对场景进行高精度的渲染。

第 8 章

Octane渲染器

本章导读

Octane渲染器是德国Maxon Computer公司（该公司还开发了Phoenix和SimCloth等插件）开发的产品，Octane 渲染器主要用于渲染一些特殊的效果，如次表面散射、光迹追踪、散焦、全局照明等。Octane渲染器的特点在于快速设置，而不是快速渲染，所以要合理地调节其参数。Octane渲染器中参数的控制不复杂，参数完全内嵌在材质编辑器和渲染设置中，这与VRay、Brazil等渲染器很相似。

知识点	了解	理解	应用	实践
Octane渲染器的特色	√	√		
Octane渲染器的使用流程			√	√
全局照明		√	√	√
Octane灯光			√	√
Octane材质			√	√
Octane HDRI			√	√

8.1 Octane渲染器的特色

Octane渲染器有独立版和Cinema 4D两种版本。Cinema 4D版本的Octane渲染器因易用性较高，适合初学者使用。Cinema 4D版本的Octane渲染器包含几种广受欢迎的功能（全局照明、软阴影、毛发、卡通、光迹追踪等），适用于制作专业效果图和影视动画。

1. 真实的光迹追踪效果（反射、折射效果）

用Octane渲染器制作的光迹追踪效果得益于其优秀的渲染计算引擎，如：准蒙特卡罗、发光贴图、灯光贴图和光子贴图。图8.1所示是一些具有优秀光迹追踪效果的作品。

图8.1

2. 真实的半透明材质（次表面散射）效果

用Octane渲染器制作的半透明效果非常真实，且只需设置烟雾颜色，非常简单。图8.2所示是一些具有半透明效果的作品。

图8.2

3. 真实的阴影效果

Octane渲染器中的专用灯光会自动产生真实且自然的阴影，Octane渲染器还支持Cinema 4D默认的灯光，并提供Octane Shadow专用阴影。图8.3、图8.4所示是一些具有真实的阴影效果的作品。

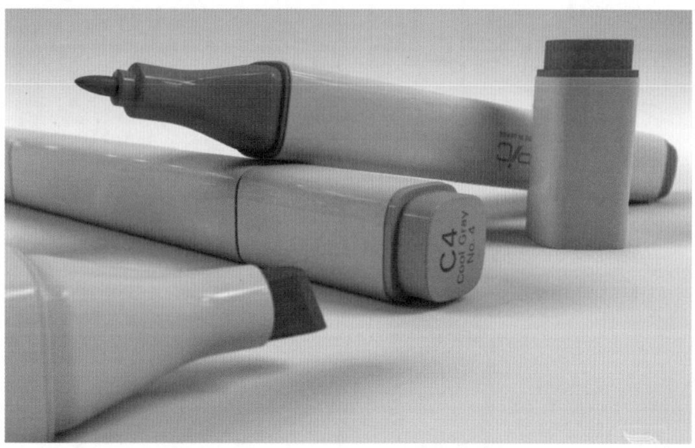

图8.3

图8.4

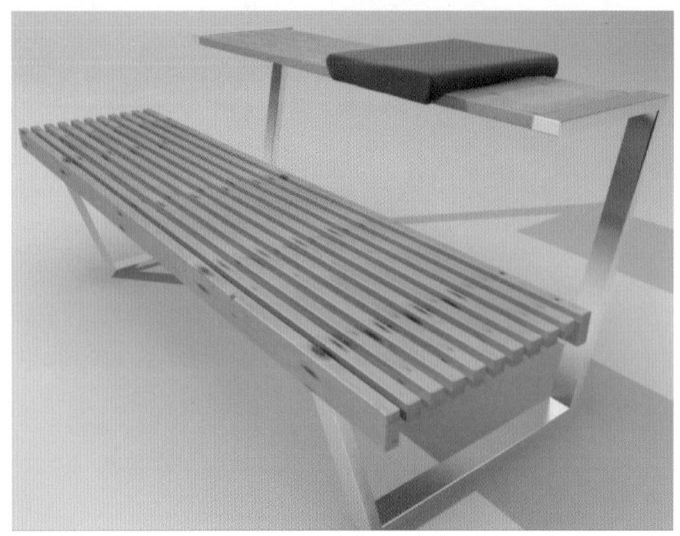

图8.4（续）

4. 真实的光影效果

Octane渲染器中的环境光支持HDRI和纯色调，如设置环境光为淡蓝色，就会产生蓝色的天光。使用HDRI会产生更加真实的光泽。Octane渲染器还提供类似Octane环境光等用于控制真实效果的天光模拟工具。图8.5、图8.6所示是一些具有真实光影效果的作品。

图8.5

图8.6

5. 焦散特效

用Octane渲染器制作焦散特效非常简单，只需激活焦散功能，再给出相应的光子数量即可开始渲染，前提是对象必须有反射和折射特性。图8.7所示是一些具有焦散特效的作品。

图8.7

6. 快速、真实的全局照明效果

Octane渲染器的全局照明是它的核心部分，可以用于控制一次光照和二次间接照明，得到的将是十分真实的光影漫射效果，且渲染速度很快。图8.8、图8.9是一些具有真实的全局照明效果的作品。

图8.8

图8.9

7. 运动模糊效果

用Octane渲染器制作的运动模糊效果可以让运动的对象和摄像机镜头呈现影视级的真实感，图8.10所示是一些制作了运动模糊效果的作品。

图8.10

8. 景深效果

用Octane渲染器制作的景深效果虽然渲染起来比较慢，但精度非常高。Octane渲染器提供类似镜头颗粒的各种景深特效，如让模糊部分产生菱形的镜头光斑等。图8.11、图8.12所示是一些制作了景深效果的作品。

图8.11

图8.12

9. 置换特效

Octane渲染器提供的置换特效功能是一个亮点，它可以与贴图配合以创建建模达不到的对象表面细节。图8.13所示是一些制作了置换特效的作品。

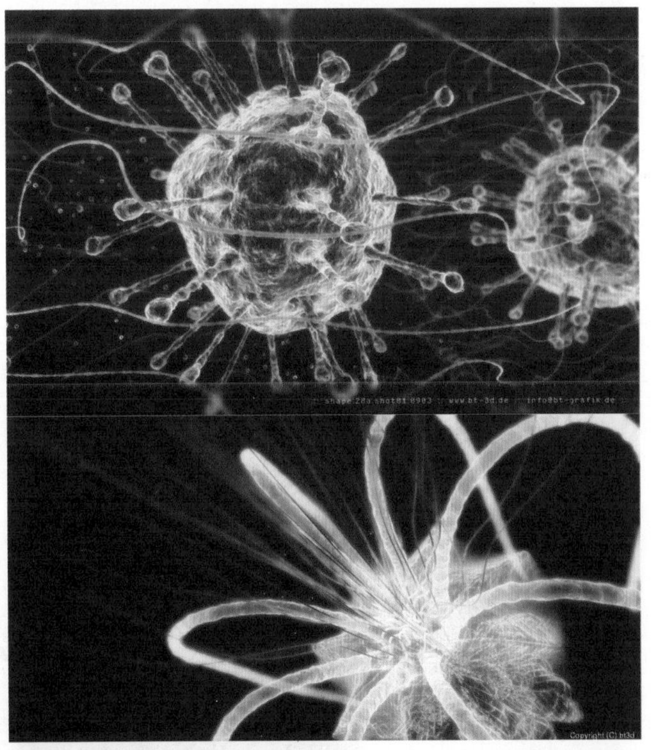

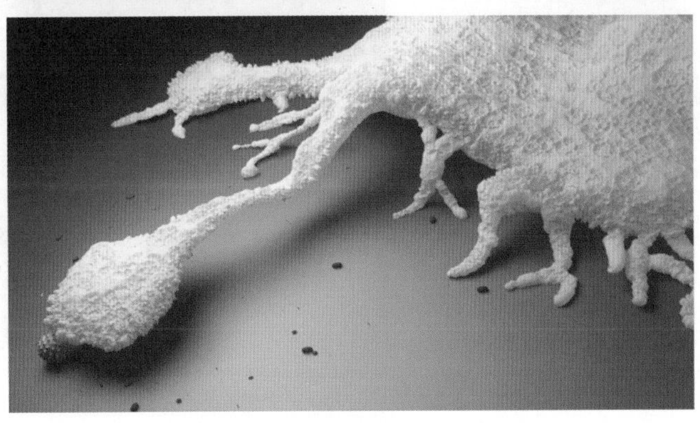

图8.13

10. 真实的毛发特效

Octane渲染器中的毛发工具可用于制作任何漂亮的毛发特效，如一张羊毛地毯、一片草地等。图8.14所示是一些制作了毛发特效的作品。

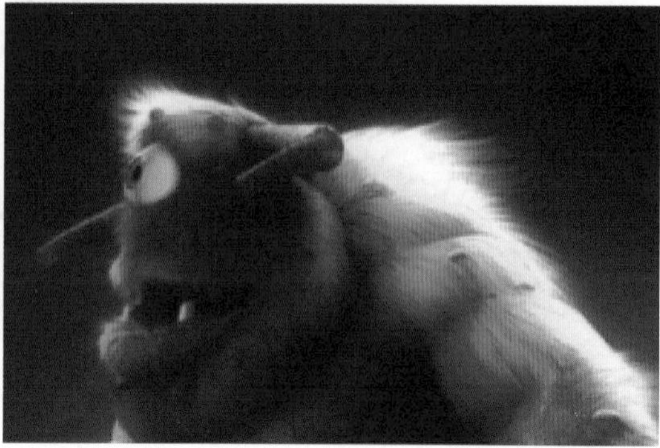

图8.14

8.2 Octane渲染器的使用流程

Scenes\8.2.c4d\Octane渲染器的使用流程

每种渲染器都有自己的模块，如VRay渲染器，安装后用户可以在Cinema 4D的很多地方找到其身影，如灯光建立面板、材质编辑器、【渲染设置】窗口和摄像机建立面板等。本节介绍Octane渲染器的使用流程。

下面介绍如何设置Octane渲染器。确保已经正确安装了Octane渲染器，因为Cinema 4D在渲染时使用的是默认的渲染器，所以需要手动设置Octane渲染器为当前渲染器。

（1）打开Cinema 4D。

（2）选择【Octane】|【Octane实时查看窗口】命令❶，打开Octane渲染器窗口❷，如图8.15所示。

（3）在Octane渲染器窗口的主菜单中可以建立材质、灯光和各种特效，如图8.16所示。

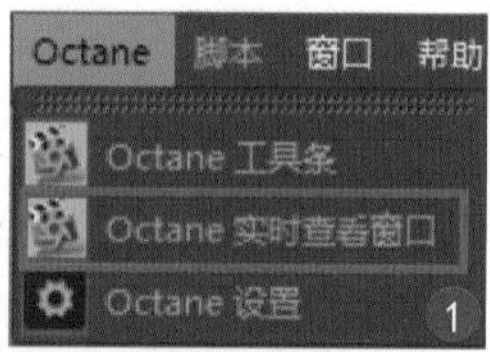

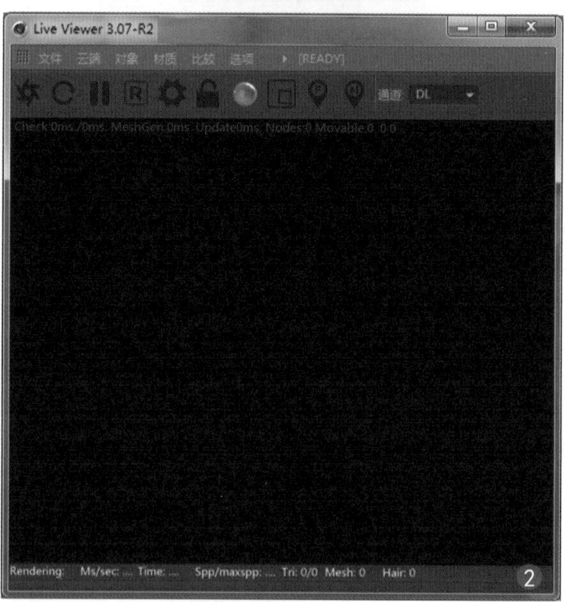

图8.15

图8.16

Octane渲染器是实时渲染器，用户在视图中做的所有操作，如替换材质、编辑灯光等，都会实时进行更新。Octane渲染器窗口上方有一排工具按钮，用于进行渲染器的基本控制，如图8.17所示。

图8.17

【重启GPU渲染】：重启GPU并进行实时渲染。

【重新渲染】：不重启GPU的情况下重新进行实时渲染。

【暂停渲染】：暂停实时渲染。

【更新数据】：更新渲染的数据。

【Octane设置】：打开设置窗口，在其中可设置渲染参数。

【锁定分辨率】：按设定好的比例进行渲染，否则自动适配窗口。

【黏土模式】：选择渲染模式，可渲染单色或不显示反射。

【局部模式】：框选一个局部进行渲染。

【景深模糊】：在场景中单击，选择开始产生景深的点。

【拾取材质】：可在渲染器窗口中用鼠标指针单击画面来拾取材质。

【通道】：选择要渲染的通道，如线框等。

（4）打开一个场景文件，如图8.18所示。

（5）单击渲染器窗口中的按钮进行实时渲染，效果如图8.19所示。

（6）单击渲染器窗口中的按钮观察【黏土模式】下的效果，如图8.20所示，就是基于素体模型观察光照效果。

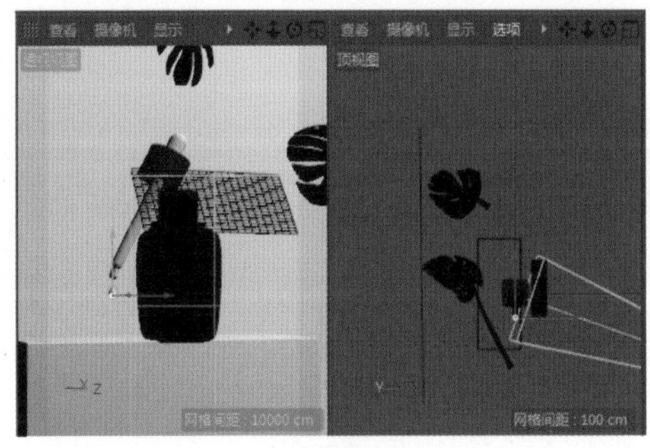

图8.18

图8.19

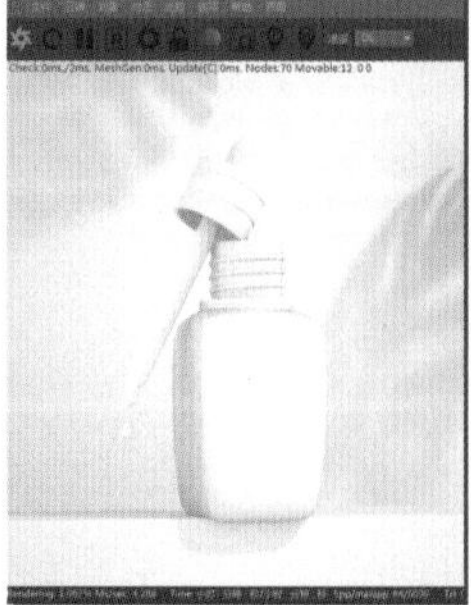

图8.20

（7）在渲染器窗口的主菜单中选择【对象】菜单，有多种对象可选❶；选择【材质】菜单，有多种Octane渲染器专用材质球供建立❷，如图8.21所示。

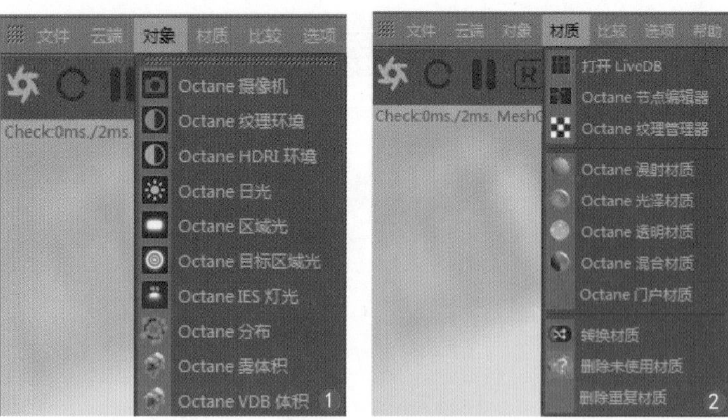

图8.21

（8）在渲染器窗口中单击按钮，打开【Octane设置】窗口，如图8.22所示，设置渲染尺寸和精度后即可进行输出。

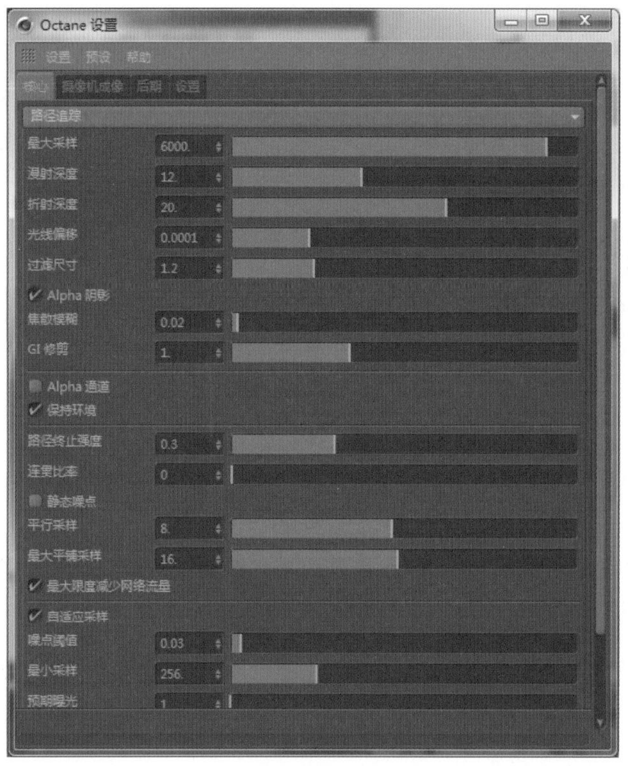

图8.22

8.3 Octane渲染器中的材质编辑

Octane渲染器中的材质编辑方式有以下两种：一种是在材质编辑器中对各项参数进行调节；另一种是通过节点编辑器编辑节点，然后通过各个节点的参数设置进行材质的编辑。本节先来熟悉材质编辑器。

（1）打开Octane渲染器窗口，在主菜单【材质】中可以选择4种主要的材质类型中的任意一种，如图8.23所示。

（2）选择一种材质类型（如Octane漫射材质）后，在材质编辑器中可以看到新建的材质球，如图8.24所示。

图8.23

图8.24

（3）双击该材质球，打开【材质编辑器】窗口，在这里可以对该材质进行参数设置，如图8.25所示。

（4）单击【节点编辑器】按钮，可以打开【Octane节点编辑器】窗口，如图8.26所示。

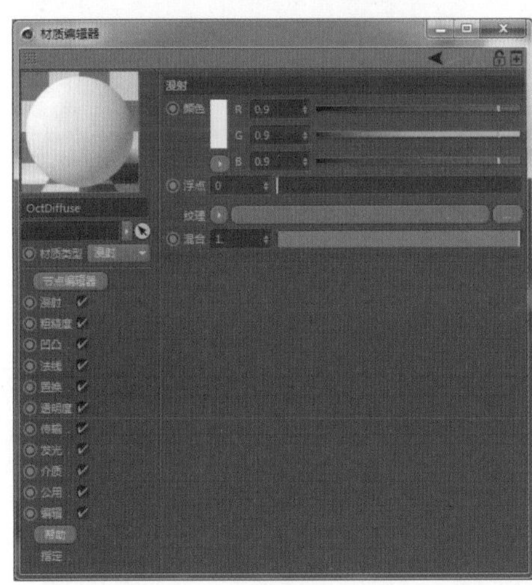

图8.25

图8.26

（5）在【Octane节点编辑器】窗口中，所有的功能都和材质编辑器的相同，只是以节点拖动的形式来完成设置，则更加直观。如要在【漫射】通道中添加一个图像【纹理】，需要先拖动【图像纹理】到面板中❶，再将其拖动到【漫射】节点上❷，如图8.27所示。

（6）选择【图像纹理】节点❶，在右侧的参数栏中添加贴图❷，如图8.28所示。

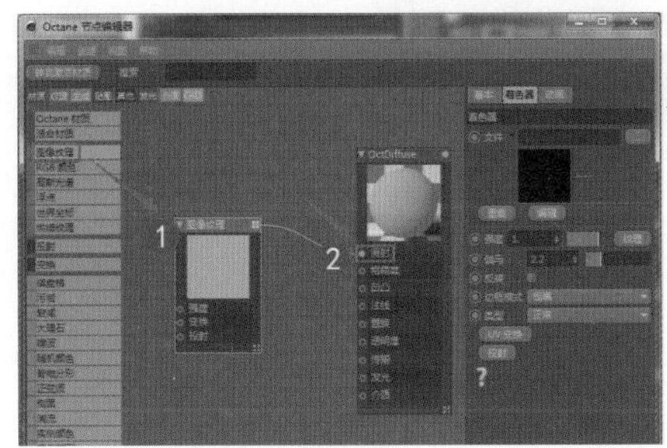

图8.27

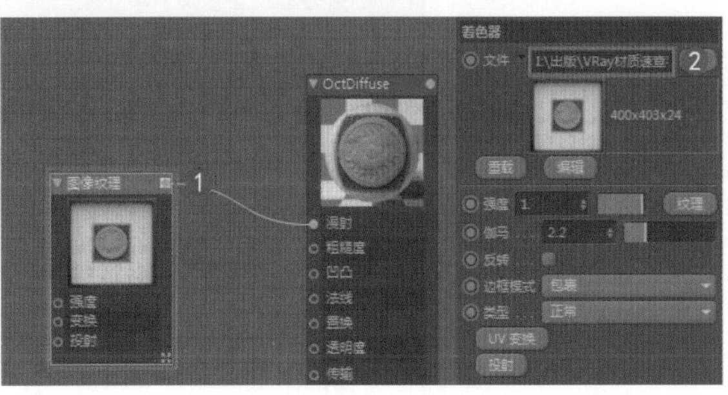

图8.28

8.4 漫射材质类型

当一束平行的入射光线射到应用漫射材质的对象表面时；光线会向各个方向发生反射。不会因为视角不同而改变，所以不管从哪个角度看，这些表面看起来都差不多，这种表面被称为“理想漫射（磨砂）表面”或“漫射”，如图8.29所示。

漫射材质的各个通道如图8.30所示。现实生活中所有对象的表面材质（如地毯、磨砂纸、沥青或织物等）都由漫射、反射和透射共同决定。大部分半透明对象都有反射、菲涅耳和次表面散射等特性。

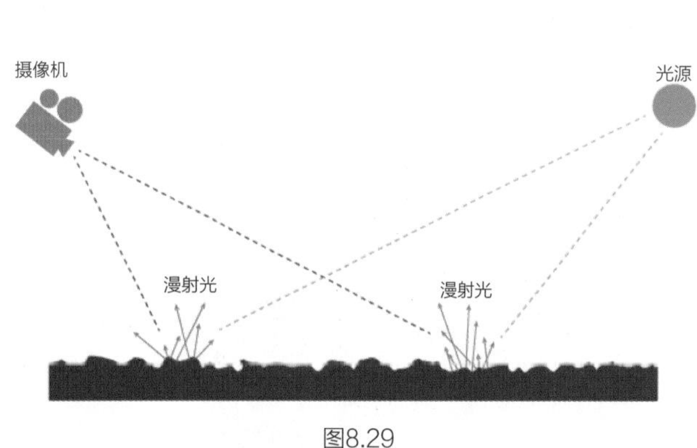

图8.29

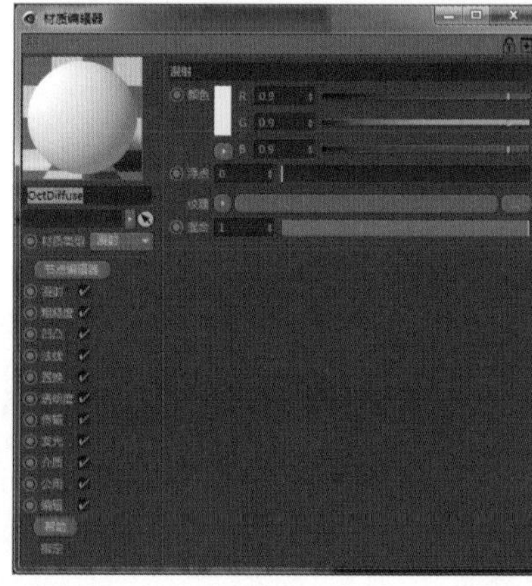

图8.30

8.4.1 【漫射】通道

【漫射】通道中的参数能够为材质提供基本的颜色和反射，如图8.31所示。漫射颜色可以设置使用 RGB节点、高斯节点、程序纹理或图像纹理。

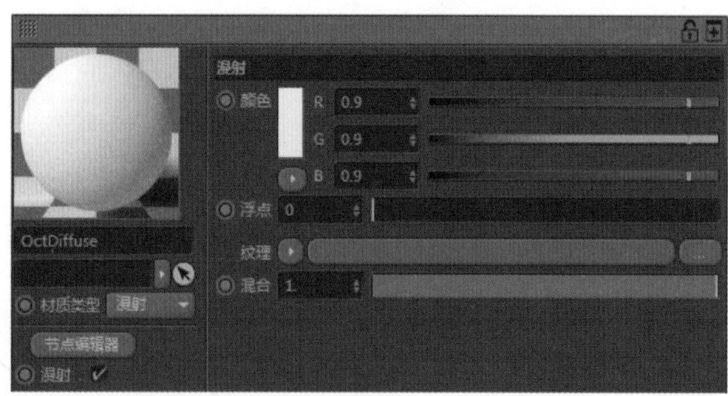

图8.31

- 【颜色】：通过RGB或HSV参数来设置颜色。图8.32所示的图像中将外星人身体的颜色RGB值设置为R=121、G=212、B=128。
- 【浮点】：当颜色设置为灰色时，该参数起作用，取值范围为0~1。值为0时，可产生黑色，值为1时可产生白色。【浮点】参数在【粗糙度】、【凹凸】、【正常】、【透明度】和【传输】等通道中也有相同的作用，图8.33所示为外星人身体为黑色时，【浮点】设置为0.9和0.1的对比效果。

图8.32

图8.33

- 【纹理】：可以在这个参数中为【漫射】通道定义一张纹理贴图（图像纹理或程序贴图）。当使用纹理贴图时，【颜色】和【浮点】参数都将被禁用。如果需要纹理和颜色的混合效果，可使用下面的【混合】。
- 【混合】：产生颜色与纹理的混合效果。该参数值的范围为0~1。值为1时，不产生混合效果，其他值将产生颜色与纹理的混合效果。

8.4.2 【粗糙度】通道

【粗糙度】通道中的参数可控制对象表面高光的分布，如图8.34所示。较高的数值会产生更清晰的反射，较低的数值会让反射效果变得模糊，纹理设置也可以改变对象表面的粗糙度。

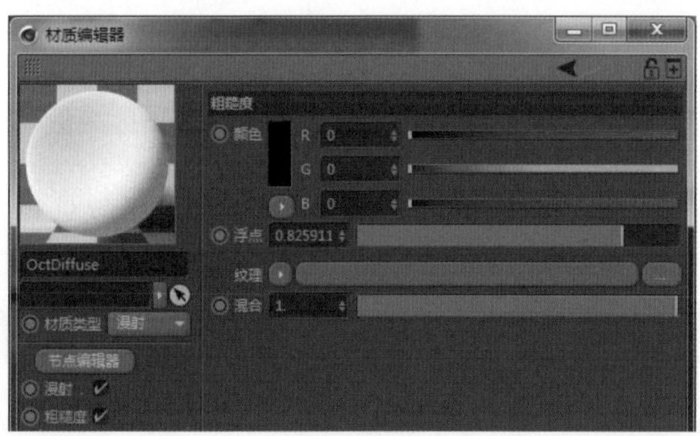

图8.34

- 【颜色】：设置灰度值以控制对象表面高光的粗糙度。如图8.35所示，从左到右为不同高光粗糙度的对比效果。

图8.35

- 【浮点】：当颜色设置为黑色时，该参数才起作用，取值范围为0~1。值为0时，可产生高亮的高光；值为1时，可产生柔和的高光。
- 【纹理】：可通过贴图的方式控制高光效果。
- 【混合】：通过控制纹理和颜色的比例来控制高光效果，取值范围为0~1。

8.4.3 【凹凸】通道

可以在【凹凸】通道中加载任何图像贴图或程序贴图，通过贴图的明暗对比度来控制材质表面的凹凸效果。这种凹凸效果不会对对象轮廓产生影响，只会在对象的表面产生粗糙感和阴影。可以通过控制贴图的尺寸和坐标来影响凹凸细节。

- 【纹理】：可通过贴图的方式控制凹凸效果，图8.36所示为不同凹凸效果的对比。

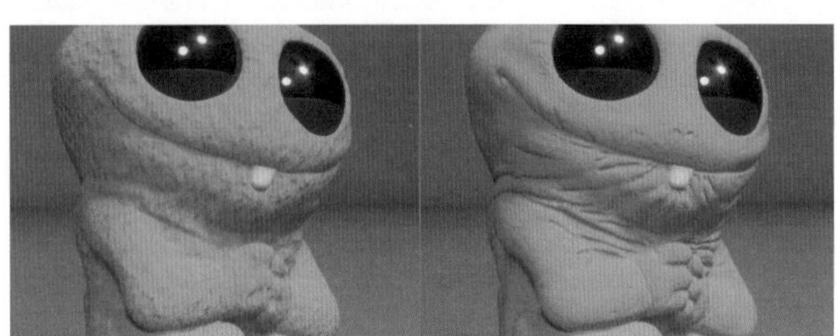

图8.36

8.4.4 【法线】通道

法线贴图比凹凸贴图更先进，能在对象表面产生逼真的凹凸效果。法线贴图是一种专业贴图，它通过红色、绿色和蓝色通道控制材质表面的凹凸参数。创建法线贴图的软件有很多，如ZBrush、Mudbox、Bitmap2Material、Xnormal 等。和凹凸贴图一样，法线贴图不会改变对象的轮廓，而是利用位图在表面的高低参数来实现凹凸效果。法线贴图的解算效率比凹凸贴图的更高，我们应该尽可能使用法线贴图来制作场景。

【纹理】：可通过贴图的方式来控制法线贴图，图8.37所示为使用法线贴图的前后对比效果。

图8.37

8.4.5 【置换】通道

使用置换贴图可以使曲面的几何体产生表面位移。它的效果与置换修改器的类似。与凹凸贴图不同，置换贴图实际上更改了曲面的几何体或面片细分。置换贴图应用贴图的灰度来生成位移。在置换贴图中，颜色越亮的向外凸出越多，导致几何体的三维置换。【置换】通道的相关参数如图8.38所示。

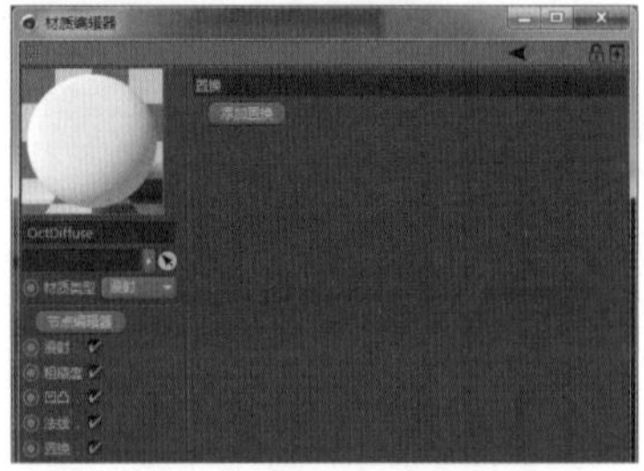

图8.38

- 【添加置换】：单击该按钮可为材质添加一个置换发

生器，进入置换发生器可以设置置换贴图和置换参数，如图8.39所示。

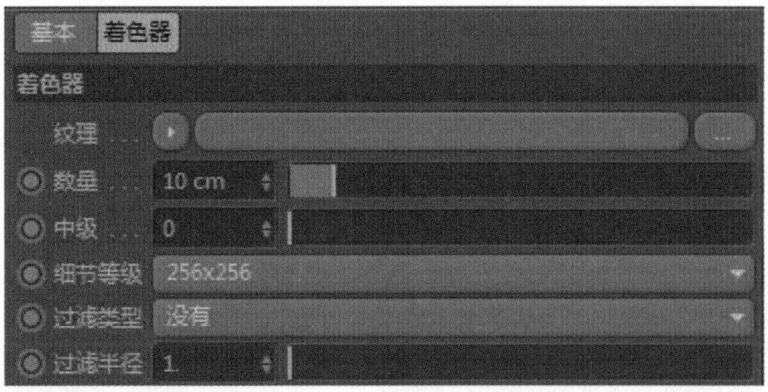

基本 着色器
着色器
纹理
数量 10 cm
中级 0
细节等级 256x256
过滤类型 没有
过滤半径 1

图8.39

- 【纹理】：可通过贴图的方式控制置换贴图效果，图8.40所示为使用置换贴图后的效果。

图8.40

- 【数量】：控制置换贴图的强度，这个参数慎用，过大的值会让系统崩溃。图8.41所示为【数量】为5、15和35时的置换效果。

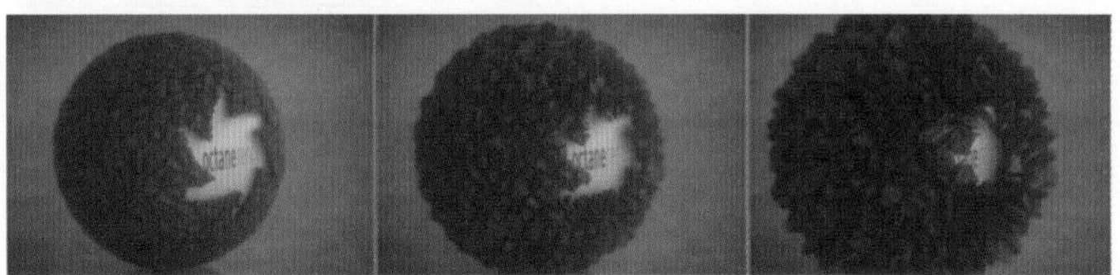

图8.41

- 【中级】：该参数可控制纹理在颜色过渡中的偏移。
- 【细节等级】：该下拉列表中有6个不同的等级选项，值越大细节越丰富，可以先评估所做场景的细节呈现，然后选择相应的细节等级，过大的值会让系统崩溃。
- 【过滤类型】：当使用的置换贴图质量不是太好，可在此选择合适的过滤器进行适当模糊，以避免产生较尖锐的置换颗粒。该下拉列表中有【盒子】和【高斯】两种模糊方式可选。
- 【过滤半径】：通过设置过滤半径来控制模糊效果。

8.4.6 【透明度】通道

【透明度】通道用于设置对象的透明度，面板中有颜色、浮点、纹理和混合4种透明方式可用，如图8.42所示。

- 【颜色】：通过设置颜色值控制透明度。
- 【浮点】：通过设置灰度值控制透明度，黑色使对象透明，白色使对象完全不透明。
- 【纹理】：通过设置纹理图像和程序贴图控制透明度，图8.43所示为使用Alpha通道制作的透明贴图。
- 【混合】：通过混合纹理和颜色控制透明度。

图8.42

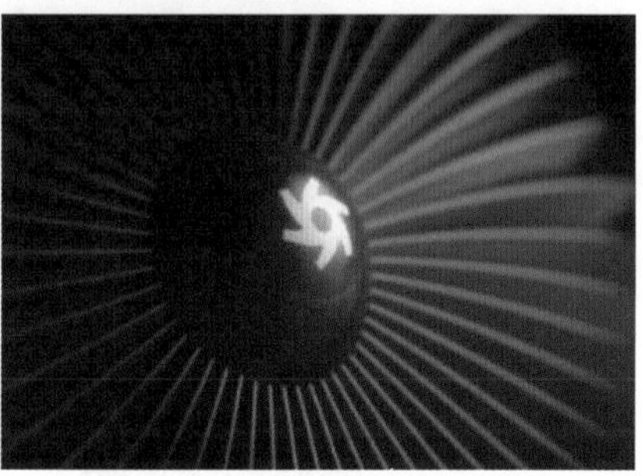

图8.43

8.4.7 【传输】通道

【传输】通道可以让光从对象内部穿过，从而产生一种内部照明的效果，可产生类似次表面散射的效果。

- 【颜色】：用于与【漫射】通道中的颜色混合，控制照入对象内部的光的颜色。图8.44所示为此通道中的颜色设置为红色时，与【漫射】通道中的灰色产生的混合结果。
- 【浮点】：控制颜色混合结果。
- 【纹理】：应用纹理来控制混合结果。应用纹理后，【颜色】参数将不起作用。

图8.44

8.4.8 【发光】通道

【发光】通道用于将任何对象或其部分转换为光源，如图8.45所示。

图8.45

- 【黑体发光】：可让对象变为发光体，像控制灯光一样控制对象的发光效果，如图8.46所示。
- 【纹理发光】：可让贴图变为发光体，像控制灯光一样控制贴图的发光效果，如图8.47所示。

图8.46

图8.47

8.4.9 【介质】通道

【介质】通道用于创建复杂的半透明材质，如蜡、皮革、皮肤、牛奶或叶子等，如图8.48所示。

图8.48

- 【吸收介质】：用于控制介质的密度和吸收光线的强度，从而制作出图8.49所示的玉石效果。

图8.49

- 【散射介质】：用于设置影响被吸收到半透明对象内部的光线的散射过程的相关参数。这个过程取决于表面特性、介质厚度和密度，可以通过设置散射介质的相关参数制作蜡、皮肤、牛奶或叶子等半透明材质。图8.50所示为同一对象不同散射介质设置的效果。

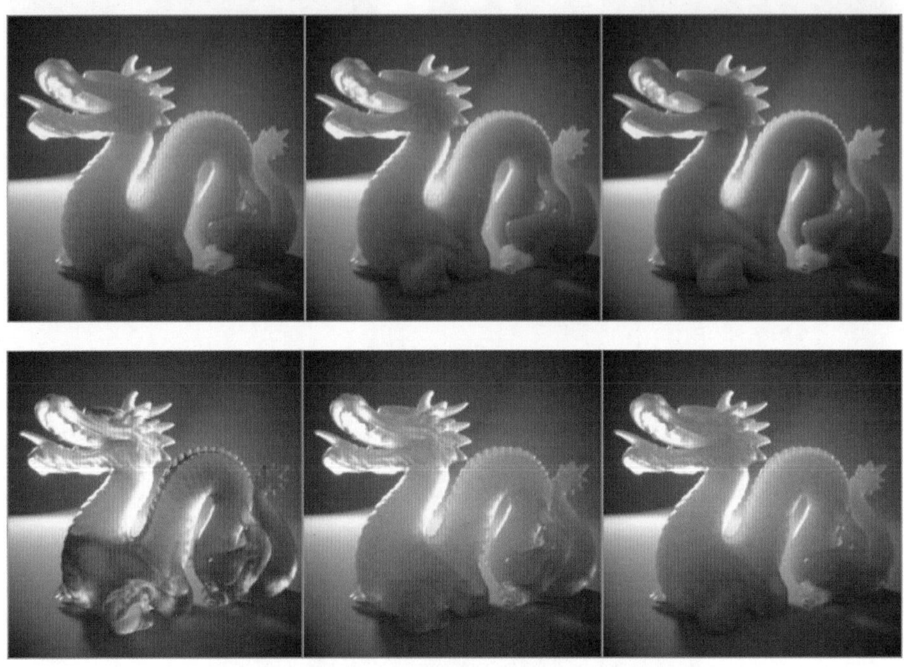

图8.50

8.4.10 【公用】通道

【公用】通道包含【蒙版】、【平滑】、【影响Alpha通道】等参数，如图8.51所示。

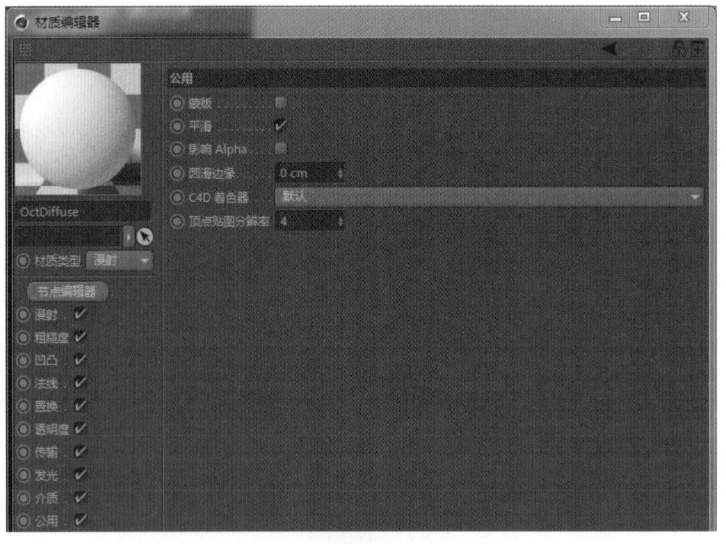

图8.51

- 【蒙版】：用于控制关闭或启用场景蒙版。
- 【平滑】：用于控制平滑表面法线之间的转换，勾选该复选框可让多边形产生平滑效果，如图8.52所示，右边为平滑效果。

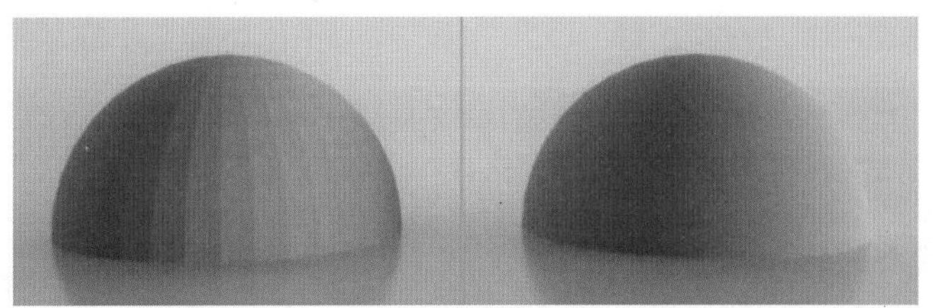

图8.52

- 【影响Alpha】：与镜面材质一起使用时，勾选该复选框可让折射效果单独作为一个通道，以方便后期合成，如图8.53所示，左边为产生折射通道的效果。

图8.53

8.4.11 实例：制作玉石材质

微课视频

工程文件 Scenes\8.4.11.c4d\制作玉石材质

本例利用【密度】参数表现玉石的透明度；利用【散射介质】参数调整玉石的透光效果；利用【功率】参数调整玉石内部的亮度，效果如图8.54所示。

（1）新建一个漫射材质❶，关闭【漫射】通道❷，设置【传输】通道中的【颜色】为白色❸，如图8.55所示。

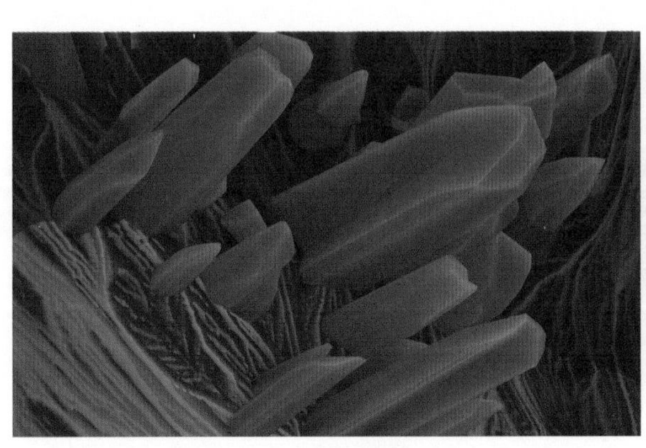

图8.54

图8.55

（2）设置【介质】通道中的【纹理】为【散射介质】❶，并设置散射介质的【密度】和【体积步长】(用于表现玉石的透光性)❷，设置【吸收】为【RGB颜色】❸(让玉石透出红色)，如图8.56所示。

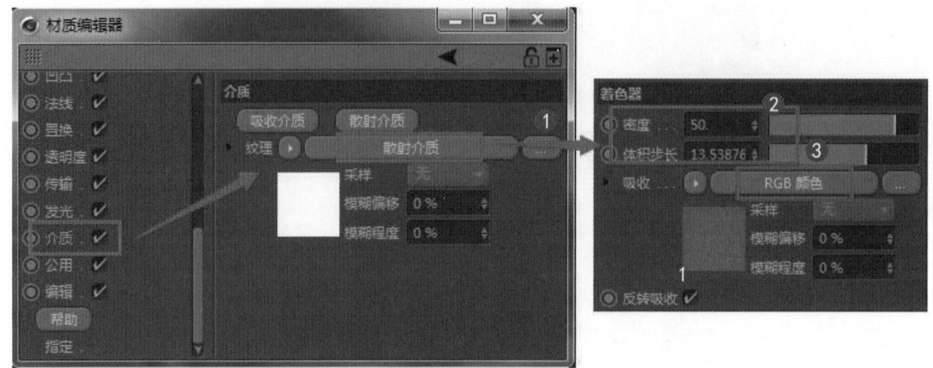

图8.56

(3)将【密度】设值为10❶产生的玉石效果(红色从玉石内部松散地发散)和将【密度】设为50❷产生的玉石效果(红色从玉石内部紧密地发散)，如图8.57所示。

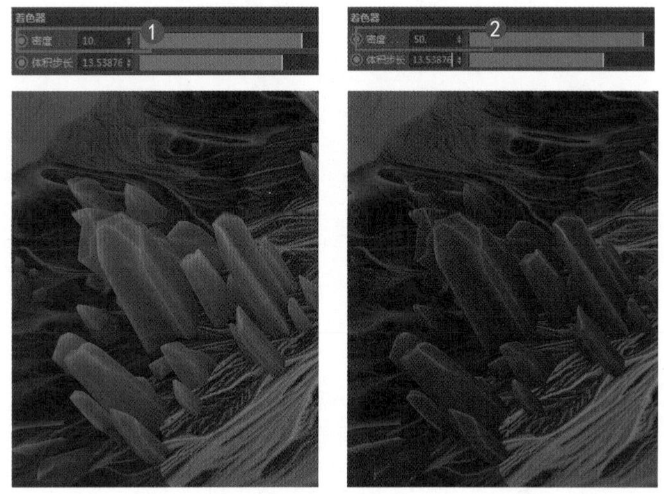

图8.57

(4)设置【介质】通道中的【散射】为【浮点纹理】，如图8.58所示。由于对象和对象之间的光线漫射，全局照明可以使对象的颜色互相影响，如黄色和红色的球体在一起，它们周围的地面上将相应地产生黄色和红色阴影，而它们之间也会互相“传染”。

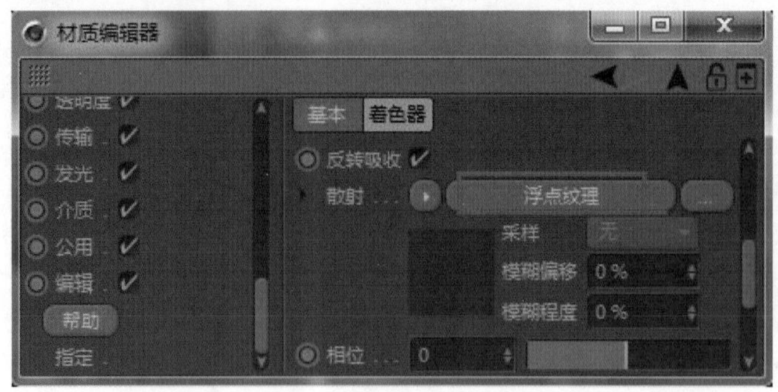

图8.58

(5)将【浮点】设为0.05的玉石效果❶(红色更浓)和将【浮点】设为0.5的玉石效果❷(红色较淡)，如图8.59所示。

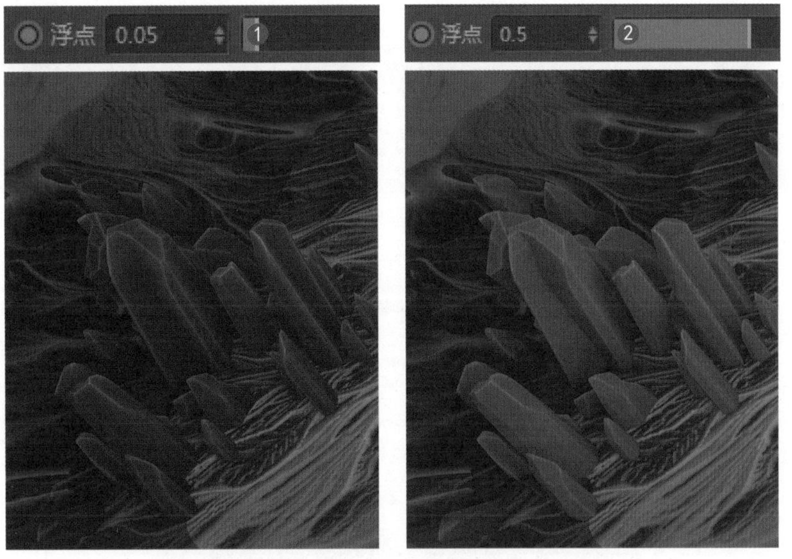

图8.59

（6）设置【发光】通道中的【发光】为【纹理发光】❶，将【功率】设为0.7的玉石效果❷（较暗）和将【功率】设为5的玉石效果❸（更亮），如图8.60所示。

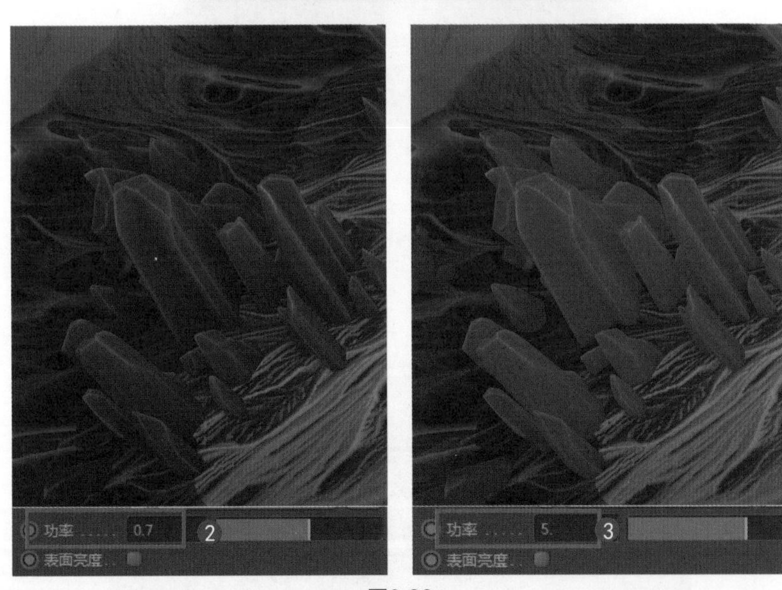

图8.60

8.5 光泽度材质类型

光泽度材质可以模拟任何光滑的对象，如塑料、金属等。该材质类型可以精确模拟金属的Beckmann、GGX或Ward等反射物理特性，还可以通过菲涅耳贴图和各向异性贴图来控制高光效果，如图8.61所示。

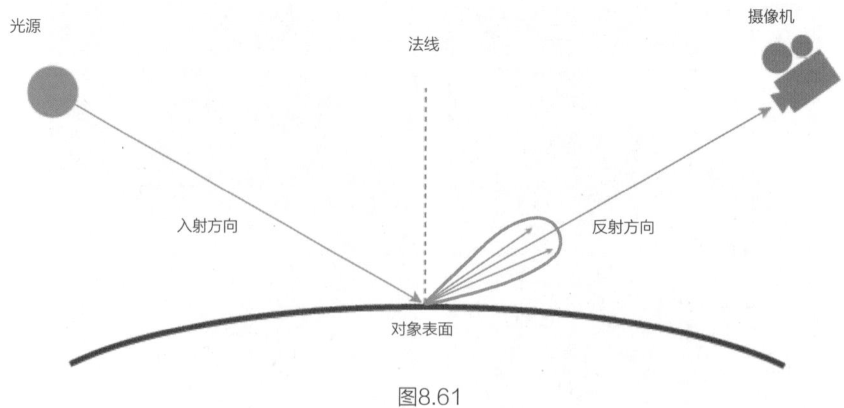

图8.61

光泽度材质的一部分通道与漫射材质的相似，如图8.62所示。这里仅介绍几个不同的对象，如【镜面】通道、【粗糙度】通道等。

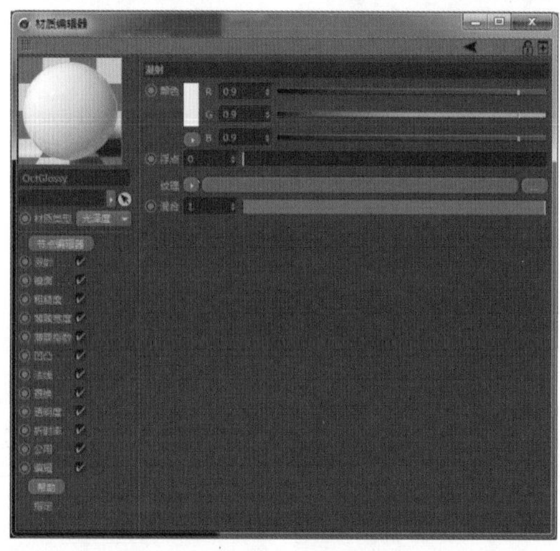

图8.62

8.5.1 【镜面】通道

【镜面】通道中的参数如图8.63所示，用于控制对象表面的反射量。

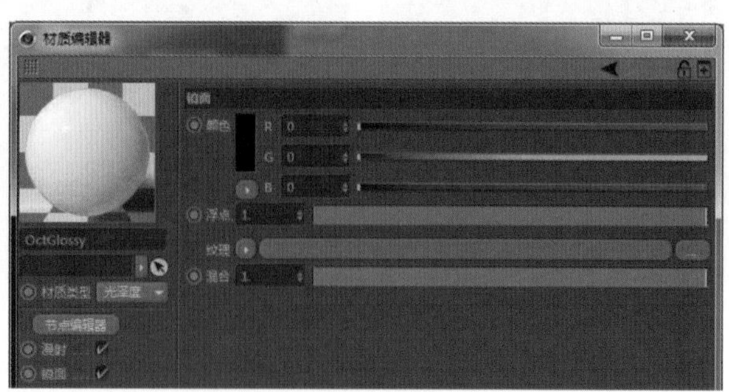

图8.63

- 【颜色】：通过颜色来控制镜面的反射量，在使用RGB 颜色时，【浮点】参数不起作用。
- 【浮点】：通过0~1的参数值来控制镜面反射量。图8.64所示为不同反射量的效果（左图为0.5，右图为1）。
- 【纹理】：通过确定一张纹理贴图来控制镜面反射的效果。使用纹理贴图时，【颜色】和【浮点】参数都将被禁用。如果需要纹理和颜色的混合效果，可使用下面的【混合】参数。图8.65所示为使用了棋盘格贴图的效果。

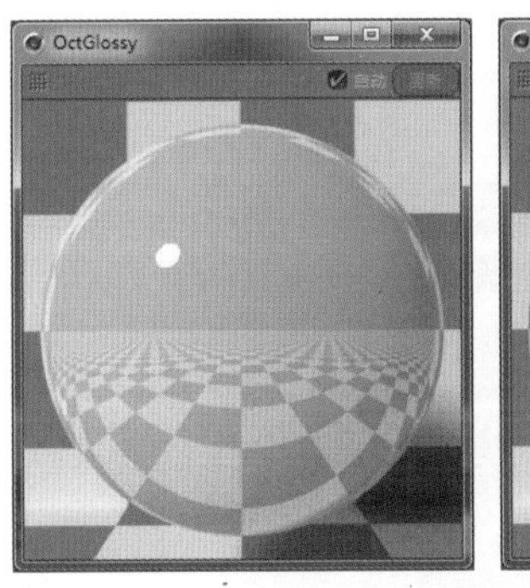
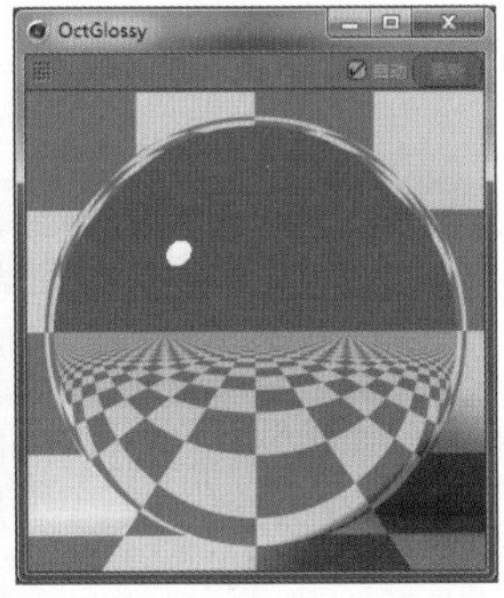

图8.64

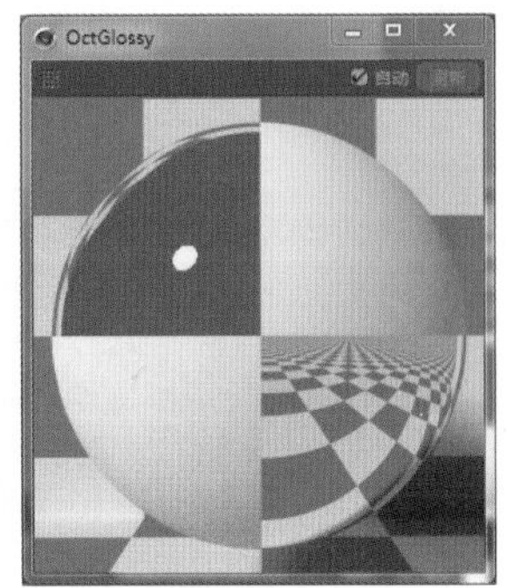

图8.65

- 【混合】：产生颜色与纹理的混合效果，取值范围为0~1。值为1时，不产生混合效果，其余值将产生颜色与纹理的混合效果。

8.5.2 【粗糙度】通道

【粗糙度】通道中的参数用于控制对象表面的粗糙效果，如图8.66所示，可用于制作磨砂表面。

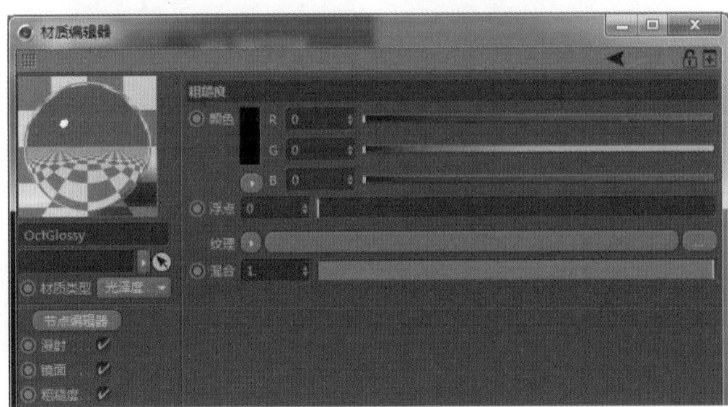

图8.66

- 【颜色】：通过设定的颜色亮度控制粗糙度。
- 【浮点】：取值范围为0～1，通过设置的参数值控制粗糙度。图8.67所示为不同的粗糙度效果。

图8.67

- 【纹理】：通过加载图像贴图来控制粗糙度。
- 【混合】：通过纹理和颜色的混合控制粗糙度。

8.5.3 【薄膜宽度】通道

【薄膜宽度】通道可控制对象光滑表面的七彩光晕，如图8.68所示。

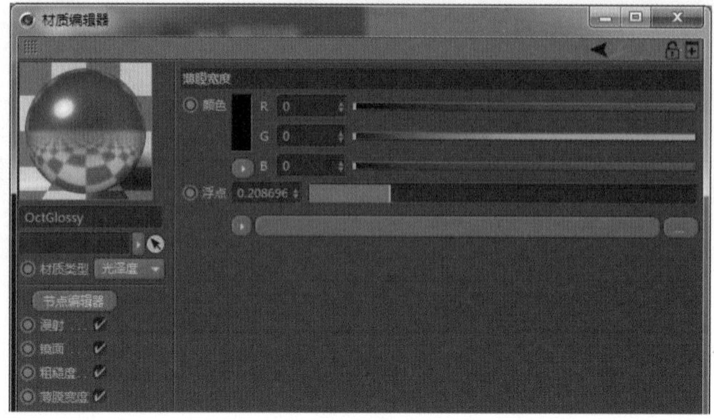

图8.68

- 【浮点】：取值范围为0～1，通过设置的参数值控制七彩光晕的过渡。图8.69所示为不同的薄膜宽度效果。

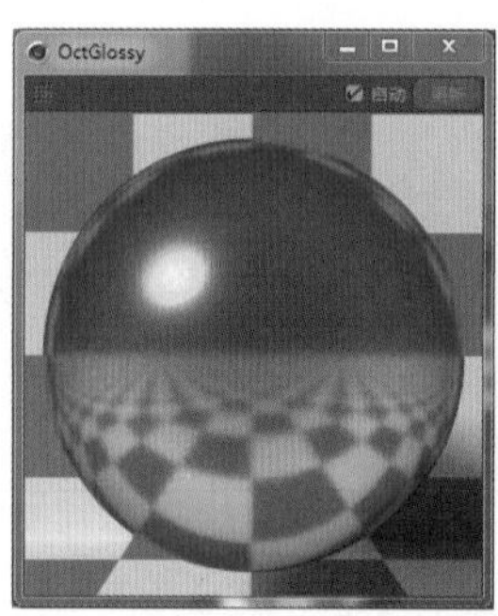

图8.69

8.5.4 【薄膜指数】通道

【薄膜指数】通道可控制光滑对象表面的七彩光晕过滤，如图8.70所示，一般情况下与【薄膜宽度】通道一起使用。

- 【薄膜指数】：取值范围为1～8，通过设置的参数值控制七彩光晕的颜色数量，图8.71所示为不同的薄膜指数效果。

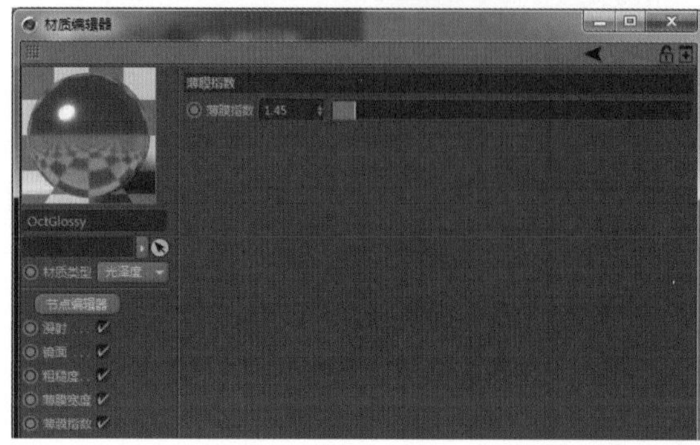

图8.70

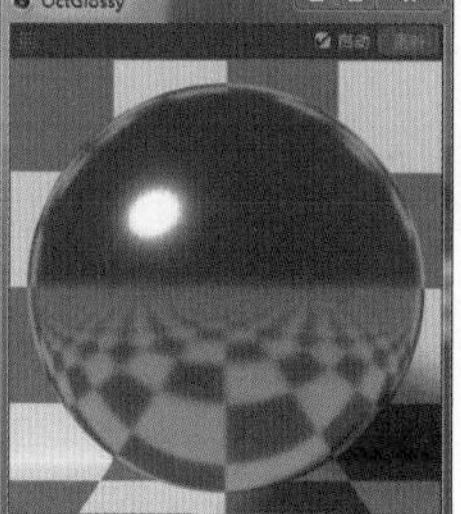

图8.71

8.5.5 实例：制作拉丝金属材质

微课视频

Scenes\8.5.5.c4d\制作拉丝金属材质

本例利用【凹凸】通道中的噪波贴图设置拉丝金属纹理；利用纹理坐标改变拉丝金属的纹理方向。最终效果如图8.72所示。

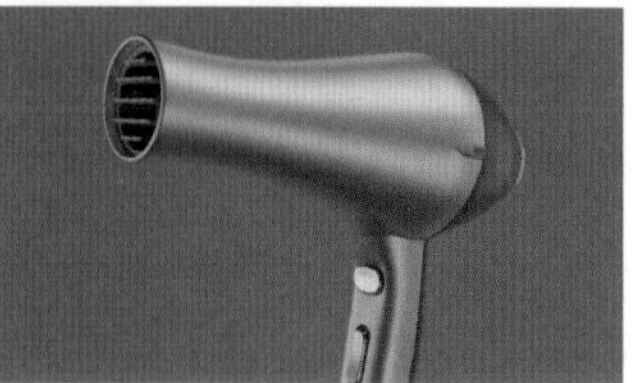

图8.72

（1）新建一个光泽度材质❶，设置【漫射】通道中的颜色❷，设置【镜面】通道中的颜色❸，如图8.73所示。

图8.73

（2）在【凹凸】通道中设置【纹理】为【梯度】（用于改变凹凸强度）❶，设置梯度渐变色（颜色越暗，凹凸强度越低）❷，设置【纹理】为【噪波】❸，设置噪波相关参数❹，如图8.74所示。【梯度】贴图是用多种颜色或通道进行线性和发散性的混合。一般情况下，可以利用这个贴图来模拟背景的渐变效果和一些如信号灯的效果，甚至可以和粒子系统结合制作烟雾效果。

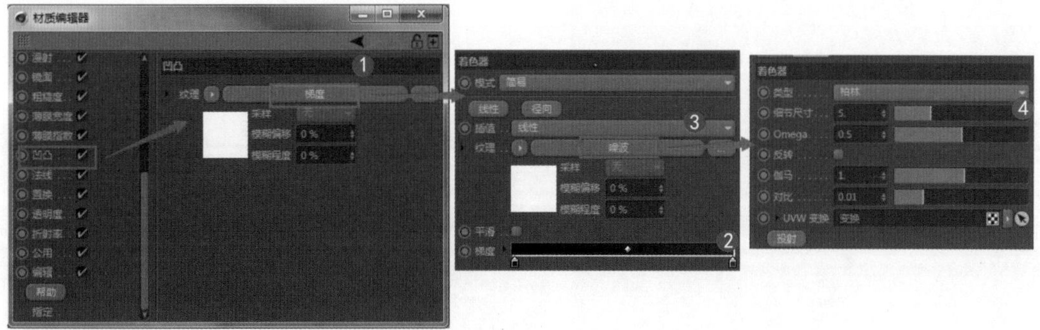

图8.74

（3）通过长宽比参数改变噪波比例❶，产生拉丝效果，设置【粗糙度】通道中的【浮点】❷，如图8.75所示。噪波贴图比较常用，在精确度要求不高的地方用来表现纹理的一些变化还是非常方便、易用的。因为噪波贴图只有两种颜色，所以不能控制中间的灰色调，导致噪波贴图在控制上稍有不便。

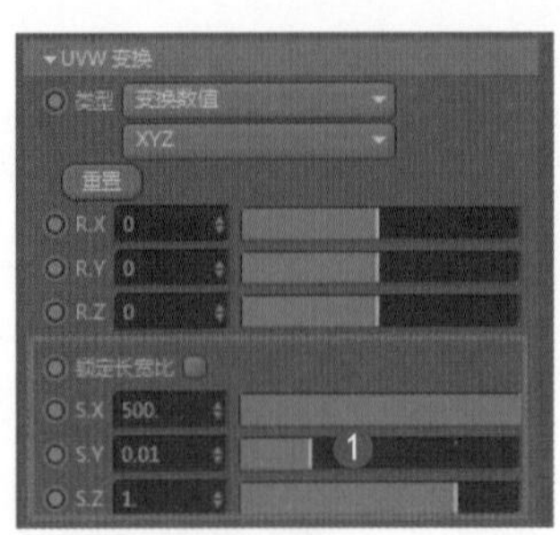

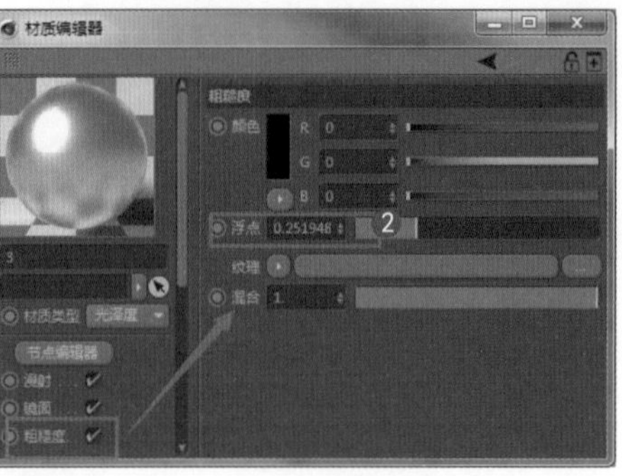

图8.75

（4）选择要赋拉丝金属材质的区域❶，将材质球拖动到视图中被选择区域上，这样就将拉丝金属材质赋给了该区域，默认贴图方向为横向❷，如图8.76所示。

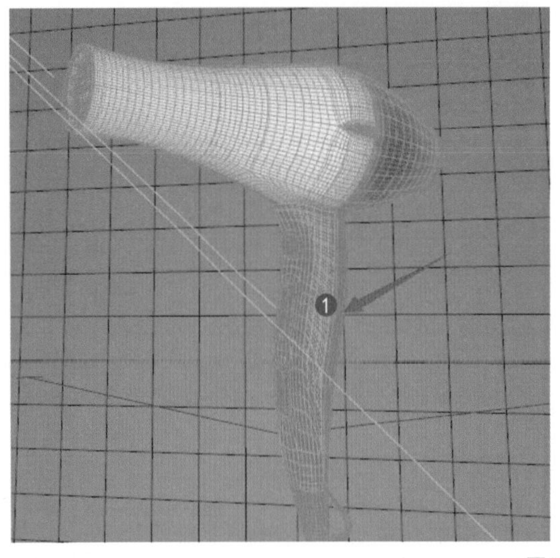

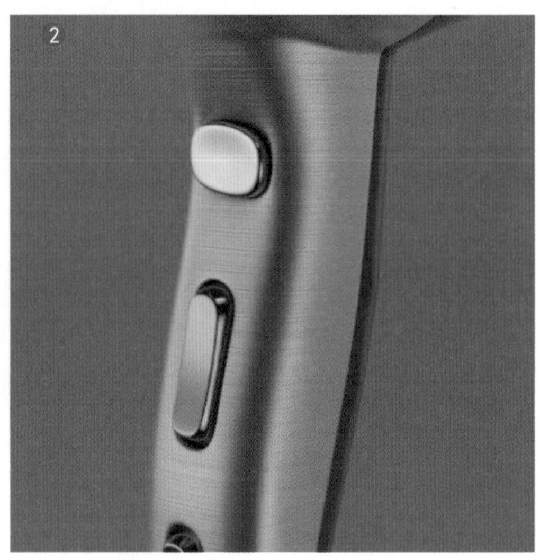

图8.76

（5）选择要粘贴拉丝效果的区域❶，在对象面板中选择材质标签，❷为效果，设置【旋转】方向为90° ❸，如图8.77所示。

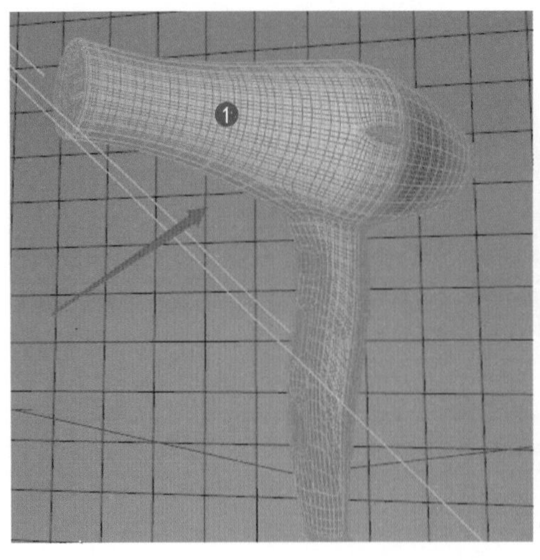

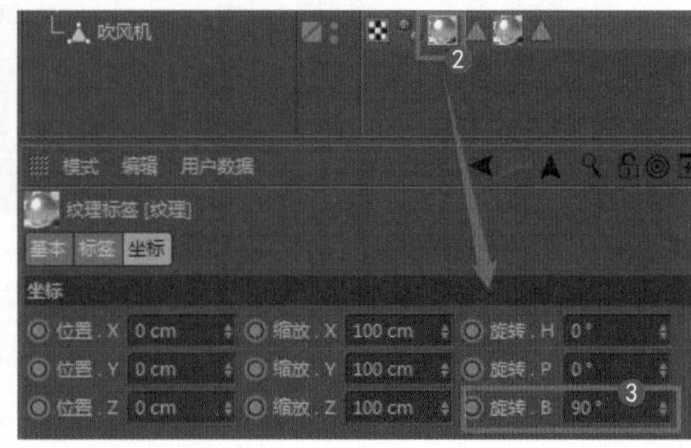

图8.77

（6）渲染视图，❶为改变方向后的拉丝金属效果，❷为最终整体渲染效果，如图8.78所示。

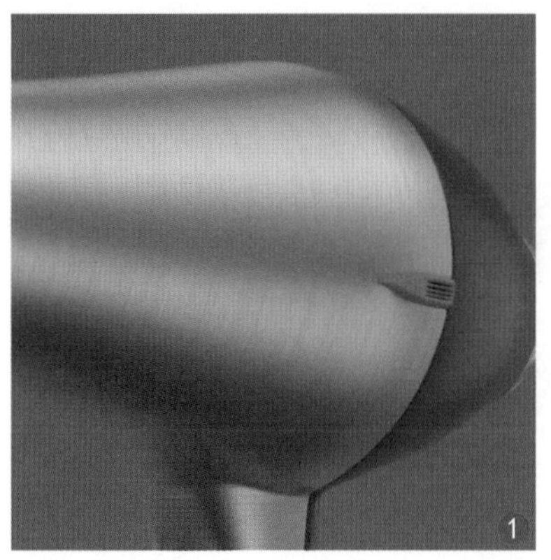

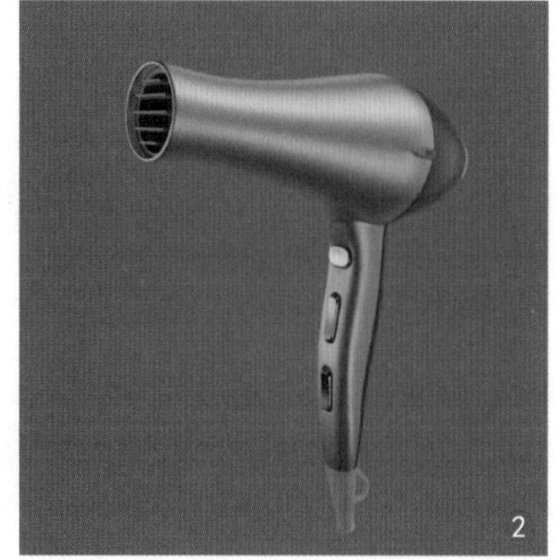

图8.78

8.5.6 实例：制作雕花口红材质

微课视频

工程文件 Scenes\8.5.6.c4d\制作雕花口红材质

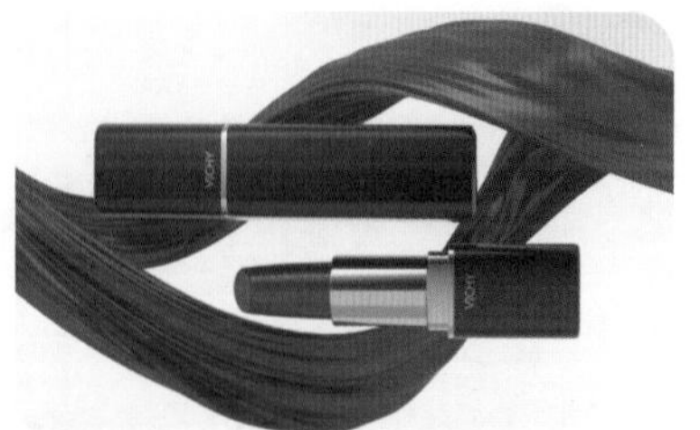

图8.79

本例利用【镜面】通道中的【颜色】参数来控制口红的高光效果；利用置换贴图制作口红表面的雕花效果。最终效果如图8.79所示。

（1）新建一个光泽度材质❶，在【漫射】通道中设置口红的颜色 ❷，在【镜面】通道中设置口红的高光色❸，如图8.80所示。

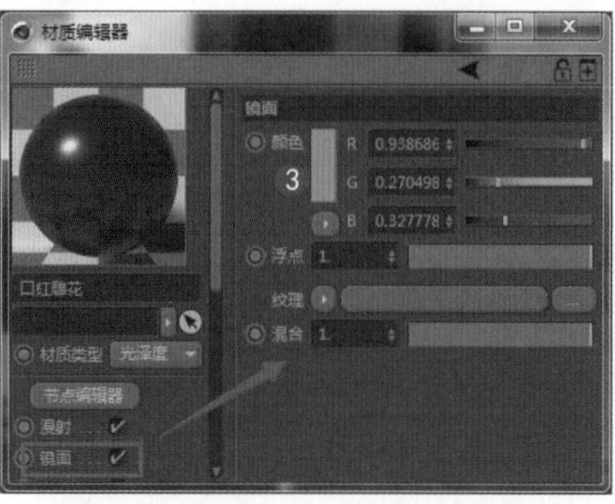

图8.80

（2）设置【置换】通道中的【纹理】为【置换】贴图❶，设置【纹理】为【图像纹理】❷，选择置换贴图❸，设置【数量】为1.8cm❹，如图8.81所示。置换贴图可产生真实的凹凸效果。

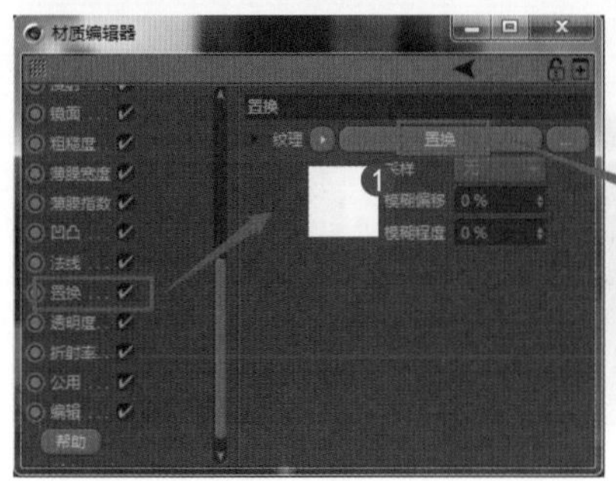

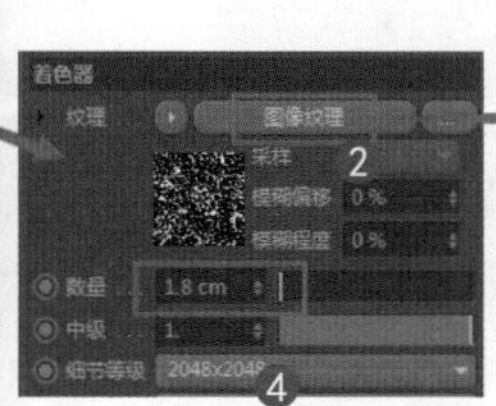

图8.81

（3）在【粗糙度】通道中设置【浮点】❶，渲染视图，❷为最终渲染效果，如图8.82所示。

图8.82

8.5.7 实例：制作水曲柳材质

工程文件 Scenes\8.5.7.c4d\制作水曲柳材质

图8.83

本例制作水曲柳材质，将利用漫射贴图和置换贴图制作木纹材质；利用镂空贴图制作Logo材质。最终效果如图8.83所示。

（1）新建一个光泽度材质（木纹）❶，在【漫射】通道中设置【纹理】为【色彩校正】❷，用于控制木纹色调，设置纹理贴图为水曲柳贴图❸，并设置【色相】和【饱和度】❹，如图8.84所示。

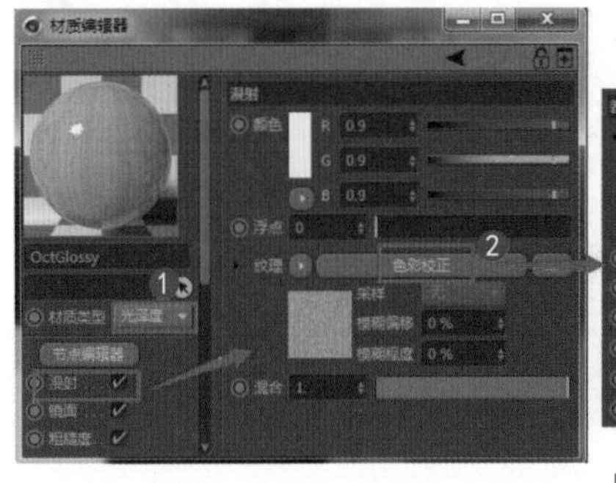

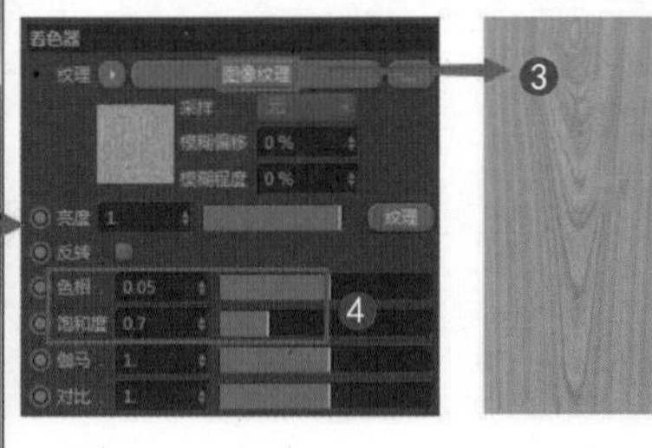

图8.84

（2）设置【置换】通道中的【纹理】为【置换】❶，选择置换贴图❷，颜色越黑，凹凸强度越小，设置【数量】❸和【细节等级】❹，如图8.85所示。

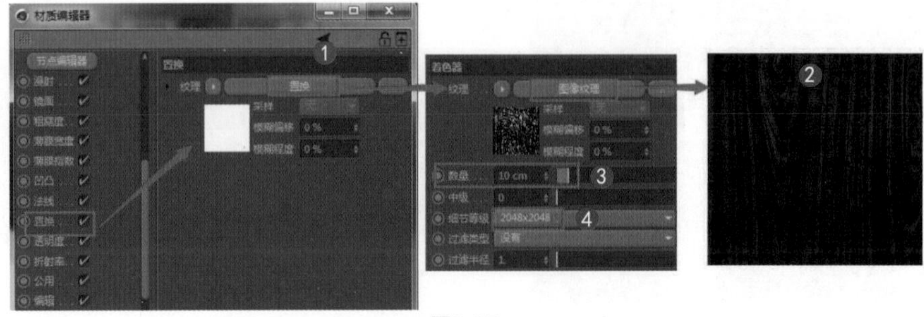

图8.85

（3）设置【折射率】❶，渲染视图，❷为木纹材质的渲染效果，如图8.86所示。

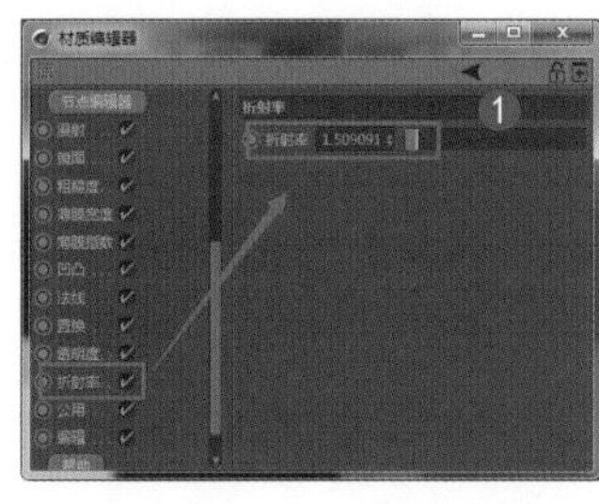
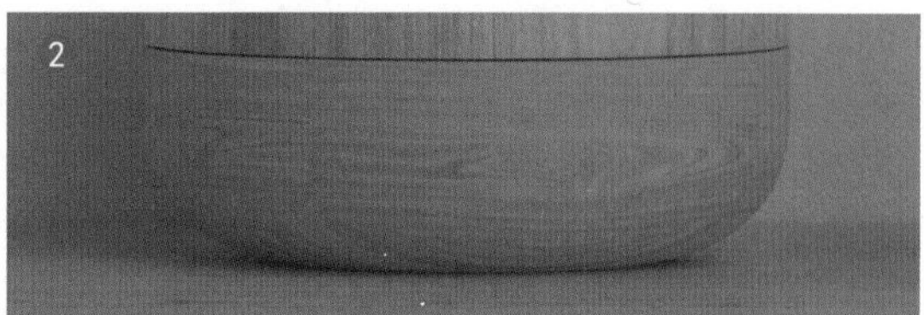

图8.86

（4）新建一个光泽度材质（镂空）❶，设置【粗糙度】通道中的【浮点】❷，设置【折射率】通道中的【折射率】❸，如图8.87所示。

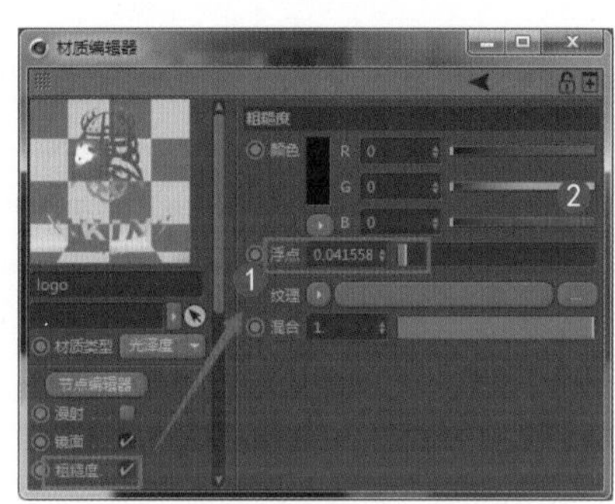

图8.87

（5）在【透明度】通道中设置【纹理】为【图像纹理】，并选择镂空贴图❶，设置贴图【反转】❷，黑色代表不透明，白色代表透明，如图8.88所示。

图8.88

（6）选择要贴Logo的区域❶，将材质赋给该区域，❷为最终的渲染效果，如图8.89所示。

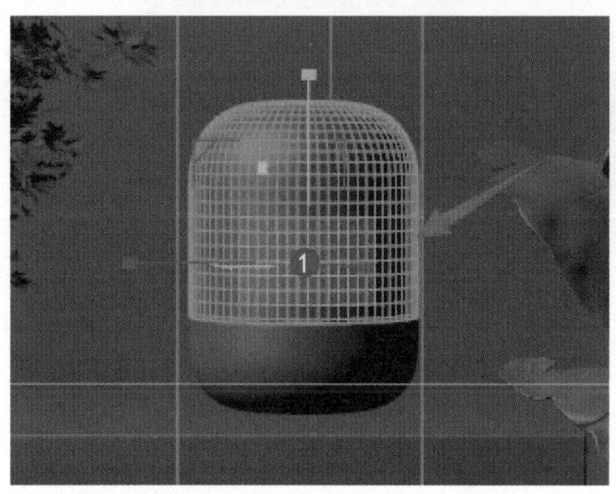

图8.89

8.6 镜面材质类型

镜面材质通常用于表现透明材料，如水或玻璃。当光照射到对象表面时，会产生反射、吸收和折射3种情况。当光从一种介质（如空气）射入另一种介质（如玻璃）时，它的传播方向就会发生改变。这些变化取决于材质表面的光学性质。在镜面透射中，当光进入另一介质时，它的传播方向和速度都会发生改变。如图8.90所示，一束光线从空气射向水面大部分光线会在水中继续传播，另一部分被水反射。在水中光线的传播方向会改变。

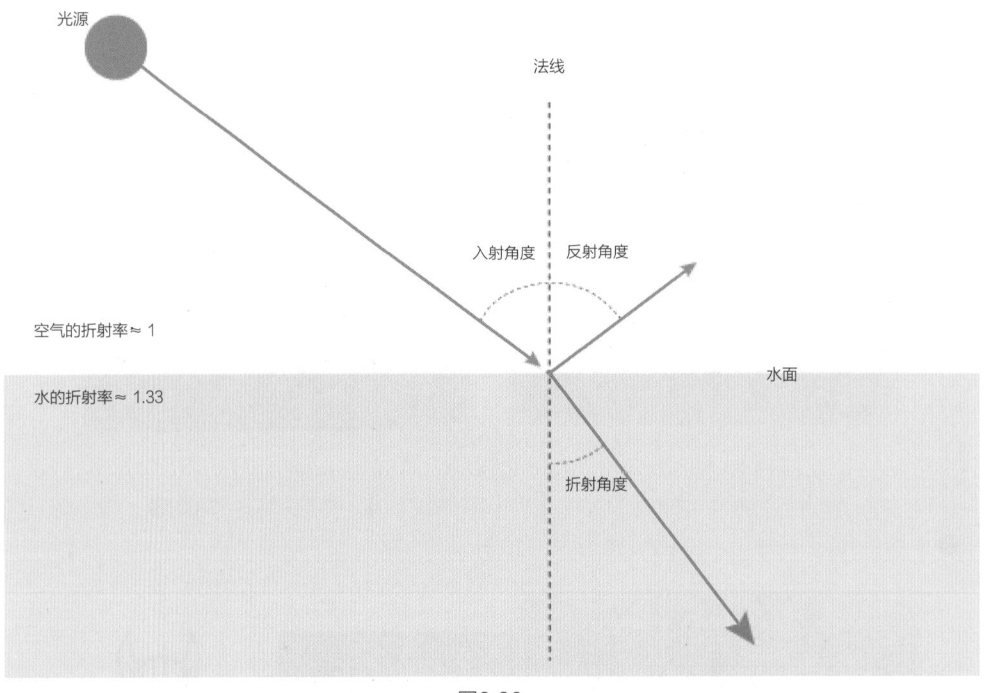

图8.90

8.6.1 【粗糙度】通道

【粗糙度】通道中的参数用于控制对象表面的粗糙效果，如图8.91所示，可用于制作磨砂表面。

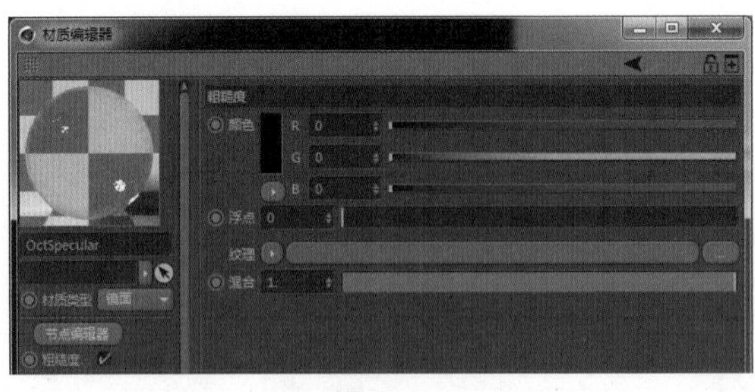

图8.91

- 【颜色】：通过设定的颜色亮度控制粗糙度。
- 【浮点】：取值范围为0～1，通过设置的参数值控制粗糙度，图8.92所示为不同的粗糙度效果。
- 【纹理】：通过加载图像贴图来控制粗糙度。

● 【混合】：通过纹理和颜色的混合控制粗糙度。

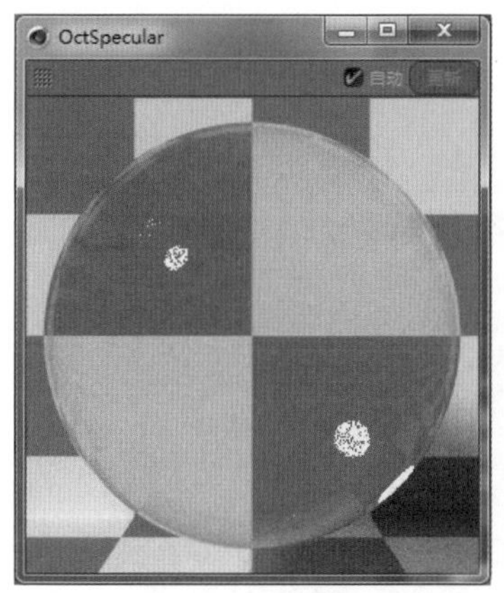

图8.92

8.6.2 【反射】通道

大多数镜面透明材质对象的表面都有反射属性，这取决于对象的表面属性。反射值越高，光线被反射的部分所占比例越大，反射效果可以使用【颜色】、【浮点】和【纹理】参数来控制。【反射】通道的参数面板如图8.93所示。

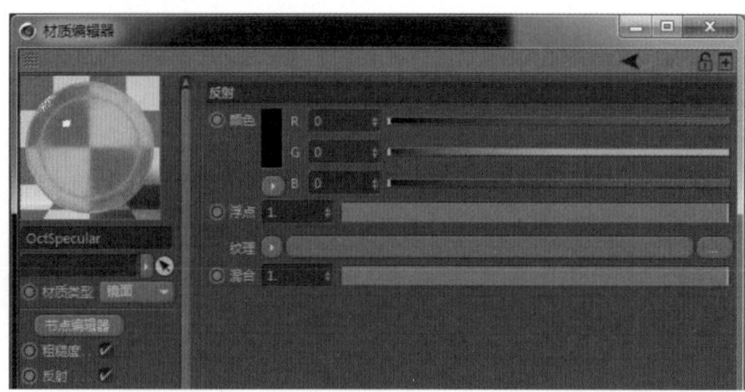

图8.93

● 【颜色】：通过设定的颜色亮度控制反射量。
● 【浮点】：取值范围为0～1，通过设定的参数值控制反射量图8.94所示为不同的反射效果（环境使用了HDRI）。

图8.94

● 【纹理】：通过加载图像贴图来控制反射量。
● 【混合】：通过纹理和颜色的混合控制反射量。

8.6.3 【色散】通道

根据折射定律，当白光被分解成不同颜色的光时，每种可见光的折射率都略有差别，即会发生光的散射。【色散】通道的参数面板如图8.95所示。

图8.95

- 【色散系数B】：取值范围为0~0.1，通过设定的参数控制色散系数。对大多数材料来说，光的波长越短，其折射率就越大，这就导致波长短的光比波长长的光折射的角度大。图8.96所示的棱镜示意图体现了这种效果。

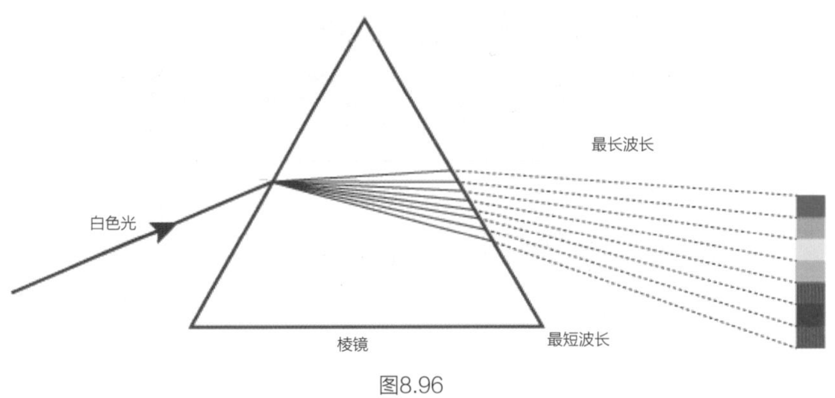

图8.96

8.6.4 【传输】通道

【传输】和【折射率】两个通道要组合使用。当光进入透明介质时，它的传播速度比在空气中慢，传输参数可以模拟这一变化，其参数面板如图8.97所示。

- 【颜色】：通过设定的颜色亮度控制传输速度。
- 【浮点】：取值范围为0~1，通过设定的参数值控制传输速度。图8.98所示为不同的传输速度的效果。

图8.97

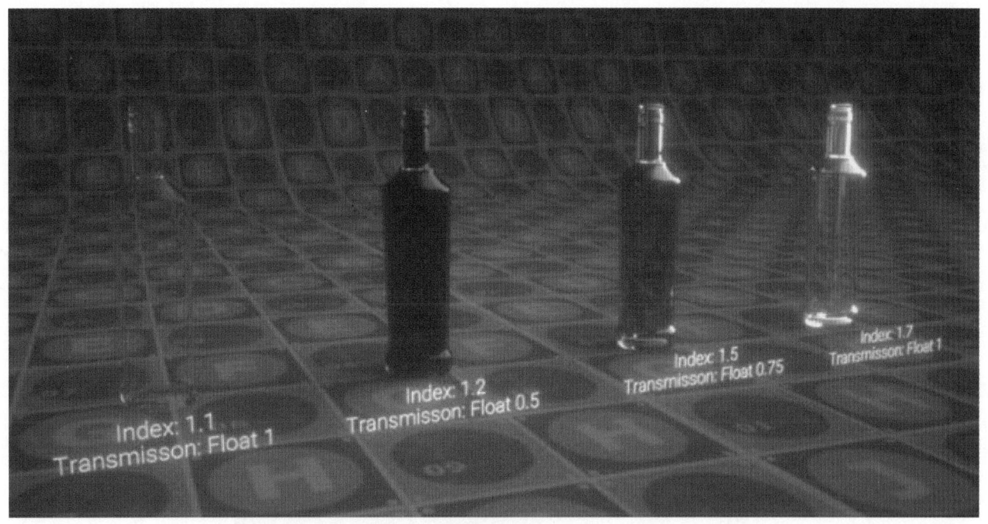

图8.98

- 【纹理】：通过加载图像贴图来控制传输速度。
- 【混合】：通过纹理和颜色的混合控制传输速度。

8.6.5 【伪阴影】通道

启用【伪阴影】通道，可以让阴影内部共享光线照明，让阴影更加透明，其参数面板如图8.99所示。

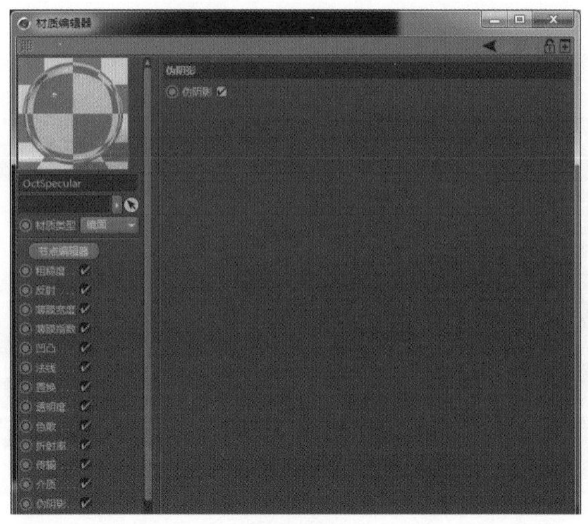

图8.99

8.6.6 实例：制作渐变玻璃材质

微课视频

工程文件 Scenes\8.6.6.c4d\制作渐变玻璃材质

本例制作渐变玻璃材质，将利用【折射率】通道来控制玻璃的透明度；通过在【传输】通道中设置渐变色来表现玻璃的渐变效果。最终效果如图8.100所示。

图8.100

（1）设置材质类型为【镜面】❶，设置玻璃的【折射率】❷，如图8.101所示。

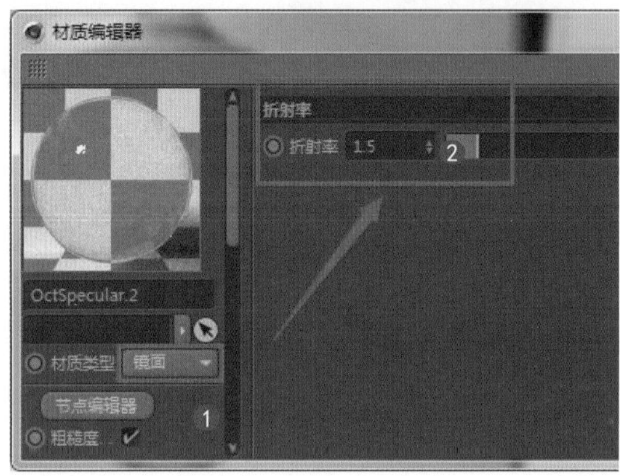

图8.101

（2）在【传输】通道中设置【纹理】为【渐变】❶，设置渐变的颜色❷，如图8.102所示。

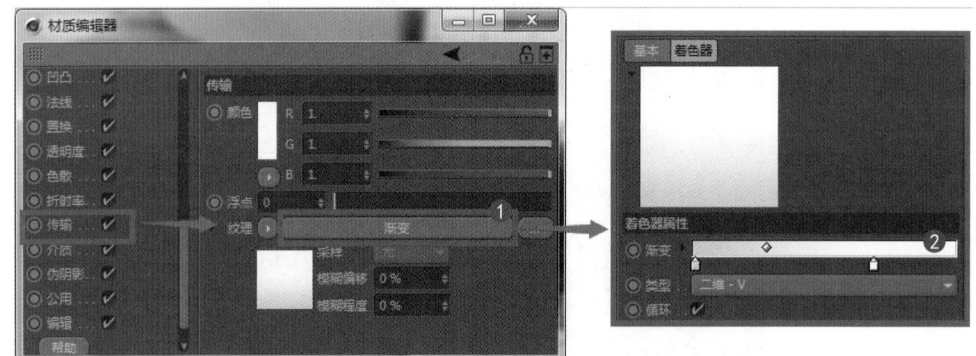

图8.102

（3）渲染视图，不同的渐变颜色的效果如图8.103所示。

图8.103

8.6.7 实例：制作金字材质

微课视频

工程文件 Scenes\8.6.7.c4d\制作金字材质

本例利用镜面反射制作瓶子材质，用混合材质制作瓶身高反射亮点材质，用混合材质混合瓶身和金字材质。最终效果如图8.104所示。

图8.104

（1）新建一个光泽度材质（红色瓶身镜面材质）❶，设置瓶身镜面反射的颜色❷，设置高亮镜面的【折射率】❸，如图8.105所示。

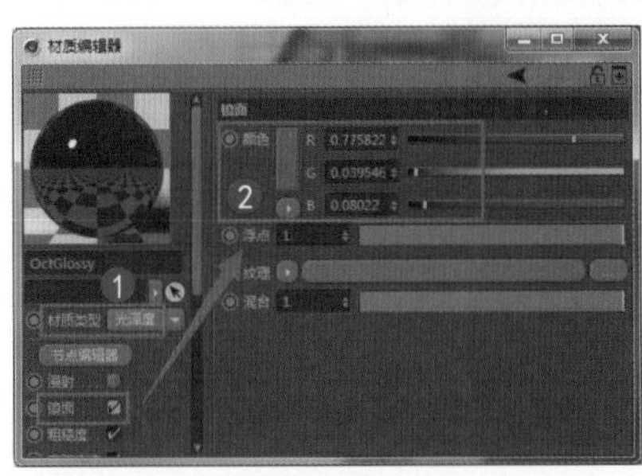

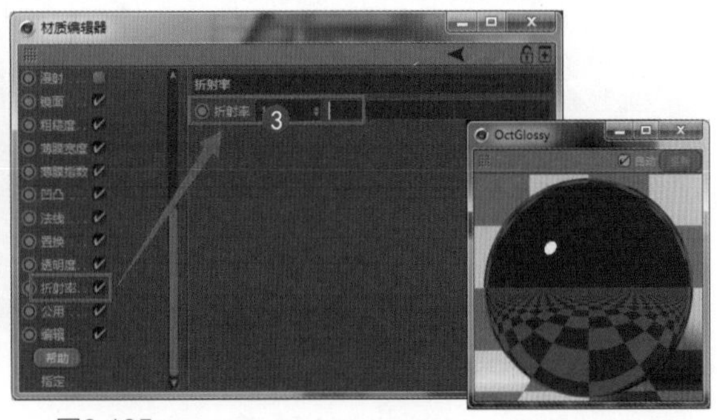

图8.105

（2）新建一个光泽度材质（瓶身表面的亮点材质）❶，设置【镜面】通道中的【纹理】为【图像纹理】❷，选择杂点贴图❸，将杂点贴图缩小，如图8.106所示。【镜面】通道中的高光很特别，为了表现金属的质感，高光设计得比较尖锐，反差比较强烈。但是它和它周围区域也存在快速的过渡，甚至可能发生高光内反现象，可以理解为高光在最亮处变暗，反而次亮处呈现出最亮的效果。

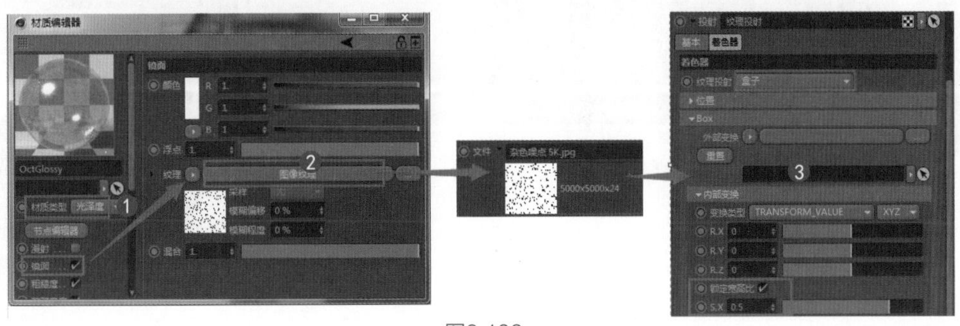

图8.106

（3）设置【粗糙度】通道中的参数❶，设置亮点的【透明度】❷，如图8.107所示。利用透明度属性可以制作玻璃或半透明的材质，同时可以利用贴图控制透明度来表现一些结构非常复杂的模型和效果，如球网、纱窗、栏杆、烟雾、火焰等，这些效果是其他方法无法实现的。

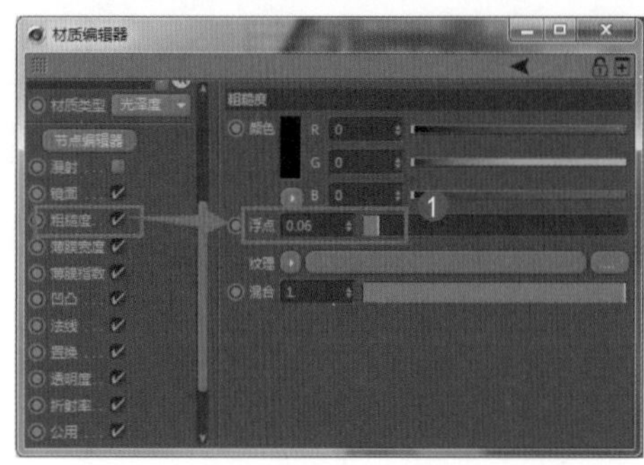
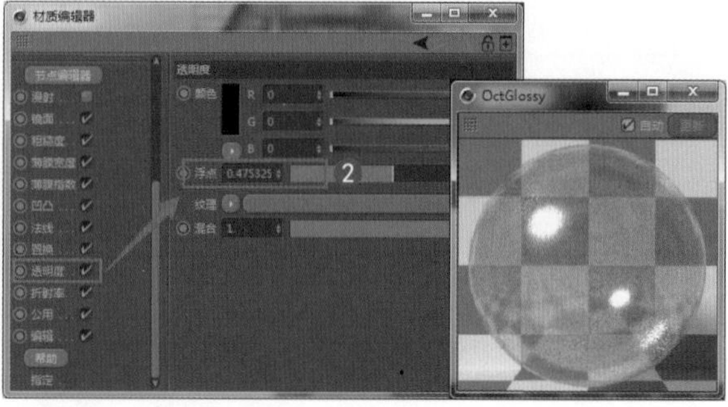

图8.107

（4）新建一个混合材质（用于混合红色镜面材质和亮点材质）❶，设置【材质1】为亮点材质❷，设置【材质2】为红色瓶身镜面材质❸，如图8.108所示。

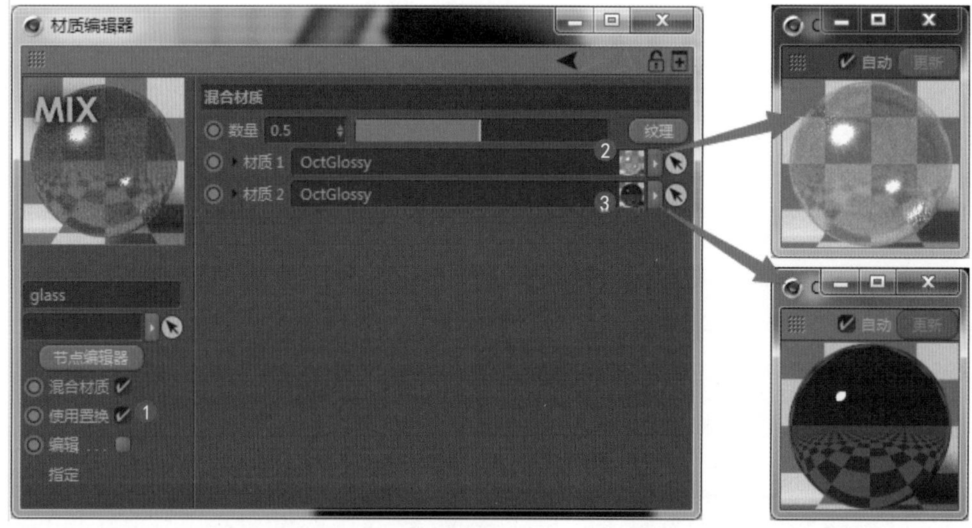

图8.108

（5）设置混合材质为【梯度】❶，设置【纹理】为【菲涅耳(Fresnel)】，并进行相应设置❷，❸为混合后的材质效果，如图8.109所示。在面向视图的曲面上产生暗淡反射，在有角的面上产生较明亮的反射，创建了类似玻璃面上的高光。

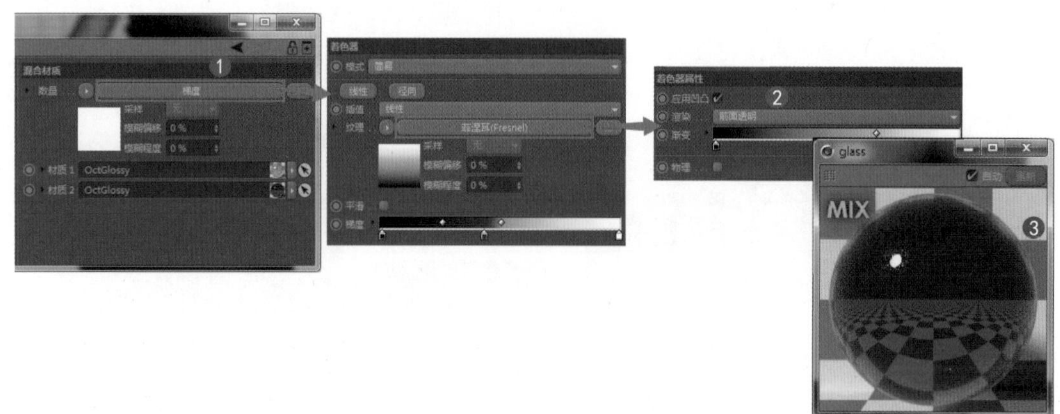

图8.109

（6）新建一个光泽度材质（金字的材质）❶，镜面【颜色】设为暗黄色（模拟玫瑰金色）❷，如图8.110所示。

图8.110

（7）设置【粗糙度】通道中的参数❶，设置【折射率】❷（设为1可产生高亮度镜面效果），如图8.111所示。

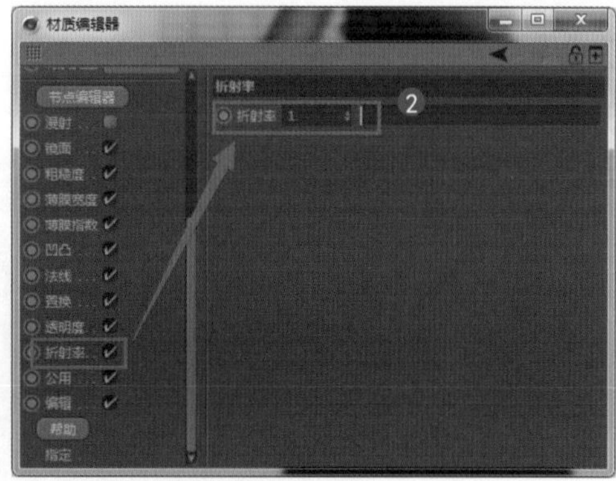

图8.111

（8）新建一个混合材质❶，设置【材质1】为前面制作的混合材质❷，设置【材质2】为玫瑰金材质❸，如图8.112所示。

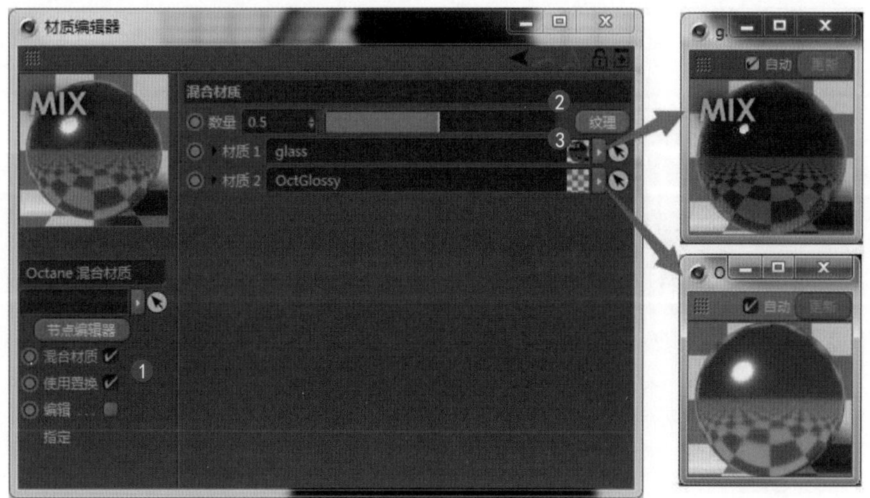

图8.112

（9）设置混合材质为【图像纹理】❶，设置选择图像纹理贴图❷，反转贴图（利用黑白效果设置金字），并进行相应设置❸，如图8.113所示。

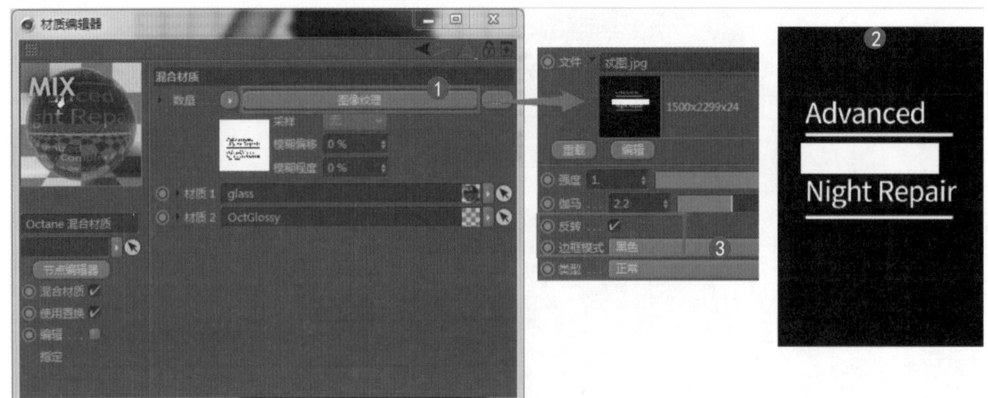

图8.113

8.7 混合材质类型

混合材质的原理是通过混合两个材质，让材质更加复杂，混合时可以使用各种程序贴图和纹理贴图，如图8.114所示。

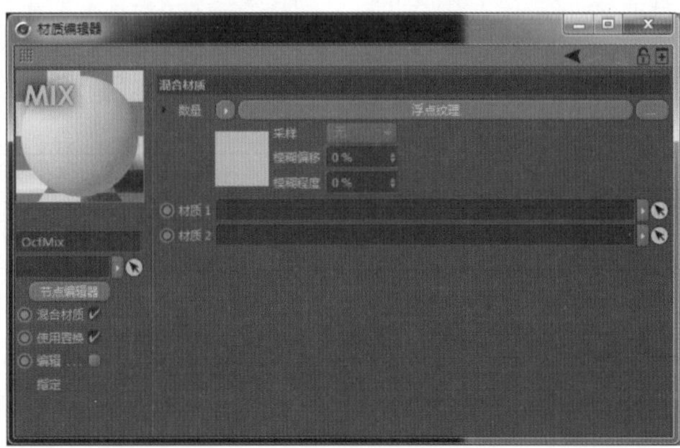

图8.114

可以在【混合材质】通道中使用两个不同的材质❶，用不同的混合方式来产生复杂效果❷，如图8.115所示。

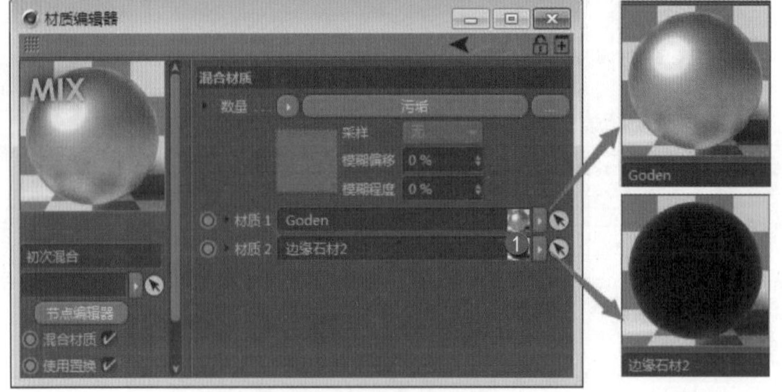

图8.115（一）

图8.115（二）

8.7.1 实例：制作做旧黄金材质

微课视频

工程文件 Scenes\8.7.1.c4d\制作做旧黄金材质

本例利用镜面颜色、粗糙度及折射率制作金色材质，用污垢贴图对黄金进行做旧处理，效果如图8.116所示。

图8.116

（1）新建一个光泽度材质❶（黄金），设置【镜面】通道中的【颜色】为黄色（产生金色光泽）❷，设置【粗糙度】通道中的参数❸，如图8.117所示。

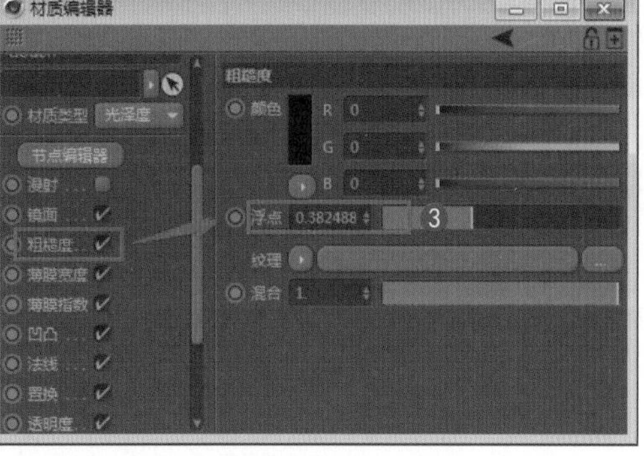

图8.117

（2）设置【折射率】❶，新建一个光泽度材质（做旧效果）❷，设置【漫射】通道中的【纹理】为【图像纹理】❸，指定做旧贴图❹，如图8.118所示。

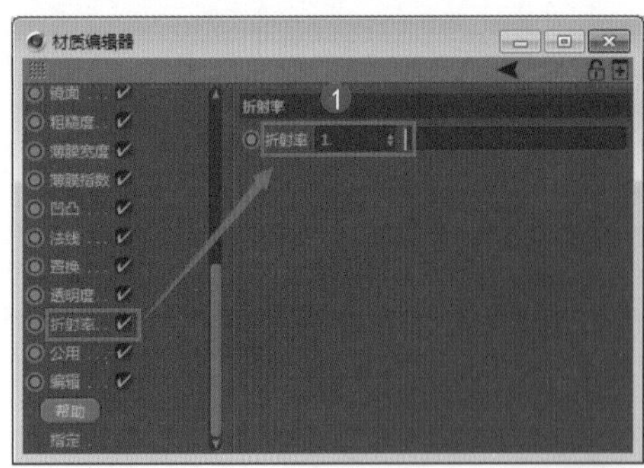

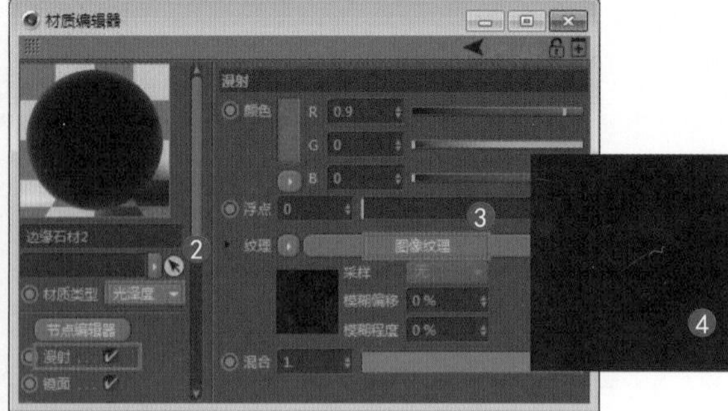

图8.118

（3）设置【粗糙度】通道中的参数❶，设置【折射率】❷，如图8.119所示。

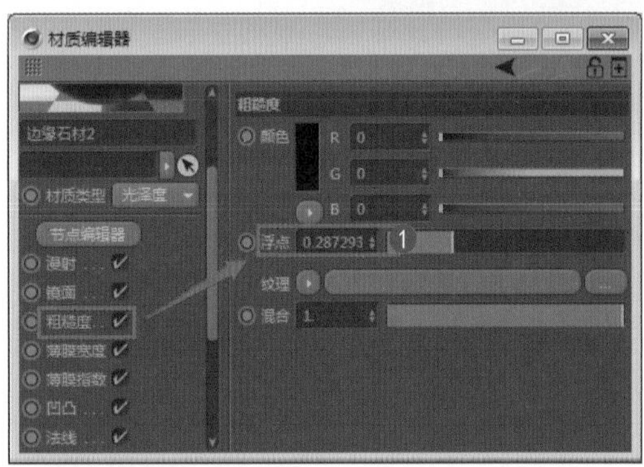

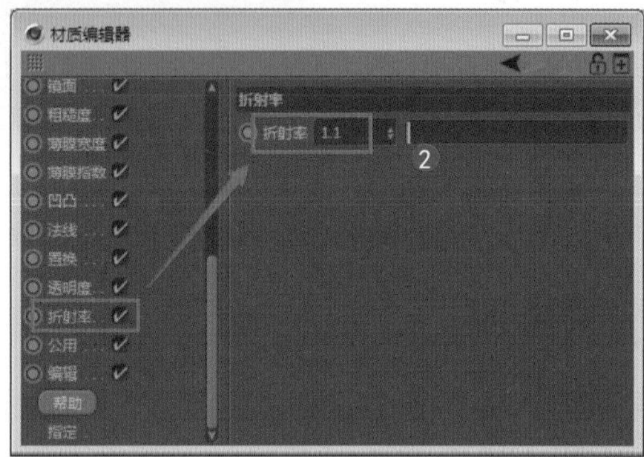

图8.119

（4）新建一个混合材质❶，设置【材质1】为黄金材质❷，设置【材质2】为黑色材质❸，如图8.120所示。

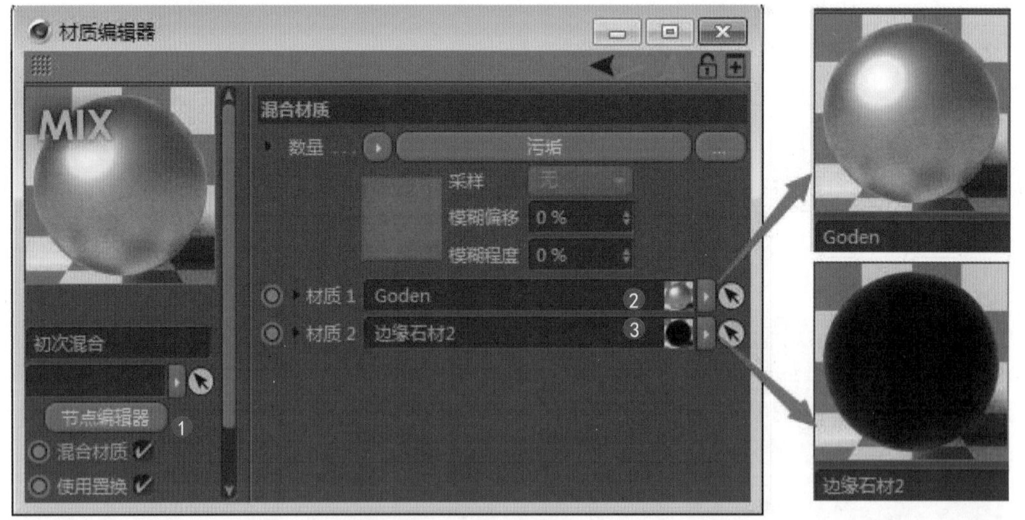

图8.120

（5）设置【混合材质】通道中的【数量】为【污垢】❶，设置污垢参数（用于表现做旧效果）❷，如图8.121所示。污垢相当于遮罩，可以在曲面上透过一种材质查看另一种材质。遮罩控制应用到曲面的第二个贴图的位置。默认情况下，浅色（白色）的遮罩区域不透明，显示贴图；深色（黑色）的遮罩区域透明，显示基本材质。可以启用【翻转法线】来反转遮罩的效果。

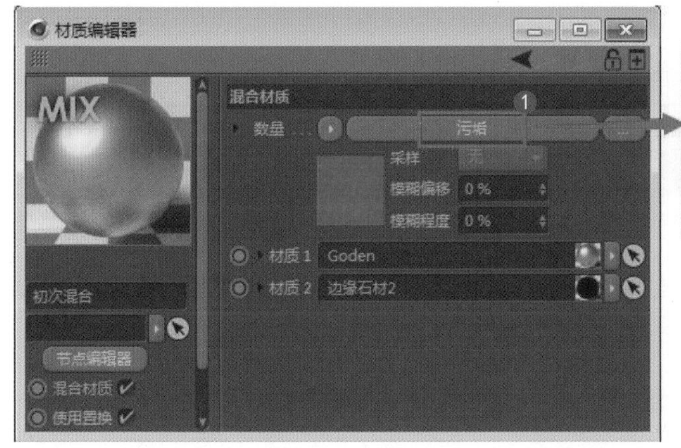

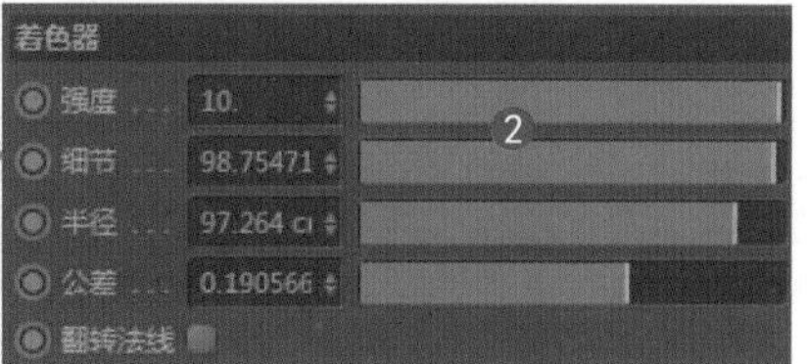

图8.121

（6）❶为做旧效果比较重的参数和对应效果，❷为做旧效果比较轻的参数和对应效果，如图8.122所示。在创作逼真的场景时，应当养成从实际照片和电影中取材的习惯。好的参考资料可以提供一些线索，让你知道特定的对象和环境在特定条件下看起来是怎样的。

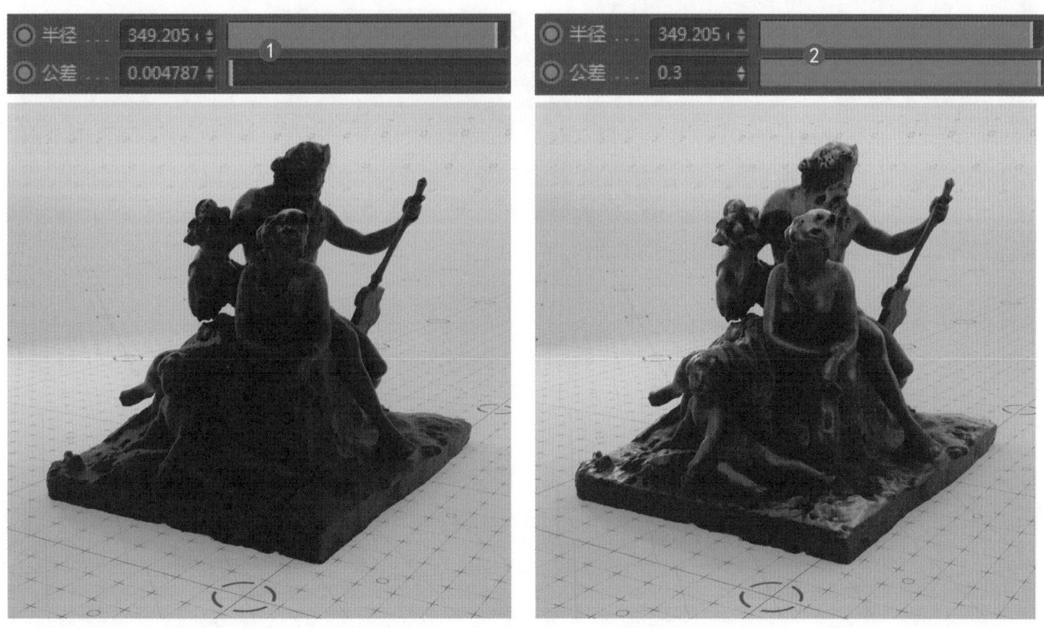

图8.122

8.7.2 实例：制作粉底液材质

Scenes\8.7.2.c4d\制作粉底液材质

本例制作粉底液材质，将设置基本粉底液材质；设置高亮度粉底液材质；用混合材质混合两种材质，产生真实的粉底液效果。最终效果如图8.123所示。

（1）新建一个漫射材质（基本粉底液材质）❶，设置粉底液的颜色❷，如图8.124所示。

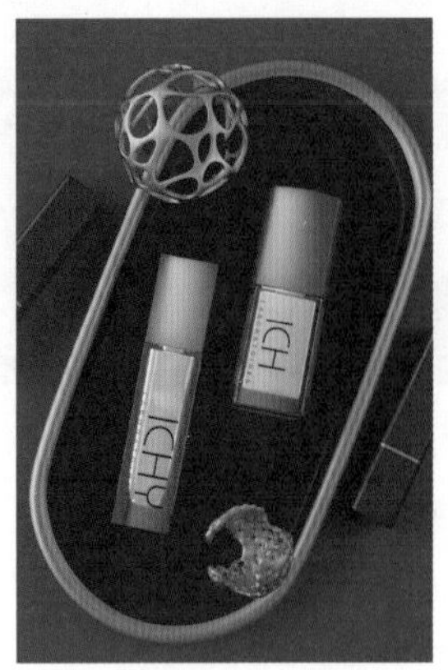
图8.123

图8.124

（2）设置【发光】通道中的【纹理】为【纹理发光】❶，设置发光纹理为【RGB颜色】❷，设置发光颜色为棕色❸，如图8.125所示。

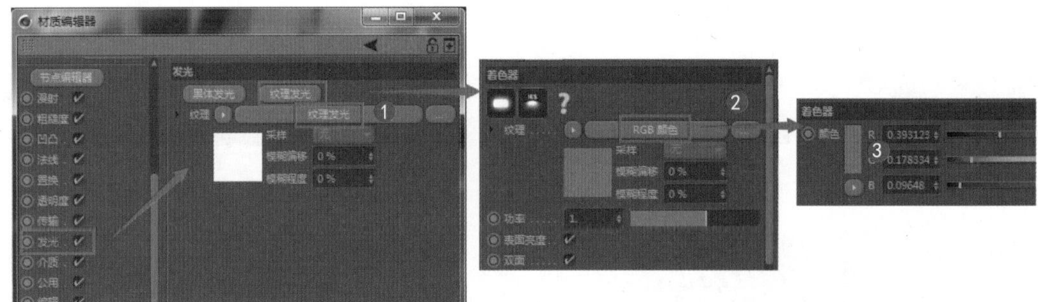

图8.125

（3）新建一个漫射材质（粉底液里面的高亮元素）❶，设置【漫射】通道中的【颜色】❷，设置【粗糙度】通道中的参数❸，如图8.126所示。

图8.126

（4）设置【折射率】（粉底液的反射强度），如图8.127所示。

（5）新建一个混合材质（用于混合前面制作的两种材质）❶，设置【材质1】为高亮度粉底液材质❷，设置【材质2】为基本粉底液材质❸，设置混合材质的【纹理】为【浮点纹理】❹，设置【浮点】为0.5（两个材质占比相等）❺，❻为最终渲染效果，如图8.128所示。

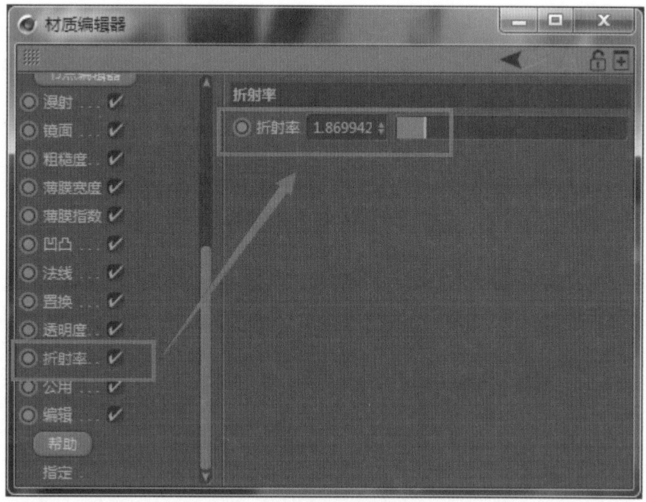
材质编辑器
节点编辑器
漫射
镜面
粗糙度
薄膜宽度
薄膜指数
凹凸
法线
置换
透明度
折射率
公用
编辑
帮助
指定
折射率
折射率 1.869942

图8.127

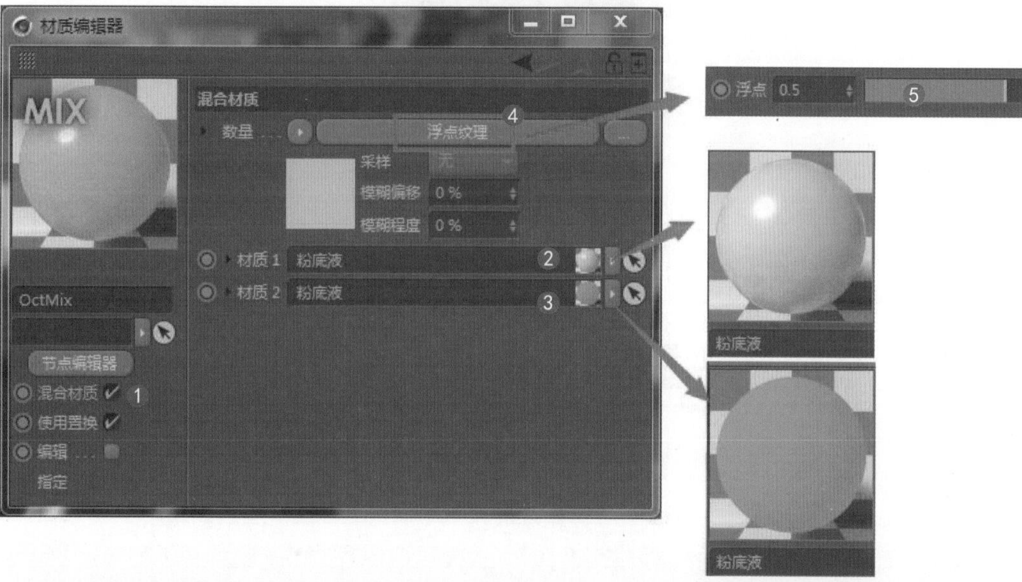
材质编辑器
MIX
混合材质
数量
浮点纹理
4
采样
无
模糊偏移 0 %
模糊程度 0 %
材质 1 粉底液
2
材质 2 粉底液
3
OctMix
节点编辑器
混合材质 1
使用置换
编辑
指定
浮点 0.5
5
粉底液
粉底液

ICH
LABORATOIRES
ICHY
LABORATOIRES
6

图8.128

课后习题

1. 产品材质练习

工程文件 Scenes\练习8-1.c4d\产品材质练习

控制翡翠的反射和颜色。

练习要求：

（1）使用遮罩贴图调整翡翠在模型上的位置；

（2）通过调节密度和体积步长控制翡翠的透明度；

（3）渲染出产品级别的渲染图。

2. Octane灯光练习

工程文件 Scenes\练习8-2.c4d\Octane灯光练习

用Octane区域光配合模型给产品背景增加有趣的投影。

练习要求：

（1）控制好主光源和辅助光源的位置和亮度；

（2）设置适合产品展示的渲染出图尺寸。

第9章

动画制作

本章导读

通过对本章的学习，读者可以对Cinema 4D的动画制作流程有一个清晰的认识，能熟练掌握制作不同速度和效果的动画的方法，并可通过各种动画工具，结合参数设置和范例练习，由浅入深、循序渐进地完成一些较为复杂的动画的制作。

知识点	了解	理解	应用	实践
动画基础知识	√	√		
关键帧动画		√	√	√
运动图形		√	√	
效果器			√	√
刚体、柔体、布料、毛发			√	√

9.1 动画面板

动画面板中包括时间线❶、时间长度控制❷、动画播放❸、关键帧记录❹、动画属性记录❺ 5个区域，这5个区域可以控制动画面板的大部分功能，如图9.1所示。

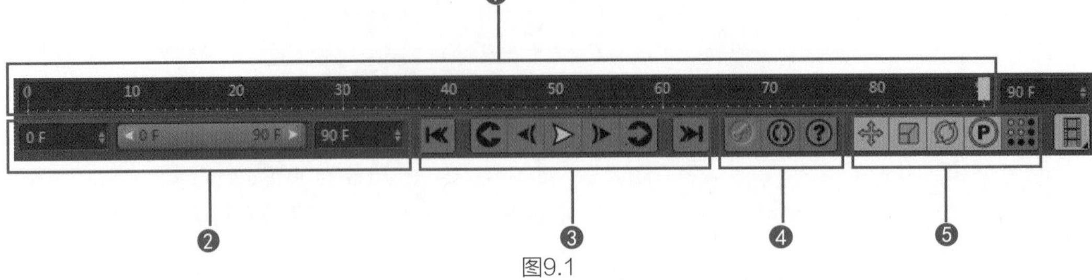

图9.1

时间线区域中的数值代表总帧数，PAL制式为每秒播放25帧画面，软件默认为NTSC制式，每秒播放30帧画面。要想使用PAL制式，按Ctrl+D组合键，打开工程设置面板，将【帧率】设置为25即可，如图9.2所示。

时间线上的绿色滑块▮代表当前帧，该滑块可以左右拖动，想要进入需要的帧，拖动该滑块即可（滑块旁边的绿色数值代表当前帧数），如图9.3所示。

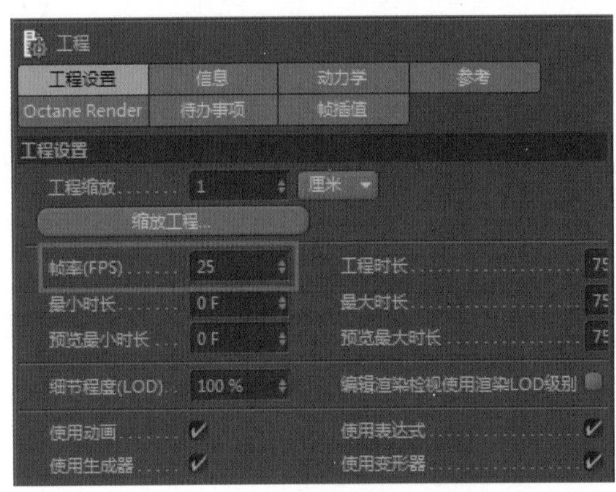

图9.2

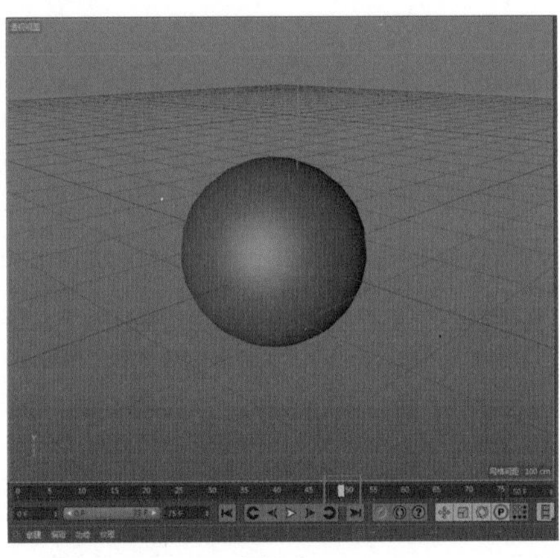

图9.3

动画制作完成后，时间线上会出现灰色的关键帧，选择灰色关键帧，被选中的关键帧以黄色显示，如图9.4所示。

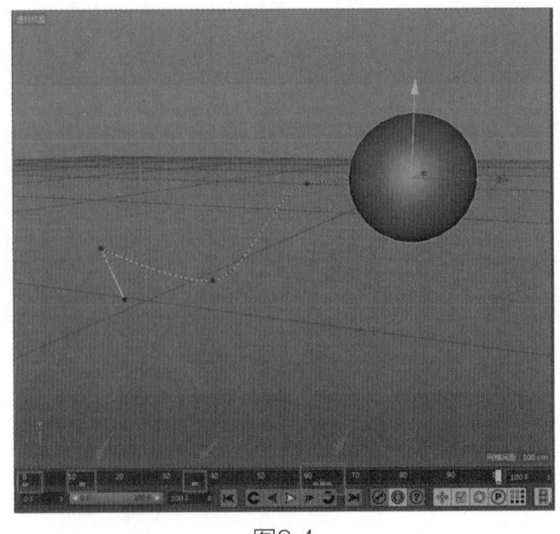

图9.4

可以拖动关键帧改变动画的节奏，还可以在时间线上框选某个时间段中的多个关键帧，进行整体移动（改变动画的时间区间），如图9.5所示。

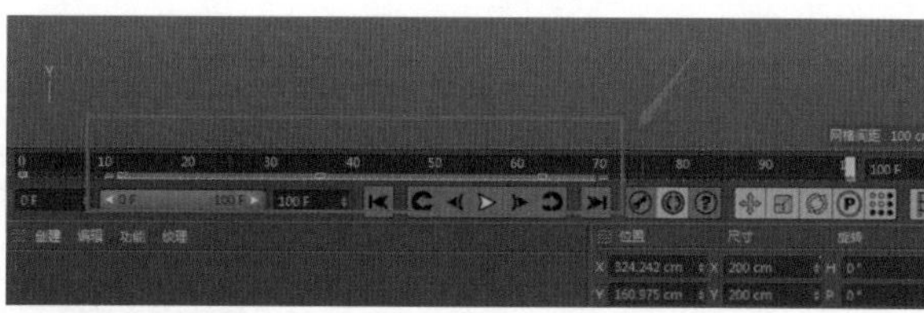

图9.5

还可以拖动两端的灰色方块压缩或拉长被选择的动画的时间长度，如图9.6所示。

时间长度控制区域可以改变当前时间线的总帧数（动画总长度），在总长度框中输入数值，则可控制总帧数（如：100），如图9.7所示。

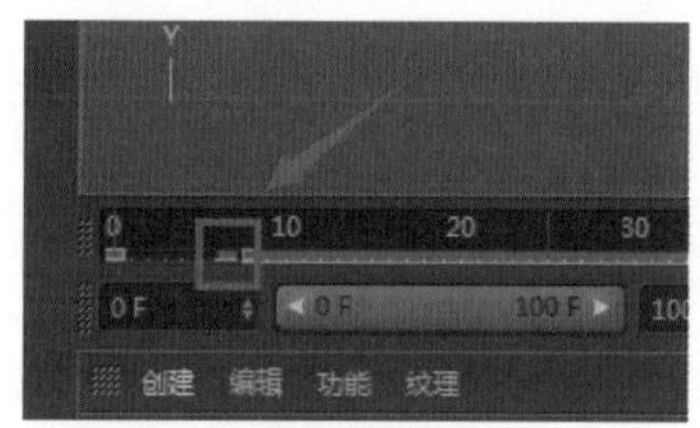

图9.6

图9.7

拖动和按钮可改变时间线上的起始帧和结束帧，这里的起始帧和结束帧仅代表当前时间线上的帧显示范围（方便编辑动画），如图9.8所示。

动画播放区域的按钮用于调整关键帧的前进和后退，如图9.9所示。

图9.8

图9.9

- ：到动画起点。
- ：到上一个关键帧。
- ：到动画上一帧。
- ：播放动画。
- ：到动画下一帧。
- ：到下一个关键帧。
- ：到动画终点。

关键帧记录区域中的按钮用于手动记录关键帧、自动记录关键帧、设置关键帧选择集，如图9.10所示。

图9.10

- ：手动记录关键帧。
- ：自动记录关键帧。
- ：设置关键帧选择集。

【自动记录关键帧】按钮要慎用，自动记录关键帧功能可将用户在视图中进行的所有操作都打上关键帧，属于简单粗暴的动画制作方式。

动画属性记录区域中的按钮用于对移动、缩放、旋转、参数和顶点次物体动画进行控制，启用某个按钮则记录具有该属性的动画，禁用某个按钮则忽略具有该属性的动画记录，如图9.11所示。

图9.11

- ：开/关记录位置动画。
- ：开/关记录缩放动画。
- ：开/关记录旋转动画。
- ：开/关记录参数级别动画。
- ：开/关记录点级别动画。

一般情况下，这些按钮默认都处于启用状态，除非不想记录具有某个属性的关键帧。下面来做个实验，单击按钮，将位置记录按钮禁用，此时该按钮呈灰色显示，如图9.12所示。

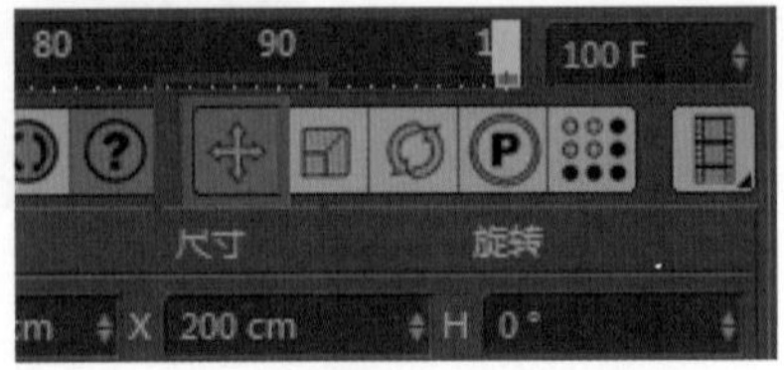

图9.12

在视图中建立一个球体并按C键将其塌陷为可编辑多边形，启用【自动记录关键帧】按钮。在视图中旋转球体❶，参数面板中位置区域的动画关键帧被忽略，没有被记录，而缩放和旋转参数被记录了关键帧动画❷，如图9.13所示。

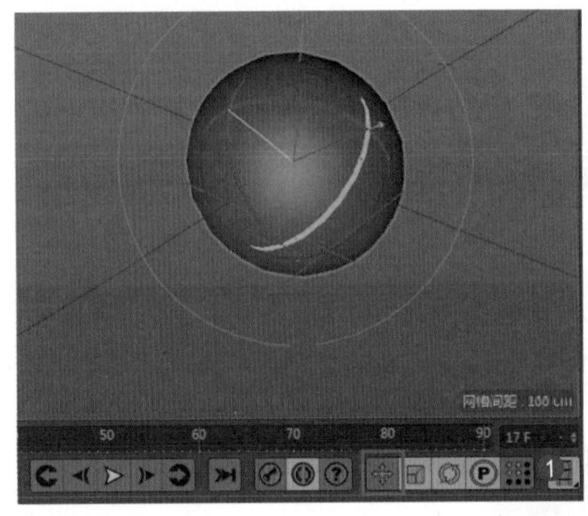

图9.13

9.2 关键帧动画简介

关键帧动画，就是给需要制作动画效果的属性准备一组与时间相关的值，这些值都是从动画序列中比较关键的帧中提取出来的，而其他时间帧中的值，可以用这些关键值，采用特定的插值方法计算得到，从而达到比较流畅的动画效果。

9.2.1 实例：自动记录关键帧

Scenes\9.2.1.c4d\自动记录关键帧

启用【自动记录关键帧】按钮创建动画，设置当前时间，然后更改场景中的对象，可以更改对象的位置，使其旋转或缩放，几乎可以更改任何设置或参数。

（1）新建一个实例场景，如图9.14所示，这是由一个圆柱体和一个立方体组成的场景，现在要把圆柱体移动到立方体的另一端。

（2）单击【自动记录关键帧】按钮，将时间滑块移动到第90帧的位置，然后选择圆柱体，使其沿Z轴移动到立方体的另外一端。这个时候在第0帧和第90帧的位置会自动生成两个关键帧，如图9.15所示。

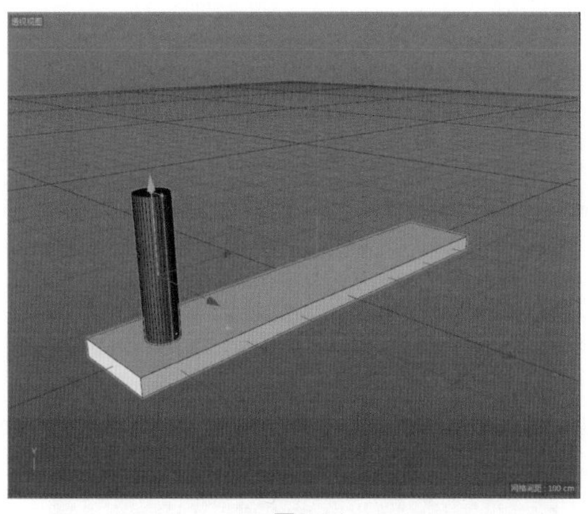
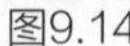

图9.14

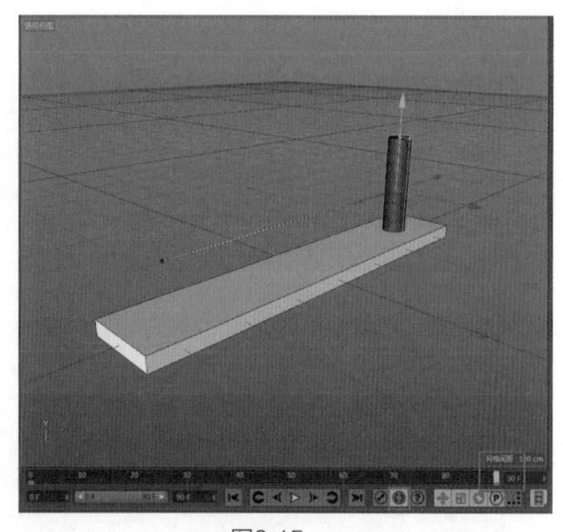

图9.15

（3）拖动时间滑块，使其在第0帧到第90帧之间移动，圆柱体会沿着立方体从一端移动到另外一端，如图9.16所示。

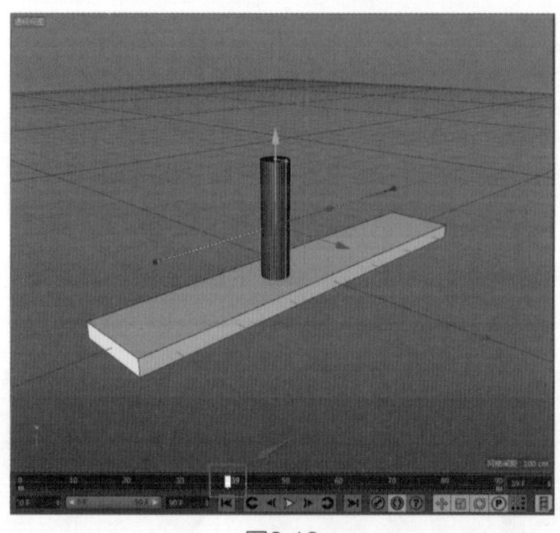

图9.16

9.2.2 实例：手动记录关键帧

微课视频

工程文件 Scenes\9.2.2.c4d\手动记录关键帧

启用【手动记录关键帧】按钮可以人为地控制关键帧，非常方便制作动画。

（1）继续在上一小节的模型上制作动画。选择圆柱体，单击【手动记录关键帧】按钮，在第0帧处手动记录初始关键帧，如图9.17所示。

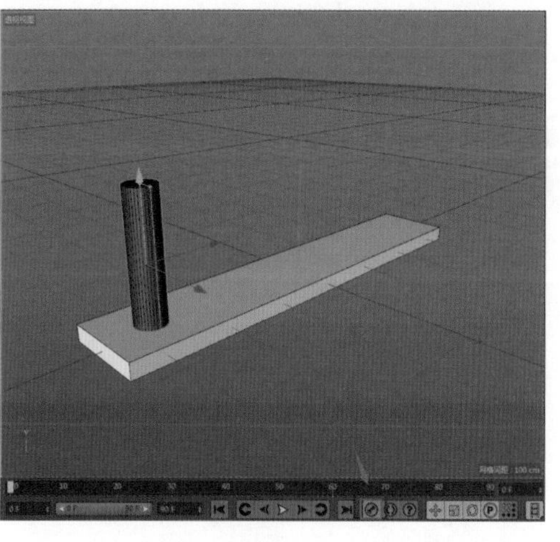

图9.17

（2）移动时间滑块到第90帧处，将圆柱体移动到立方体的另一端，单击【手动记录关键帧】按钮，在第90帧处手动记录关键帧，如图9.18所示。

（3）拖动时间滑块，使其在第0帧到第90帧之间移动，圆柱体会沿着立方体从一端移动到另外一端，动画制作完成，如图9.19所示。

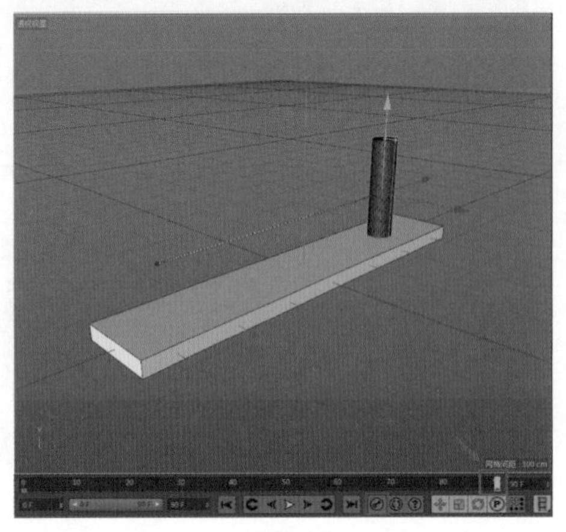
图9.18

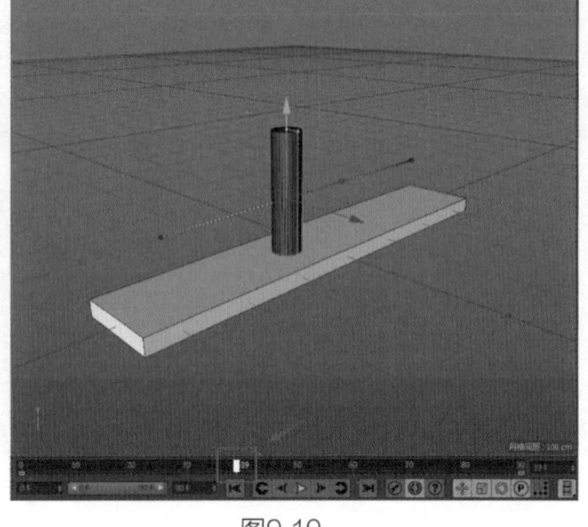
图9.19

9.2.3 实例：制作参数动画

微课视频

工程文件 Scenes\9.2.3.c4d\制作参数动画

在Cinema 4D中，只要某参数前面有圆点图标，就可以用来设置动画，如图9.20所示。

（1）在场景中新建一个圆柱体，如图9.21所示。

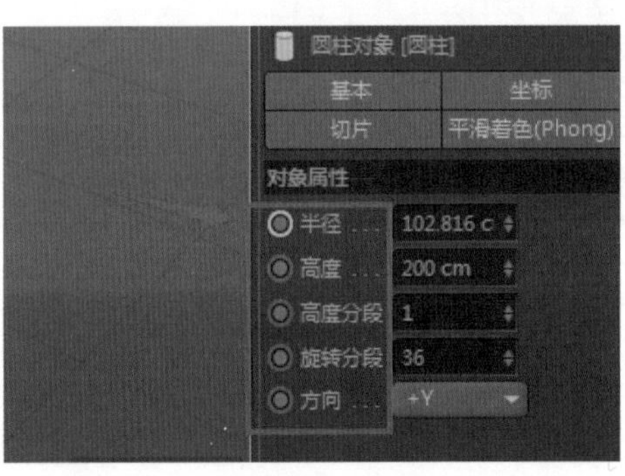

图9.20

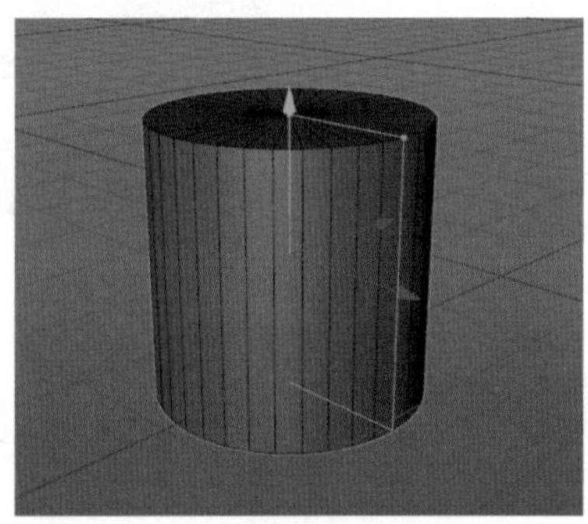
图9.21

（2）在参数面板中的【对象】选项卡中，单击【半径】前面的圆点，该圆点变成红色❶，此时时间线上第0帧处出现了关键帧❷，如图9.22所示。

图9.22

（3）移动时间滑块到第90帧，将【半径】设置为100，此时，【半径】前面的圆点变成了空心红点▣，说明这个参数进行了动画设置，单击空心红点▣，将其变成红心圆点▣❶，时间线上第90帧处产生了一个新的关键帧❷，如图9.23所示。

拖动时间滑块，使其在第0帧到第90帧之间移动，圆柱体的半径会根据参数设置进行变化，动画制作完成。如果想在不同的时间点进行参数设置，只需将时间滑块移动到相应帧，然后设置参数，并单击空心红点▣将其变成红心圆点▣即可。

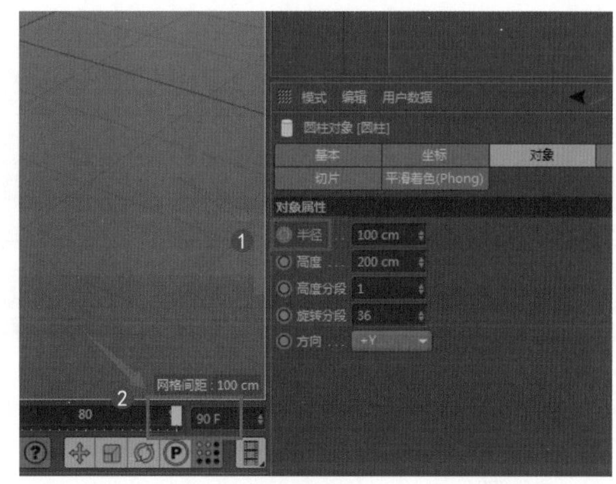

图9.23

9.2.4 实例：应用动画曲线

Scenes\9.2.4.c4d\应用动画曲线

为对象制作动画后，视图中会出现动画曲线标识，这个标识呈蓝色显示，上面的节点距离代表动画的速率。下面通过实例来讲解动画曲线的用法。

（1）在场景中新建一个球体，如图9.24所示。

（2）在参数面板中单击位置区域的▣，将*X*轴上的动画进行孤立（默认情况下这个按钮呈灰色显示），亮黄色表示只能基于*X*轴做动画，如图9.25所示。

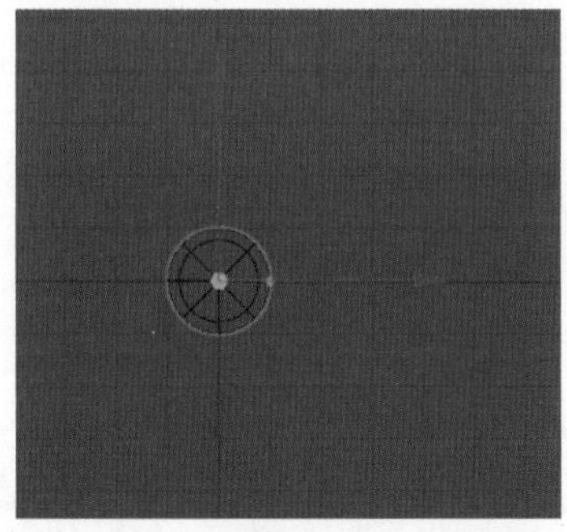

图9.24

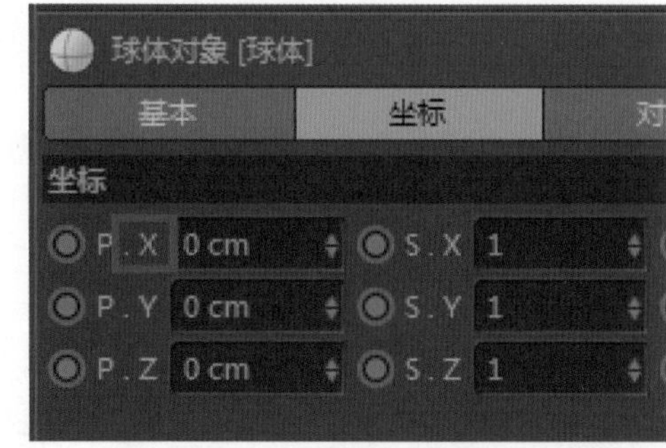

图9.25

（3）在第0帧处，单击P.X左边的圆点▣，将其变为红色▣。这样就在第0帧处插入了一个关键帧，如图9.26所示。

（4）拖动时间滑块到第50帧处，设置P.X为1000cm。单击圆点将其变成红色▣，这样就制作了一个球体沿*X*轴移动1000cm的动画，如图9.27所示。

（5）播放动画，可以看到球体在动画前面部分速度缓慢，中间加速，结尾部分又变缓慢。从动画曲线上我们也可以看出这个规律，如图9.28所示。

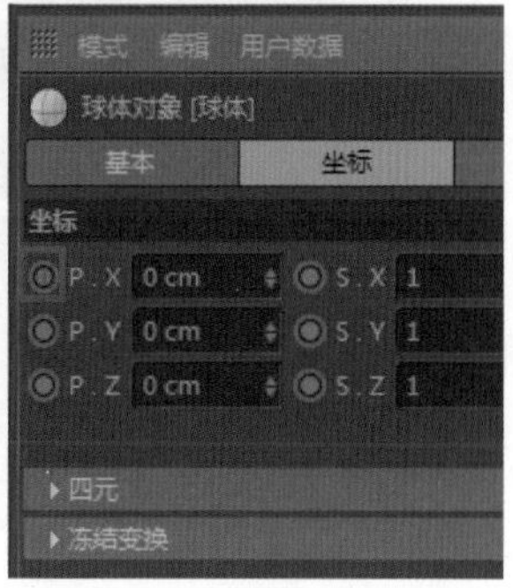

图9.26

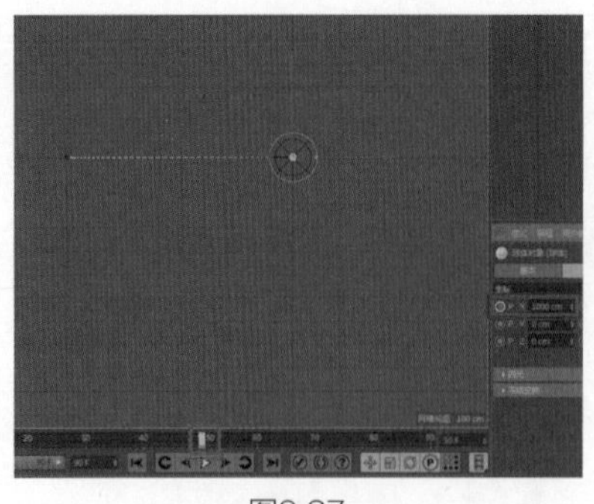
图9.27

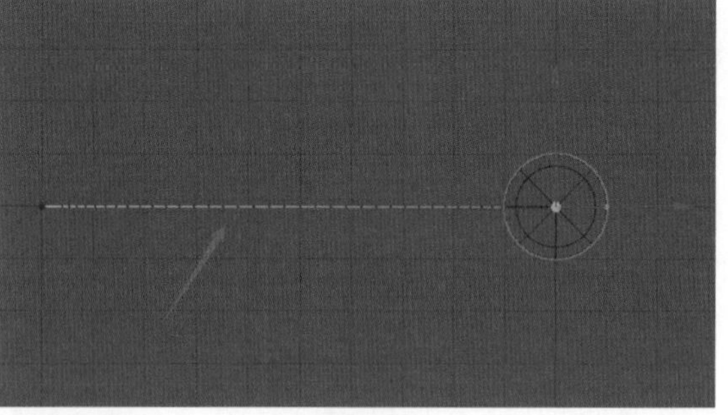
图9.28

（6）在按住Ctrl键的同时拖动球体，复制3个动画球体。现在每个球体都具备了动画效果，如图9.29所示。

（7）播放动画，可以看到所有球体都具有同样的动画效果和移动速度。下面来改变它们的运动速度。

（8）选择【窗口】|【时间线(函数曲线)】命令，打开【时间线窗口】，如图9.30所示。

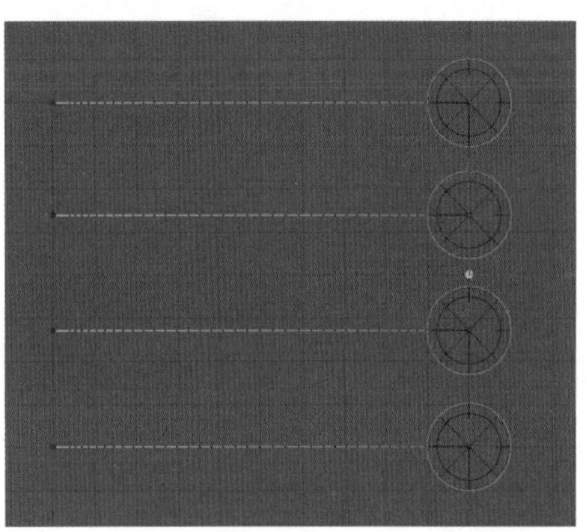
图9.29

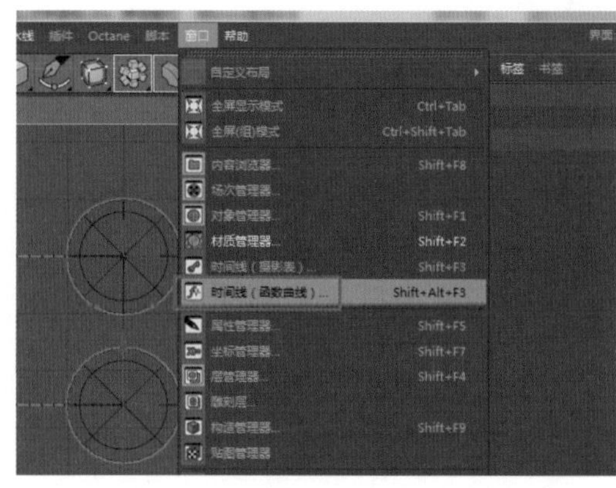
图9.30

（9）在【时间线窗口】中选择第一个球体，并展开它的堆栈，可以看到Y轴的动画曲线，如图9.31所示。

制作的两个关键帧以黄色节点方式显示，关键帧之间以红色曲线连接，可以拖动黄点的手柄来控制运动速率。

（10）框选曲线，单击【时间线窗口】中的【线性】按钮，将运动曲线改为线性，如图9.32所示。

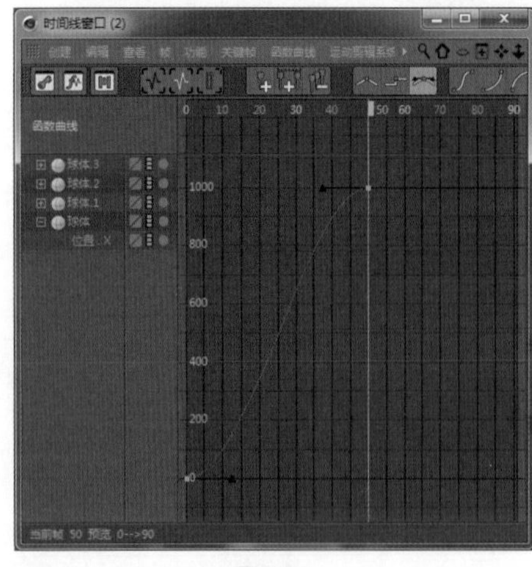
图9.31

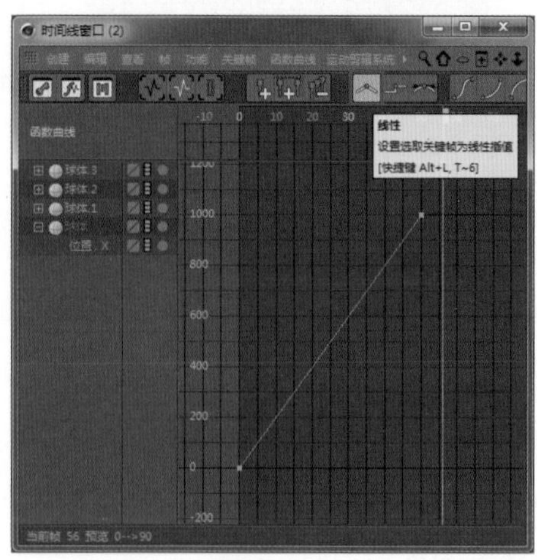
图9.32

（11）播放动画，这个球体的运动变为匀速运动。

（12）选择第二个球体，在【时间线窗口】中移动第50帧处的节点手柄，对曲线形状进行调节，如图9.33所示。

（13）在【时间线窗口】中，横向代表帧数，纵向代表距离，在前面的操作中，我们将第0帧的曲线拉直，将第50帧的曲线变缓。整个动画在初始阶段加速，在结束阶段变缓，如图9.34所示。

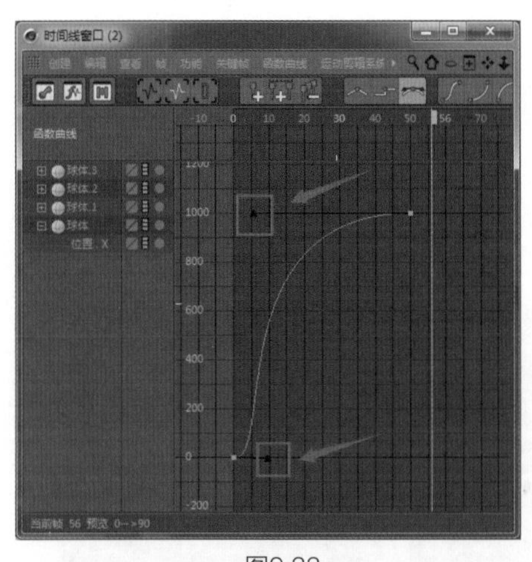

图9.33

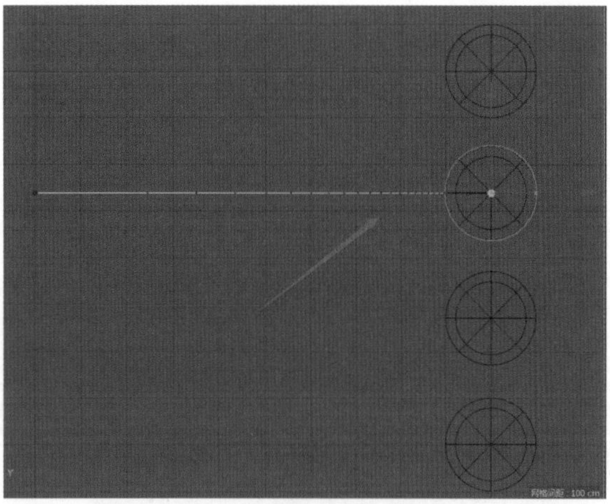

图9.34

（14）在【时间线窗口】中，选择第三个球体，将曲线调整为起始帧处变化柔和，结束帧处变化剧烈，如图9.35所示。

（15）在【时间线窗口】中选择第四个球体，单击【步幅】按钮，将动画曲线改为步幅模式。步幅模式制作的是跳跃性的动画，没有中间过程，如图9.36所示。

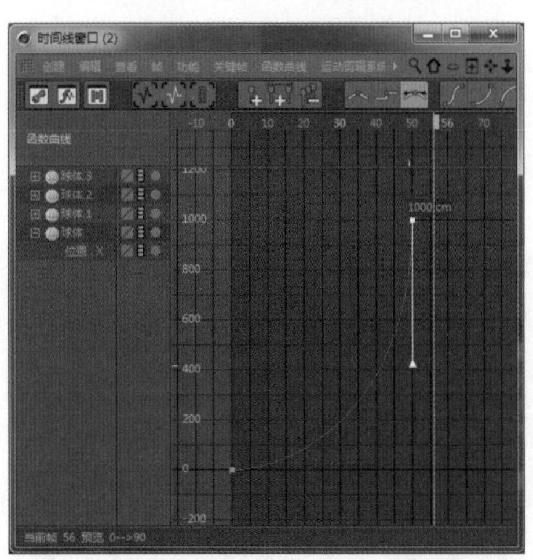

图9.35

图9.36

（16）这样，我们就做出了4个不同的动画效果。播放动画，第一个球体匀速运动，第二个球体先加速后减速运动，第三个球体先减速后加速运动，第四个球体跳跃运动。合理、巧妙地运用动画曲线可以让动画变得富有韵律，如图9.37所示。

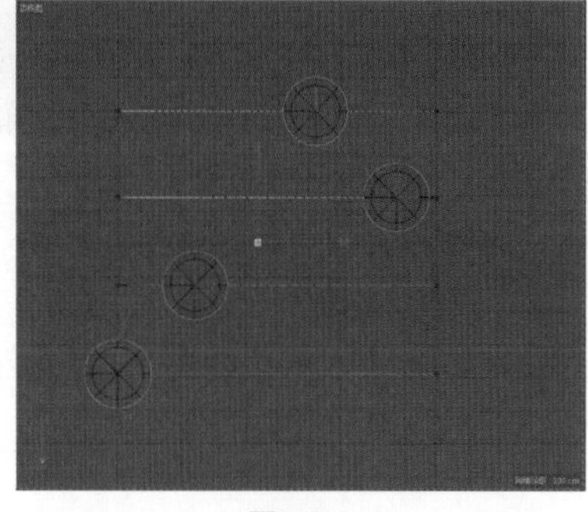

图9. 37

9.2.5 实例：应用摄影表

微课视频

工程文件 Scenes\9.2.5.c4d\应用摄影表

在【摄影表】中，动画关键帧以小方块的形式体现，用户可以移动、删除、复制这些小方块来编辑动画，就像编辑乐谱一样方便。在【时间线窗口】中单击按钮，如图9.38所示，即可进入摄影表编辑模式。

（1）选择第一个球体X位置第0帧处的黄色小方块，在按住Ctrl键的同时向右移动复制的小方块到第10帧处，如图9.39所示。

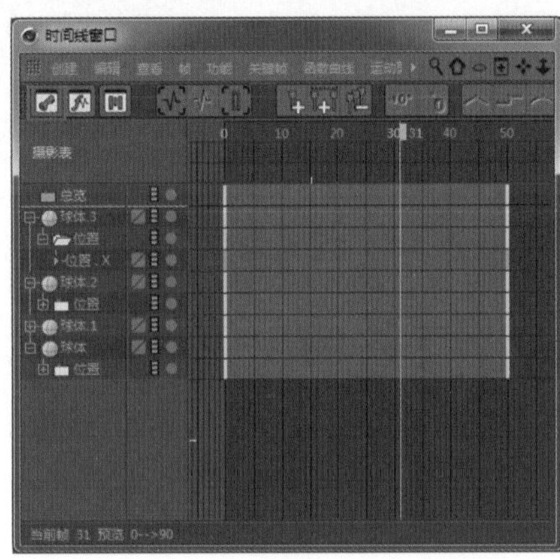

图9.38

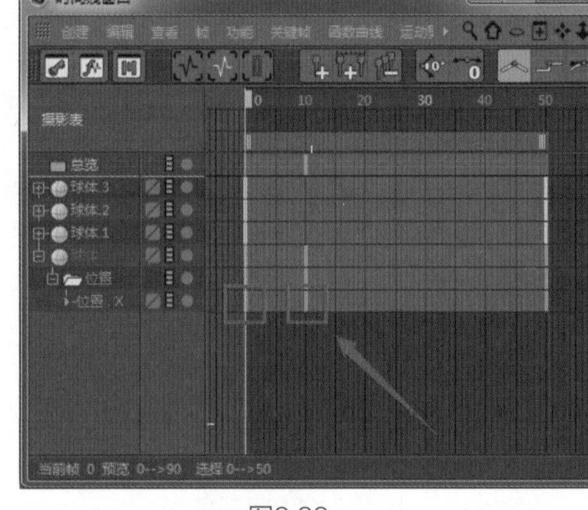

图9.39

（2）播放动画，可以看到球体在第0帧到第10帧之间不动，第10帧才开始运动。这说明前面在【摄影表】上将第0帧的运动状态复制到了第10帧，对动画产生了作用，如图9.40所示。

（3）在【摄影表】中框选第二个球体第0帧到第50帧的黄色小方块，将它们向右移动10帧，如图9.41所示。

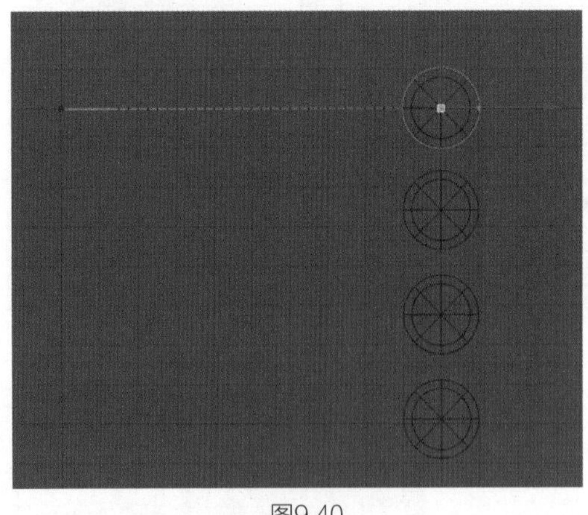

图9.40

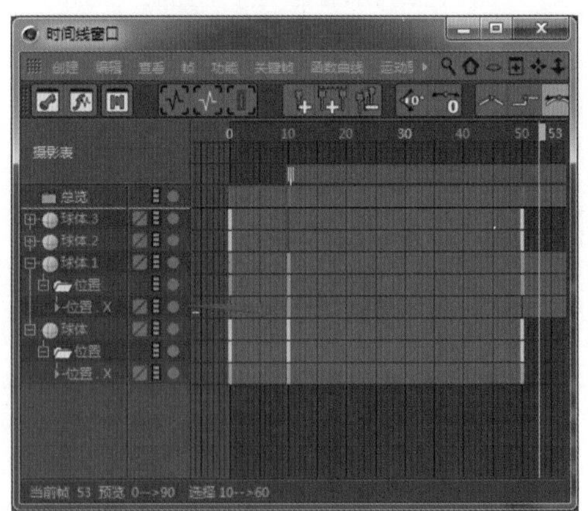

图9.41

（4）在视图的时间线中可以观察到，时间滑块同样向右错位了10帧，动画变成从第10帧开始到第60帧结束，如图9.42所示。

（5）在【摄影表】中选择第三个球体第50帧处的黄色小方块，将其向右移动到第90帧处，如图9.43所示。

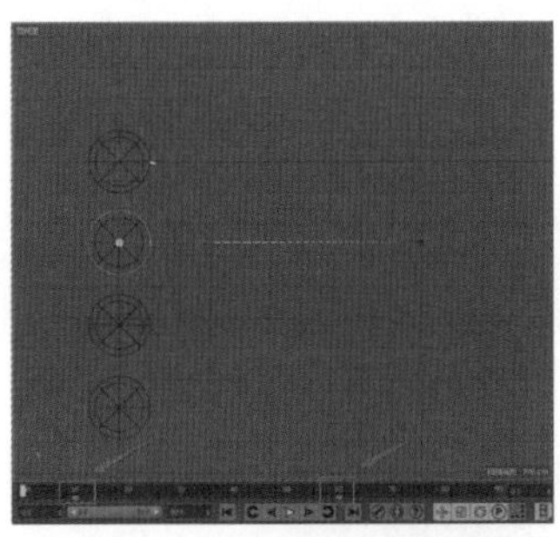

图9.42

图9.43

（6）播放动画，动画由之前的0~50帧被拉长到0~90帧，通过改变黄色小方块的位置，可方便地调节动画时间，如图9.44所示。

当然，我们也可以在时间线上直接拖动关键帧来达到这个目的。

（7）在【摄影表】中选择第四个球体第0帧处的黄色小方块，在按住Ctrl键的同时将复制的小方块移动到第90帧处，如图9.45所示。

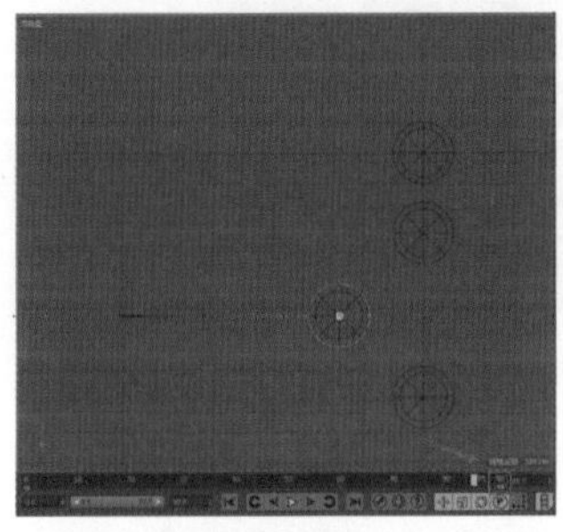

图9.44

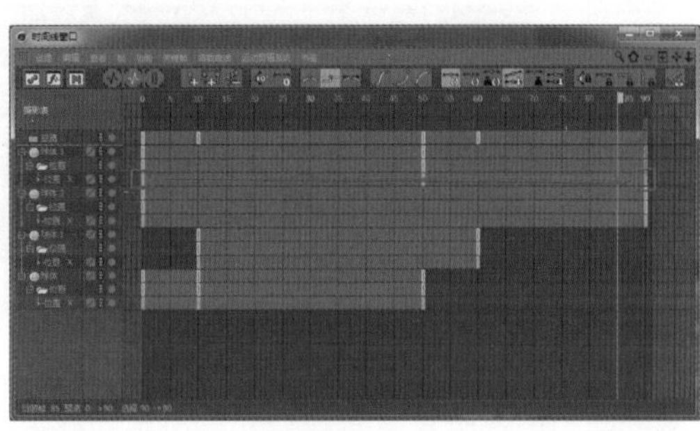

图9.45

该球体将在第90帧处重新运动到第0帧的位置。

在复杂场景的动画制作中，【摄影表】可以为我们提供便捷的操作。

9.2.6 实例：添加声音关键帧

微课视频

Scenes\9.2.6.c4d\添加声音关键帧

在【摄影表】中，可以添加声音关键帧，还可以根据声音波形来编辑动画。

（1）在【摄影表】中选择第一个球体，选择【时间线窗口】中的【创建】|【添加专用轨迹】|【声音】命令，添加一个声音关键帧，如图9.46所示。

（2）在参数面板中给声音关键帧设置声音文件，如图9.47所示。

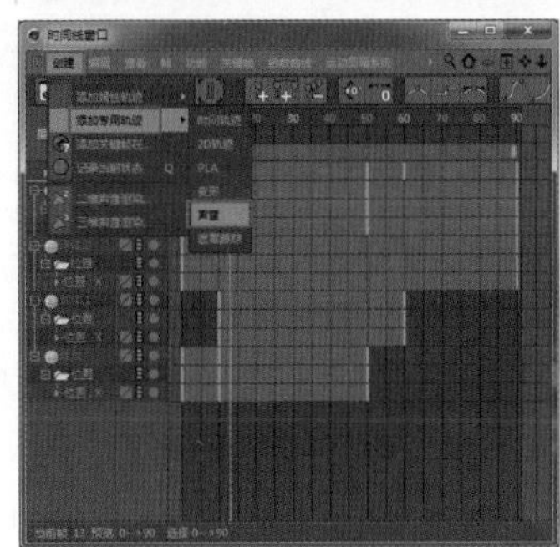

图9.46

图9.47

（3）在时间线中单击鼠标右键，在弹出的快捷菜单中选择【声音】|【显示声波】命令，如图9.48所示。

图9.48

（4）时间线上就出现了前面设置的声音文件的波形，可以根据波形调节动画，如图9.49所示。

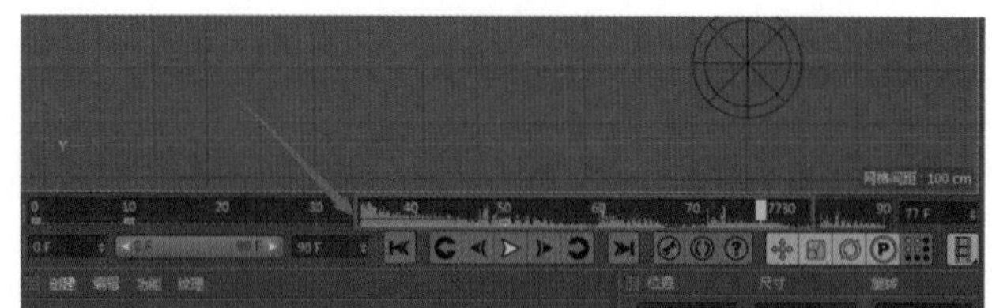
图9.49

（5）在参数面板中调节声音的起始时间，如图9.50所示。

（6）播放动画可以听到音乐声，如果不想播放声音，选择【动画】|【播放声音】命令（声音还在，只是关闭了音响效果），如图9.51所示。

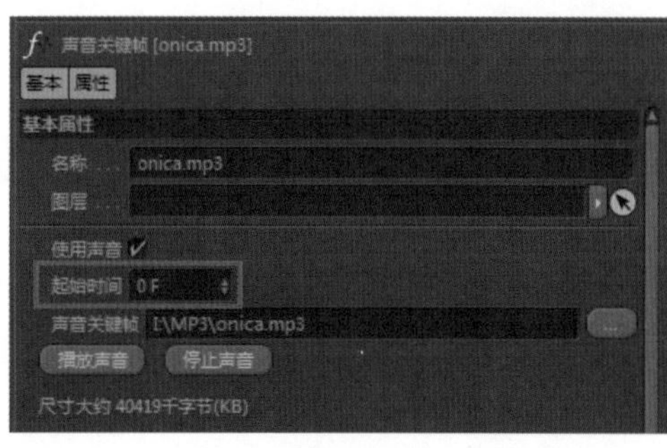

图9.50

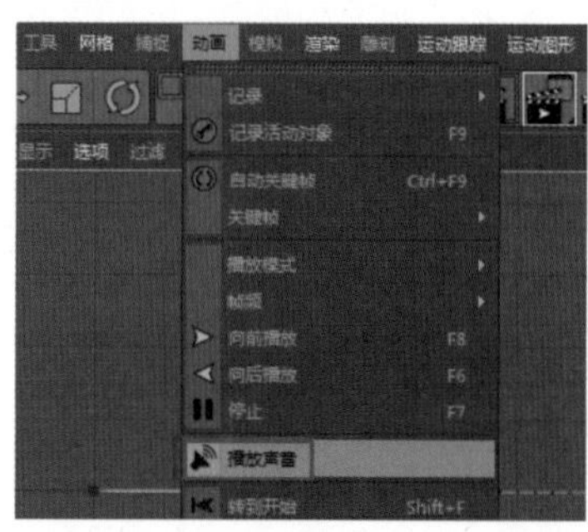

图9.51

9.2.7 实例：复制粘贴动画轨迹

微课视频

Scenes\9.2.7.c4d\复制粘贴动画轨迹

当一个对象的动画制作完成后，可以将它的运动轨迹复制给另一个对象，让另一个对象产生同样的动画效果。

（1）接着上一个实例，选择第一个球体，在参数面板中单击鼠标右键，在弹出的快捷菜单中选择【动画】|【复制轨迹】命令，复制球体的运动轨迹，如图9.52所示。

（2）新建一个立方体，在参数面板中单击鼠标右键，在弹出的快捷菜单中选择【动画】|【粘贴轨迹】命令，将球体的运动轨迹粘贴给立方体，如图9.53所示。

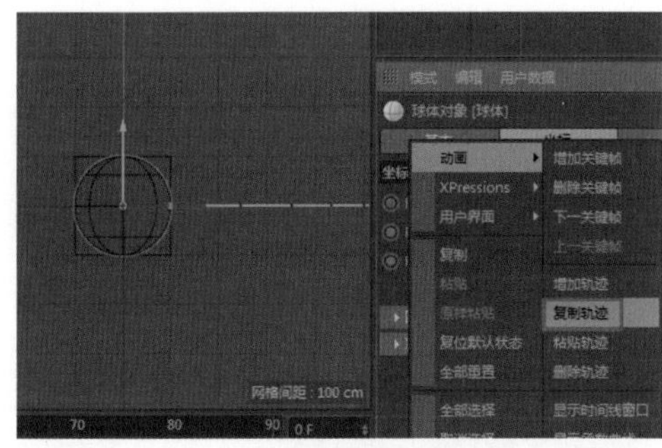

图9.52

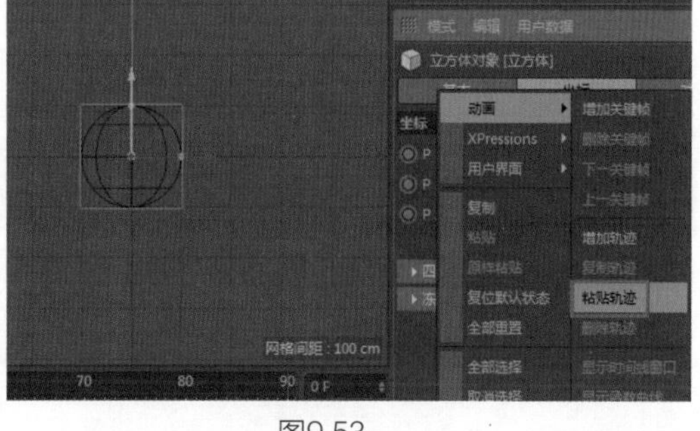

图9.53

（3）在视图中可以看到立方体拥有了球体的运动轨迹，播放动画，立方体和球体的运动效果一致，如图9.54所示。

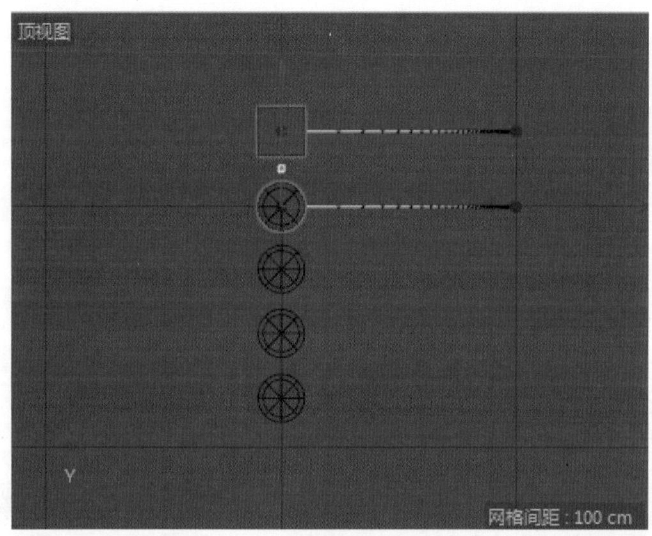

图9.54

9.3 关键帧动画的制作

下面通过实例的形式讲解一系列动画制作技巧，在Cinema 4D中，动画的种类非常多，有路径动画、振动动画等。所有前面有圆点图标的参数都可以用于制作动画，Cinema 4D中特有的动态图形和效果器也可以用于制作动画，还有粒子、毛发、布料、动力学等都可以用于制作动画。

9.3.1 实例：制作路径动画

微课视频

Scenes\9.3.1.c4d\制作路径动画

路径动画的使用频率较高，对象跟随事先绘制好的曲线进行运动，用户可以精准地控制运动轨迹。

（1）新建一个圆锥，再绘制一条螺旋曲线，如图9.55所示。

（2）在对象面板中选择【圆锥】，单击鼠标右键，在弹出的快捷菜单中选择【CINEMA 4D标签】|【对齐曲线】命令，如图9.56所示。

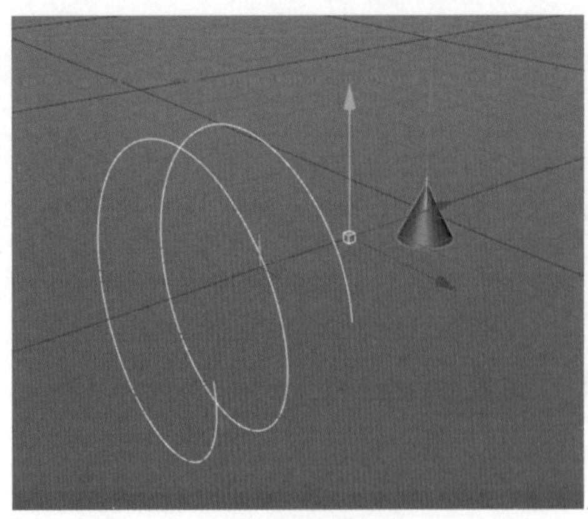

图9.55

图9.56

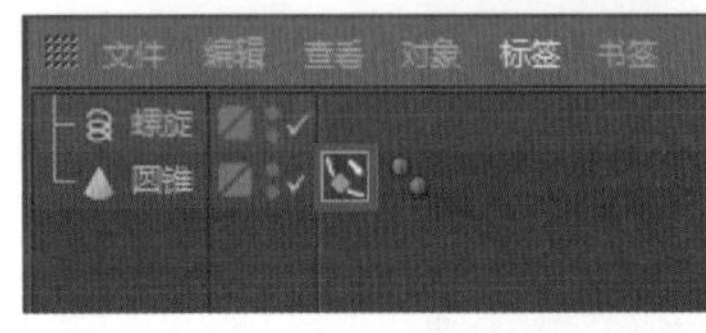

图9.57

此时【圆锥】后方出现了【对齐曲线】标签，如图9.57所示。

（3）选择【对齐曲线】标签，从对象面板中将螺旋曲线拖动到参数面板中的【曲线路径】栏内，如图9.58所示。

（4）此时圆锥移动到了螺旋曲线上。通过位置和轴向的设置，可以控制圆锥的位移及圆锥的朝向❶，使用参数前面的图标按钮控制动画❷，如图9.59所示。

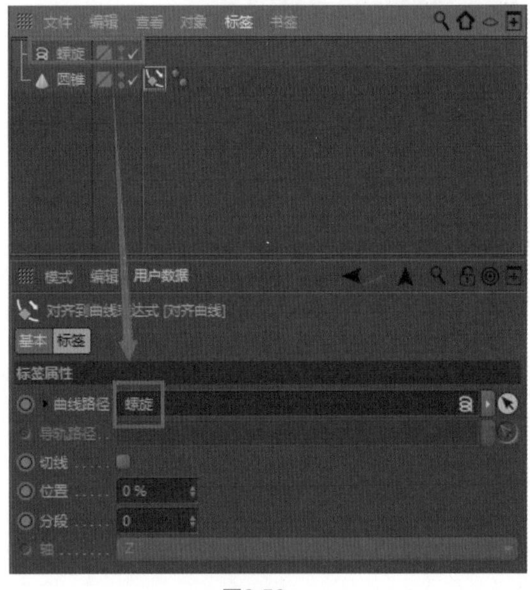

图9.58

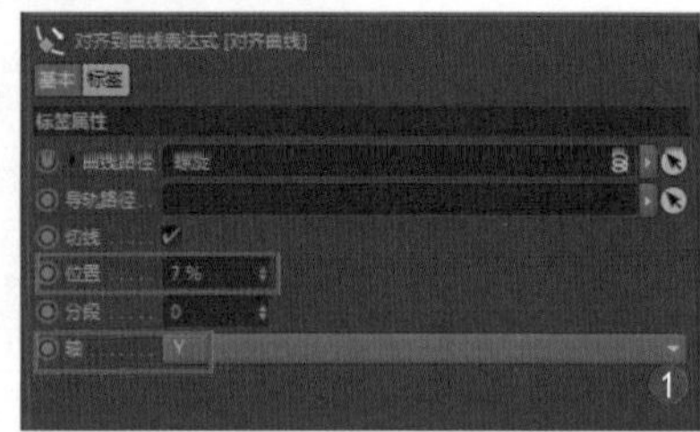

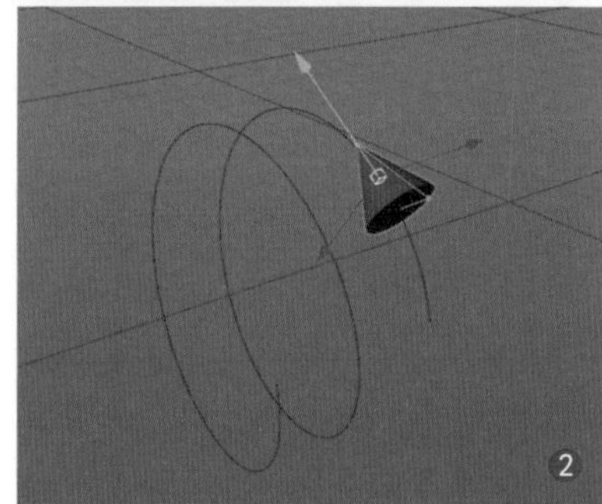

图9.59

9.3.2 实例：制作振动动画

Scenes\9.3.2.c4d\制作振动动画

振动动画可以让对象在一定的时间范围内进行脉冲式振动，可以通过位置、尺寸和旋转这3个属性编辑振动效果。

（1）继续上一小节的实例，在对象面板中选择【圆锥】，单击鼠标右键，在弹出的快捷菜

单中选择【CINEMA 4D标签】|【振动】命令，如图9.60所示。

（2）此时【圆锥】后方出现了【振动】标签，选择该标签，如图9.61所示，在参数面板中可以对振动的频率和振动方式进行编辑。

图9.60

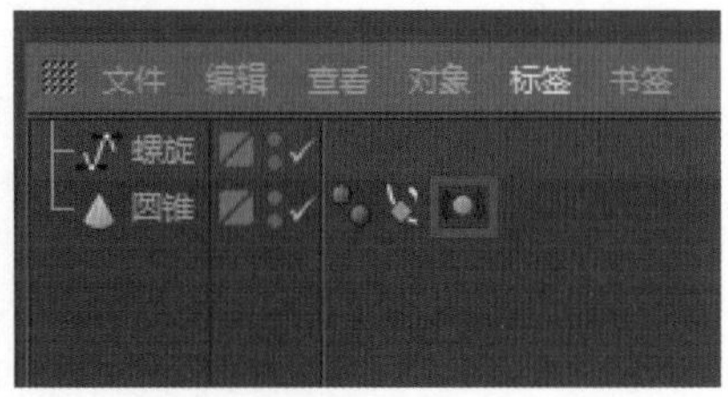

图9.61

在【启用位置】区域可对振动的抖动位置（X、Y、Z轴向）进行调节，对象可上、下、左、右随机抖动，抖动的范围可控。【启用缩放】区域可对对象的随机缩放进行控制。【启用旋转】区域可让对象振动时随机地旋转方向，如图9.62所示。

这里要注意的是，如果让圆锥在沿螺旋线运动的同时进行振动，则【对齐曲线】标签和【振动】标签的顺序不能颠倒，必须先用【对齐曲线】标签，再用【振动】标签，如图9.63所示。

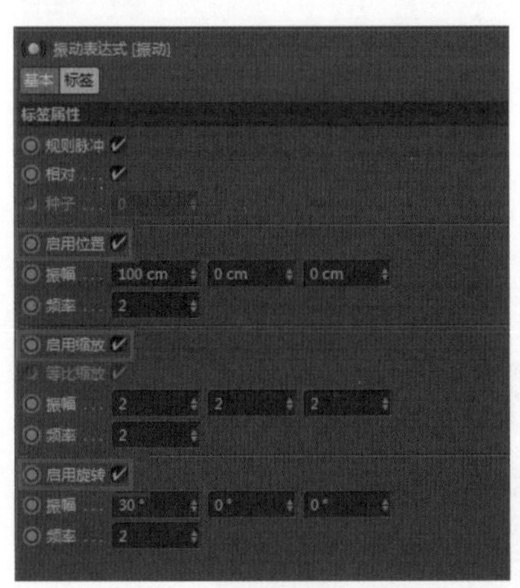

图9.62

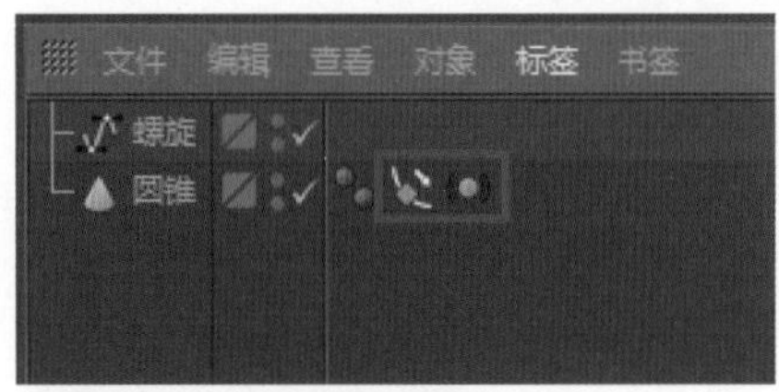

图9.63

在Cinema 4D中，制作动画的方式非常多，有刚体动力学、柔体动力学、毛发、布料、粒子、运动图形和效果器等方式，还有各种表达式动画，后文会介绍这些动画知识。

9.4 运动图形

运动图形就是通过对对象进行克隆、矩阵、分裂、破碎等操作，并给这些操作附加更多的效果器，这些效果器包括继承、随机、延迟等。

运动图形是Cinema 4D特有的动画模块，运动图形的种类有8种，分别是克隆、矩阵、分裂、破碎、实例、文本、跟踪对象和运动样条❶。用这些运动图形可以对对象进行参数化动态编辑，如破碎等。编辑后给对象再添加效果器❷，可以制作复杂的动画效果，如添加随机、延迟、退散等动作，如图9.64所示。

图9.64

9.4.1 实例：使用【克隆】工具

微课视频

工程文件 Scenes\9.4.1.c4d\使用【克隆】工具

通过对对象进行克隆，可以批量复制对象，对对象的布局可以进行参数化调整。

（1）新建一个立方体，在按住Alt键的同时给立方体添加【克隆】❶，此时克隆以父级形式存在❷，如图9.65所示。

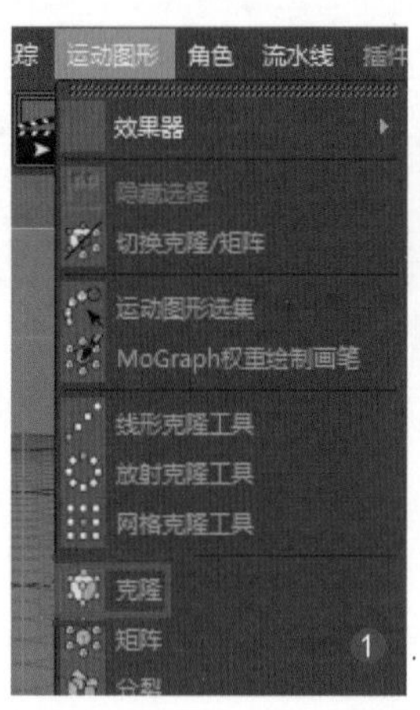

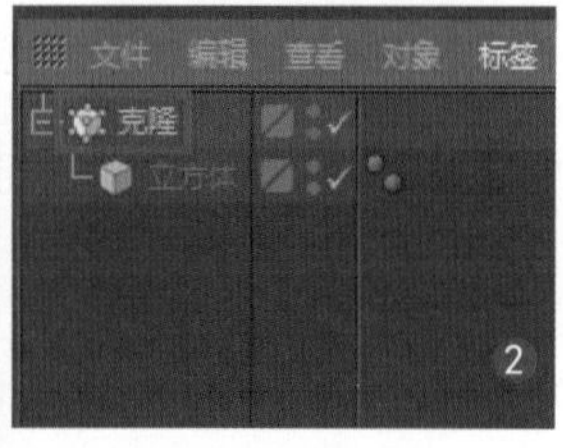

图9.65

（2）在克隆的参数面板中设置【数量】为10，将*Y*轴的【位置】设为300cm❶，立方体以*Y*轴为方向，间隔300cm进行复制，一共生成10个对象❷，如图9.66所示。

（3）将【模式】由【线性】改成【网格排列】，默认情况下立方体以3×3×3的方式排列，如图9.67所示。

（4）修改【数量】，得到更多的立方体，如图9.68所示。

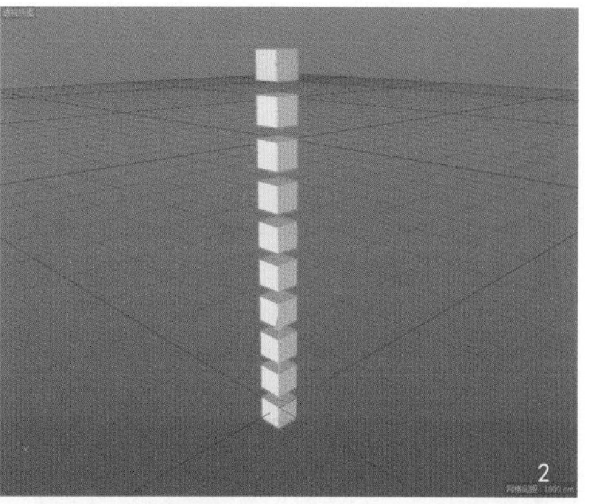

图9.66

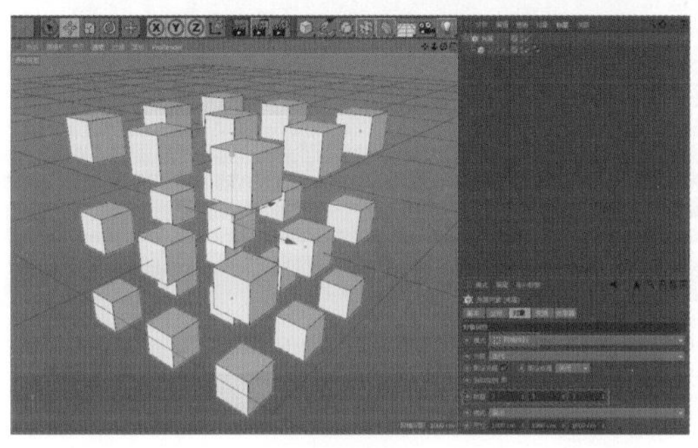

图9.67

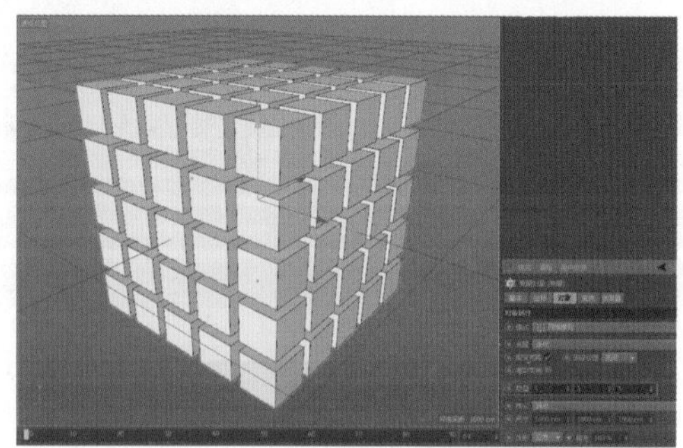

图9.68

在【变换】面板中修改【位置】、【缩放】或【旋转】等参数的值，可得到不同的变换效果。此时，每个立方体的变换都是相同的，如图9.69所示。

图9.69

9.4.2 实例：添加效果器

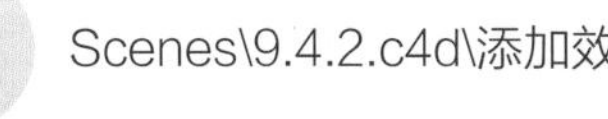

工程文件 Scenes\9.4.2.c4d\添加效果器

在这个实例中，克隆是运动图形，随机是效果器，将它们两个结合在一起，可以制作出很特别的动画效果。

（1）选择【运动图形】|【效果器】|【随机】命令❶，给克隆添加【随机】效果器，此时【随机】效果器被自动添加到了克隆对象的参数面板中❷，如图9.70所示。

（2）调节效果器【参数】面板中的【位置】、【缩放】和【旋转】等参数，可得到相应的随机效果，如图9.71所示。

（3）在克隆对象参数面板的【对象】选项卡中修改【模式】为【放射】，可以看到立方体组合呈放射状排列。克隆方式可以转嫁到其他模型上，在场景中导入一个小狗模型，如图9.72所示。

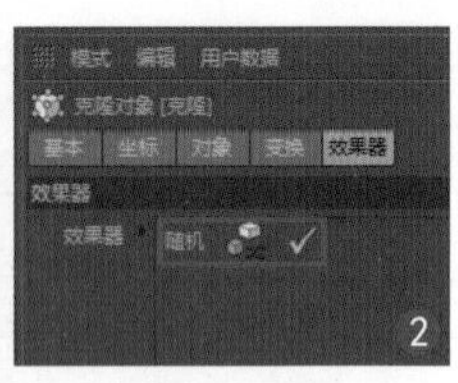

图9.70

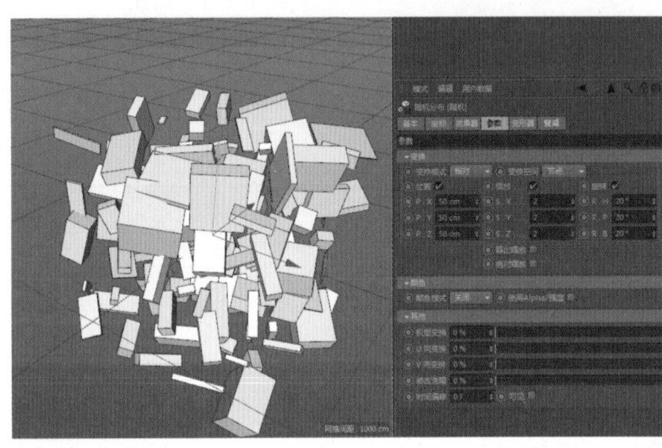

图9.71

图9.72

（4）在克隆对象参数面板的【对象】选项卡中修改【模式】为【对象】，将小狗模型拖动到【对象】栏中，如图9.73所示。

（5）隐藏小狗模型并改变立方体尺寸，可以得到很有意思的画面效果，如图9.74所示。

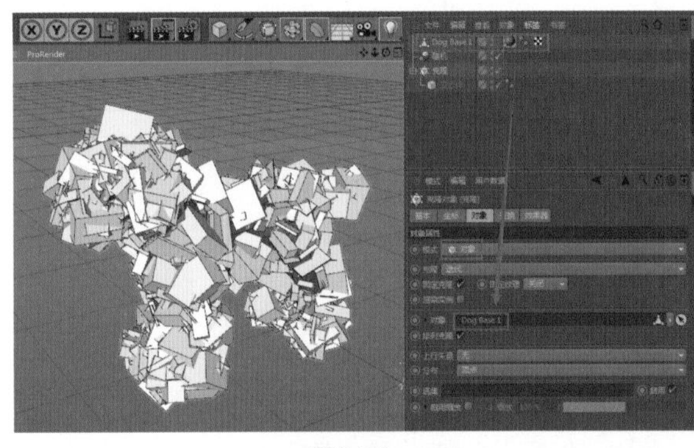

图9.73

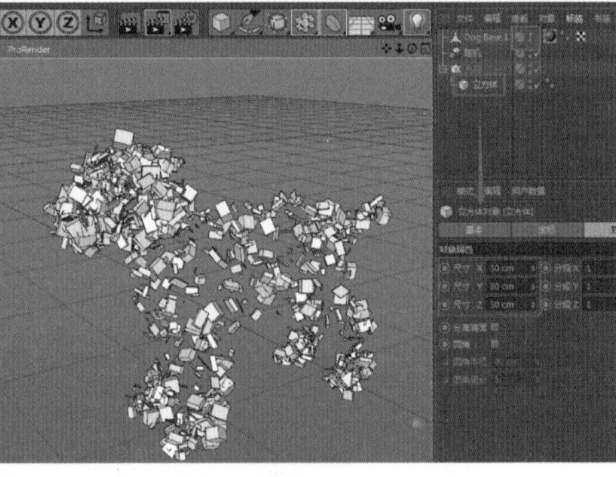

图9.74

9.5 动力学

在Cinema 4D中，刚体动力学和柔体动力学是一大特色，该软件对刚体和柔体的计算是非常准确的，能够制作出非常出色的动力学效果。

9.5.1 实例：应用刚体动力学

微课视频

工程文件 Scenes\9.5.1.c4d\应用刚体动力学

“刚体动力学”顾名思义就是对象产生反弹碰撞，不会产生变形，只会散开，调节【反弹】和【摩擦力】参数可以控制扩散效果。

（1）新建一个球体，在按住Alt键的同时给球体添加【克隆】。设置克隆参数，让克隆体以3×3×3的方式排列，如图9.75所示。

（2）在球体下方建立一个平面，当作地面，如图9.76所示。

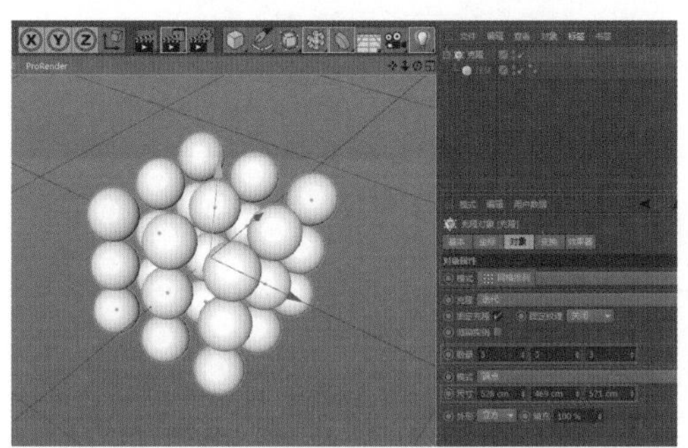

图9.75

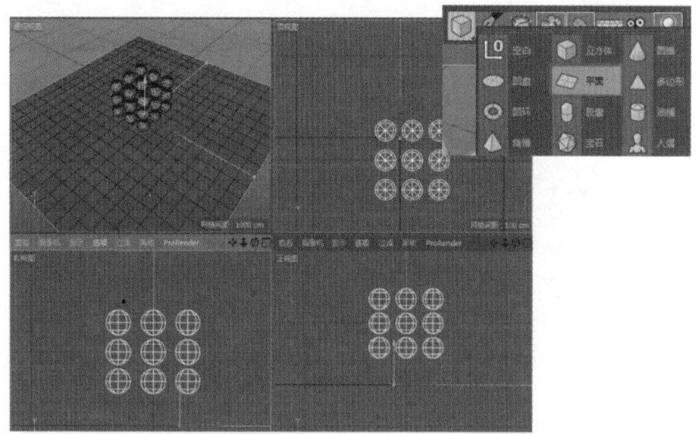

图9.76

（3）在对象面板中的【平面】上单击鼠标右键，在弹出的快捷菜单中选择【模拟标签】|【碰撞体】命令，如图9.77所示。

（4）地面被当作碰撞体，设置其【外形】为【静态网格】（让地面被碰撞时保持不动），如图9.78所示。

图9.77

图9.78

（5）在对象面板中的【克隆】上单击鼠标右键，在弹出的快捷菜单中选择【模拟标签】|【刚体】命令，如图9.79所示。

（6）克隆被当作刚体，单击▶按钮播放动画，系统会自动计算刚体动力学，此时球体会自动下落，直到落在地面上。目前，系统将这些球体作为一个整体进行动力学计算，如图9.80所示。

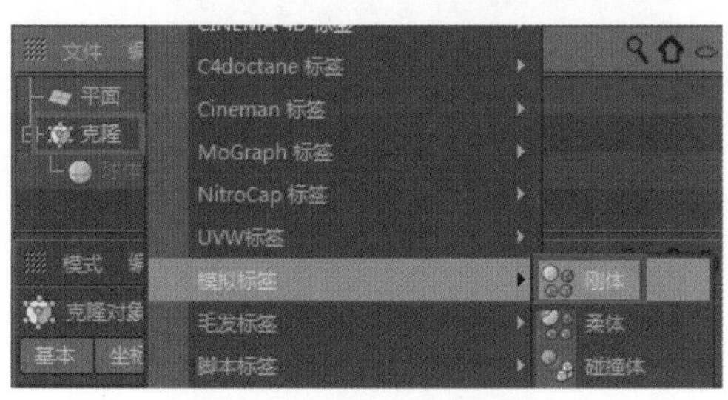

图9.79

图9.80

（7）在对象面板中选择【克隆】后面的【刚体】标签，在参数面板中设置【继承标签】为【应用标签到子级】，设置【独立元素】为【全部】，如图9.81所示。

（8）单击按钮播放动画，克隆的每个子级球体都单独进行动力学计算，如图9.82所示。

图9.81

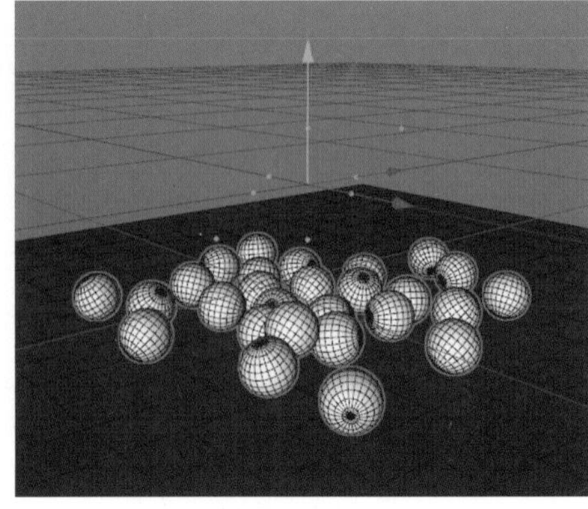

图9.82

使用【刚体】标签可以制作出很多有意思的动力学动画。用户可以设置参与碰撞的对象是静止的，还是被撞开的，还可以设置复杂对象是否有子级参与动力学计算。

9.5.2 实例：应用柔体动力学

微课视频

工程文件 Scenes\9.5.2.c4d\应用柔体动力学

图9.83

顾名思义，柔体动力学就是对象产生柔软的反弹碰撞，对象本身会产生变形。

（1）继续上一小节的实例，将【刚体】标签删除，重新给【克隆】添加【柔体】标签，如图9.83所示。

（2）此时地面的【碰撞体】标签还在，单击按钮播放动画，此时计算机的运算速度明显比计算刚体动力学时更慢。克隆体碰到地面后，这些球体作为一个整体产生了挤压变形，如图9.84所示。

（3）在对象面板中选择【克隆】后面的【柔体】标签，在参数面板中设置【继承标签】为【应用标签到子级】，设置【独立元素】为【全部】，如图9.85所示。

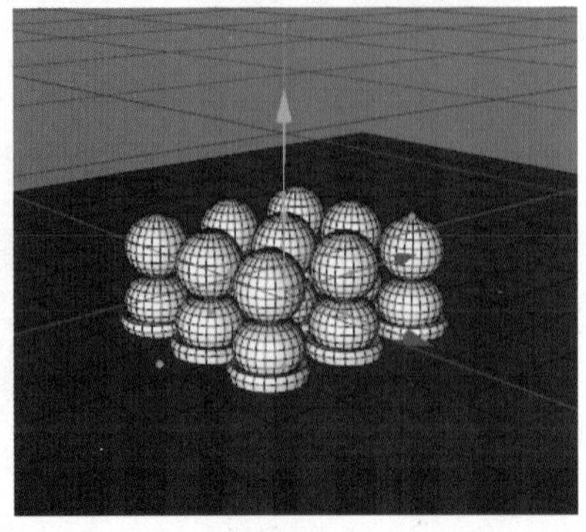

图9.84

图9.85

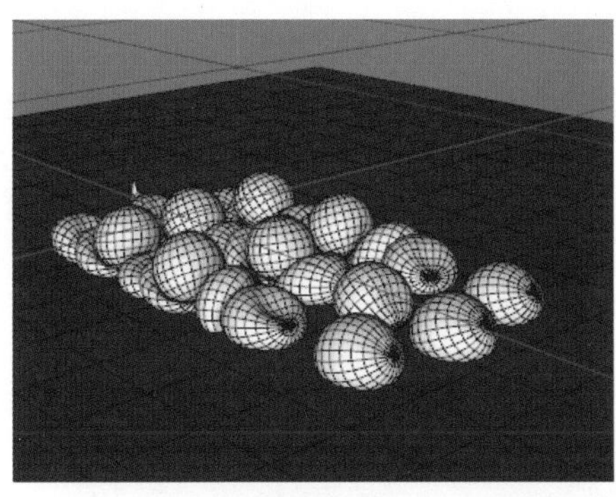

图9.86

（4）将时间滑块移动到第0帧位置，单击▶按钮播放动画，克隆的每个子级球体都单独进行动力学计算，如图9.86所示。这与刚体动力学的原理是一样的。

（5）在参数面板中，刚体和柔体有很多共同之处，很多参数前面都有动画设置按钮◎，可以用于制作动画，如图9.87所示。例如，我们可以给动力学的开启和关闭制作动画，让系统在某一帧才开始动力学计算，尤其是在制作碰撞破碎的效果时，这个功能非常好用。

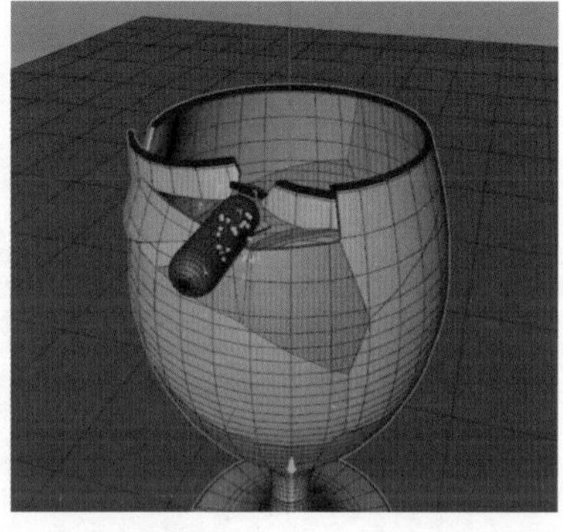

图9.87

【反弹】和【摩擦力】参数也比较常用，【反弹】参数控制刚体或柔体发生碰撞时的变形状态；【摩擦力】则用于控制对象发生碰撞后的反弹速度，如图9.88所示。

图9.88

9.6 动力学应用实例

要想将运动图形动画做好，需要将运动图形、效果器、动力学和各种模拟器组合应用，并达到融会贯通的程度，这其实是一件很困难的事情。本节列举了一系列实例，其中的操作横跨了若干个模块，只对某一个模块熟练是不能够解决问题的。

在Cinema 4D中，动力学无处不在，用户可以用标签制作出很多动力学效果，如毛发、角色、布料、刚体、柔体等，还可以通过粒子系统捆绑对象，用动力学和效果器来模拟更复杂的动画。Cinema 4D提供了更加开放的接口，甚至可以用编程的方式对复杂动画进行扩展设计。由于篇幅所限，就不在这里逐一介绍了，接下来用一系列实例讲解这些复杂的动画制作。

9.6.1 实例：制作枕头

Scenes\9.6.1.c4d\制作枕头

（1）新建一个立方体，并设置其参数，如图9.89所示。

（2）按C键将立方体塌陷，进入面次物体级别，按U+L组合键圈选立方体四周的面，如图9.90所示。

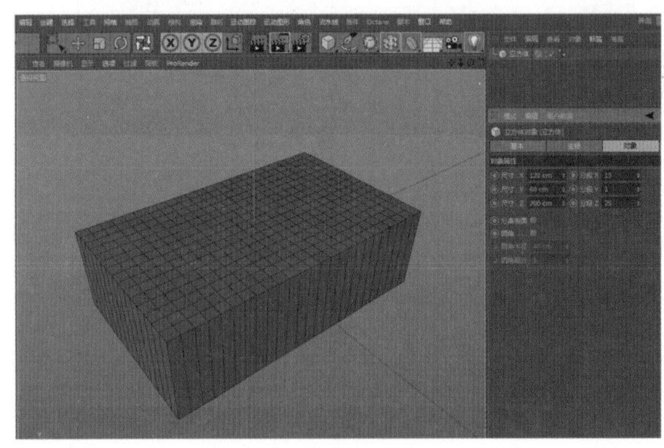

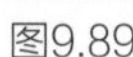

图9.89

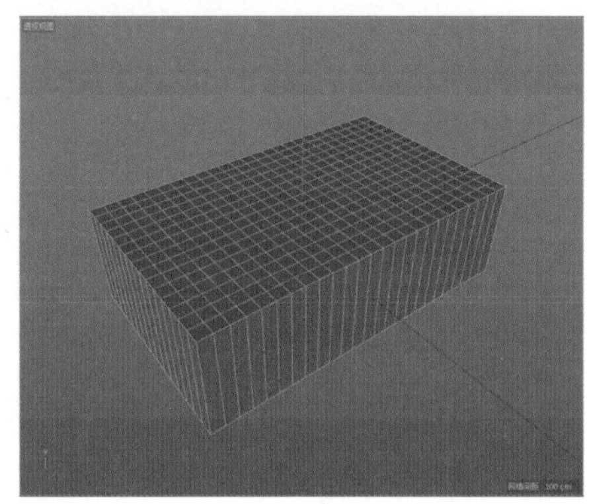

图9.90

（3）在对象面板中的【立方体】上单击鼠标右键，在弹出的快捷菜单中选择【模拟标签】|【布料】命令，如图9.91所示。

（4）在参数面板的【修整】选项卡中，单击【缝合面】区域的【设置】按钮，设置收缩【步】为20、【宽度】为1cm，单击【收缩】按钮进行收缩，如图9.92所示。

图9.91

图9.92

这样就完成了一个枕头模型的制作，如图9.93所示。

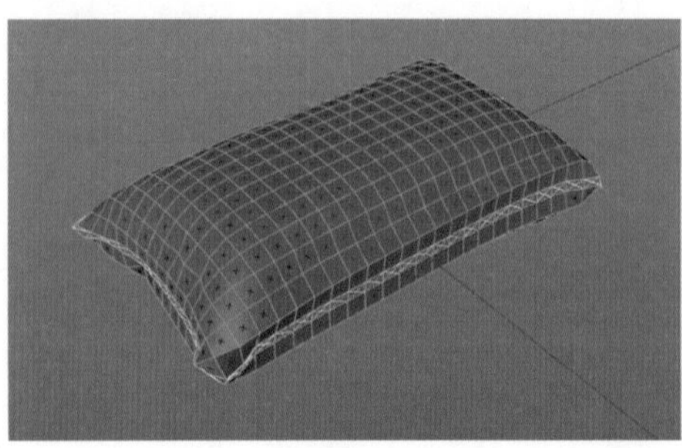

图9.93

（5）在按住Alt键的同时选择【模拟】|【布料】|【布料曲面】命令，给布料添加【布料曲面】标签❶，做出比较细致的模型❷，如图9.94所示。

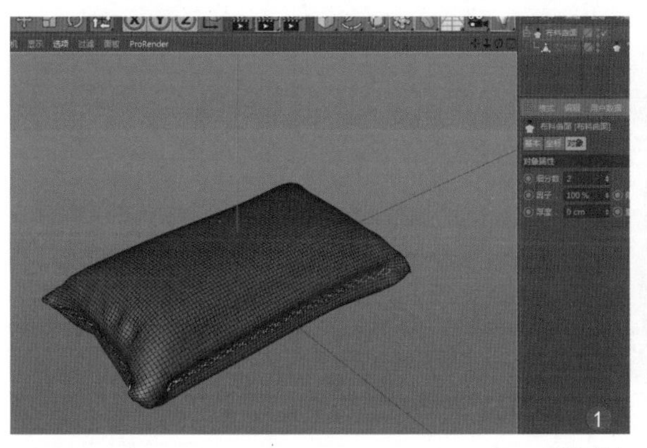

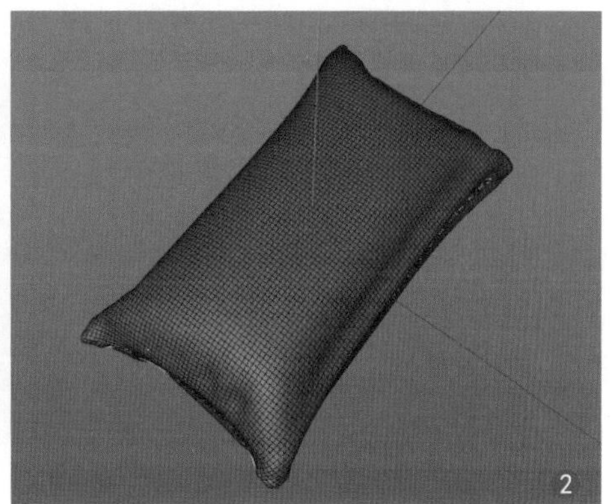

图9.94

9.6.2 实例：制作被捆绑的气球

微课视频

工程文件 Scenes\9.6.2.c4d\制作被捆绑的气球

（1）新建一个球体，设置其【类型】为【二十面体】，设置【分段】为120，如图9.95所示。

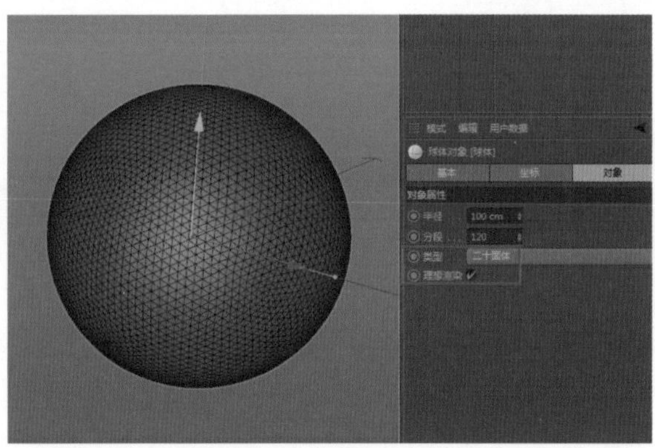

图9.95

（2）按C键将球体塌陷成可编辑多边形，在按住Alt键的同时选择主【运动图形】|【破碎】命令，给球体添加一个【破碎】标签，如图9.96所示。

此时球体产生了裂缝，如图9.97所示。

图9.96

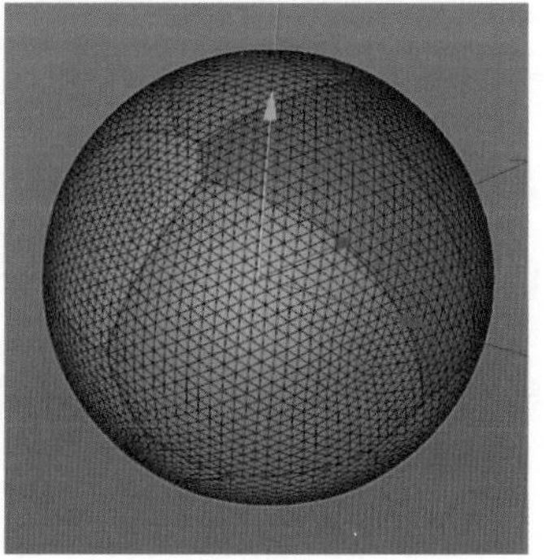

图9.97

（3）给裂缝设置偏移，并进行反转❶，❷为此时的效果，如图9.98所示。

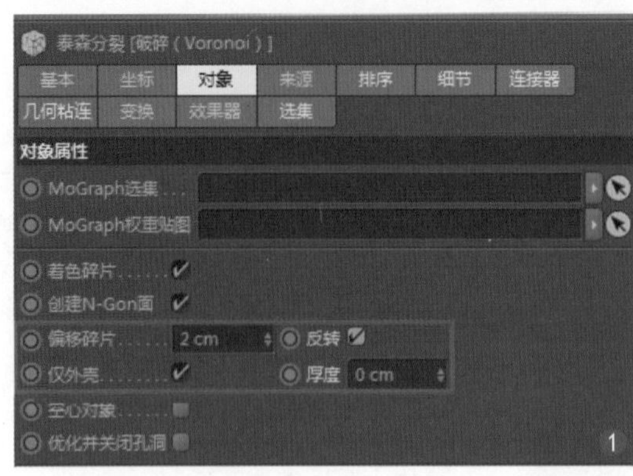

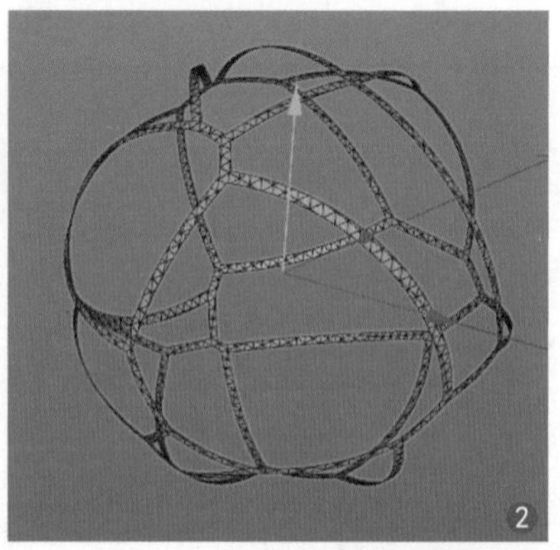

图9.98

（4）在按住Ctrl键的同时在对象面板中拖动复制【破碎】，如图9.99所示。

（5）选择复制的【破碎】，取消勾选【反转】复选框，如图9.100所示。

这样我们就得到了另一个效果的球体，如图9.101所示。

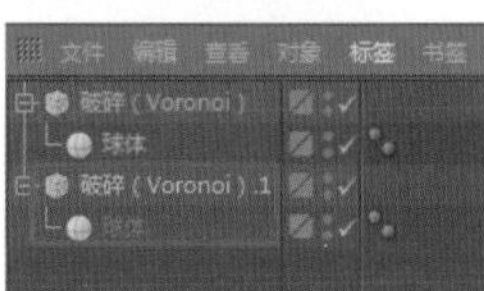

图9.99

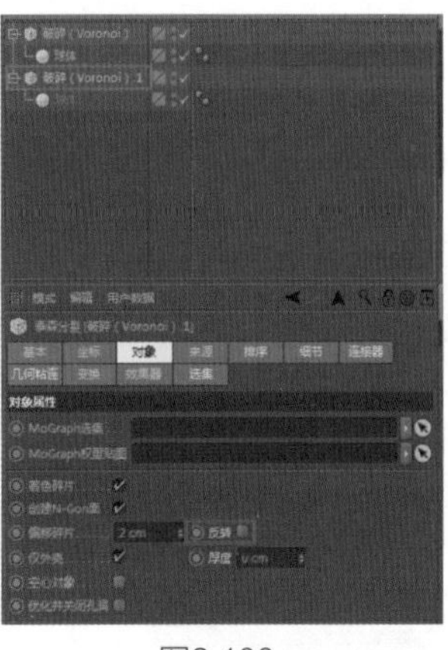

图9.100

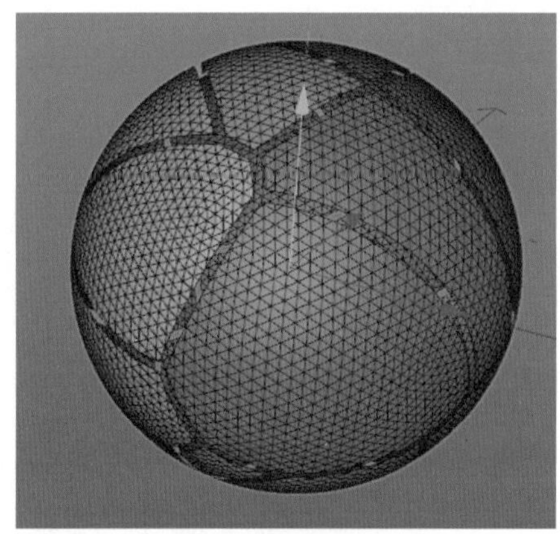

图9.101

（6）将两个破碎球体分别塌陷成可编辑多边形（右击【球体】，在弹出的快捷菜单中选择【连接对象+删除】命令），如图9.102所示。

（7）将两个对象分别重命名为“气球”和“边框”，如图9.103所示。

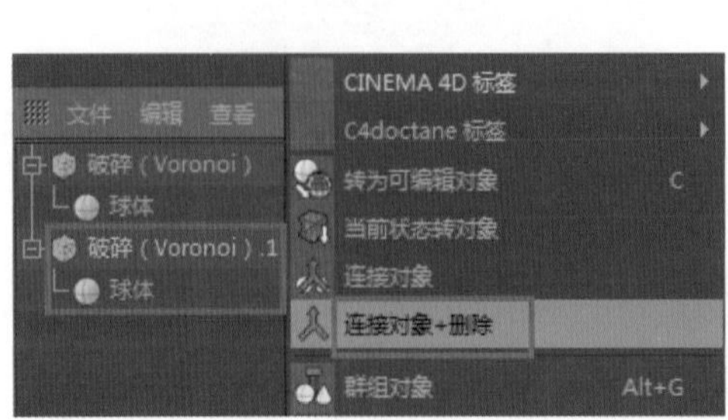

图9.102

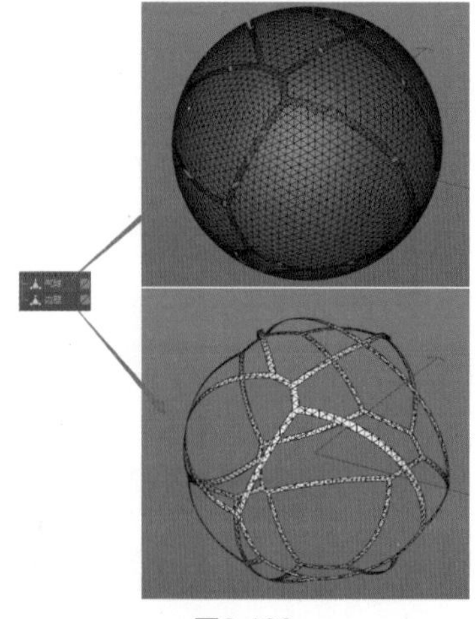

图9.103

（8）给【气球】添加【布料】标签。在参数面板中设置【尺寸】为150%（增大），设置【重力】为0（减小），如图9.104所示。

（9）单击播放按钮播放动画，开始计算，目前还是紊乱状态，如图9.105所示。

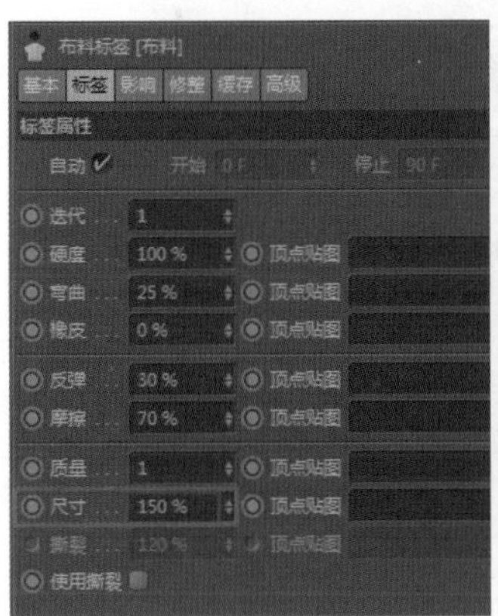

图9.104

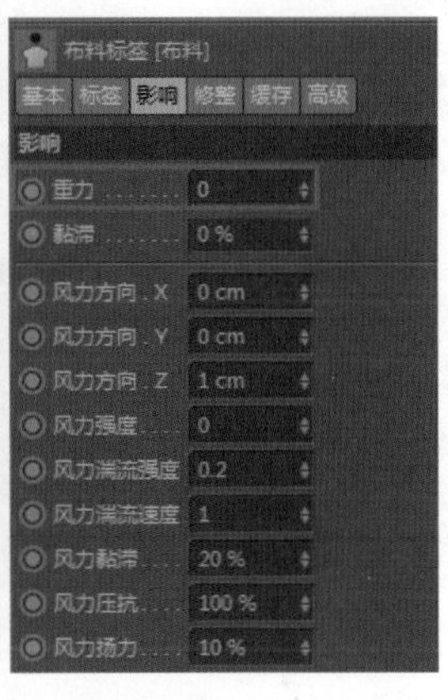

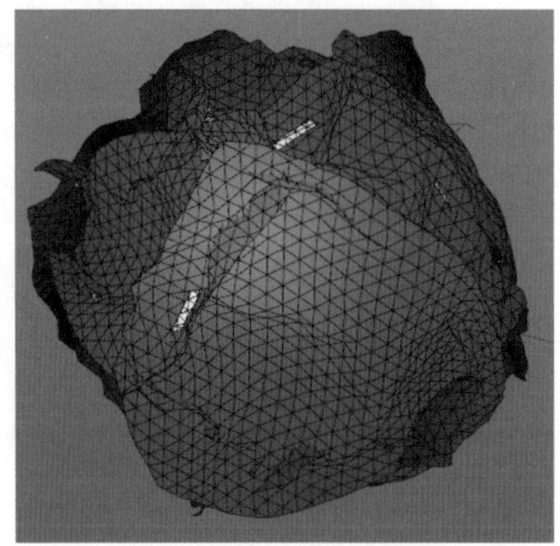

图9.105

我们看到【气球】后面有很多标签，添加【破碎】后，系统自动添加了一些选择集，如图9.106所示。

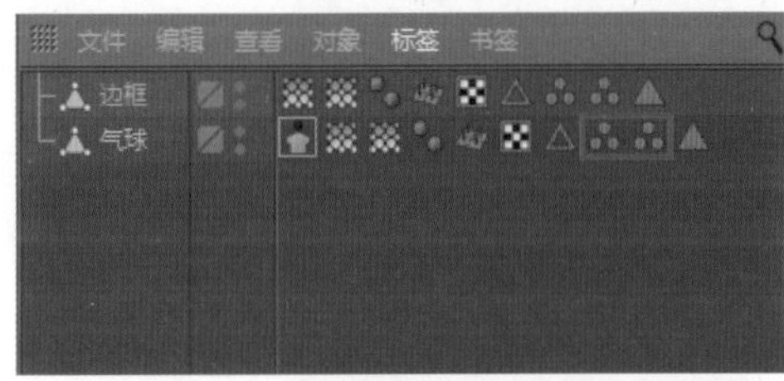

图9.106

（10）双击选择集❶，进入点选择状态，系统自动选择了裂缝的边缘❷，如图9.107所示。

（11）在对象面板中选择【气球】后面的【布料】标签，在参数面板的【修整】选项卡中单击【固定点】区域的【设置】按钮，将所选点进行固定（此时这些点以紫色显示），如图9.108所示。

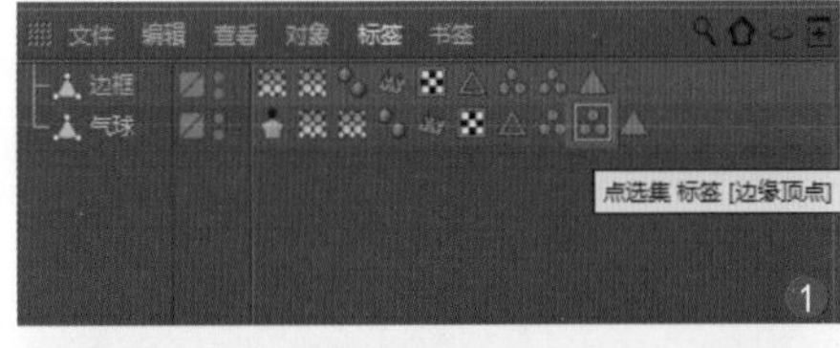

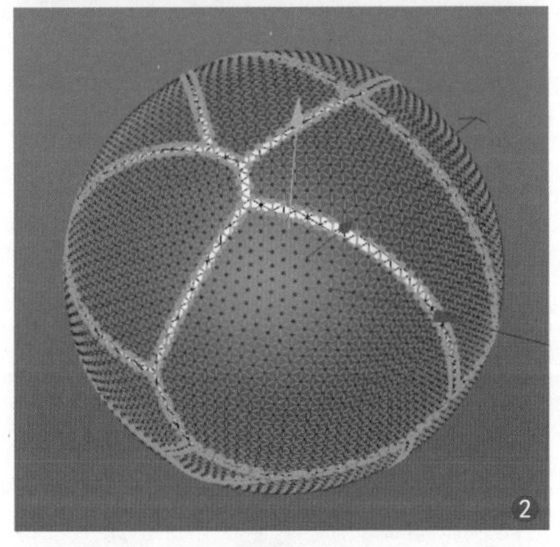

图9.107

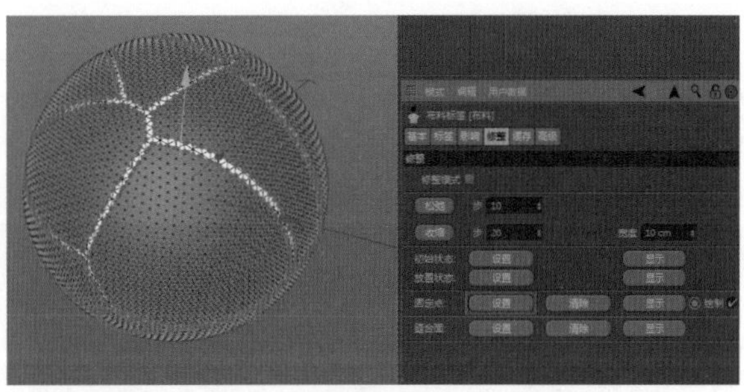

图9.108

（12）单击播放按钮播放动画，重新进行计算，此时产生了我们需要的效果，如图9.109所示。

（13）为了让气球更柔美，给它添加一个【引力】效果器。选择【布料】标签，选择【模拟】|【粒子】|【引力】命令，如图9.110所示。

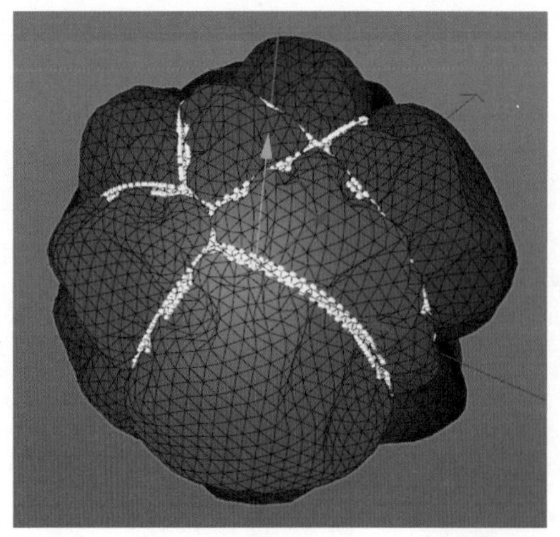

图9.109

图9.110

（14）设置【强度】为“-1000”❶，让气球更膨胀❷，如图9.111所示。

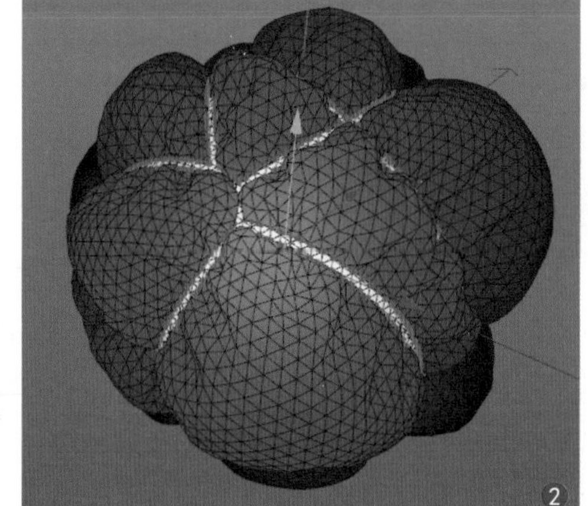

图9.111

（15）在【布料标签】的参数面板中，降低【硬度】、【弯曲】及【反弹】值，让气球具有绸缎一样的动感，如图9.112所示。

（16）在按住Alt键的同时选择【模拟】|【布料】|【布料曲面】命令，给布料添加【布料曲面】标签，这样就能做出比较细致的模型了，如图9.113所示。

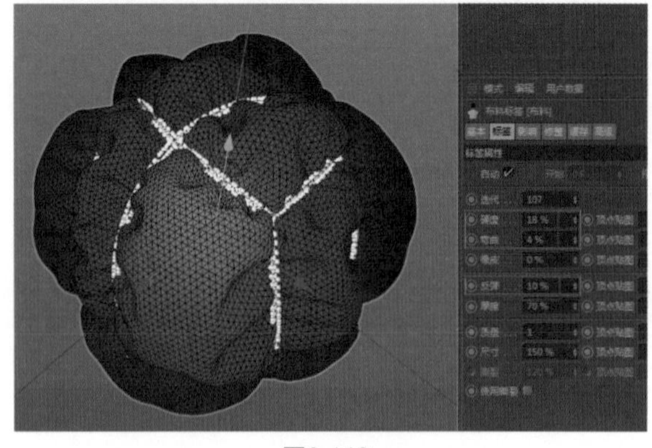

图9.112

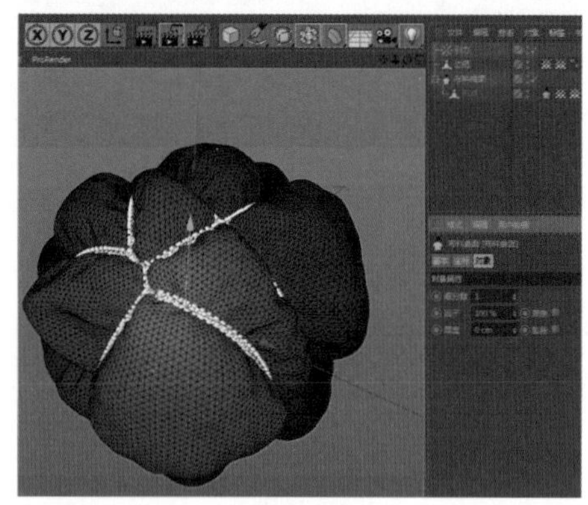

图9.113

（17）在按住Shift键的同时选择【平滑】工具❶，给模型整体添加光滑效果，并设置相应的参数❷，如图9.114所示。

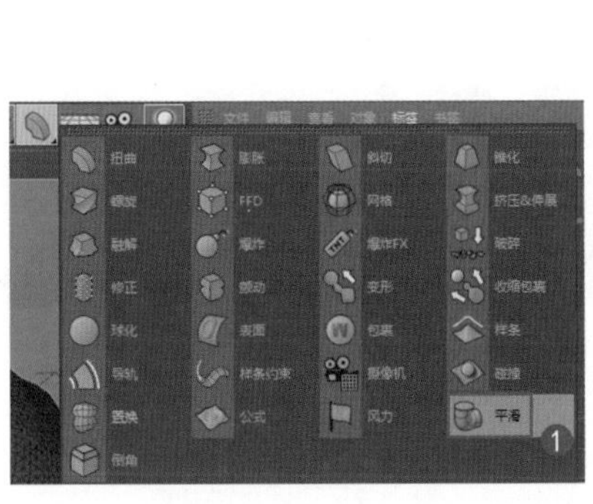
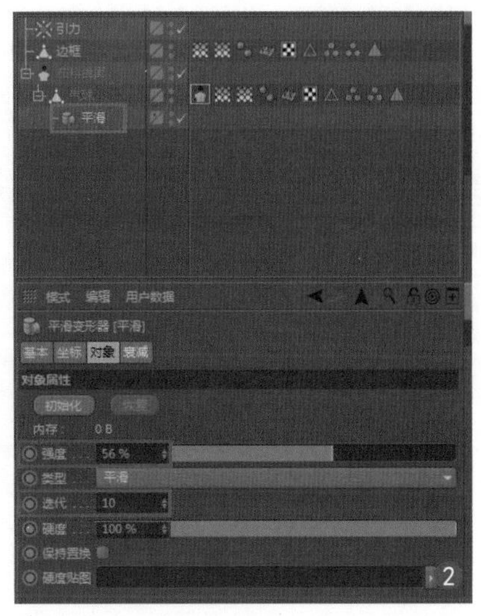

图9.114

（18）单击播放按钮▶播放动画，开始计算，目前的效果基本达到了要求，如图9.115所示。

（19）下面给边框增加厚度并设置倒角。独显【边框】对象，进入面次物体级别，选择全部的多边形，选择【挤压】工具，如图9.116所示。

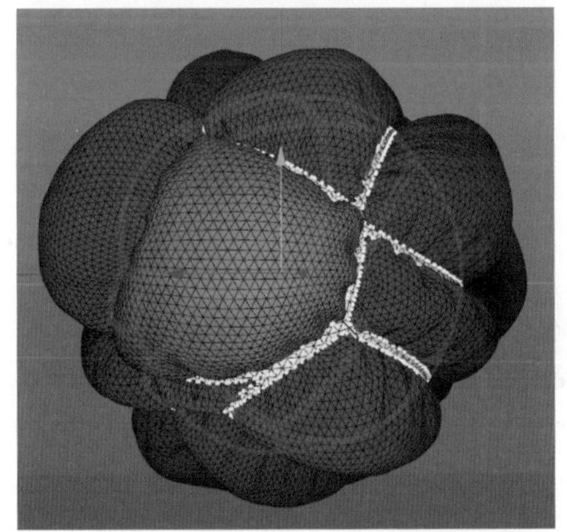

图9.115

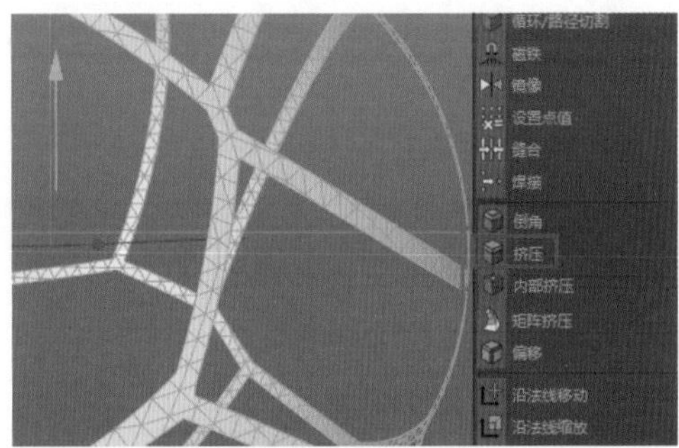

图9.116

（20）使用【挤压】工具时要勾选【创建封顶】复选框，将边框挤压出厚度，如图9.117所示。

（21）下面给边框制作倒角。双击【边框】后面的△选择集，选择边，如图9.118所示。

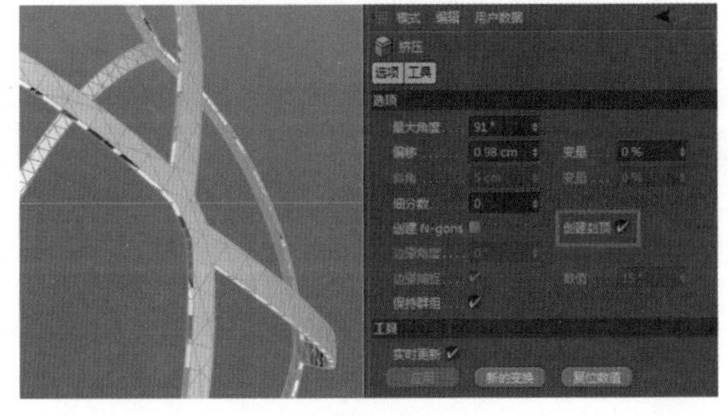

图9.117

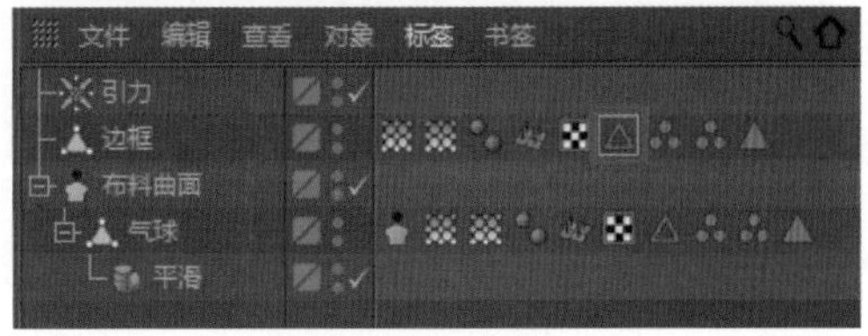

图9.118

（22）单击鼠标右键，在弹出的快捷菜单中选择【倒角】命令❶，给边框制作倒角❷，如图9.119所示。

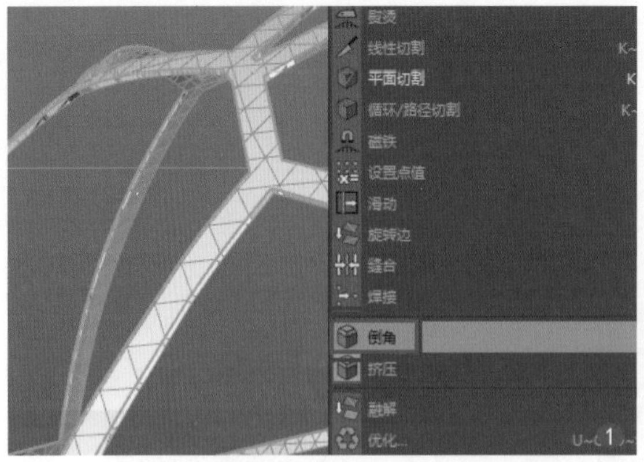

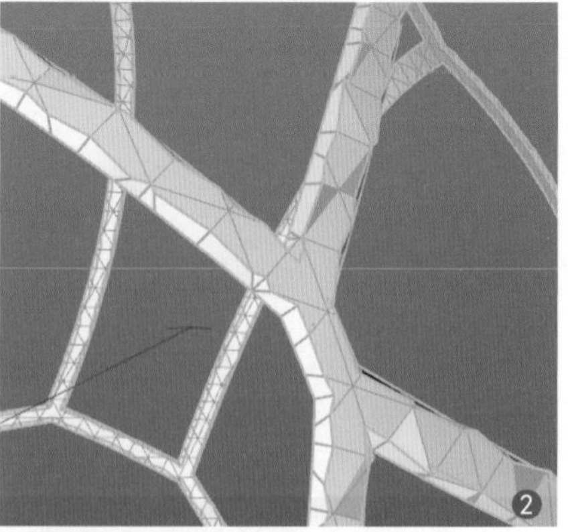

图9.119

模型制作完成后的效果如图9.120所示。在这个模型的制作过程中，我们使用了 动力学、运动图形、模拟器、效果器、变形器等，目的是让读者能熟练运用这些工具。

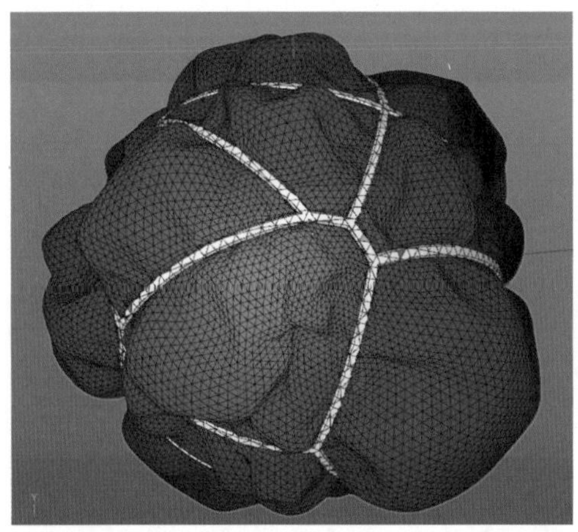

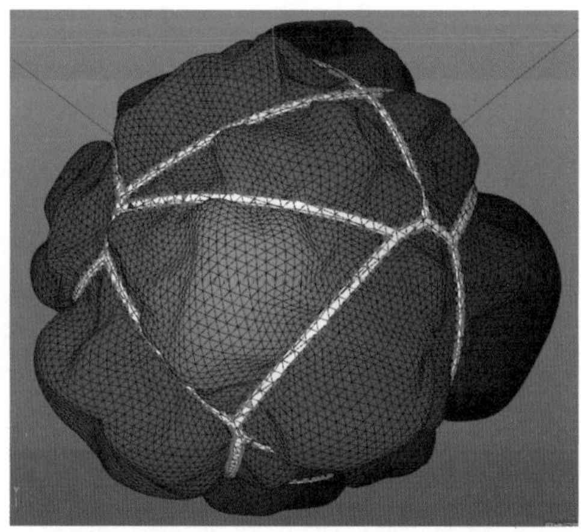

图9.120

9.6.3 实例：制作科技毛发效果

Scenes\9.6.3.c4d\制作科技毛发效果

下面制作科技毛发效果，利用漫射材质设置黑体发光材质，利用系统自带的毛设材质设置颜色和背光色调。最终效果如图9.121所示。

图9.121

（1）新建一个漫射材质❶（发光），设置【发光】通道中的【纹理】为【黑体发光】❷，设置【功率】（发光强度）❸，设置【色温】❹（较低的值可产生暖色），如图9.122所示。

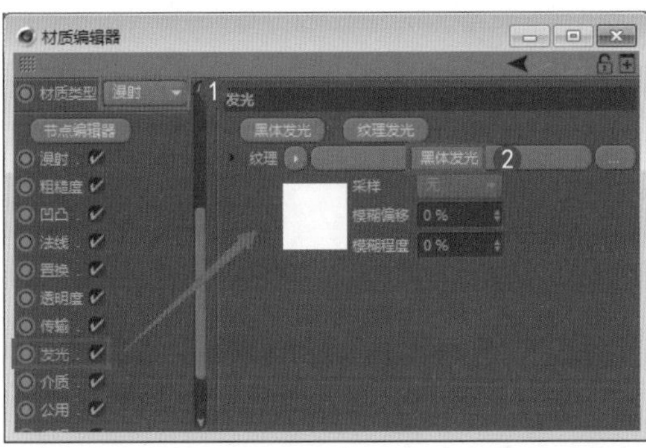

图9.122

（2）设置毛发材质的【颜色】为黑色渐变❶，设置【背光颜色】为灰色渐变❷，渲染视图，❸为渲染效果，如图9.123所示。

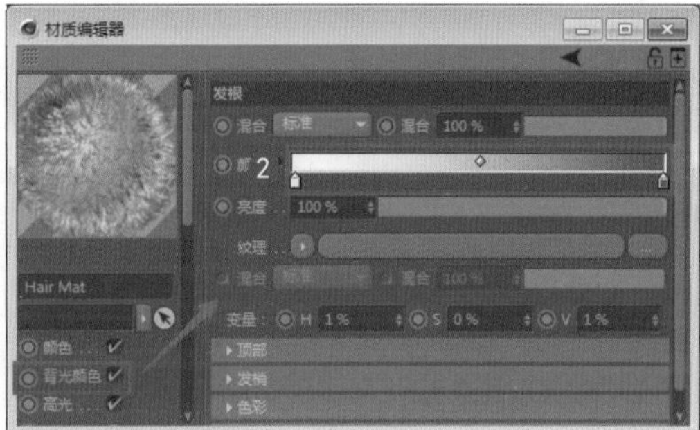

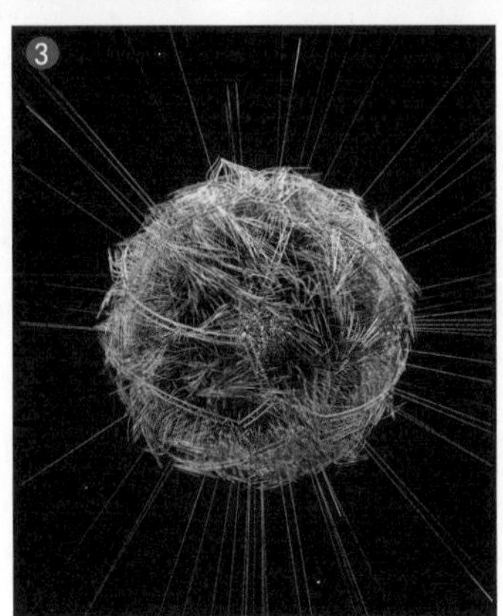

图9.123

课后习题

1.粒子散落动画练习

工程文件　Scenes\练习9-1.c4d\粒子散落动画练习

控制粒子颗粒与瓶体的碰撞效果。

练习要求：

（1）用刚体动力学和柔体动力学系统使粒子颗粒与地面碰撞并使粒子颗粒拥挤在一起；

（2）控制粒子的重力。

2. 动画练习

工程文件 Scenes\练习9-2.c4d\动画练习

制作酒杯和酒瓶倾斜的动画效果。

练习要求：

（1）用【旋转】工具控制酒瓶的倾斜动画；

（2）用手动记录关键帧功能制作冰块移动的动画。

Cinema 4D三维设计案例教程（全彩微课版）

第10章 综合应用实例：制作糖罐动画

本章导读

本章是一个综合应用实例——制作糖果模型和为场景布光，并使用粒子动力学模拟糖罐内装满糖果的过程，最后用【破碎】运动图形和刚体动力学制作碰撞体自动下落的动画。

知识点	了解	理解	应用	实践
场景建模			√	√
材质制作			√	√
灯光与环境设置			√	√
动画制作			√	√

10.1 场景建模

本节主要介绍二维曲线的编辑，用NURBS生成器对平面曲线进行三维造型，并使用多边形建模工具对模型进行点、线、面的修改，配合变形器和运动图形生成复杂的动画模型。

工程文件 Scenes\第10章案例\场景建模

10.1.1 制作糖果模型

微课视频

工程文件 Scenes\10.1.1.c4d\制作糖果模型

（1）将参考图拖放到正视图中，如图10.1所示。这是一种简易的设置背景参考图的方法。

（2）按Shift+V组合键打开视图设置面板，在【背景】选项卡中调整【透明】参数，让视图中的图片显示变弱，如图10.2所示。

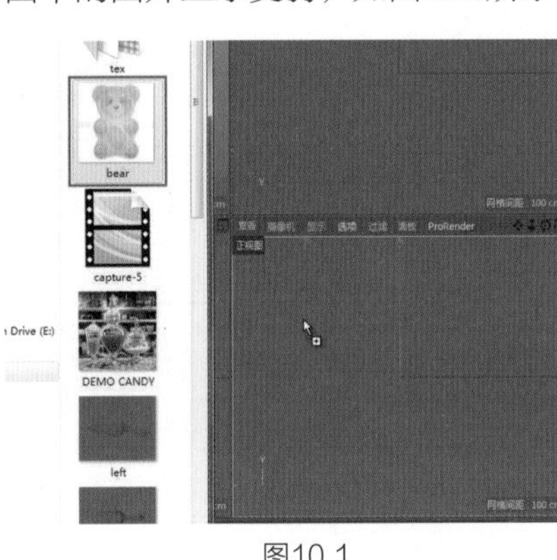

图10.1

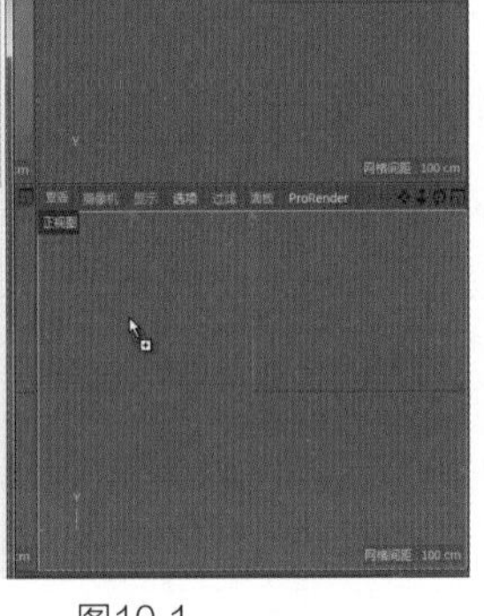

图10.2

（3）选择【圆环】工具❶，建立一个圆环，将其移动到小熊头部位置❷，如图10.3所示。

（4）按Ctrl键配合【移动】工具复制一个圆环作为小熊身体，如图10.4所示。

（5）复制圆环并将其移至耳朵处，并在参数面板中调整【半径】，让圆环的大小与参考图相匹配，如图10.5所示。

（6）复制小熊左边的耳朵并将其移至左上肢与左下肢处，全选这些圆环，如图10.6所示。

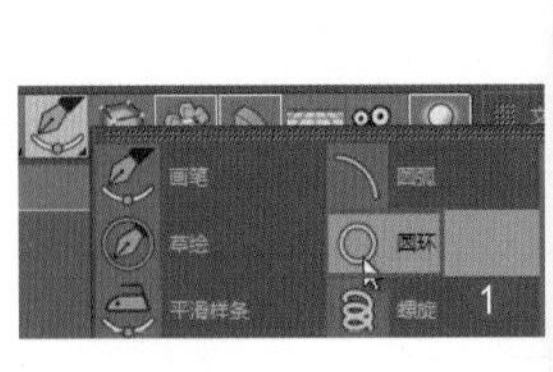

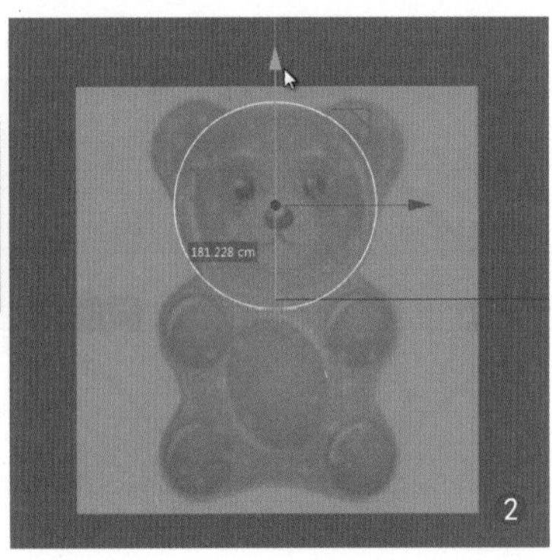

图10.3

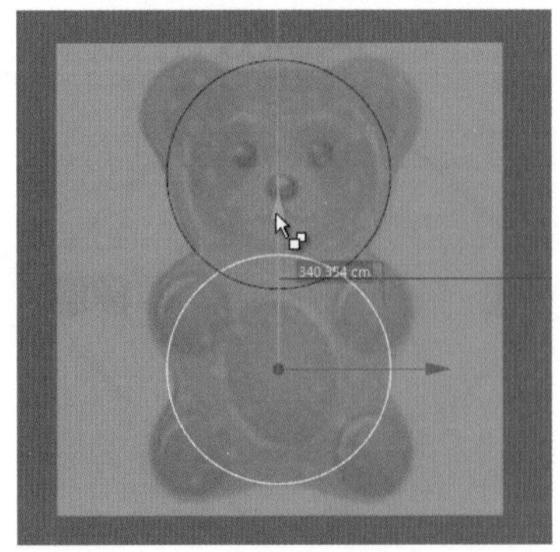

图10.4

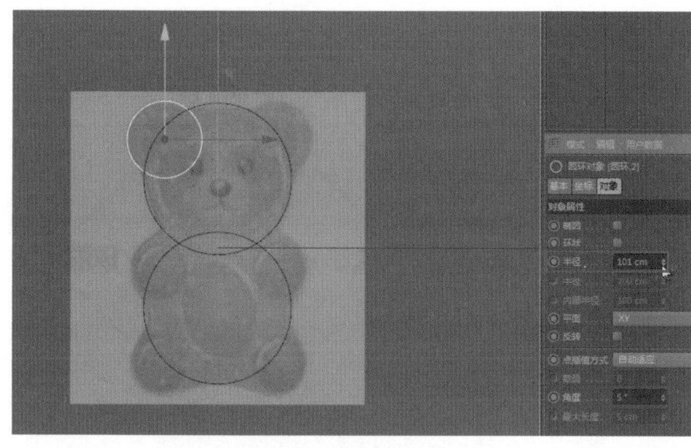

图10.5

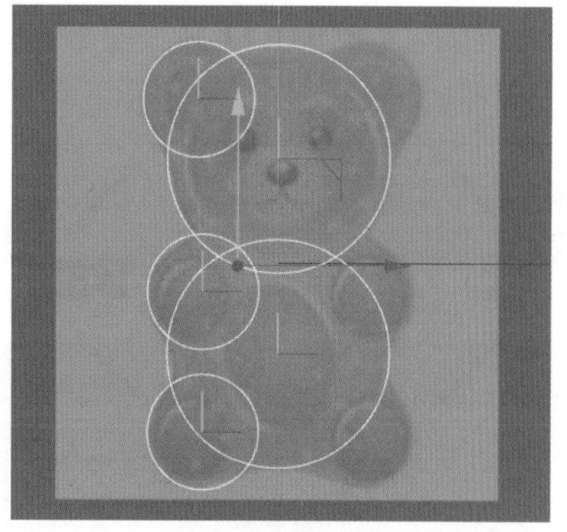

图10.6

（7）在工具栏中选择【样条并集】工具❶，将所有圆环合并❷。在参数面板中设置【点插值方式】为【统一】、【数量】为2❸，在保持整体造型不变的前提下尽可能减少节点，如图10.7所示。

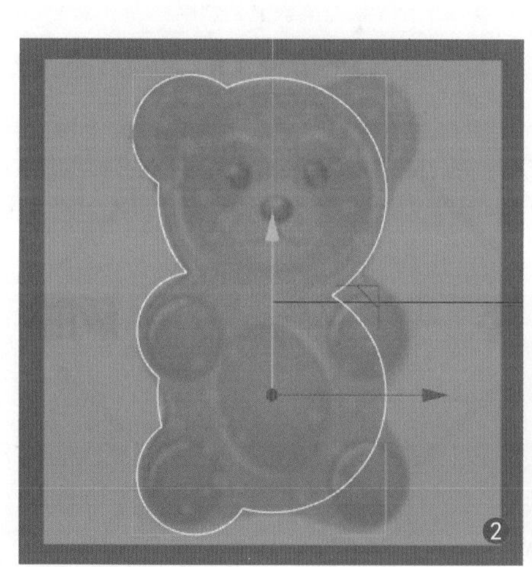

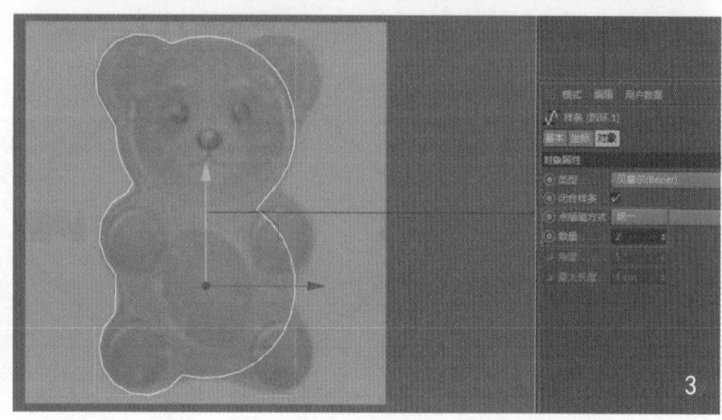

图10.7

（8）进入顶点次物体级别，框选右边的节点，如图10.8所示。

（9）单击鼠标右键，在弹出的快捷菜单中选择【断开连接】命令，将框选的节点分离出来，如图10.9所示。

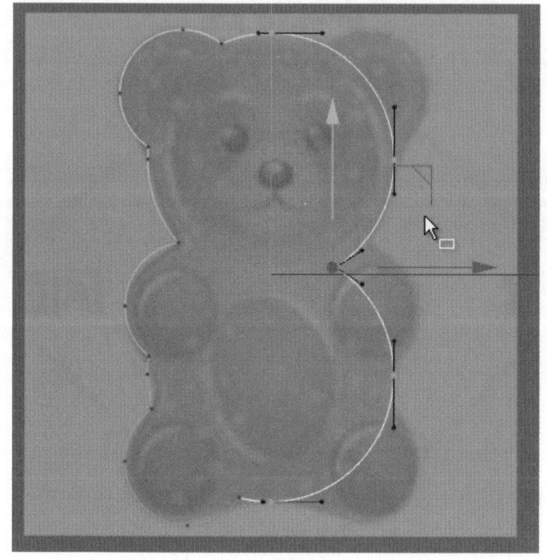

图10.8

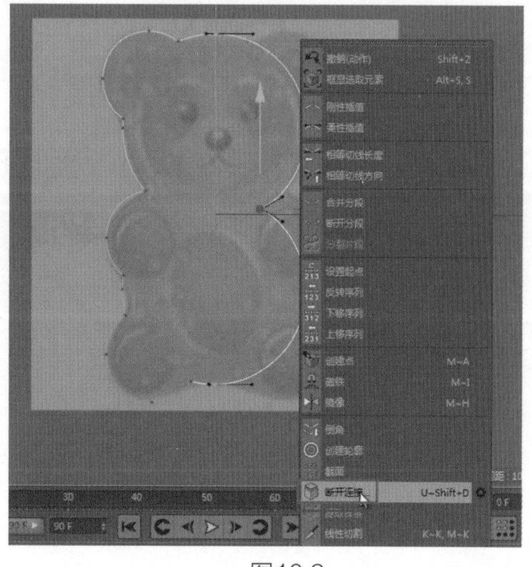

图10.9

（10）按Delete键将分离出来的节点删除，如图10.10所示。

（11）在按住Alt键的同时选择工具栏中的【对称】工具❶，对小熊进行对称操作❷，如图10.11所示。

图10.10

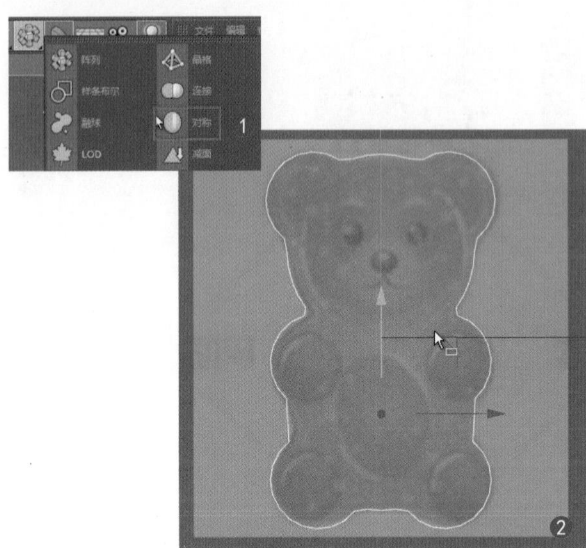

图10.11

（12）按C键将曲线转换成可编辑曲线。进入顶点次物体级别，选择曲线后单击鼠标右键，在弹出的快捷菜单中选择【焊接】命令，将小熊最下方的重叠节点焊接，如图10.12所示。

（13）在参数面板中勾选【闭合样条】复选框❶，将整个曲线封闭❷，如图10.13所示。

图10.12

图10.13

（14）单击按钮进入模型次物体级别，在按住Alt键的同时选择【挤压】工具❶，给曲线添加挤压操作❷，如图10.14所示。

（15）在参数面板中设置圆角参数，如图10.15所示。

（16）设置【类型】为【四边形】，使用标准网格建模模式，参数设置如图10.16所示。

（17）按C键将模型转换为可编辑多边形，在对象面板中全选所有对象，单击鼠标右键，在弹出的快捷菜单中选择【连接对象+删除】命令，将所有对象连接在一起，如图10.17所示。

（18）进入顶点次物体级别，全选节点后单击鼠标右键，在弹出的快捷菜单中选择【优化】命令，将重复的节点删除或合并，如图10.18所示。在建模过程中经常会出现这种重复的节点或者由于误操作生成的悬浮在半空的零散节点，要经常用【优化】命令对模型进行优化。

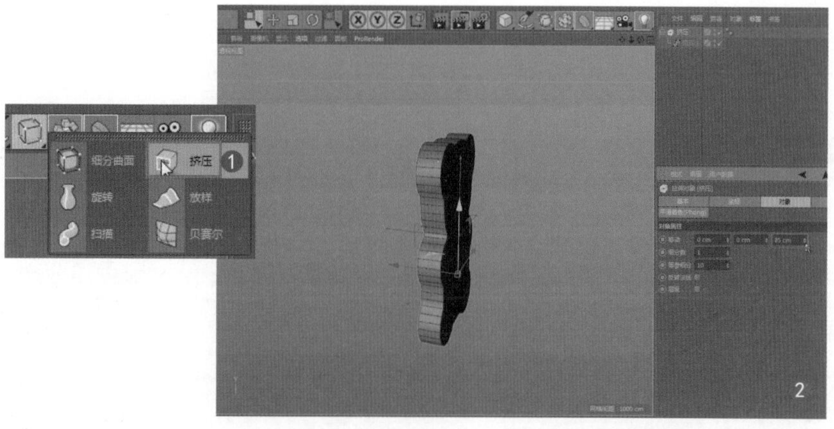

图10.14

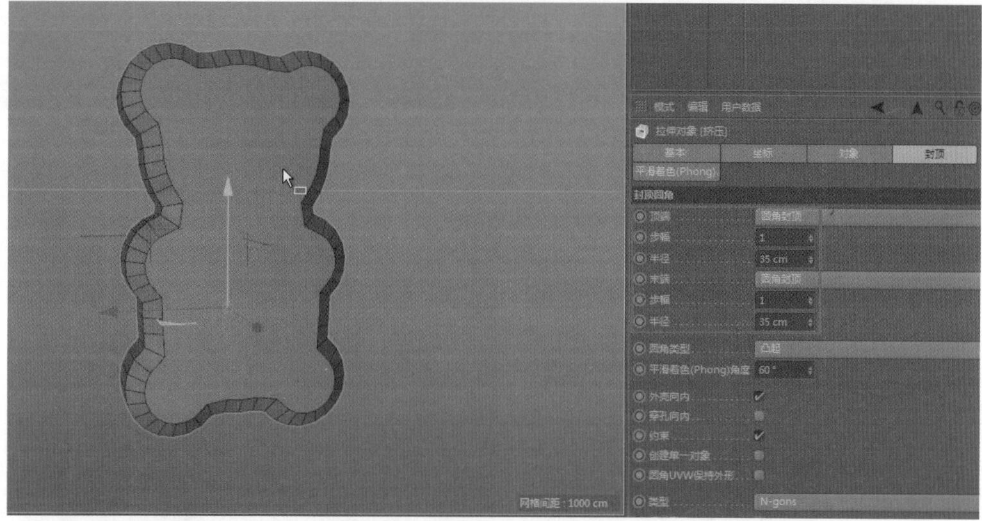

图10.15

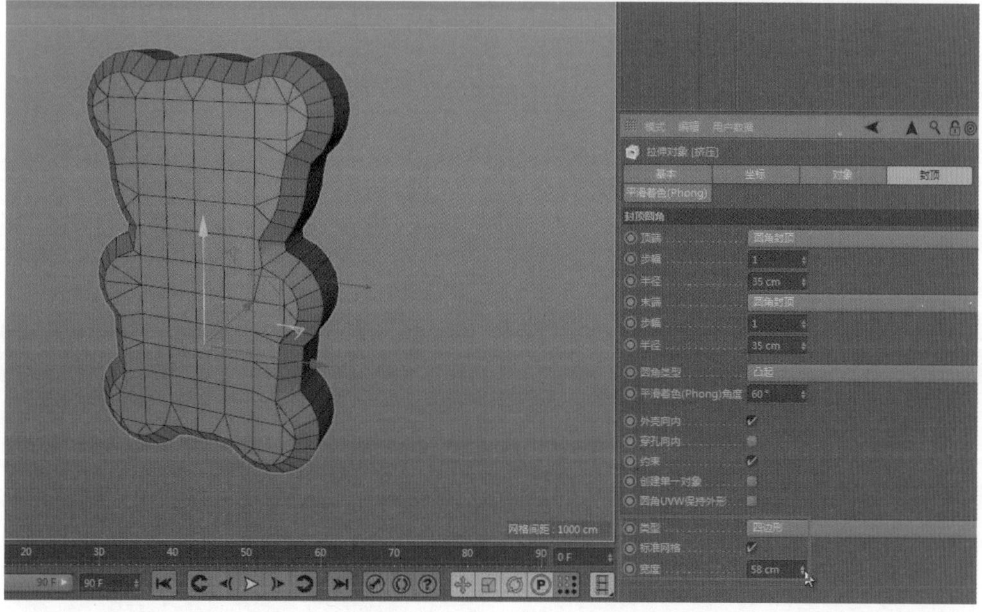

图10.16

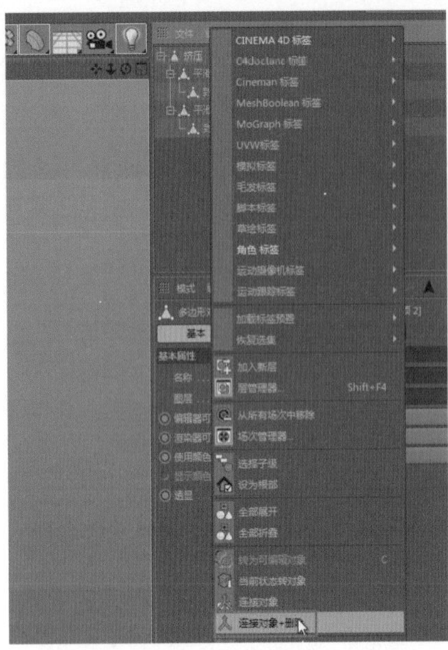

图10.17

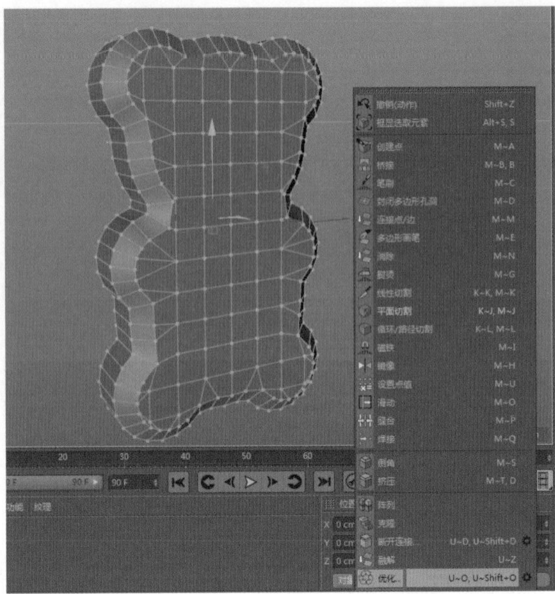

图10.18

（19）选择【雕刻】|【笔刷】|【拉起】命令❶，用【拉起】工具在对象表面拖动，可以看到笔刷经过的地方产生了凸起效果❷，如图10.19所示。

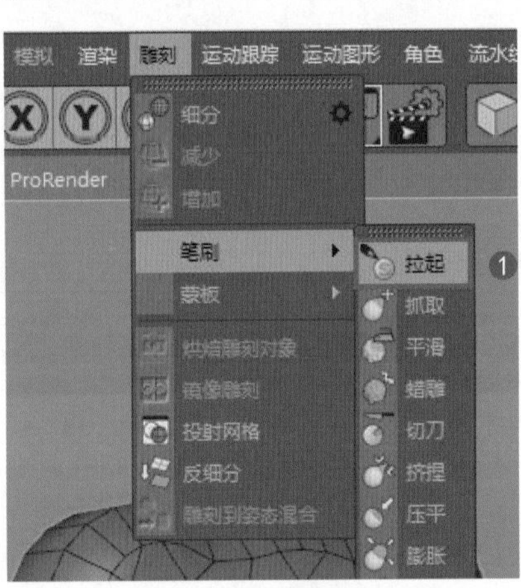

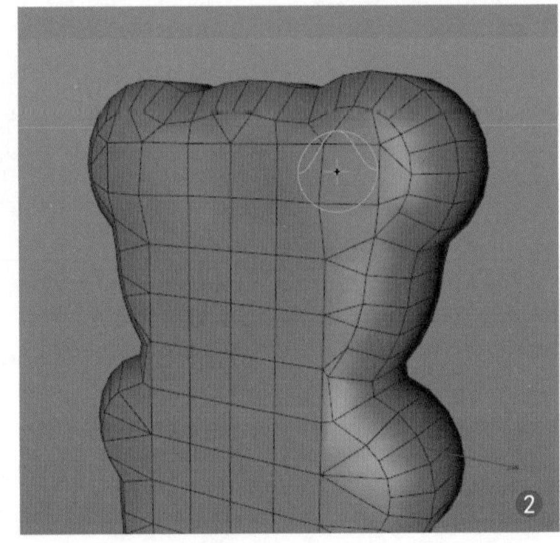

图10.19

（20）用Shift键配合鼠标滚轮来调节笔刷的压力❶，让雕刻操作更加快捷；也可以在参数面板中对笔刷的【压力】和【尺寸】进行调节❷，如图10.20所示。

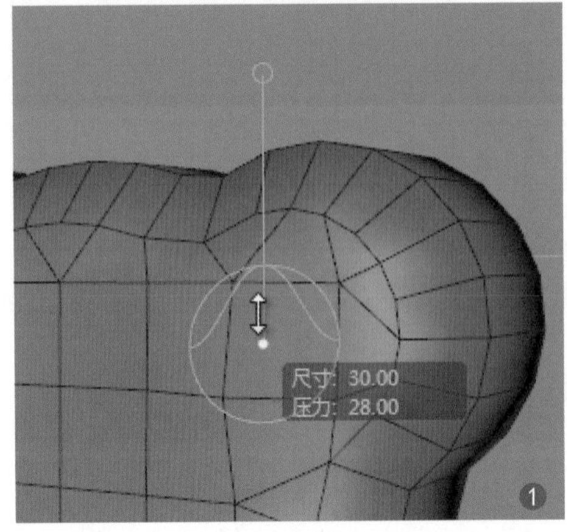

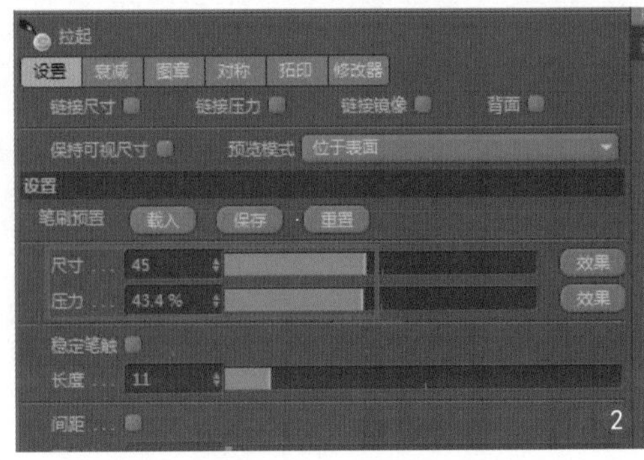

图10.20

（21）图10.21中❶为小熊糖的最终雕刻效果，可以为其添加【细分曲面】进行光滑测试❷。

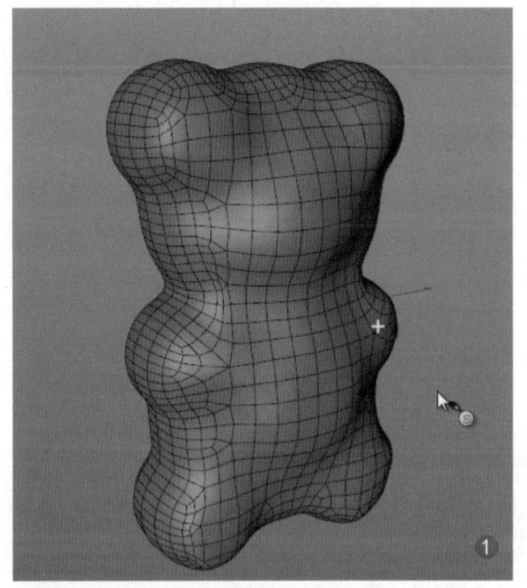

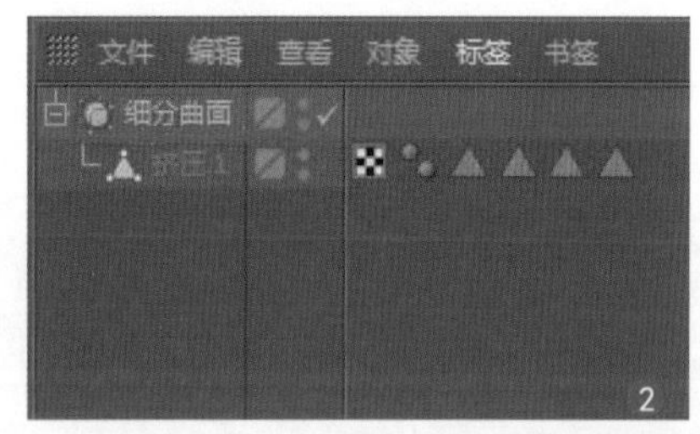

图10.21

10.1.2 制作颗粒模型

微课视频

Scenes\10.1.2.c4d\制作颗粒模型

下面使用将二维图形生成三维模型的方法，配合变形器制作星形糖果模型，如图10.22所示。

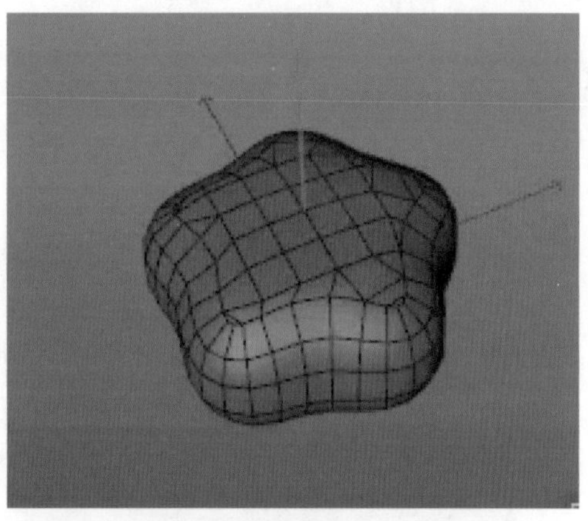

图10.22

（1）新建一个星形❶，默认星形为八角星形❷，如图10.23所示。

（2）在参数面板中设置星形为五角星，将【点插值方式】设为【统一】，如图10.24所示。

（3）按C键将参数化的星形转换成可编辑曲线，进入顶点次物体级别，全选所有的顶点，单击鼠标右键，在弹出的快捷菜单中选择【倒角】命令，如图10.25所示。

（4）拖动鼠标，给选择的顶点添加倒角效果，如图10.26所示。

图10.23

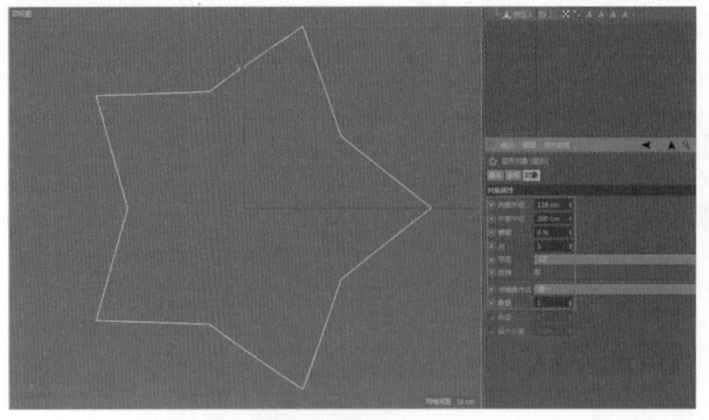

图10.24

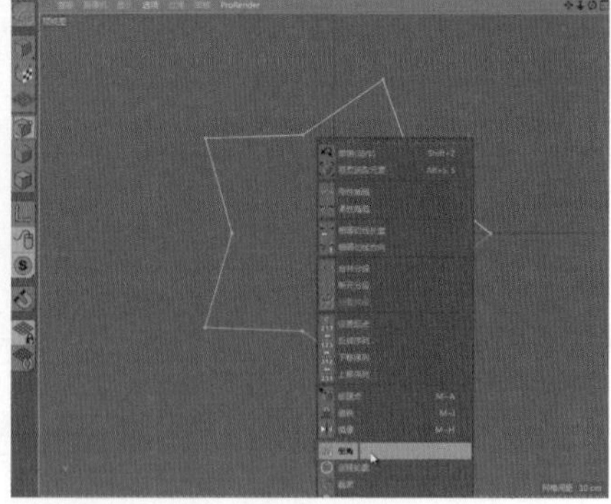

图10.25

（5）单击按钮进入模型级别，在按住Alt键的同时在工具栏中选择【挤压】工具，给星形添加挤压效果，如图10.27所示。

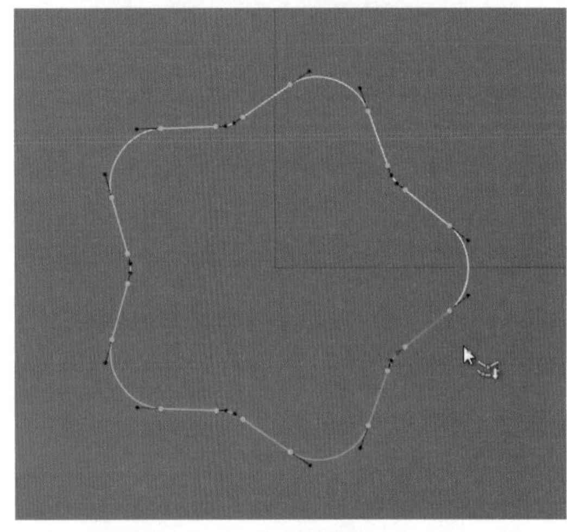

图10.26

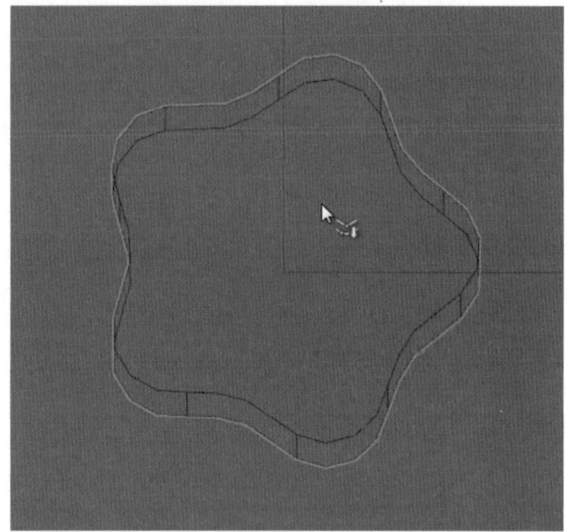

图10.27

（6）在【挤压】工具的参数面板中设置【移动】（即挤压厚度）❶，星形产生了厚度❷，如图10.28所示。

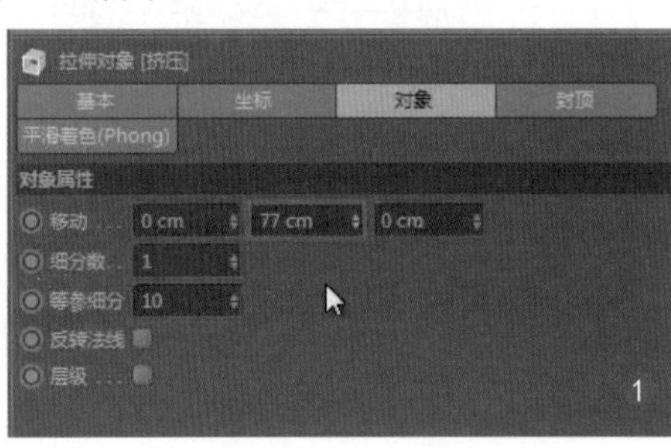

图10.28

（7）在【封顶】选项卡中设置参数产生圆角封顶❶，并形成四边面。此时产生了圆角效果❷，如图10.29所示。

（8）按C键将星形转换成可编辑多边形，此时对象被塌陷成3个部分，一个边缘和上下两个圆角封盖。在对象面板中将3个对象全部选中，单击鼠标右键，在打开的快捷菜单中选择【连接对象+删除】命令❶，将它们连接成一体；进入顶点次物体级别，全选顶点，单击鼠标右键，在打开的快捷菜单中选择【优化】命令❷，将重叠的顶点进行优化，如图10.30所示。

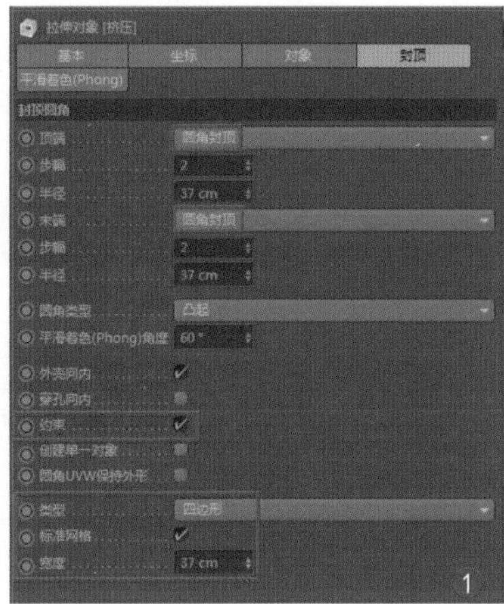
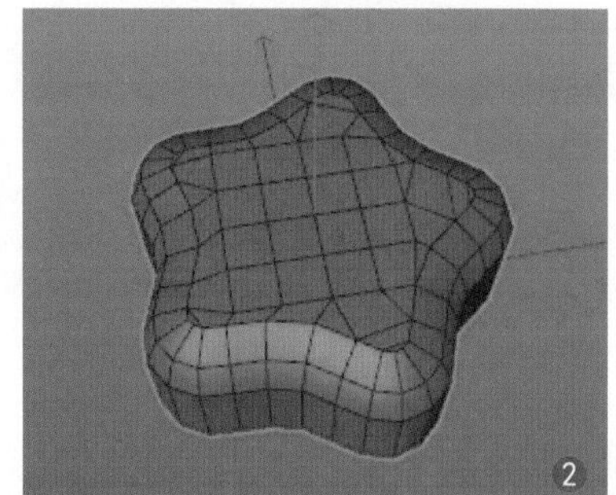

图10.29

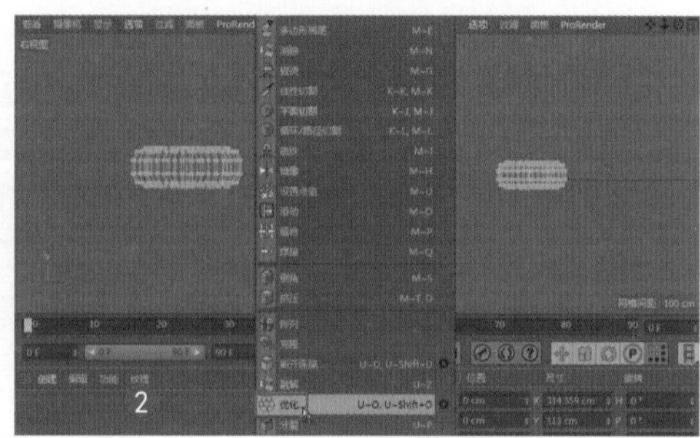

图10.30

（9）在按住Shift键的同时选择【收缩包裹】变形器。这个变形器可将模型以不同目标点进行收缩膨胀，如图10.31所示。

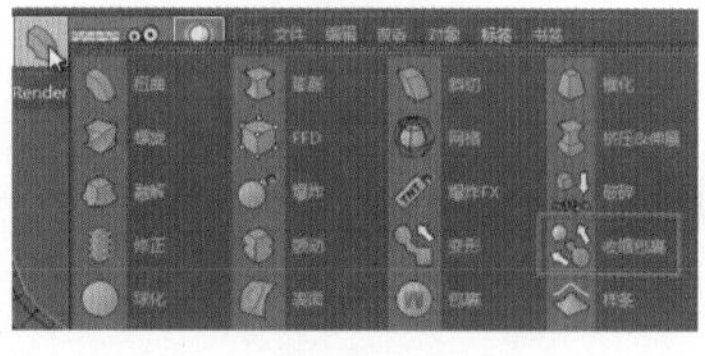

图10.31

（10）新建一个球体，让球体的直径和星形相匹配，如图10.32所示。

（11）将该球体拖动到收缩包裹参数面板的【目标对象】栏。这样，星形就会以球体为目标对象进行变形，如图10.33所示。

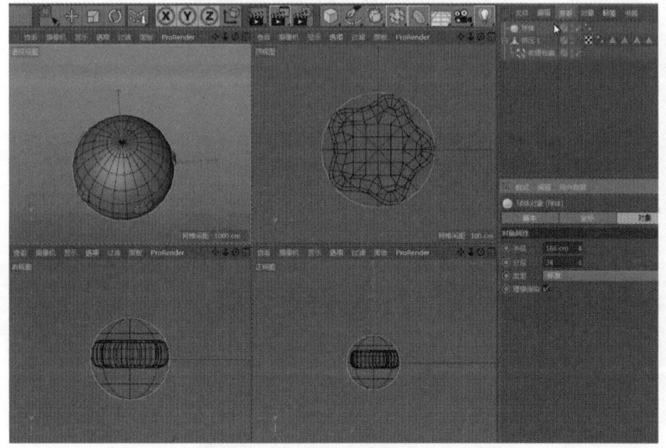

图10.32

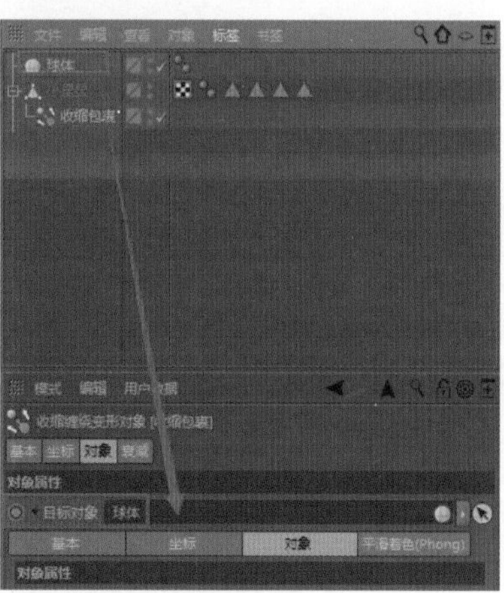

图10.33

（12）调节【强度】值❶，星形会根据球体的形状缩放❷，如图10.34所示。

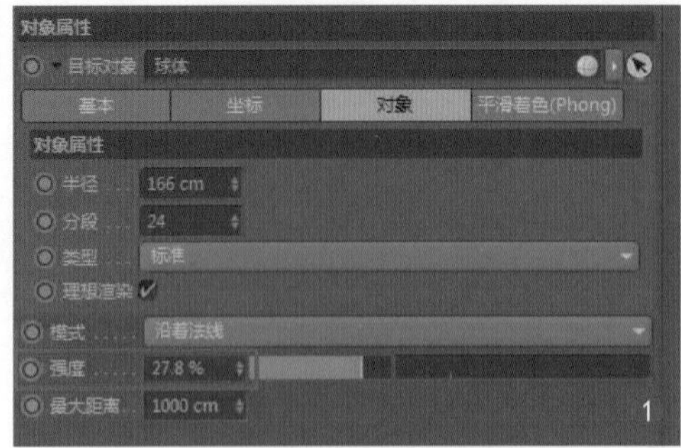

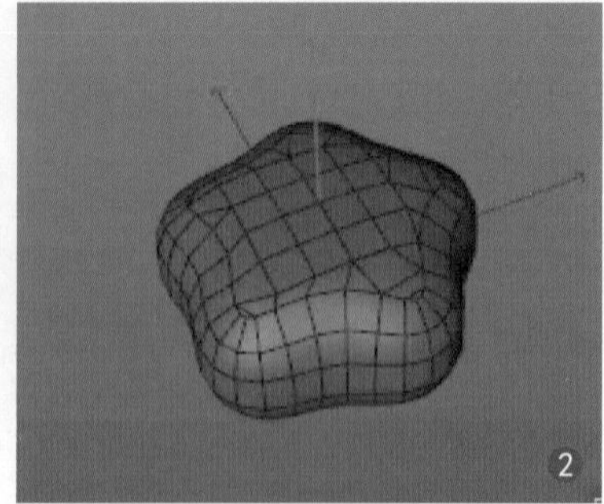

图10.34

10.1.3 制作糖罐模型

微课视频

工程文件 Scenes\10.1.3.c4d\制作糖罐模型

（1）在正视图中导入参考图（最简单的方法就是将参考图直接拖动到正视图中），如图10.35所示。如果要修改参考图的显示方式（如透明度、位置等），按Shift+V组合键打开视图设置面板，在其中进行设置即可。

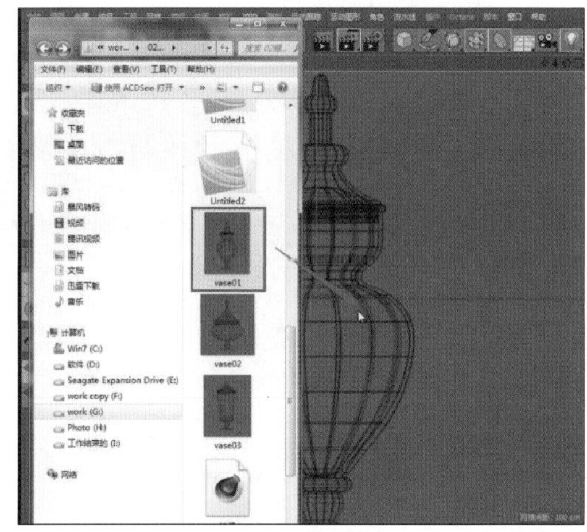

图10.35

（2）单击按钮，按照参考图的形状绘制罐盖❶，注意绘制双曲线❷，如图10.36所示。

（3）框选偏左的4个顶点，按T键选择【缩放】工具❶，在按住Shift键的同时沿*X*轴（红色轴）方向将4个点缩小到0%❷，这样4个点就被挤压到一个平面上了，如图10.37所示。

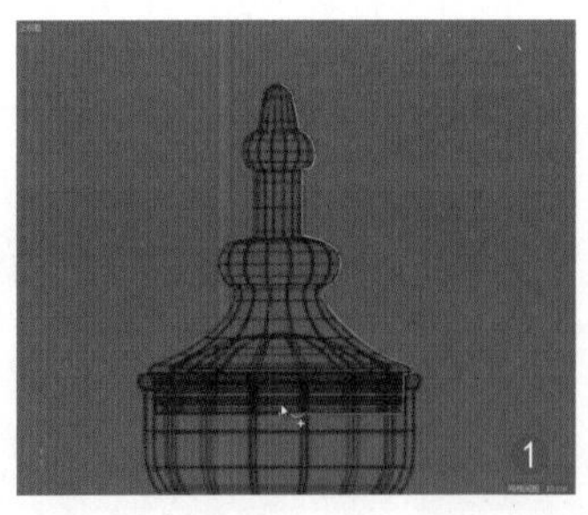

图10.36

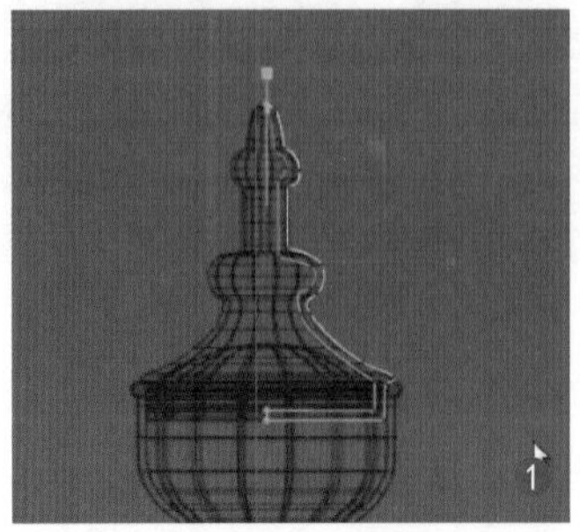

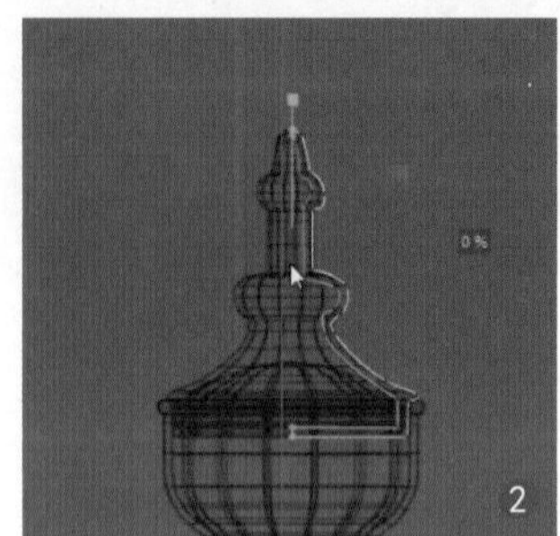

图10.37

（4）在按住Alt键的同时选择工具栏中的【旋转】工具❶，给罐盖曲线添加【旋转】❷，如图10.38所示。

（5）启用【启用轴心点】按钮，在*X*轴向上调整中心点，让旋转效果更加自然，如图10.39所示。

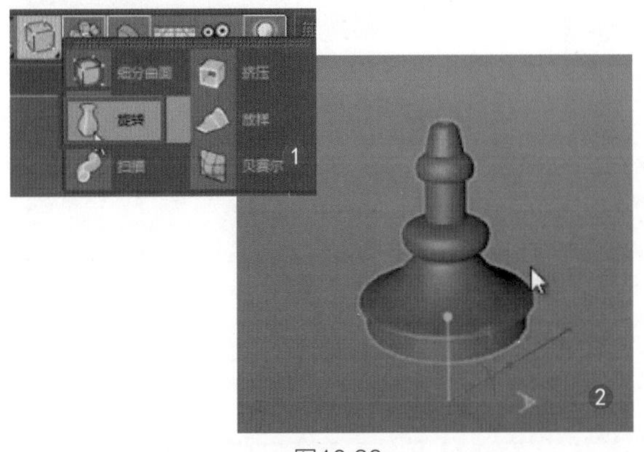

图10.38

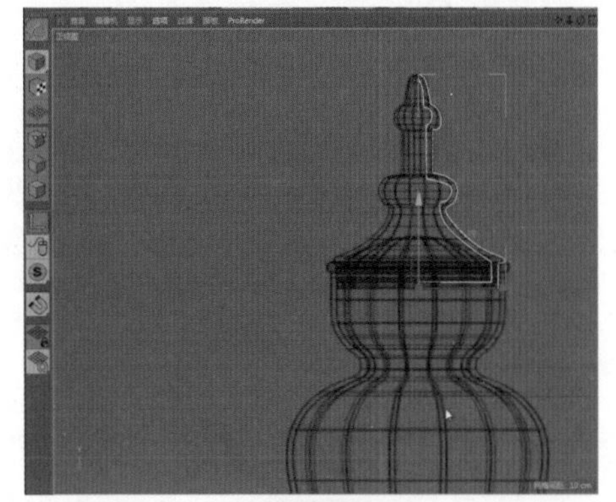

图10.39

（6）操作完成后将【启用轴心点】按钮禁用。绘制罐身曲线，如图10.40所示。

（7）给罐身曲线添加【旋转】，在参数面板中通过调整【细分数】和【网格细分】控制模型的精细度❶，❷为目前的模型效果，如图10.41所示。

本例通过两个旋转操作，制作了糖罐的罐盖和罐身，如图10.42所示。其余两个糖罐的制作方法相同，这里就不再赘述了。

图10.40

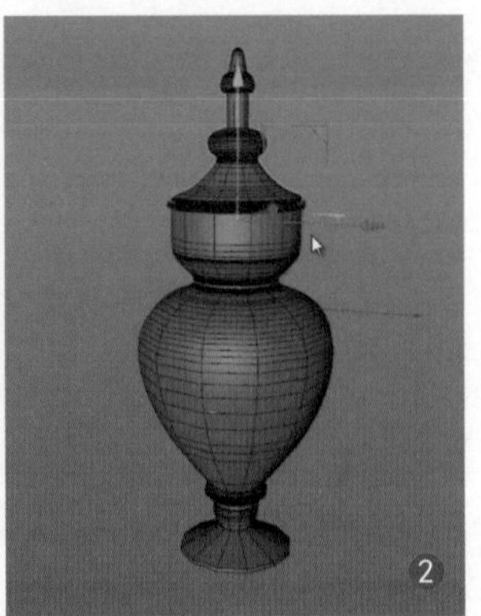

图10.41

图10.42

10.1.4 制作铲子模型

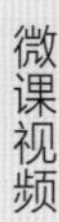

Scenes\10.1.4.c4d\制作铲子模型

本例介绍铲子模型的制作，会用到多种点、线、面的编辑命令，有助于读者掌握建模方法，如图10.43所示。

（1）将参考图放置到正视图和顶视图中，便于建模时参考，如图10.44所示。

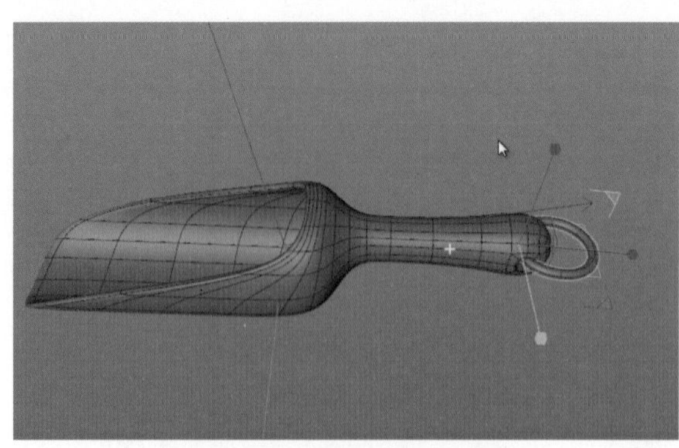

图10.43

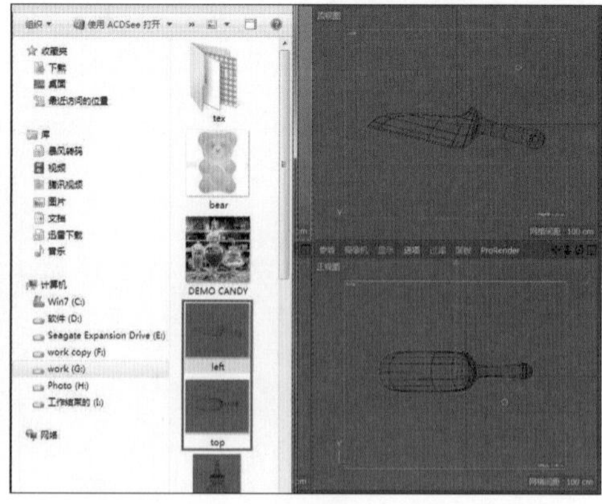

图10.44

（2）按Shift+V组合键打开视图设置面板，在【背景】选项卡中设置参考图显示的透明度，一般为了不影响建模，把图片设置成微弱显示即可，如图10.45所示。

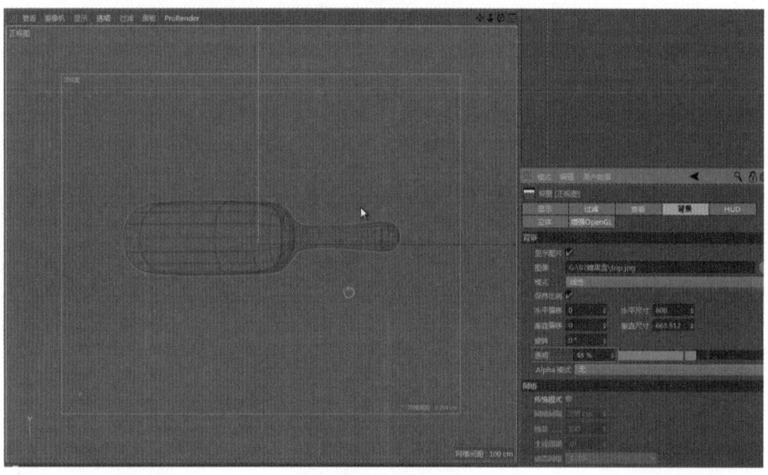

图10.45

（3）为了让顶视图和正视图中的图片比例匹配，这里利用立方体来协调。新建一个立方体，让立方体的长、宽、高与参考图的对应部分相匹配。这里要注意的一点：不能移动立方体的中心点，只能改变长、宽、高，然后在参数面板中调节参考图，使其与立方体相匹配。由于立方体中心点的默认位置是系统界面的中心点，因此如此操作参考图的中心点就能够与系统默认的中心点位置匹配，如图10.46所示。

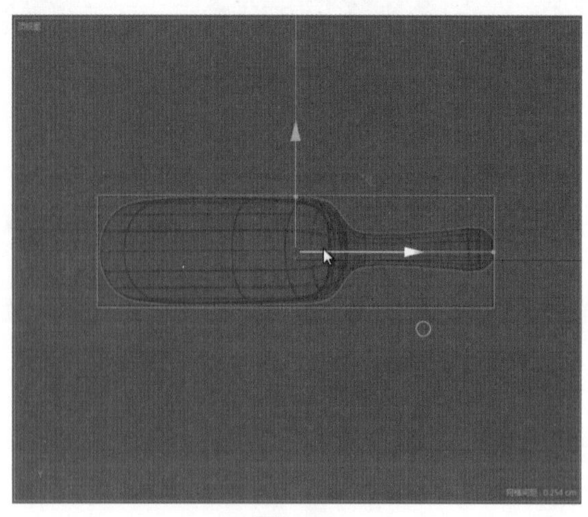

图10.46

（4）在顶视图中也通过改变参考图位置的方式使其与立方体的位置相匹配，如图10.47所示。

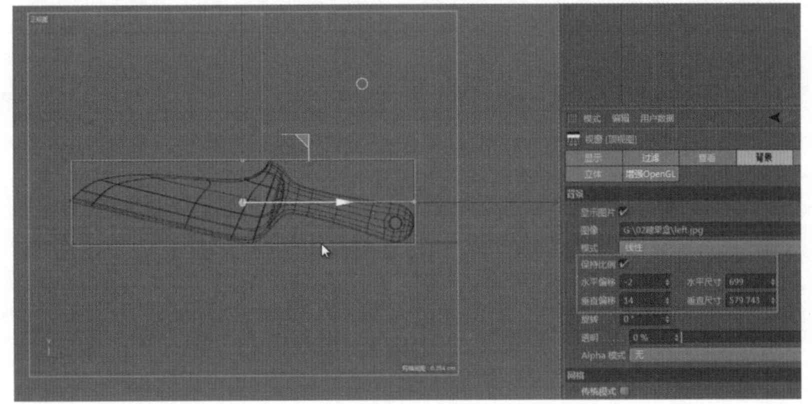

图10.47

（5）调整完参考图的位置后，将立方体删除（立方体的使命已经完成）。新建一个球体，在参数面板中设置参数，如图10.48所示，将球体与铲子的手柄尾部相匹配。

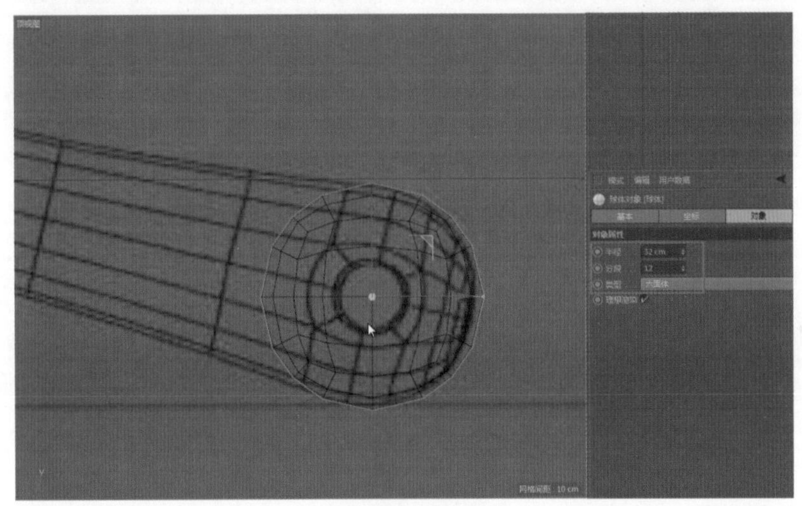

图10.48

（6）按C键塌陷对象（使其变成可编辑多边形），进入顶点次物体级别，框选球体左半部分的顶点❶，将其删除❷，如图10.49所示。

（7）将球体进行旋转，使其与手柄匹配，如图10.50所示。

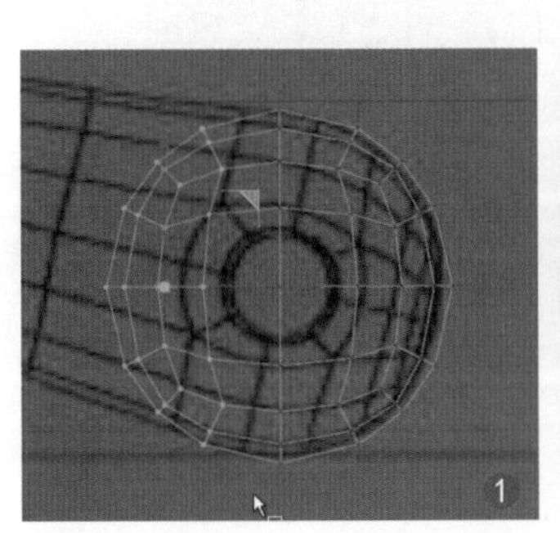

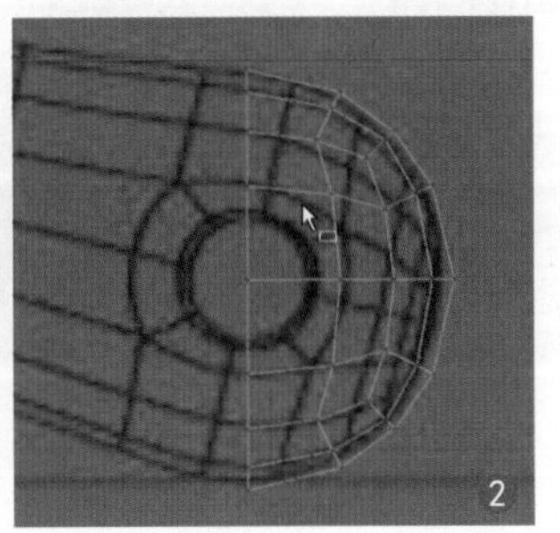

图10.49

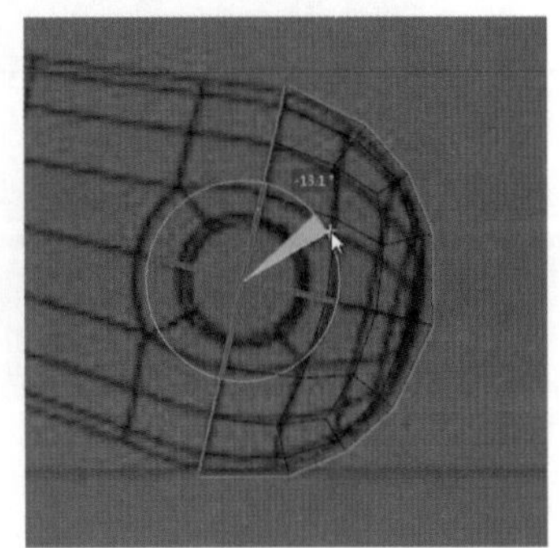

图10.50

（8）进入边次物体级别，循环选择左侧的一圈边❶，在按住Ctrl键的同时进行移动复制❷，如图10.51所示。

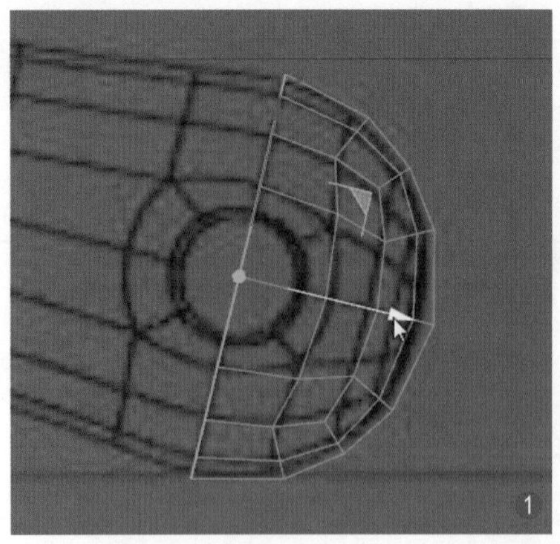
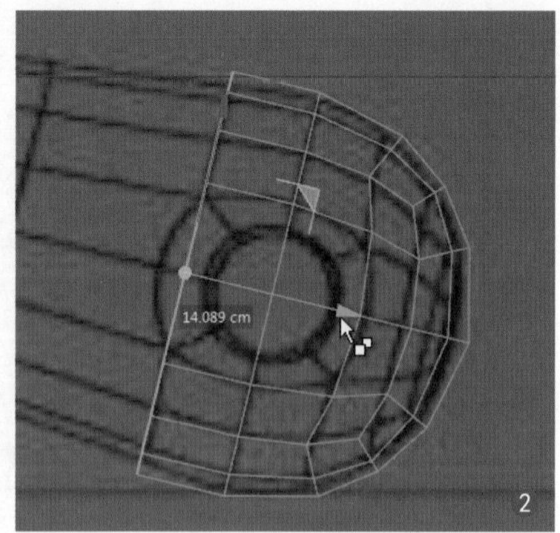

图10.51

（9）沿铲子手柄方向进行移动和复制❶，并根据手柄参考图的尺寸进行等比例缩放❷，如图10.52所示。

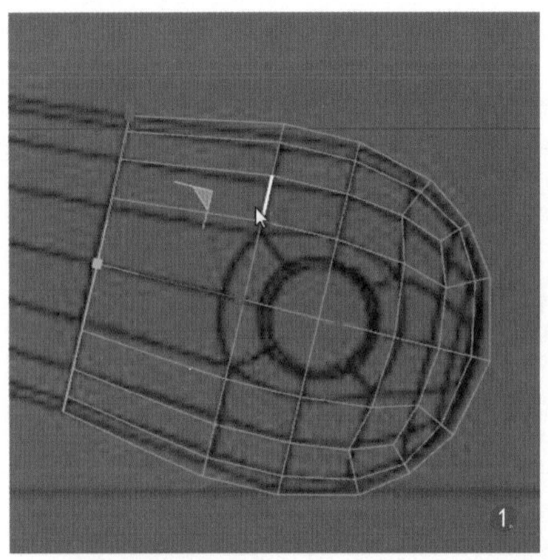
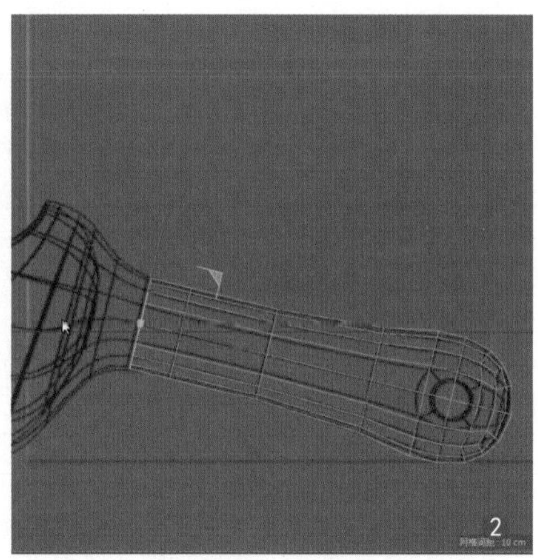

图10.52

（10）完成铲子手柄后，用同样的方法复制边界到铲子头部，由于❶处比较宽，所以要用移动和旋转的方法进行布线❷，如图10.53所示。

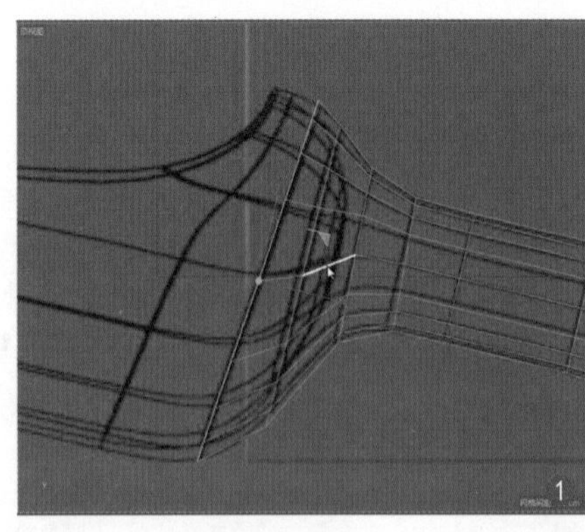
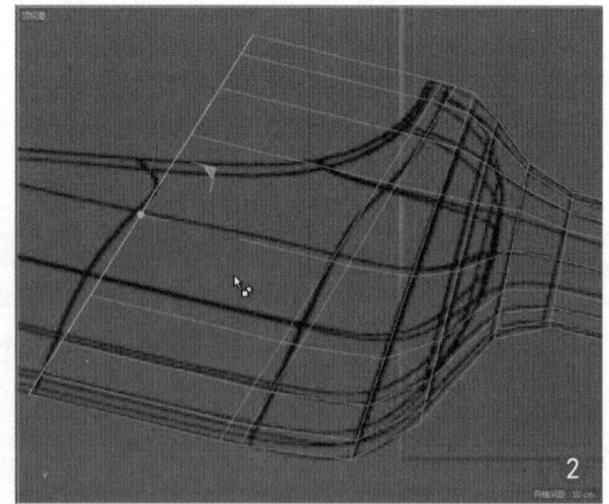

图10.53

（11）由于铲子头部有凹陷造型，所以复制完成后要对顶点进行单独调整❶，调整时要注意布线的均匀❷，如图10.54所示。

（12）下面制作实心的手柄模型，循环选择边，如图10.55所示。

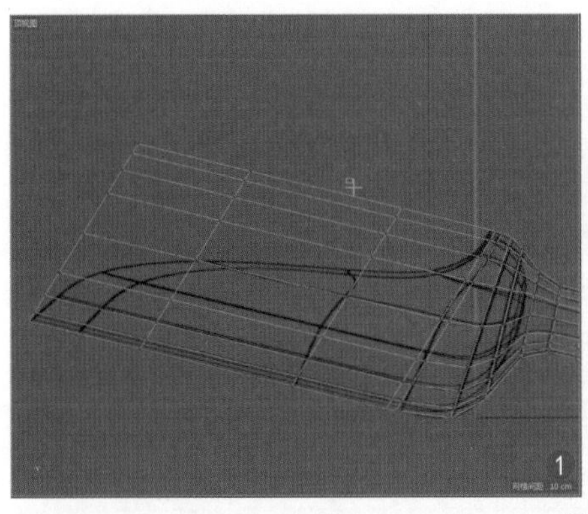
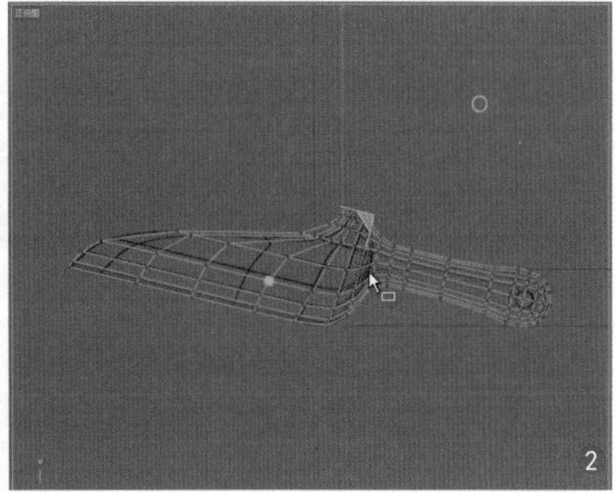

图10.54

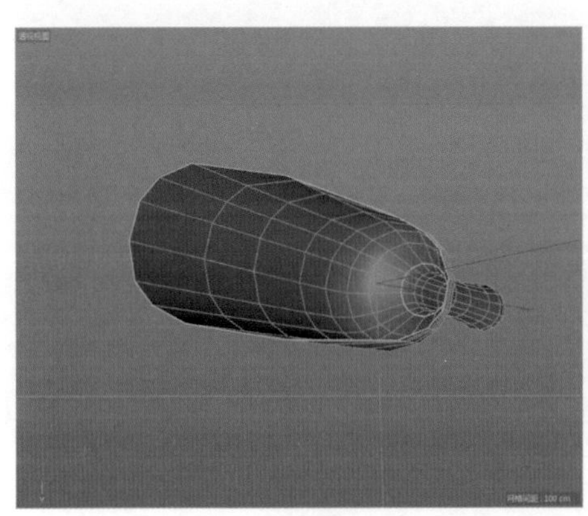
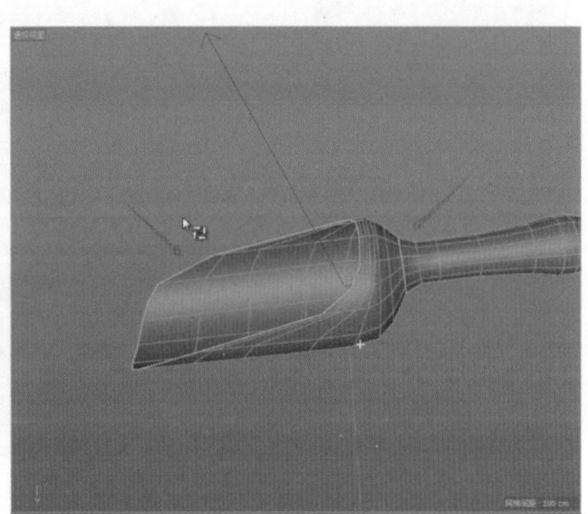

图10.55

（13）按U+F组合键进行填充选择❶，单击鼠标右键，在打开的快捷菜单中选择【挤压】命令❷，如图10.56所示。

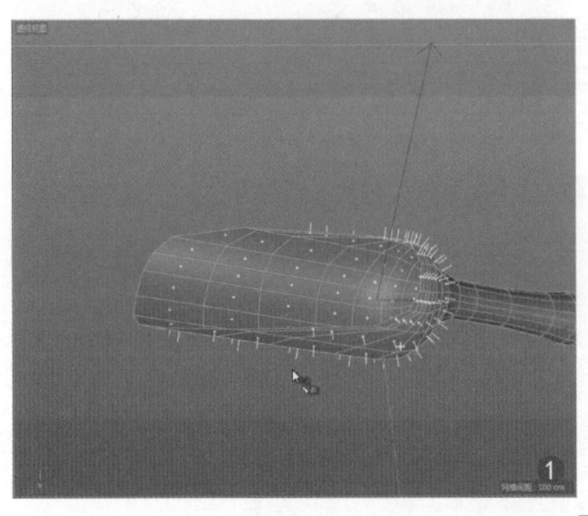
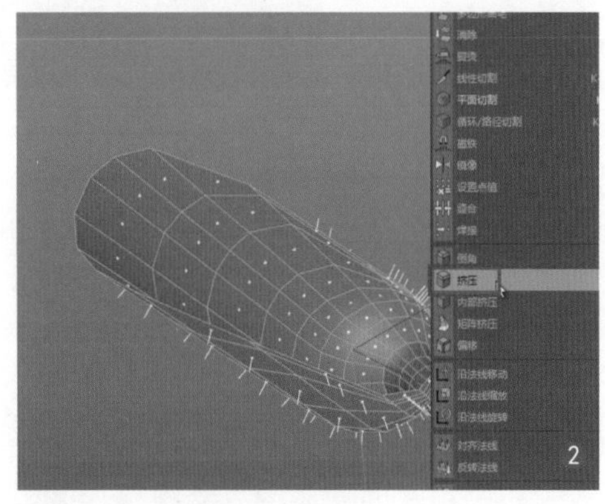

图10.56

（14）拖动鼠标对选中的面进行厚度挤压，勾选【创建封顶】复选框，让挤压面有一定的厚度，如图10.57所示。

（15）视图中呈蓝色显示的多边形的法线方向不对，需要将法线进行反转，因此选择【反转法线】选项命令，如图10.58所示。

（16）对于铲子内部的孔洞❶，先选择手柄尾部的半圆形多边形❷，如图10.59所示。

（17）单击鼠标右键，在弹出的快捷菜单中选择【分裂】命令，如图10.60所示，将半圆形多边形分裂出来。

（18）选择分裂出来的半圆形多边形❶，将其移动到洞口处，缩放使其尺寸与洞口相匹配❷，如图10.61所示。

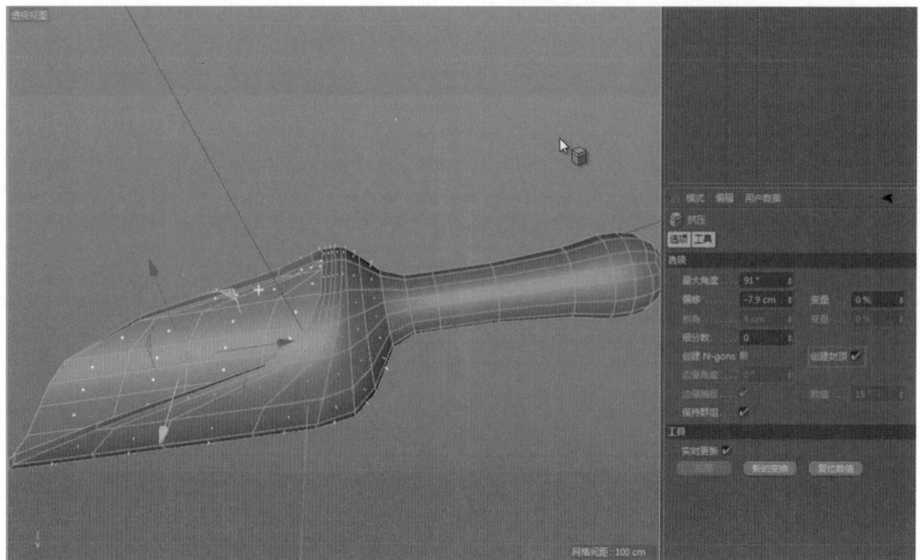

图10.57

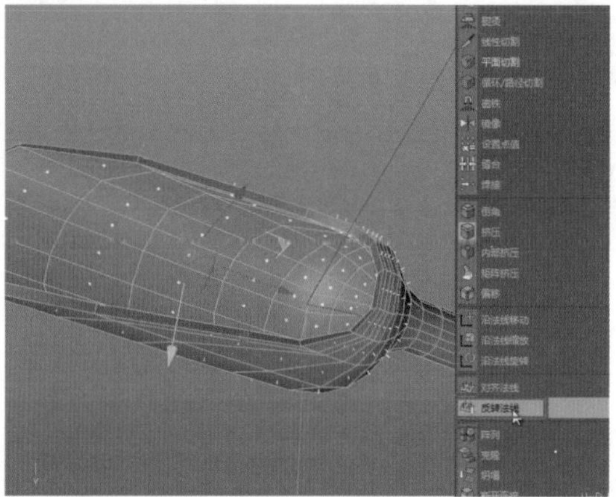

图10.58

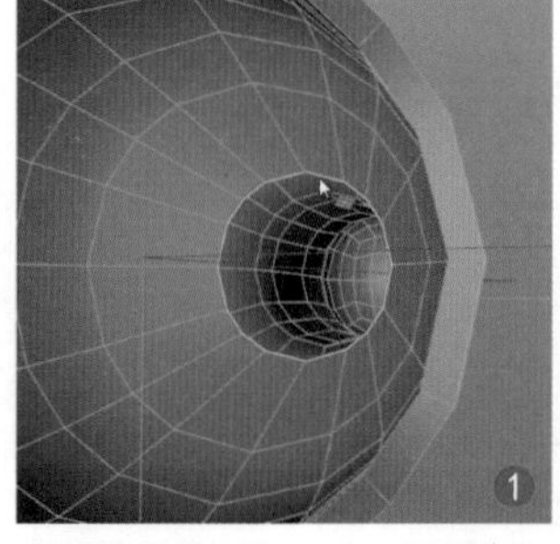

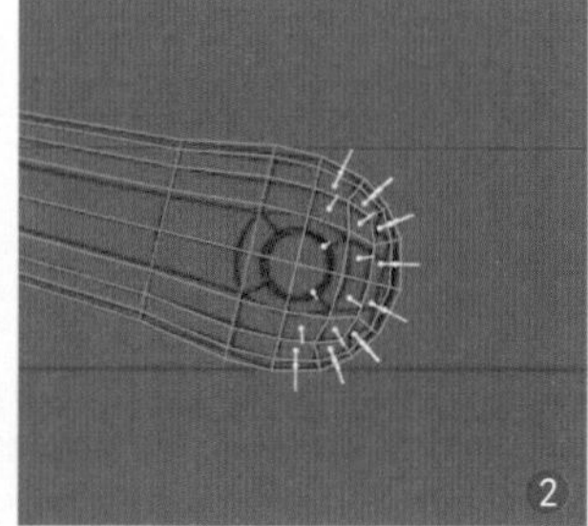

图10.59

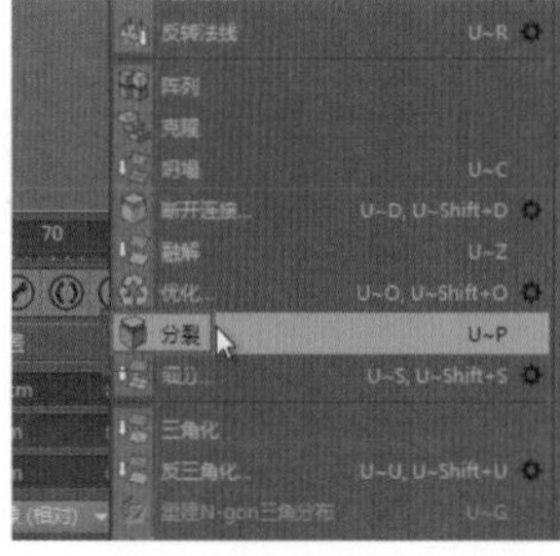

图10.60

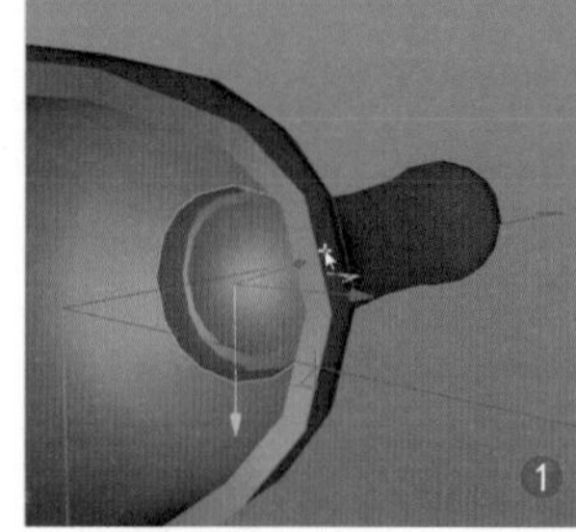

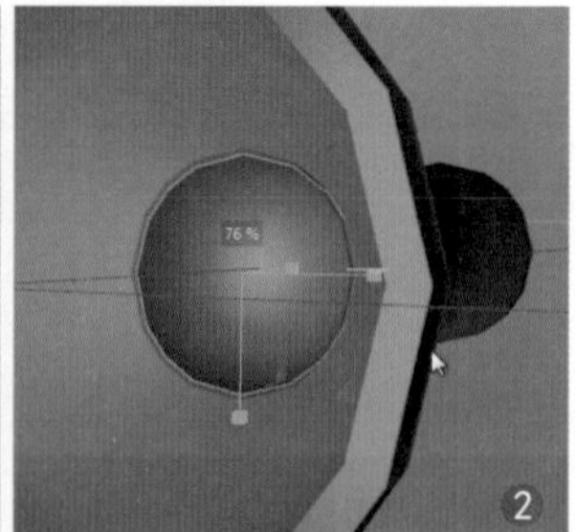

图10.61

（19）选择所有对象，单击鼠标右键，在弹出的快捷菜单中选择【连接对象+删除】命令，合并所有对象，如图10.62所示。

（20）循环选择洞口和半圆形的一圈边界，单击鼠标右键，在弹出的快捷菜单中选择【缝合】命令❶，在视图中将洞口曲线拖动到半圆曲线上进行缝合❷，如图10.63所示。

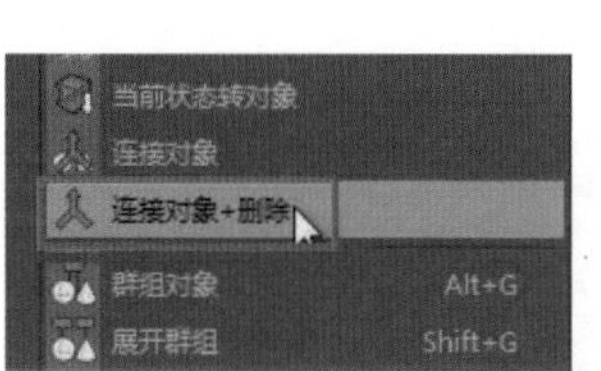

图10.62

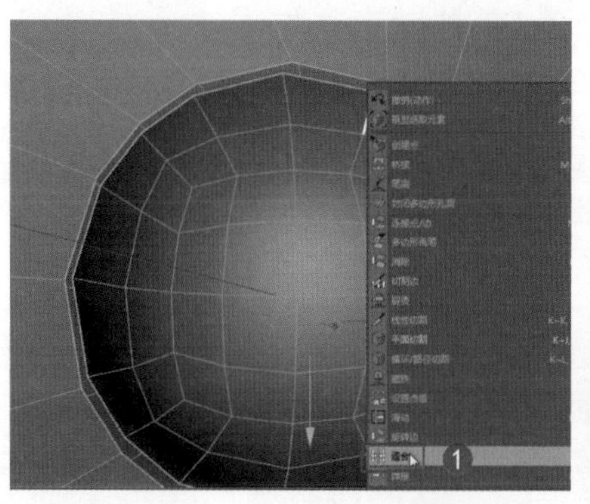

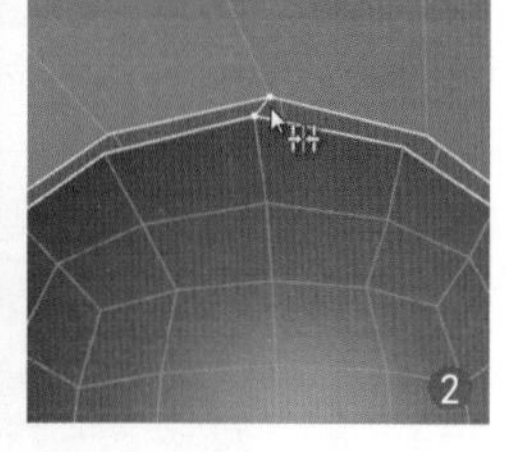

图10.63

（21）缝合后对这部分多边形进行缩放❶，让其弧度与铲子内部相匹配❷，如图10.64所示。

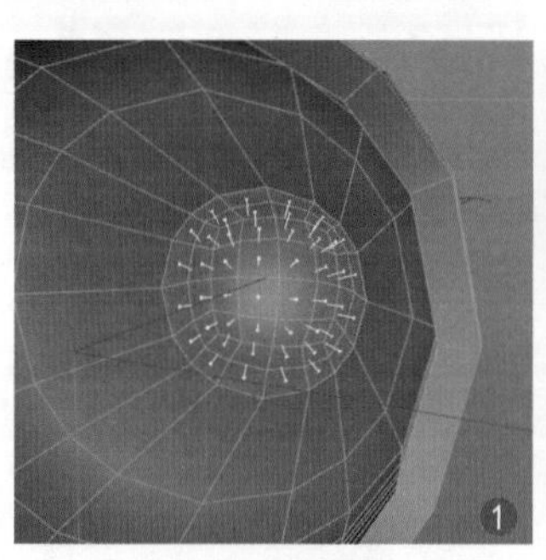

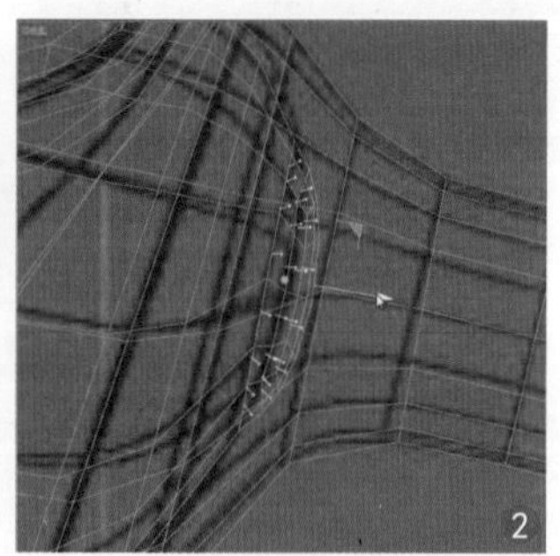

图10.64

（22）选择多余的布线❶，单击鼠标右键，在弹出的快捷菜单中选择【消除】命令❷，将多余的布线清理掉（干净、整洁的布线对模型的创建很重要，能够避免产生过多没必要的细节），如图10.65所示。

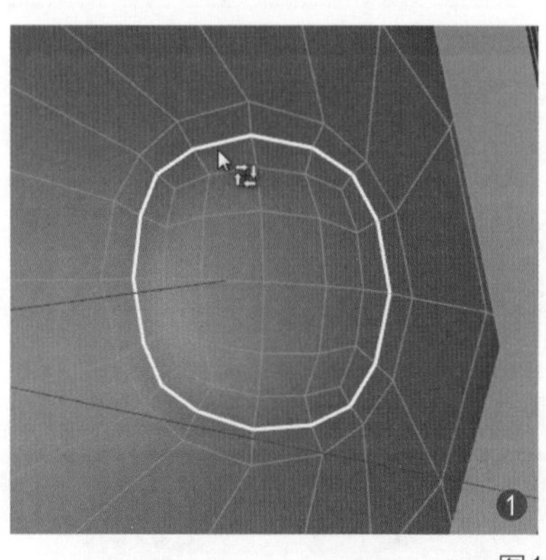

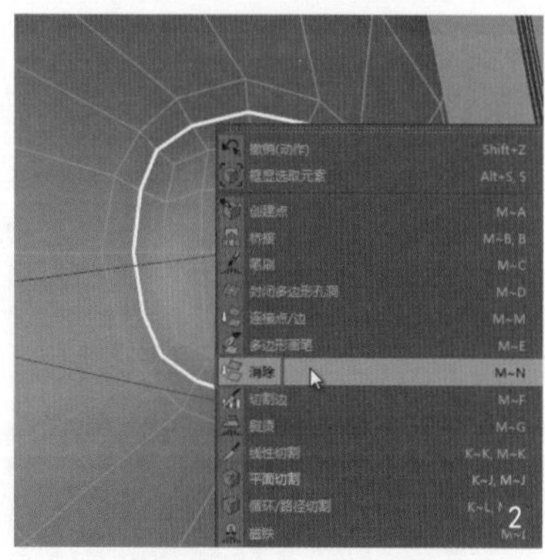

图10.65

（23）选择手柄末端要打孔的点（根据参考图的位置进行选择）❶，单击鼠标右键，在弹出的快捷菜单中选择【倒角】命令进行打孔❷，如图10.66所示。

（24）在倒角参数面板中设置【细分】和【张力】❶，让其倒角处产生正八边形（正八边形可以细分出圆形孔洞）❷，如图10.67所示。

（25）将选择的点删除。在多边形次物体级别中全选面❶，单击鼠标右键，在弹出的快捷菜单中选择【移除N-gons】命令❷，模型将自动连接四边的面，如图10.68所示。

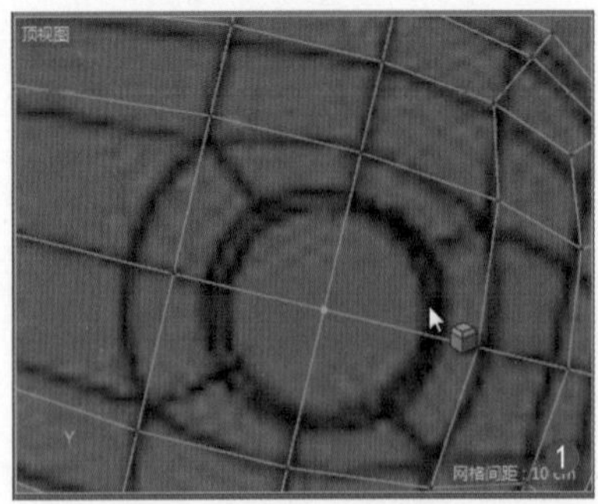

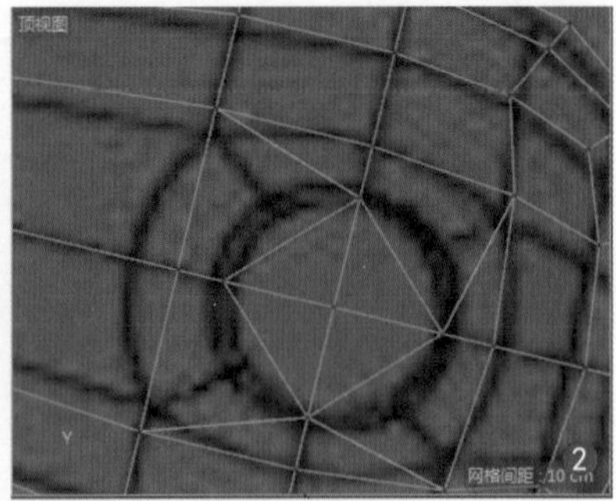

图10.66

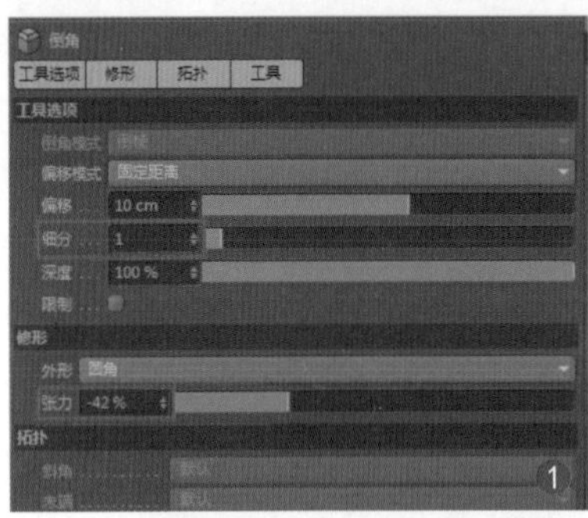

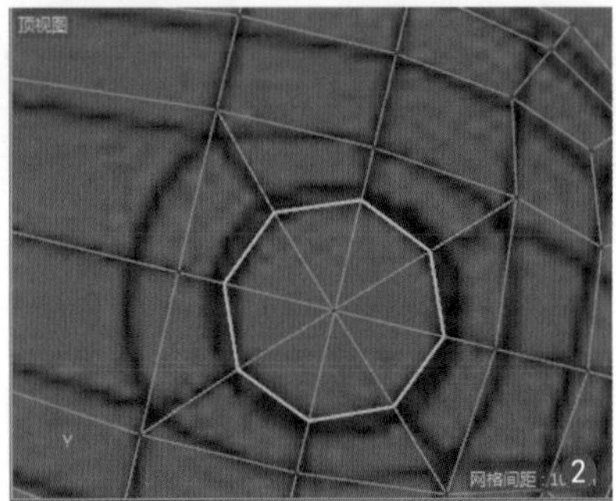

图10.67

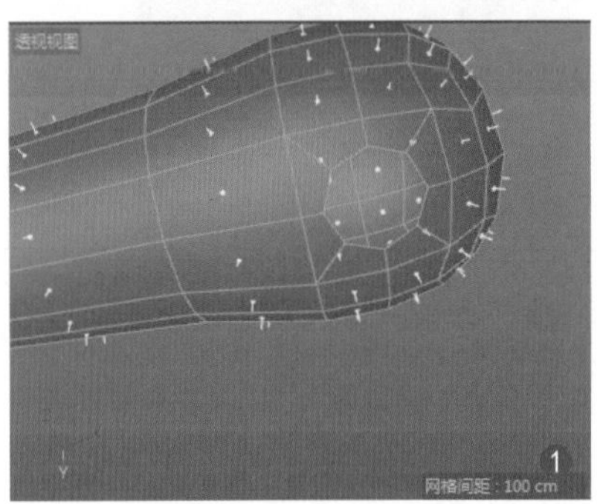

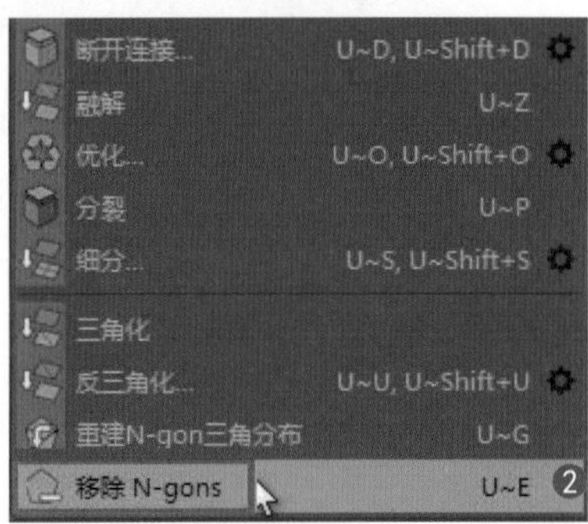

图10.68

（26）循环选择孔洞周围的边❶，单击鼠标右键，在弹出的快捷菜单中选择【滑动】命令❷，如图10.69所示。

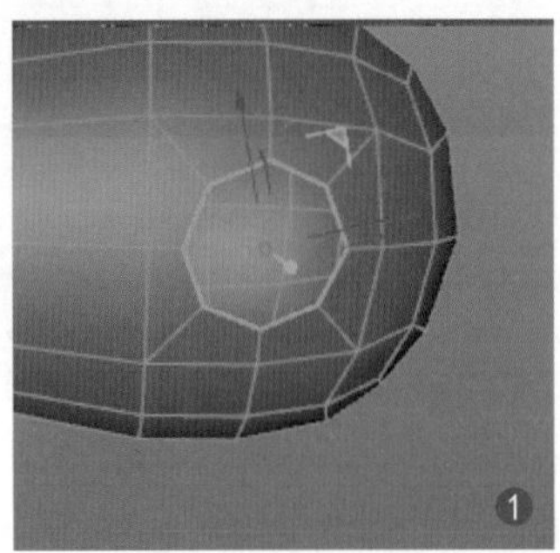

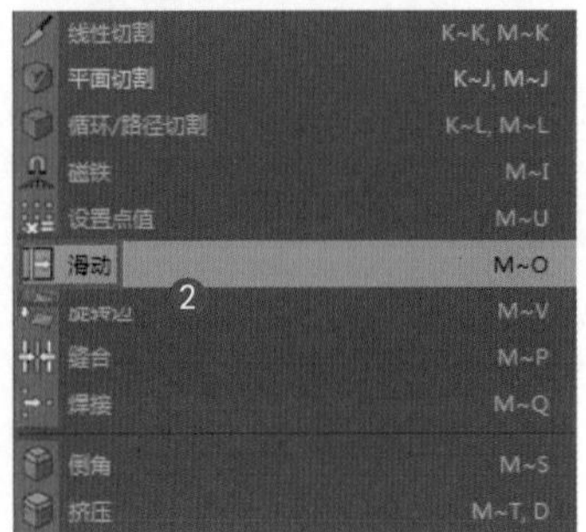

图10.69

（27）在滑动参数面板中勾选【克隆】复选框❶，在孔洞四周增加一圈保护边❷，如图10.70所示。

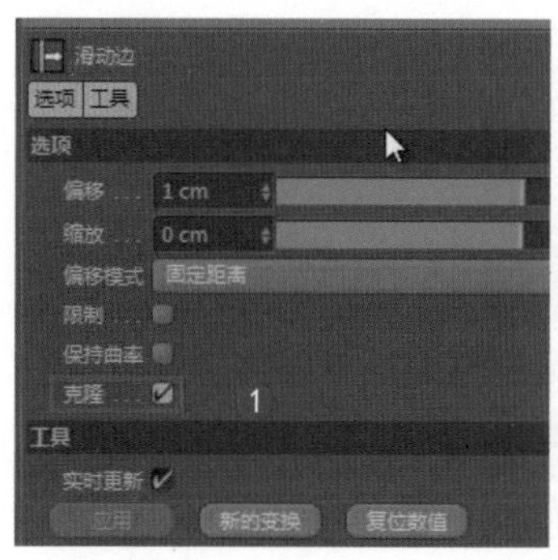

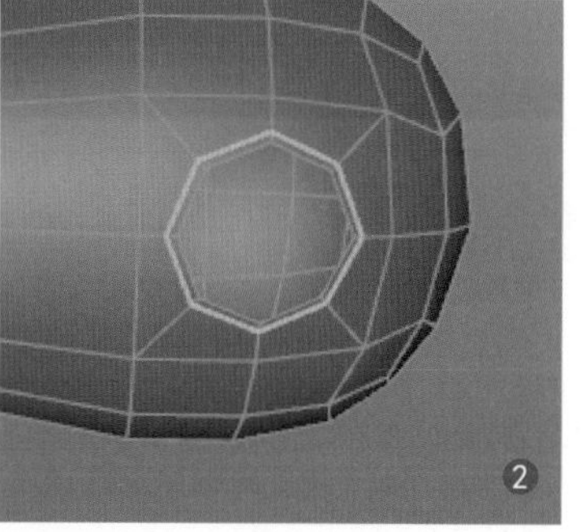

图10.70

（28）在正视图中框选模型的一半顶点（没有开孔的那一半）❶，将这些顶点删除❷，如图10.71所示。

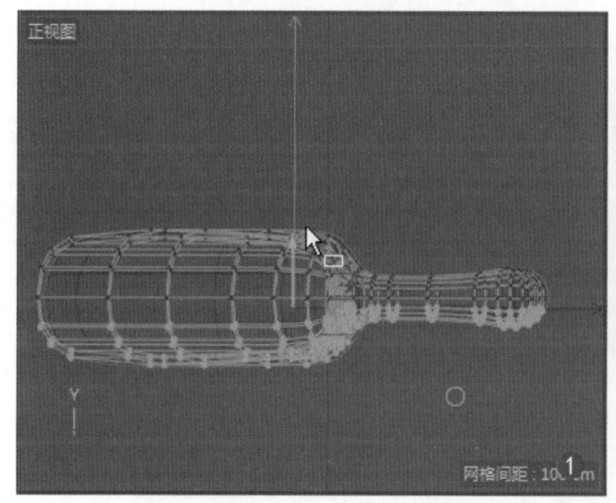

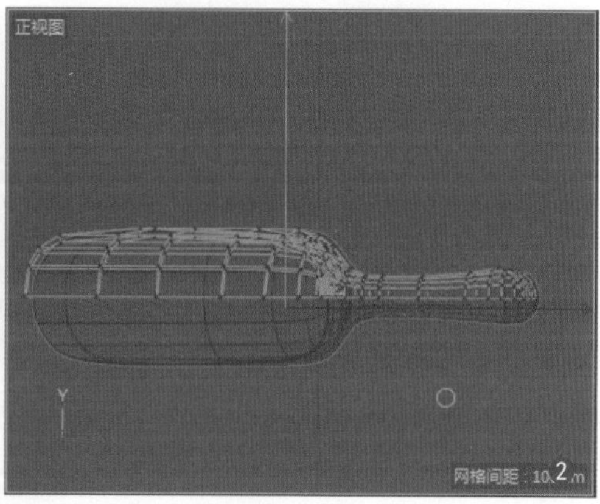

图10.71

（29）进入模型次物体级别，在按住Alt键的同时选择【对称】工具，给模型添加对称效果。

（30）在【对称】工具的参数面板中设置【镜像平面】和【建模】参数❶，❷为对称效果，如图10.72所示。

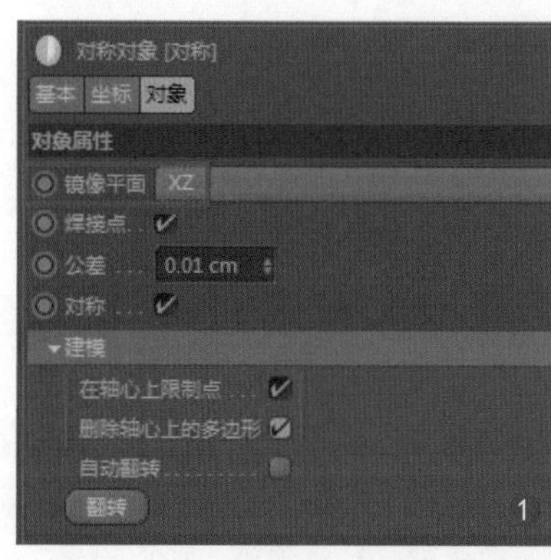

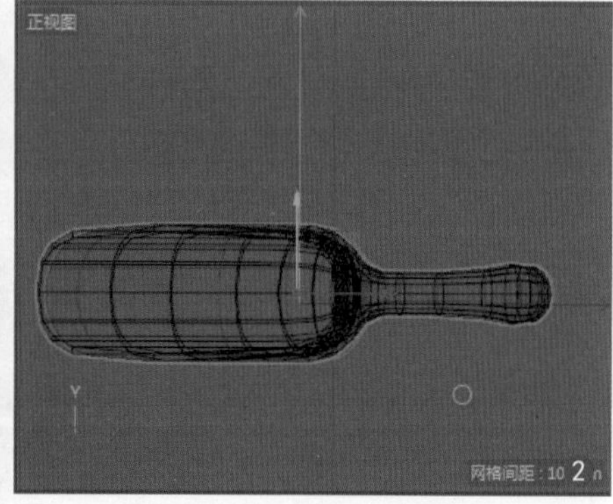

图10.72

（31）将对称模型转换为可编辑对象并进行合并（选择后单击鼠标右键，在弹出的快捷菜单中选择【连接对象+删除】命令）。现在要打通两端孔洞，类似于建立一个隧道。进入边界级别循环选择两端孔洞周围的边❶，单击鼠标右键，在弹出的快捷菜单中选择【桥接】命令❷，如图10.73所示。

（32）在对应的线段上移动鼠标指针，将它们逐一进行桥接❶（还有一种更快捷的方法是用【缝合】命令），❷为桥接效果，如图10.74所示。

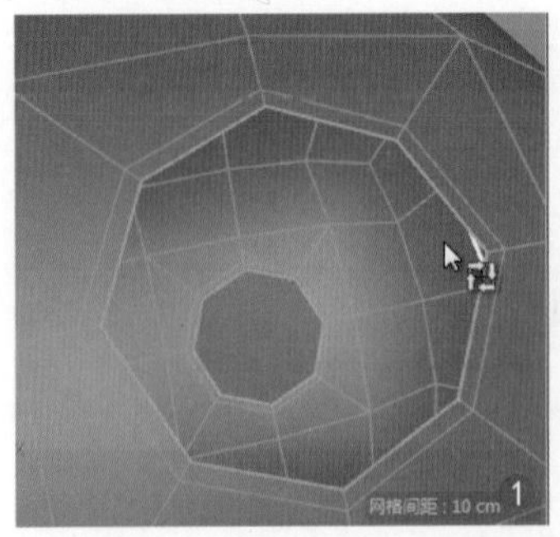

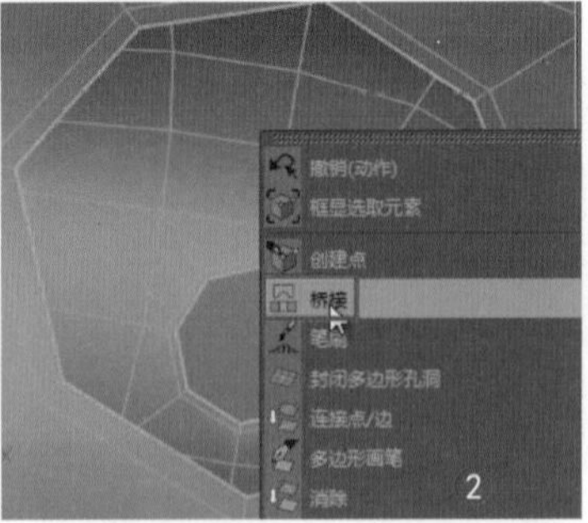

图10.73

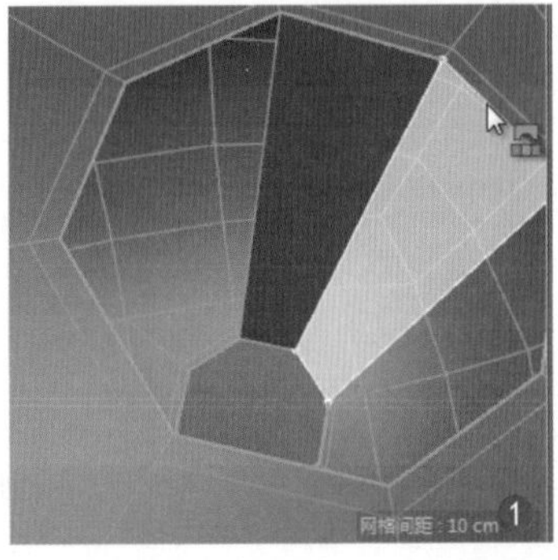

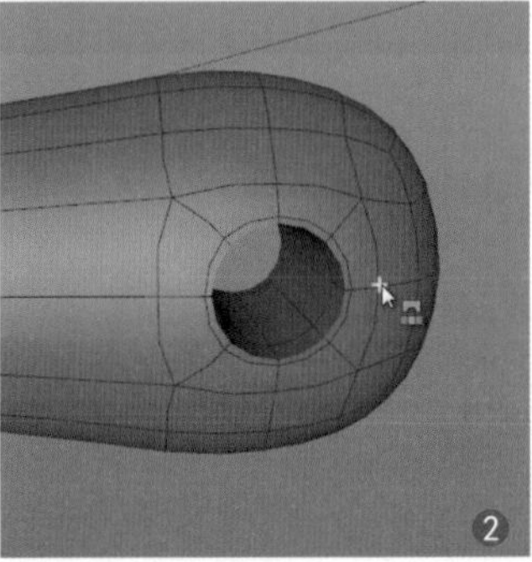

图10.74

（33）在工具栏中选择【圆环】工具❶，创建一个圆环（这是一个路径），将其移动到参考图的手柄末端❷，如图10.75所示。

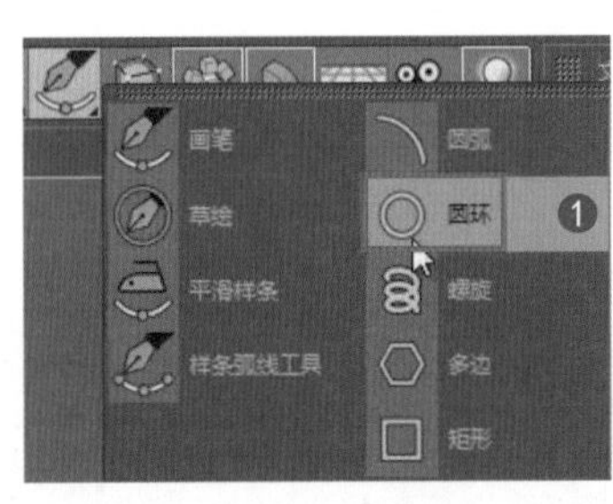

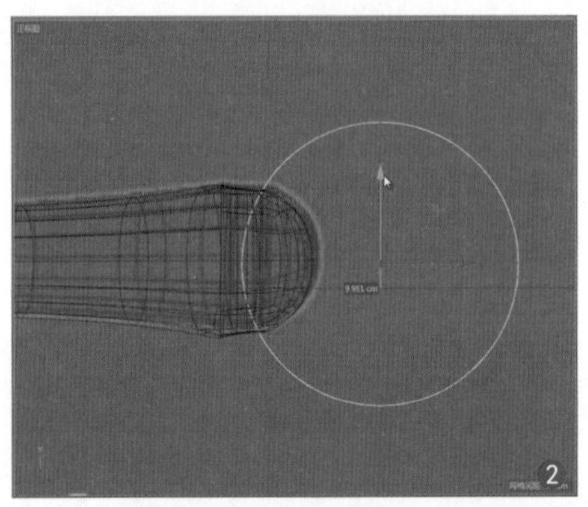

图10.75

（34）设置【点插值方式】为【统一】，将圆环曲线塌陷成可编辑曲线（按C键），如图10.76所示。

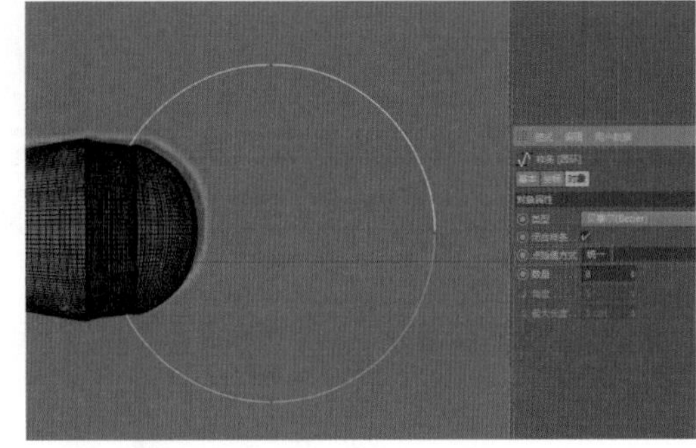

图10.76

（35）选择点，将其断开连接，如图10.77所示。

（36）将曲线调整成图10.78所示的样子，形成一个挂环。

（37）新建一个圆环，作为挂环的截面❶。选择【扫描】工具，在对象面板中将两个圆环对象拖动到【扫描】下方，使它们成为【扫描】的子对象❷，如图10.79所示。

（38）【扫描】工具将两个圆环扫描成型，调整截面圆形的尺寸，改变挂环的截面粗细❶，❷为铲子模型的最终效果，如图10.80所示。

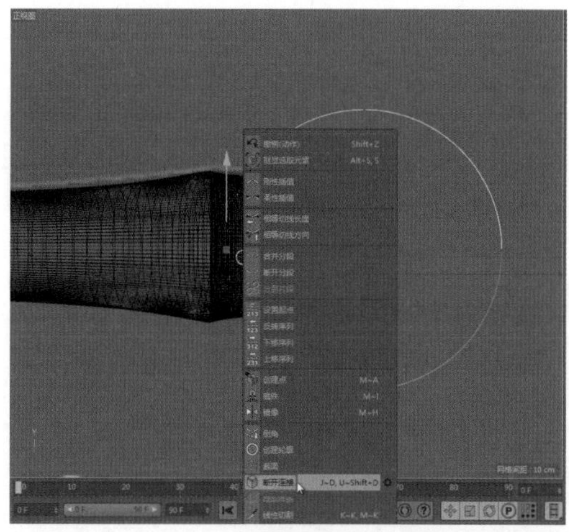

图10.77

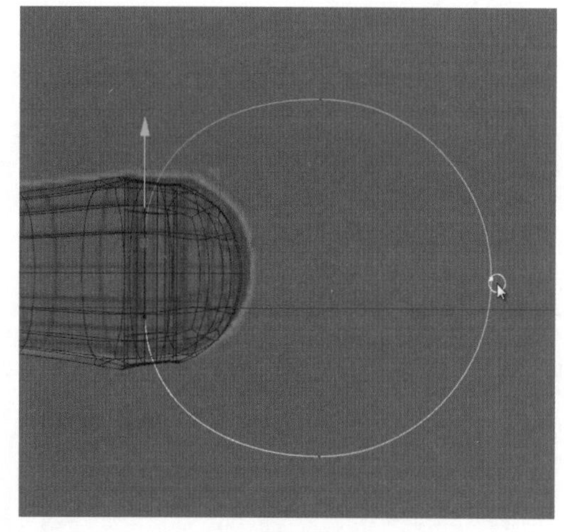

图10.78

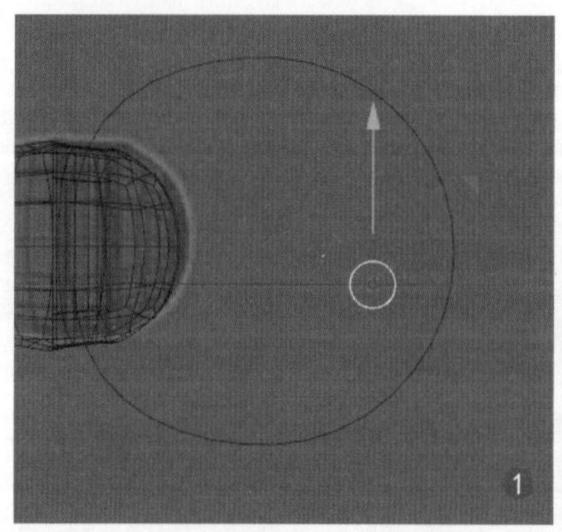
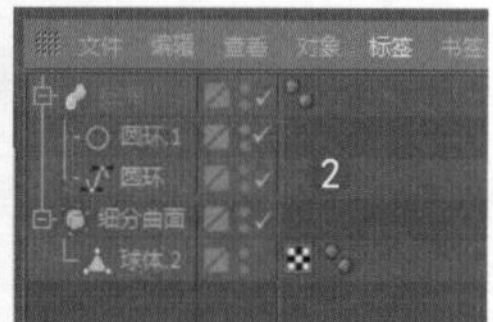

图10.79

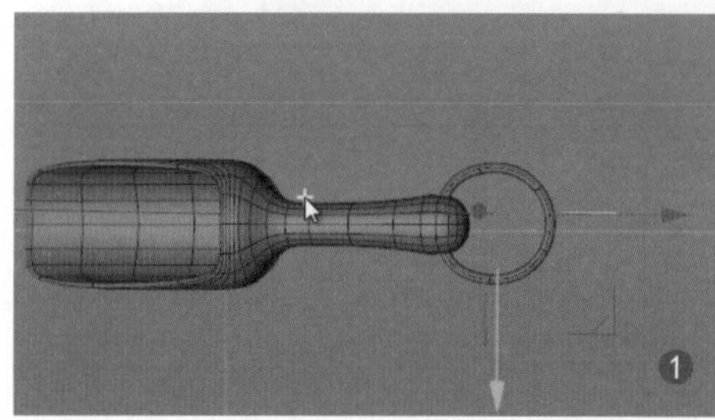
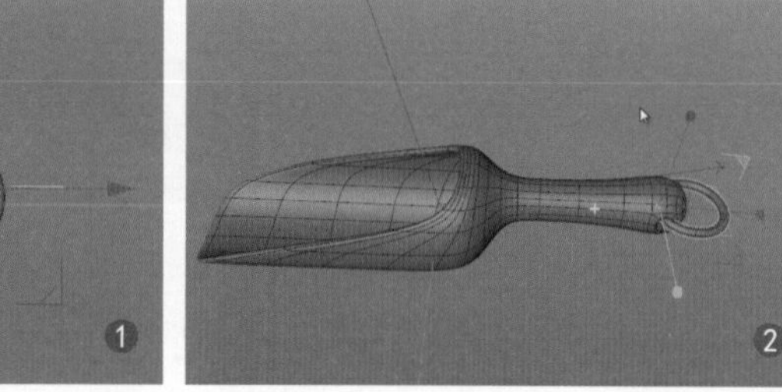

图10.80

10.1.5 制作糖罐中的糖果模型

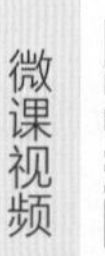

下面使用动力学系统配合粒子系统制作糖罐中装满糖果的效果，如图10.81所示。

（1）打开场景文件。在这里我们将通过动力学系统和粒子系统模拟糖罐里的糖果及散落在桌面上的糖果，如图10.82所示。

（2）为了方便观察糖罐的内部结构，选择糖罐模型，在参数面板的【基本】选项卡中勾选【透显】复选框，将糖罐以半透明方式显示（这里只是对显示方式进行了更改，并没有改变模型本身的材质），如图10.83所示。

（3）选择【模拟】|【粒子】|【发射器】命令，新建一

图10.81

个粒子对象❶；将粒子对象移动到糖罐的正中心，并旋转它，使其向下发射（播放动画可观察到粒子的发射方向）❷，如图10.84所示。

图10.82

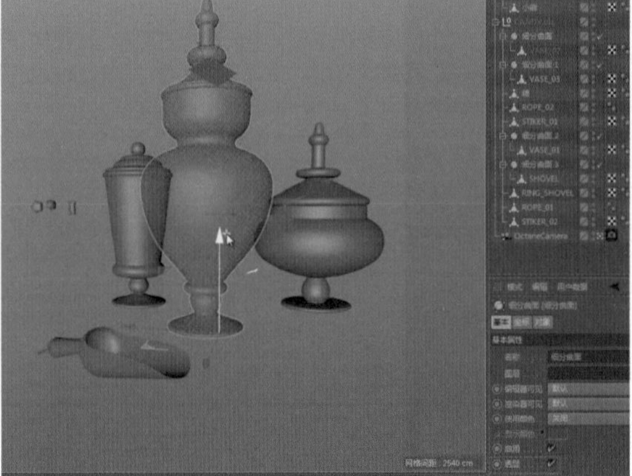

图10.83

图10.84

（4）在对象面板中，将小熊糖果模型移动到粒子发射器的下方，使其成为粒子发射器的子对象❶。在参数面板中勾选【粒子】的【显示对象】复选框❷，如图10.85所示。

（5）此时粒子发射器发射出的粒子为小熊糖果，设置发射数量（【渲染器生化比率】代表粒子生成的数量）和起始帧（【投射起点】代表何时开始发射粒子，【投射终点】代表何时结束粒子发射，此例让粒子在第0帧之前就开始发射，在第30帧结束发射，这就说明罐内在第30帧就已经放满小熊糖果了），如图10.86所示。

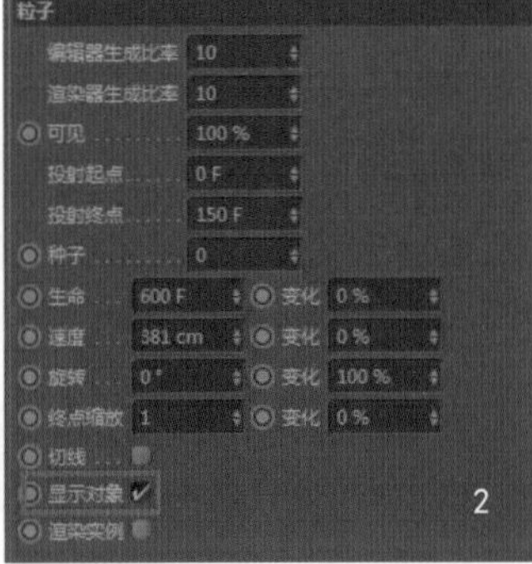

图10.85

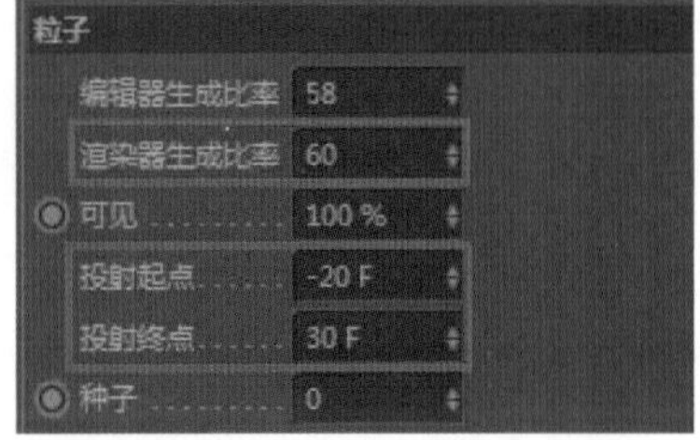

图10.86

（6）在对象面板中的相应对象上单击鼠标右键，在弹出的快捷菜单中选择【模拟标签】|【刚体】命令，给罐和小熊糖果模型分别添加【刚体】标签，如图10.87所示。

图10.87

（7）在小熊糖果模型的刚体参数面板中，设置【继承标签】为【应用标签到子级】、【独立元素】为【全部】，如图10.88所示，让每个粒子都可以分别产生动力学碰撞。

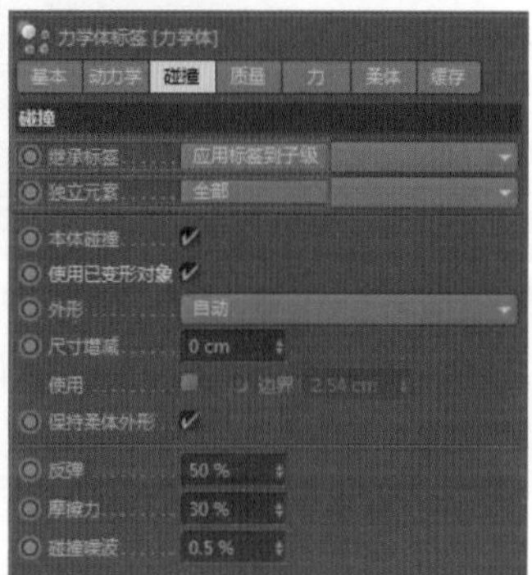

图10.88

（8）在罐的刚体参数面板中，设置【外形】为【静态网格】，如图10.89所示，这样罐就会在发生碰撞时纹丝不动。

（9）播放动画，让系统开始进行动力学计算，可以看到粒子发射器将小熊糖果模型发射到了罐内，如图10.90所示。

（10）在对象面板中，按住Ctrl键拖动复制两组粒子发射器❶，这样就产生了3组不同的发射效果，可以设置不同的颜色来混合，让效果显得更加自然、真实❷，如图10.91所示。

图10.89

图10.90

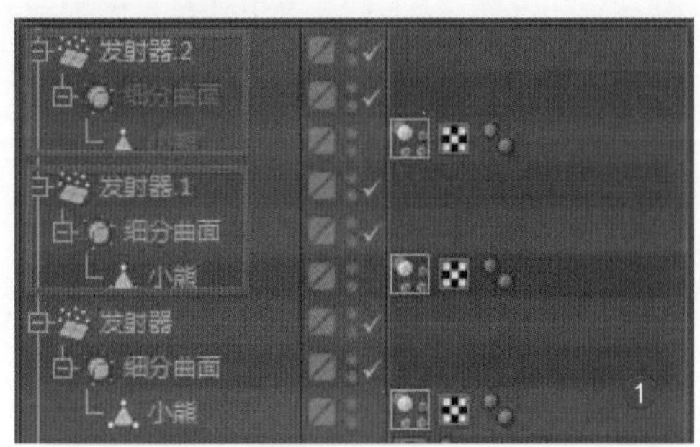

图10.91

（11）给3个粒子发射器分别设置不同的【渲染器生成比率】，让3种颜色的粒子产生不同数量的分配，如图10.92所示。

（12）用同样的方法让另外两个糖罐也放满糖果（圆形糖果和星形糖果），如图10.93所示。

（13）新建一个立方体作为桌面，将立方体放置于糖罐下方，如图10.94所示。

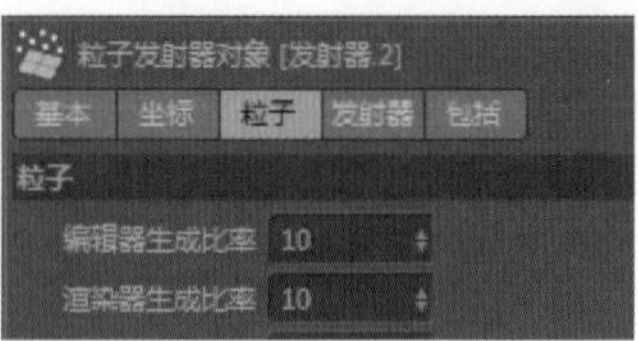

图10.92

图10.93

图10.94

（14）建立一个平面作为场景的背景，如图10.95所示。

图10.95

10.2 材质制作

本节介绍糖果材质、玻璃材质、背景及桌面材质的制作方法。

10.2.1 制作半透明糖果材质

微课视频

工程文件 Scenes\10.2.1.c4d\制作半透明糖果材质

本例利用【颜色】和【散射介质】参数制作红色糖果，设置伪阴影让黄色糖果更通透，效果如图10.96所示。

（1）新建一个镜面材质（这个材质用于制作红色糖果）❶，在【粗糙度】通道中设置【浮点】❷，如图10.97所示。

图10.96

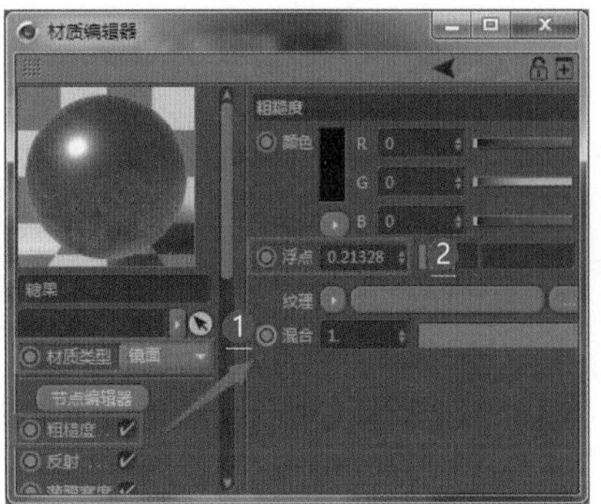
图10.97

（2）在【折射率】通道中设置【折射率】（较高的折射率会产生高反射效果），如图10.98所示。

（3）在【传输】通道中设置【颜色】为红色，由于糖果会透出红色，因此这里的颜色不能调得过重，【传输】通道会把这里设置的颜色夸张显示，如图10.99所示。

图10.98

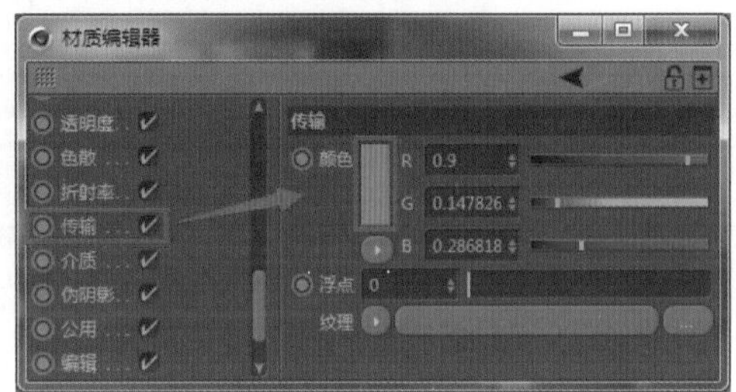
图10.99

（4）设置【介质】通道中的【纹理】为【散射介质】❶，设置【吸收】为【菲涅耳(Fresnel)】❷，设置菲涅耳渐变（让糖果透明效果更逼真）❸，如图10.100所示。

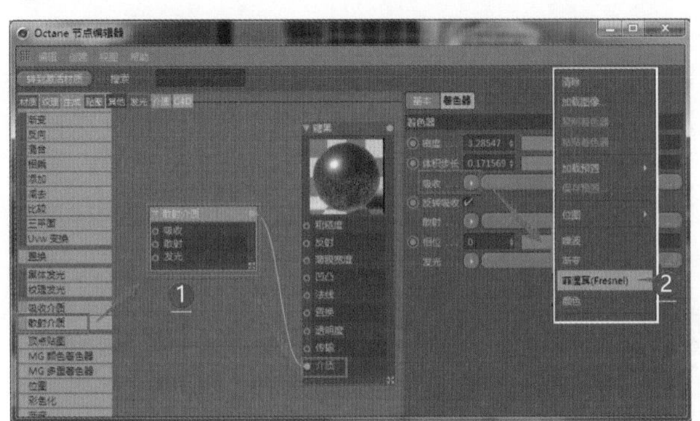

图10.100

（5）新建一个镜面材质❶，设置【粗糙度】通道中的【浮点】❷，设置【折射率】通道中的【折射率】❸，如图10.101所示。

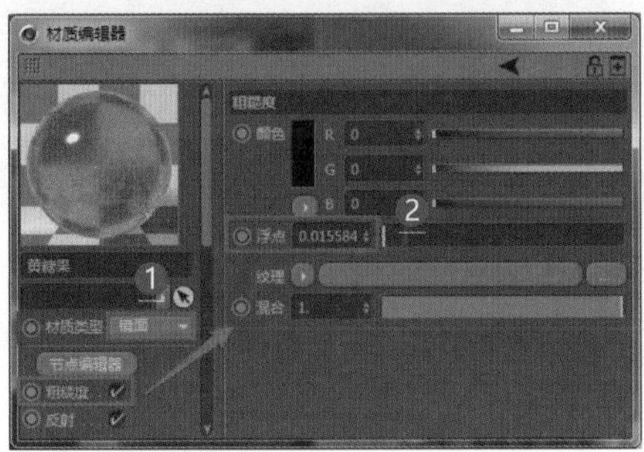
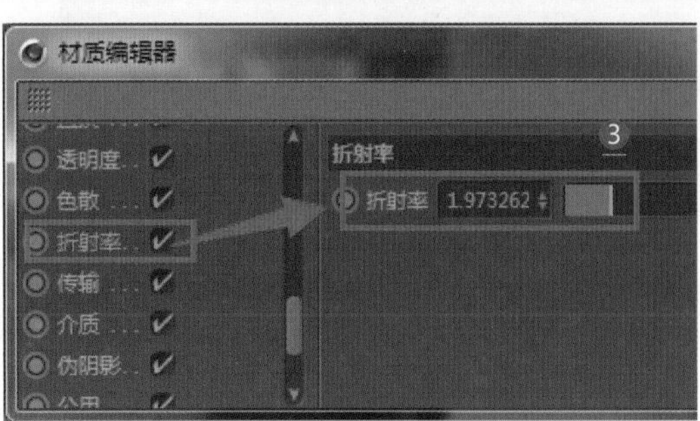

图10.101

（6）设置【传输】通道中的【颜色】为黄色❶，启用【伪阴影】（让材质阴影透亮）❷，如图10.102所示。

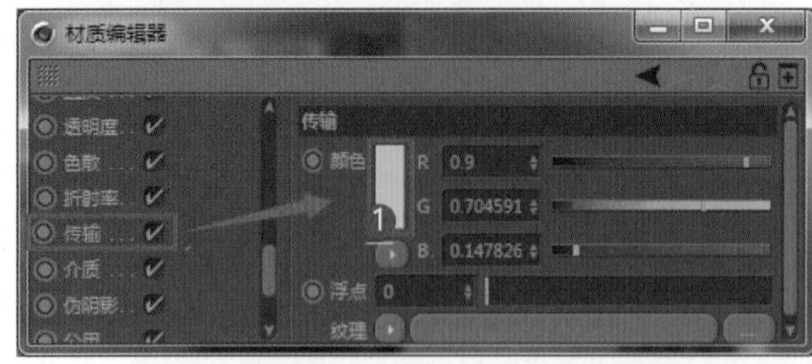

图10.102

（7）用同样的方法制作不同颜色的糖果，并将它们分别赋给糖果粒子❶，❷为糖果的渲染效果，如图10.103所示。

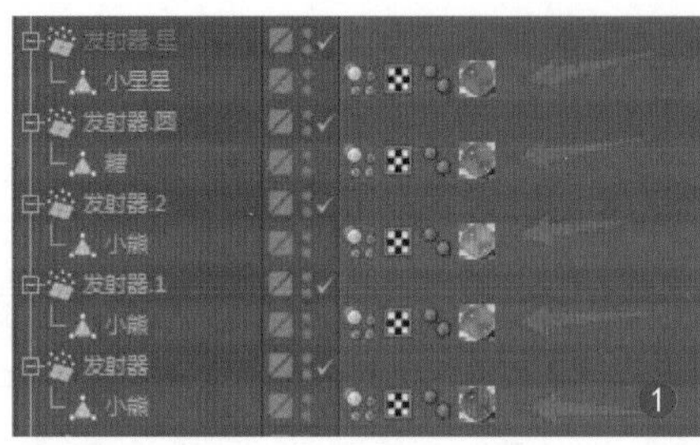

图10.103

10.2.2 制作背景贴图

微课视频

工程文件 Scenes\10.2.2.c4d\制作背景贴图

（1）新建一个漫射材质，打开【Octane节点编辑器】窗口，新建一个【图像纹理】节点，如图10.104所示。

（2）设置【图像纹理】的贴图为咖啡墙贴图（background.jpg），将该节点与【漫射】通道连接，如图10.105所示。

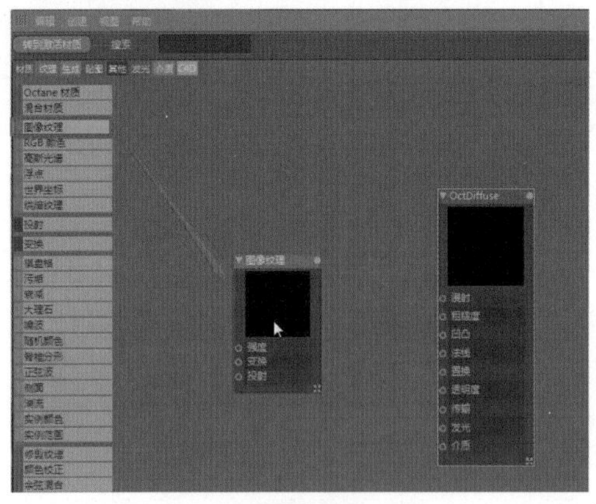

图10.104

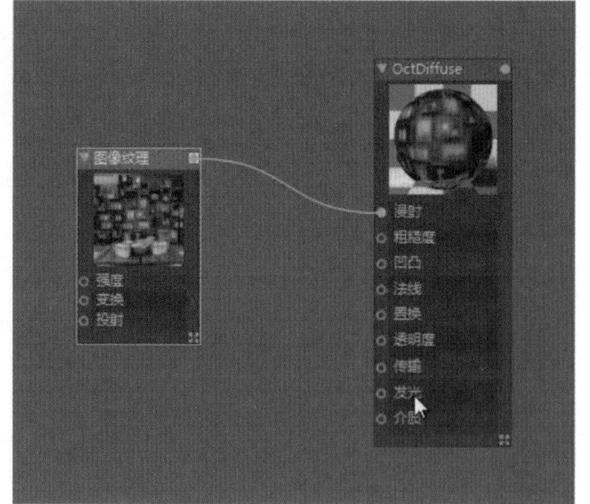

图10.105

（3）新建一个【纹理发光】节点，将该节点与【发光】通道连接，并将【图像纹理】节点与【纹理发光】节点连接，如图10.106所示。

（4）在纹理发光参数面板中设置【功率】（控制贴图的亮度），如图10.107所示，将该材质赋予背景平面。

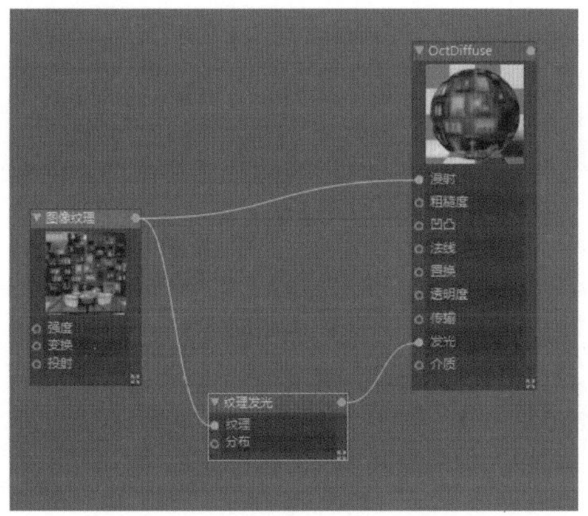

图10.106

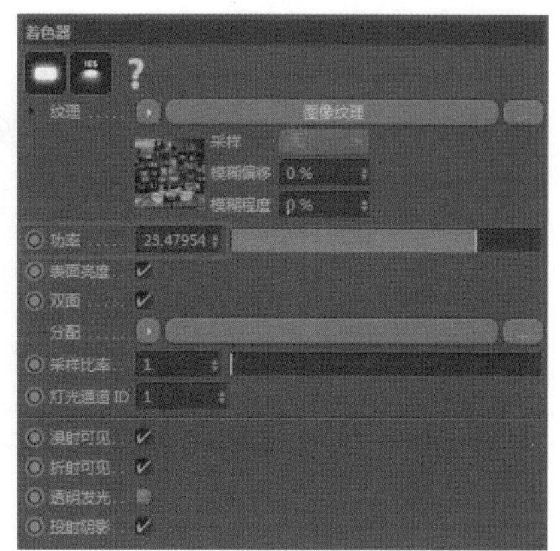

图10.107

（5）新建一个漫射材质，设置【漫射】通道中的【纹理】为桌布贴图（zb.jpg），如图10.108所示。

（6）进入【Octane节点编辑器】窗口，将【图像纹理】节点与【凹凸】通道连接（产生凹凸布纹），如图10.109所示。

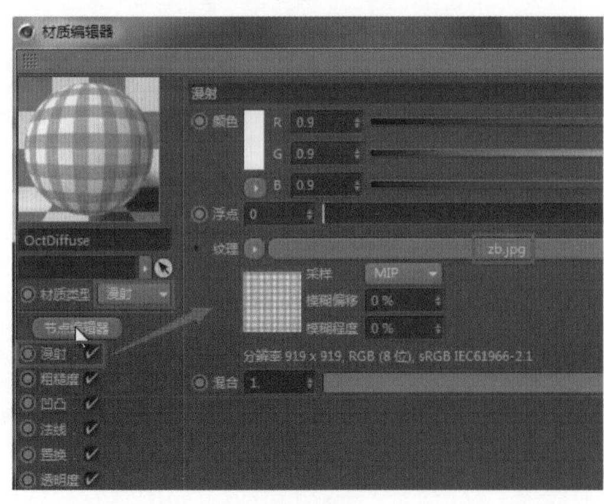

图10.108

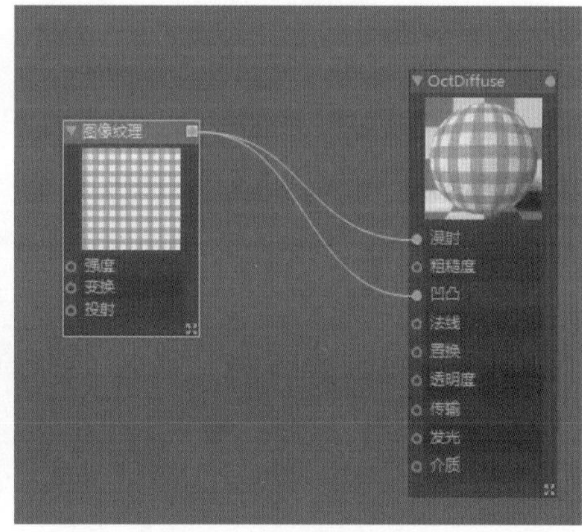

图10.109

（7）新建一个【色彩校正】节点，并将其与【漫射】通道和【图像纹理】节点连接❶，让其参与颜色修改；设置颜色校正的值，在材质球预览框中可以实时观察颜色变化，这里将桌布颜色调整成红色❷，如图10.110所示。

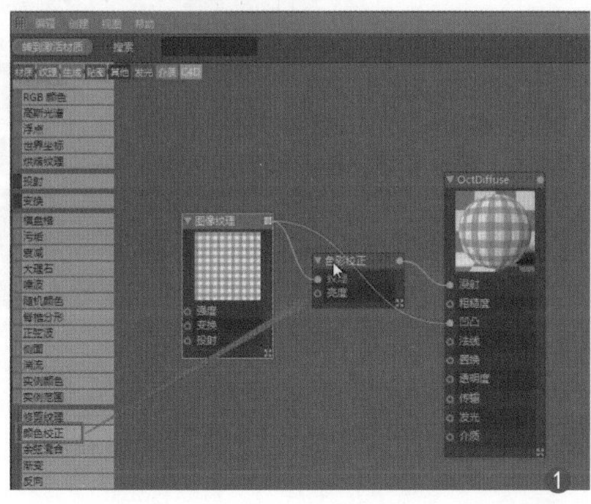

图10.110

（8）将该材质赋予桌面，单击按钮进入贴图平面调整状态，缩放调节框，让贴图尺寸更适合桌面，如图10.111所示。

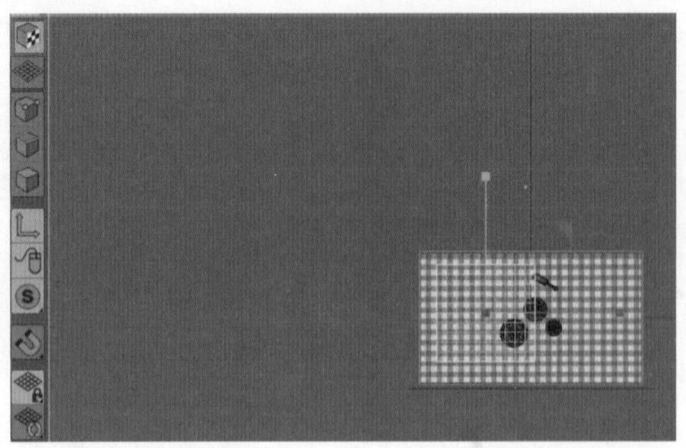

图10.111

10.3 灯光与环境设置

本节介绍配合使用HDRI和灯光制作真实的场景环境并布光的具体操作。

10.3.1 用HDRI制作环境

微课视频

工程文件 Scenes\10.3.1.c4d\用HDRI制作环境

（1）打开Octane渲染器窗口，选择【对象】|【Octane HDRI环境】命令❶，建立一个OctaneSky天空球❷，如图10.112所示。

（2）设置天空球的【纹理】为HDRI（将文件87time hdr050.hdr直接从文件浏览器拖动到【图像纹理】按钮上），如图10.113所示。

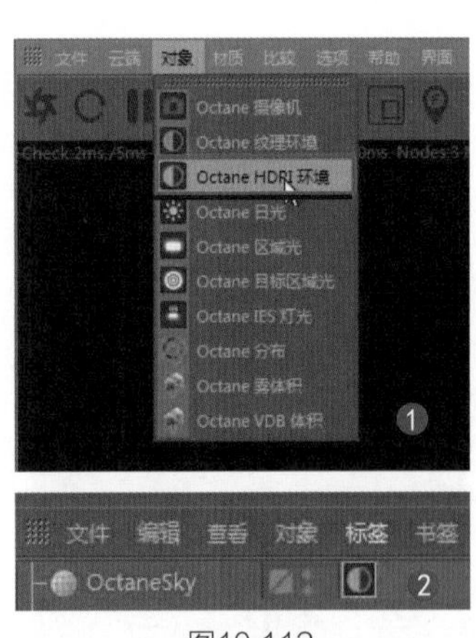

图10.112

图10.113

（3）在Octane渲染器窗口中单击按钮进行实时渲染，可以看到HDRI产生了光照效果，如图10.114所示。

（4）新建一个镜面材质，设置【折射率】通道中的玻璃【折射率】，如图10.115所示。

（5）将该材质赋予场景中的糖罐（直接把材质球拖动到实时渲染器窗口的糖罐上即可），如图10.116所示。

图10.114

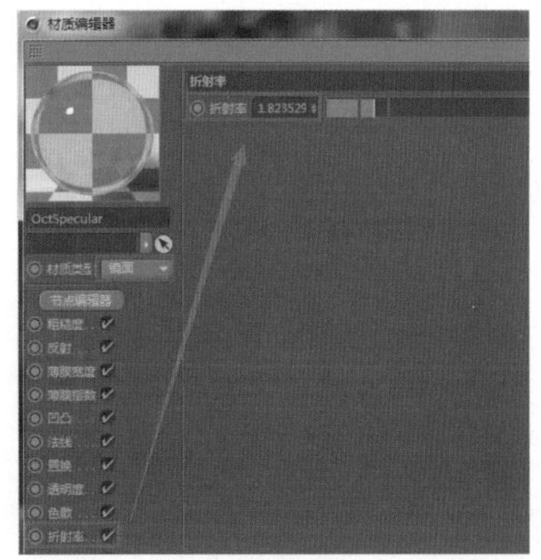
图10.115

（6）在OctaneSky天空球参数面板中修改【旋转X轴】的值，此时可以在渲染器窗口中实时观察HDRI光线对糖罐的照射情况，如图10.117所示。

图10.116

图10.117

10.3.2 设置灯光

微课视频

工程文件 Scenes\10.3.2.c4d\设置灯光

（1）选择【对象】|【Octane区域光】命令❶，在场景中建立一盏灯光❷，如图10.118所示。

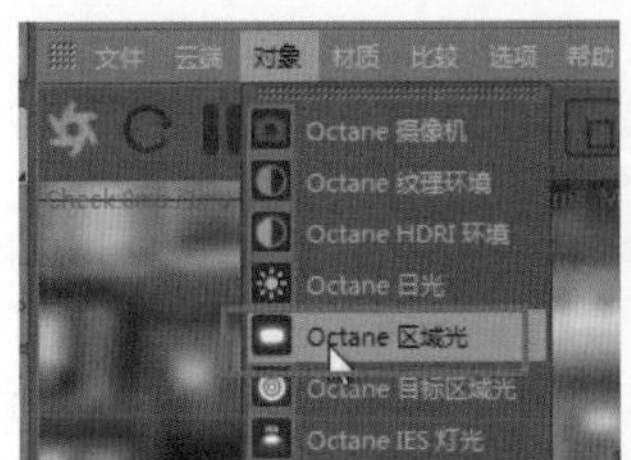

图10.118

（2）将灯光放大，并将其移动到场景左边❶，设置灯光参数❷，如图10.119所示。

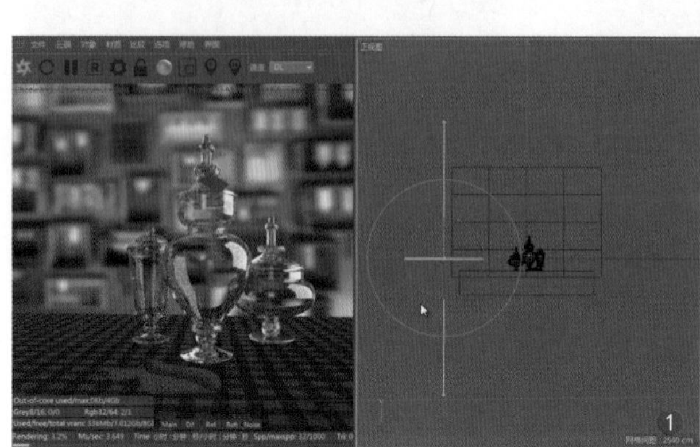
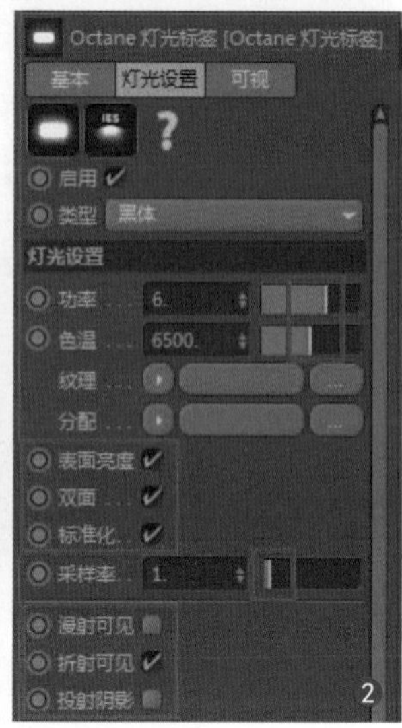

图10.119

（3）将这盏灯光复制到场景右边，产生右边的照明反射效果，如图10.120所示。

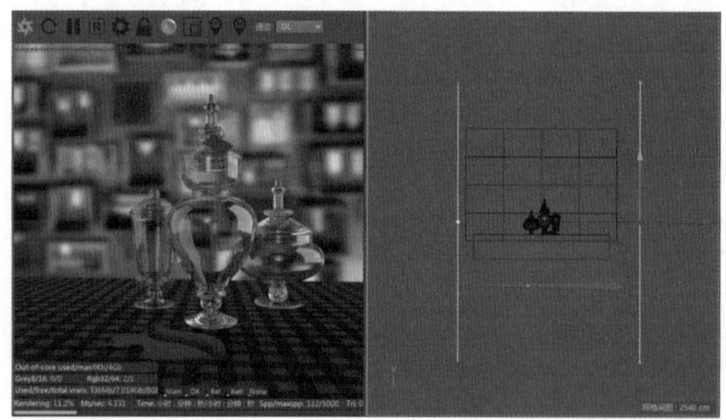

图10.120

10.4 动画制作

本节使用刚体动力学和【破碎】运动图像制作玻璃破碎动画。

10.4.1 制作破碎动画

微课视频

工程文件 Scenes\10.4.1.c4d\制作破碎动画

（1）在场景中将罐身和罐盖用【连接对象+删除】的方式连接成一个整体，然后为其添加【细分曲面】，将其塌陷成可编辑多边形，如图10.121所示，将这个对象更名为“破碎瓶子”。

（2）选择【破碎瓶子】，为其添加【破碎】运动图形，如图10.122所示。

（3）新建一个立方体，将其移动到与糖罐撞击的位置，如图10.123所示。

（4）在【破碎】参数面板中选择【来源】选项卡下的【点生成器-分布】工具，如图10.124所示，将破碎位置控制在立方体与糖罐范围内。

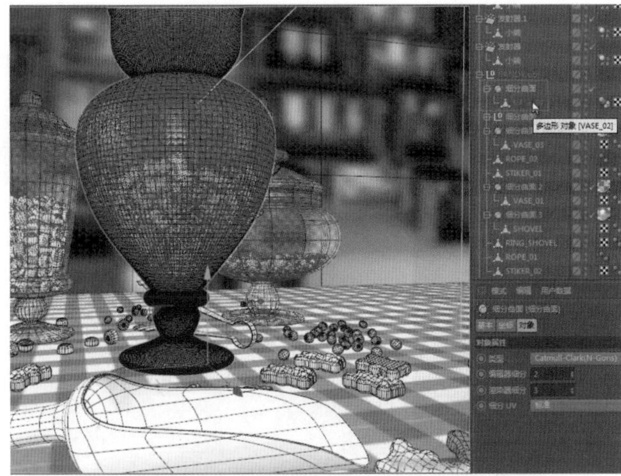
图10.121

图10.122

图10.123

图10.124

（5）在【变化】区域设置破碎的中心位置❶，在视图中可观察到破碎效果❷，如图10.125所示。

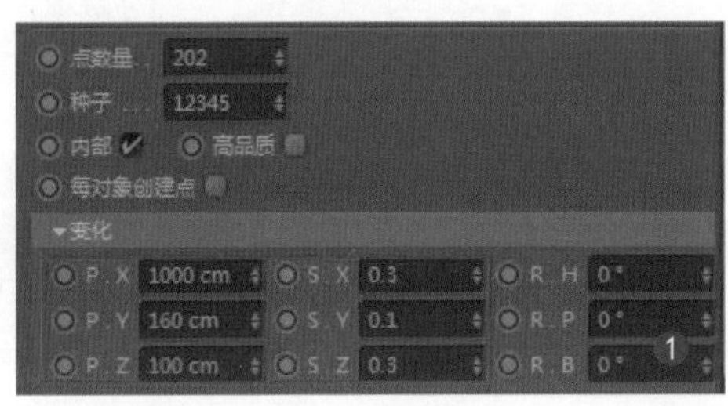
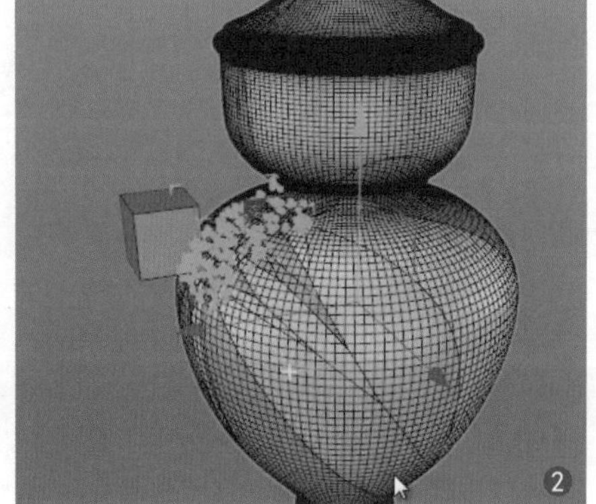
图10.125

（6）下面制作立方体的动画。设置动画总体长度为600帧❶；移动时间滑块到第300帧处，移动立方体，让立方体与糖罐没有接触，单击按钮手动记录一个关键帧❷，如图10.126所示。

（7）移动时间滑块到第305帧处，移动立方体，让立方体与糖罐接触（撞击），单击按钮记录一个关键帧，如图10.127所示。

图10.126

图10.127

（8）【破碎瓶子】后面的【刚体】标签移动到【破碎】后面，如图10.128所示。

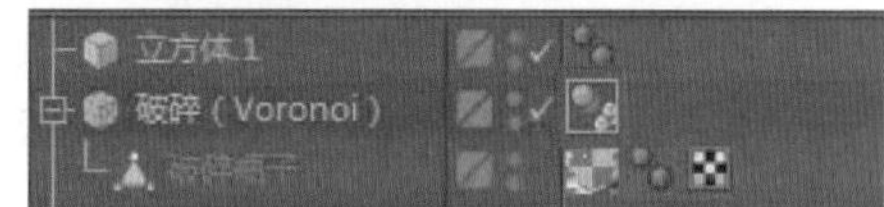

图10.128

（9）在对象面板中选择【刚体】标签，移动时间滑块到第304帧处❶，在参数面板中单击【外形】前面的圆点，将其变为红色。此时就在0~304帧设置了【外形】为【静态网格】的动力学状态❷，如图10.129所示。因为此时要想让糖罐内盛满糖果，必须将【外形】设置成【静态网格】，否则糖果会把糖罐撞碎。

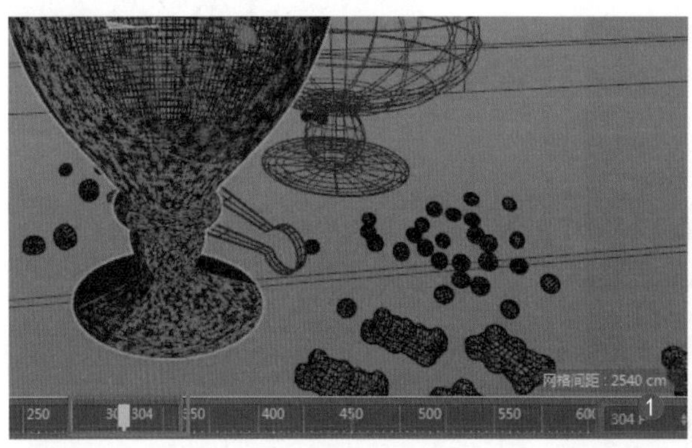

图10.129

10.4.2 制作刚体碰撞动画

Scenes\10.4.2.c4d\制作刚体碰撞动画

（1）移动时间滑块到第305帧处❶（立方体与糖罐撞击的那一帧）；在参数面板中设置【外形】为【自动】，单击【外形】前面的圆点，将其变为红色（此时就在第305帧让糖罐碎片与立方体产生自动碰撞的动画），设置【继承标签】为【应用标签到子级】、【独立元素】为【全部】（这样动力学系统就可以让每个碎片都独立进行动力学运算了）❷，如图10.130所示。

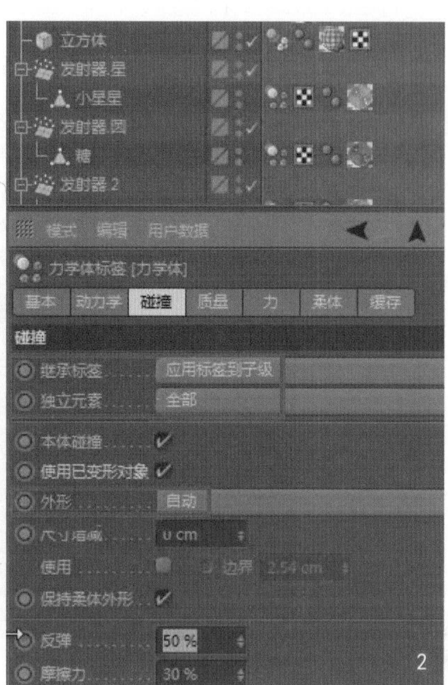

图10.130

（2）选择桌面模型，给桌面模型添加【刚体】标签，如图10.131所示，让桌面能够托起落下的碎片和糖果。

（3）设置【外形】为【静态网格】（让桌面保持不动），设置【反弹】为1%、【摩擦力】为1000%，避免糖果和碎片落下时因弹力过大到处乱飞，如图10.132所示。

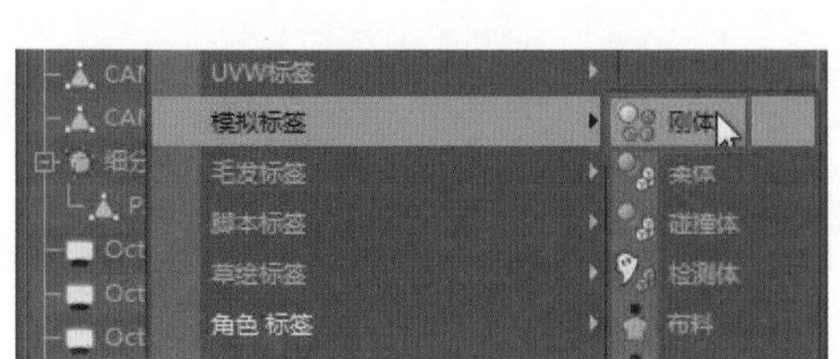

图10.131

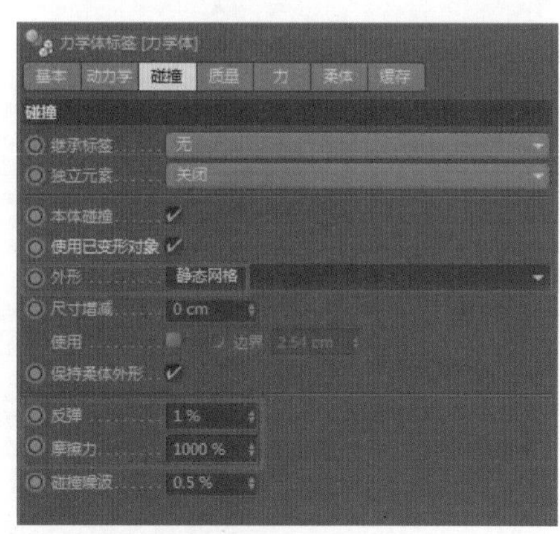

图10.132

（4）选择与糖罐碰撞的立方体，给它添加一个【碰撞体】标签❶；在参数面板中设置【继承标签】为【应用标签到子级】、【外形】为【自动】❷，如图10.133所示。

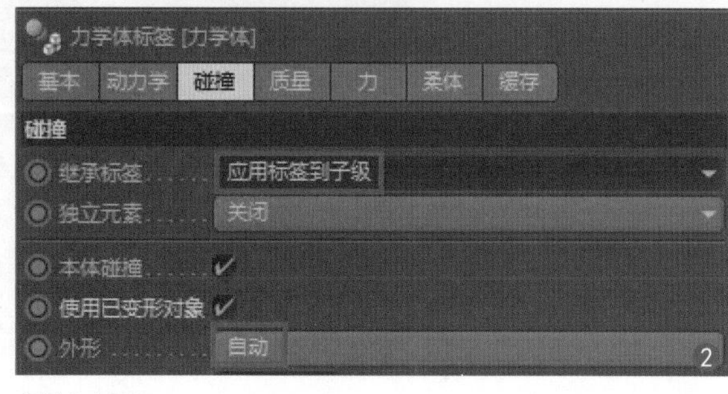

图10.133

（5）单击播放按钮▶进行动力学运算，可以看到0~300帧糖果落下来装满糖罐，300~305帧立方体开始碰撞到糖罐，305帧糖罐开始破裂，糖果和糖罐碎片散落在桌面上并发生反弹，如图10.134所示。

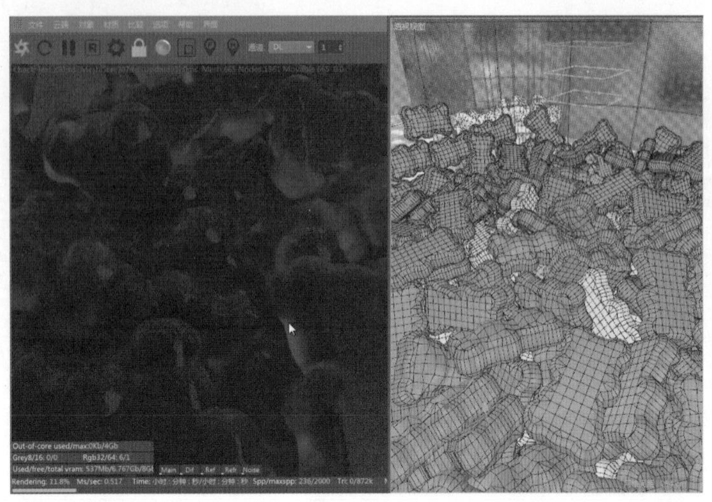

图10.134

动画播放过程的截图如图10.135所示。

图10.135